21世纪高等院校
电气工程与自动化规划教材

MATLAB 仿真及在电子信息与电气工程中的应用

◎陈鹏展 祝振敏 主编
◎黄跃 杨静 副主编

人民邮电出版社
北京

图书在版编目（CIP）数据

MATLAB仿真及在电子信息与电气工程中的应用 / 陈鹏展，祝振敏主编. -- 北京 : 人民邮电出版社，2016.8
21世纪高等院校电气工程与自动化规划教材
ISBN 978-7-115-42794-6

Ⅰ. ①M… Ⅱ. ①陈… ②祝… Ⅲ. ①电子信息－计算机仿真－Matlab软件②电气工程－计算机仿真－Matlab软件 Ⅳ. ①G203-39②TM-39

中国版本图书馆CIP数据核字(2016)第180369号

内 容 提 要

本书以 MATLAB R2015b 版为基础，由浅入深地全面讲解 MATLAB/Simulink 软件的基础知识，并给出在电子信息及电气工程等领域的仿真实例，内容涉及面广，涵盖一般用户需要使用的各种功能。

全书主要分为三大部分，共 12 章。第一部分（基础）主要包括 MATLAB 简介与工作环境、数据类型、数值计算与分析、数据可视化、MATLAB 编程基础等；第二部分（进阶）主要为 GUI 设计、Simulink 仿真、MATLAB 程序扩展；第三部分（应用）则涉及 MATLAB 的高级应用，包括电路分析、信号与系统分析、数字信号处理、控制系统设计等。每一章的开始部分简要介绍本章的基本内容，并且制定学习目标，使读者能够明确学习任务，同时每章后配有紧扣每章内容的习题。通过这些习题的训练，读者可以加深对 MATLAB 的了解，更加熟悉 MATLAB 的应用。通过阅读此书，读者可以快速、全面掌握 MATLAB 的使用方法。利用书中的实例及课后的习题训练，读者可以达到熟练应用和融会贯通的目的。

本书按逻辑编排，以工程应用为目标，深入浅出，实例引导，讲解翔实，适合作为电气工程及其自动化、自动化、电子信息、机电等专业高等学校学生和研究生的教材或教学参考用书，也可供电气工程领域的工程技术和研究人员参考。

◆ 主　　编　陈鹏展　祝振敏
副 主 编　黄　跃　杨　静
责任编辑　刘　博
责任印制　沈　蓉　彭志环

◆ 人民邮电出版社出版发行　　北京市丰台区成寿寺路 11 号
邮编　100164　　电子邮件　315@ptpress.com.cn
网址　https://www.ptpress.com.cn
北京盛通印刷股份有限公司印刷

◆ 开本：787×1092　1/16
印张：25.25　　2016 年 8 月第 1 版
字数：618 千字　　2024 年 8 月北京第 9 次印刷

定价：59.80 元

读者服务热线：(010)81055256　印装质量热线：(010)81055316
反盗版热线：(010)81055315

前 言

MATLAB 是 MathWorks 公司开发的适用于矩阵数值计算和系统仿真的简单、高效的科学计算软件。MATLAB 最初主要用于矩阵数值的计算，随着它的版本的不断升级，其功能越来越强大，应用范围也越来越广阔。目前，MATLAB 已包含自动控制、信号处理、图像处理、神经网络、模式识别、小波分析、数理统计、生物信息等几十个工具箱，已经发展成为一种十分有效的工具，能轻松地解决在各类工程设计领域中遇到的数学问题，可以将使用者从繁琐的底层编程中解放出来，把有限的宝贵时间更多地花在解决科学问题中。

目前，MATLAB 在许多科学领域中成为了计算机辅助设计和分析、算法研究和应用开发的基本工具和首选平台。运用 MATLAB 语言及仿真环境进行数据处理及问题求解是进行各类科研项目的必经途径。掌握 MATLAB 已成为各类研究技术人员的必备技能。因此，国内外大部分高校都把 MATLAB 作为学生学习的必修课，大部分的实验室也都配有 MATLAB 软件，以方便学生平时学习和研究。

MATLAB 引入中国已有三十余年，编者也有十余年使用经验。本书是作者结合自身在使用该软件时从入门到进阶至工程应用的成长历程，提供给读者的一本实践性很强的工具书。本书由浅入深介绍了 MATLAB 仿真应用的各项操作，同时非常重视工程科学问题的解决实现，针对电路分析、信号与系统、数字信号处理及控制系统设计工程问题进行实例操作，既突出了理论的物理概念，又使读者能在实践中掌握相关工程研究的基本概念、基本方法和基本应用，达到学以致用的目的，起到事半功倍的效果。为了便于读者使用，书中所列出的程序语句都是可重复的，可以供读者参考和直接使用。

电路、信号与系统、数字信号处理及自动控制原理是理工科院校电工类专业的主干课程，通过将 MATLAB 仿真引入上述课程的教学与实验环节，可以加深学生对相关原理、公式的理解，激发学生的学习兴趣，快速建立模型，帮助学生有效掌握相关课程知识，并为其他课程学习奠定基础。

本书是多人智慧的结晶，除封面署名的作者外，参与编写的人员还有：李杰、罗慧、张欣、谢亮凯、匡业、兑利涛。

本书在出版过程中，得到了华东交通大学陈世明教授、徐雪松教授、陆荣秀副教授的大力支持，在此一并感谢！

在编写本书的过程中参考了相关文献，在此向这些文献的作者深表感谢！

目 录

第1章 MATLAB概述

自20世纪80年代以来，电子计算机，特别是电子计算机软件取得了很大的发展。在众多软件中，数学类科技应用软件独树一帜。到90年代中期，国际上已经出现三十多种数学类科技应用软件。MATLAB在数值计算方面独占鳌头，Mathematica和Maple则分居符号计算软件的前两名，Mathcad因其提供计算、图形、文字处理的统一环境而深受欢迎。这些数学类科技应用软件具有功能强、效率高、易学易用等特点，在许多领域得到广泛应用。

在数学类科技应用软件中，MATLAB是数值计算领域的典型代表，而且可能是我们最先接触到的数学类科技应用软件，在自动控制、通信、金融等领域都有广泛的应用。

本章主要介绍MATLAB的安装以及工作环境，让大家对MATLAB有个全面的认识。下面，我们开始进入MATLAB的世界。

1.1 MATLAB的安装

1.1.1 系统要求

MATLAB R2015b版本可运行在32位或64位Windows操作系统、32位或64位Linux操作系统、Intel 64位的MAC OS X操作系统上。现以常用的Windows操作系统来说明，MATLAB R2015b可支持的Windows操作系统要求如表1.1所示。

表1.1　MATLAB R2015b对Windows系统要求

操作系统	处理器	硬盘空间	内存
适用于32位和64位的MATLAB和Simulink产品			
Windows XP Service Pack 3 Windows XP X64 Edition Service Pack 2 Windows Server 2003 R2 Service Pack 2 Windows Vista Service Pack 2 Windows Server 2008 Service Pack 2 or R2 Windows 7 Windows 10	任何Intel和AMD x86处理器 支持SSE2指令集	只安装MATLAB需要1GB硬盘 典型安装需要3～4GB硬盘	1024MB （推荐至少2048M）

注：SSE2（Streaming SIMD Extensions 2，Intel 官方称为 SIMD 流技术扩展 2 或数据流单指令多数据扩展指令集 2）指令集是 Intel 公司在 SSE 指令集的基础上发展起来的。相比于 SSE，SSE2 使用了 144 个新增指令，扩展了 MMX 技术和 SSE 技术，这些指令提高了应用程序的运行性能。

1.1.2 安装 MATLAB

在获得了 MATLAB R2015b 的安装盘后，将安装盘放入计算机的光驱，运行 setup.exe 文件，进入 MATLAB R2015b 安装过程。

在安装过程选项中，选择“使用文件安装密钥”，然后单击“下一步”按钮，如图 1.1 所示。

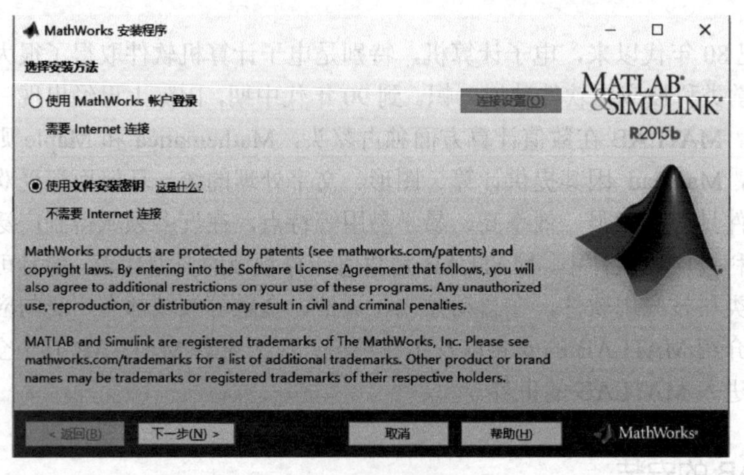

图 1.1 安装过程选项

在图 1.2 中，选择接受许可按钮，并单击“下一步”按钮。

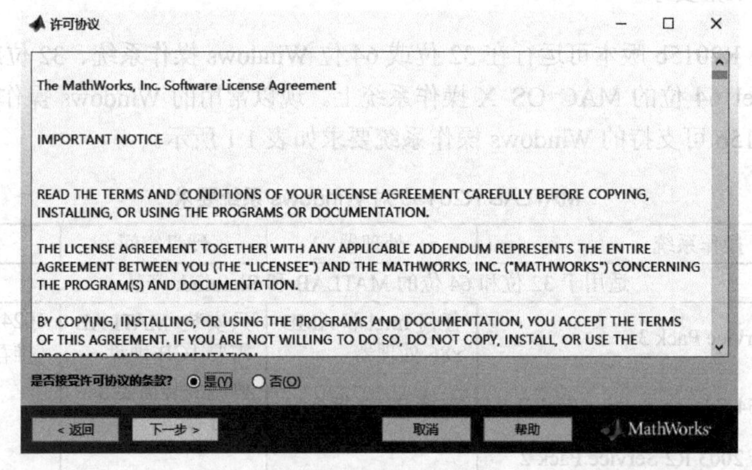

图 1.2 授权许可选项

此时，要求输入产品的序列号，如图 1.3 所示。将获得的产品序列号填入空白处。如果产品序列号正确，则“下一步”按钮变为可用状态，单击“下一步”按钮。

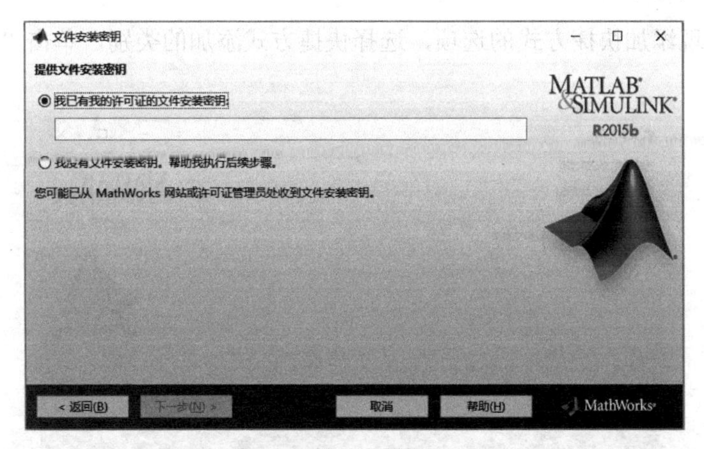

图 1.3 输入产品序列号

此时，进入安装文件夹选项，输入 MATLAB 安装路径，如图 1.4 所示。

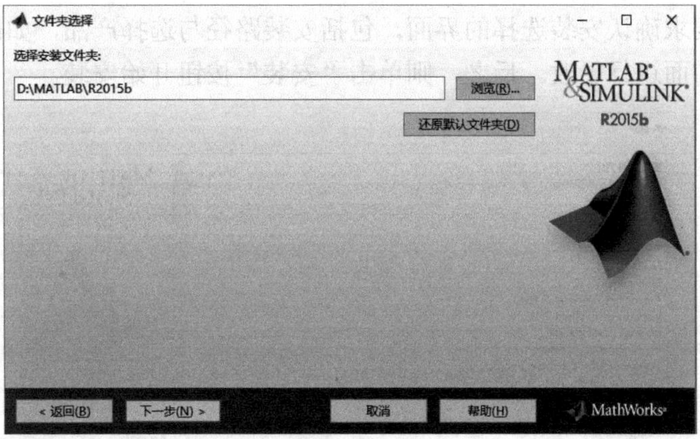

图 1.4 安装路径

进入 MATLAB 产品选择界面，选择需要的产品进行安装以节约硬盘空间，如图 1.5 所示。建议根据自己的需要选择安装相应的工具箱，没有必要全部安装。在完成选择后，单击“下一步”按钮。

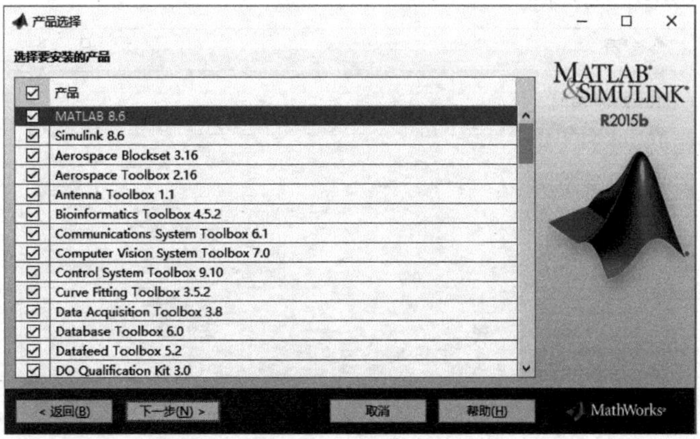

图 1.5 MATLAB 产品选择

这时候会出现添加快捷方式的选项，选择快捷方式添加的类别，单击“下一步”按钮，如图 1.6 所示。

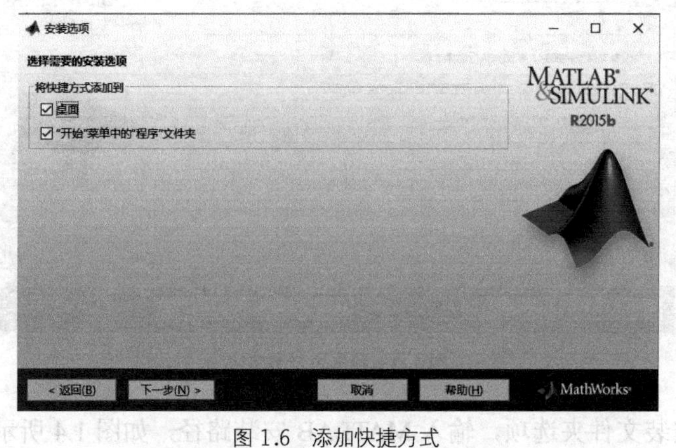

图 1.6　添加快捷方式

然后，出现要求确认安装选择的界面，包括安装路径与选择产品，如图 1.7 所示。如果有错误，可退回前面进行更改。反之，则单击“安装”按钮开始安装。

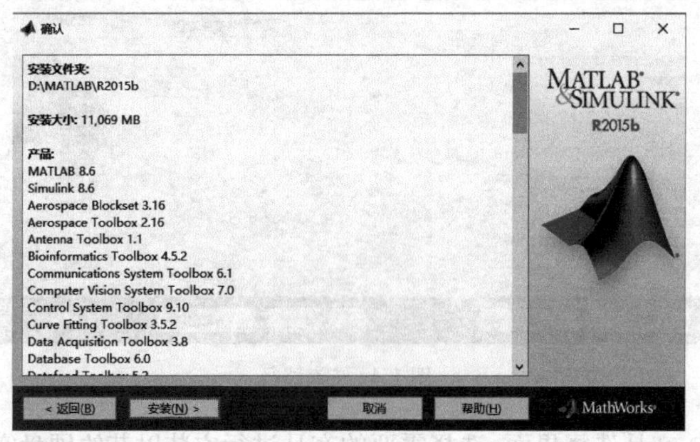

图 1.7　确认安装选择

如果计算机中没有安装 C 语言编译器，根据用户选择的不同，可能会提醒用户安装此文件。文件安装过程如图 1.8 和图 1.9 所示。

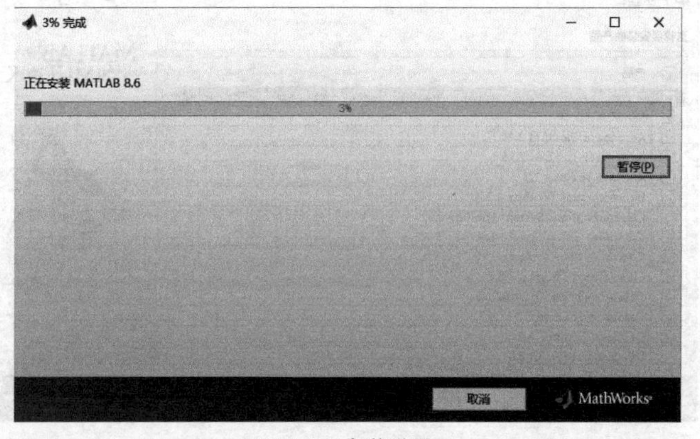

图 1.8　安装过程

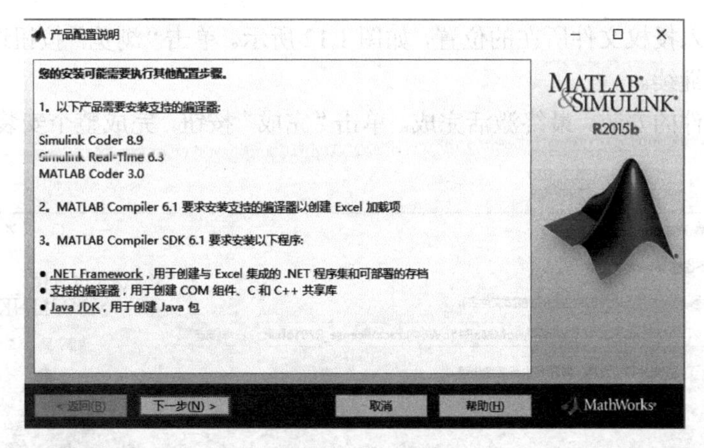

图 1.9 安装完成

安装完成后，提醒用户进行 MATLAB 激活。单击“下一步”按钮进行激活，如图 1.10 所示。

在激活选择对话框中，如图 1.11 所示，选择“在不使用 Internet 的情况下手动激活”。单击“下一步”按钮。

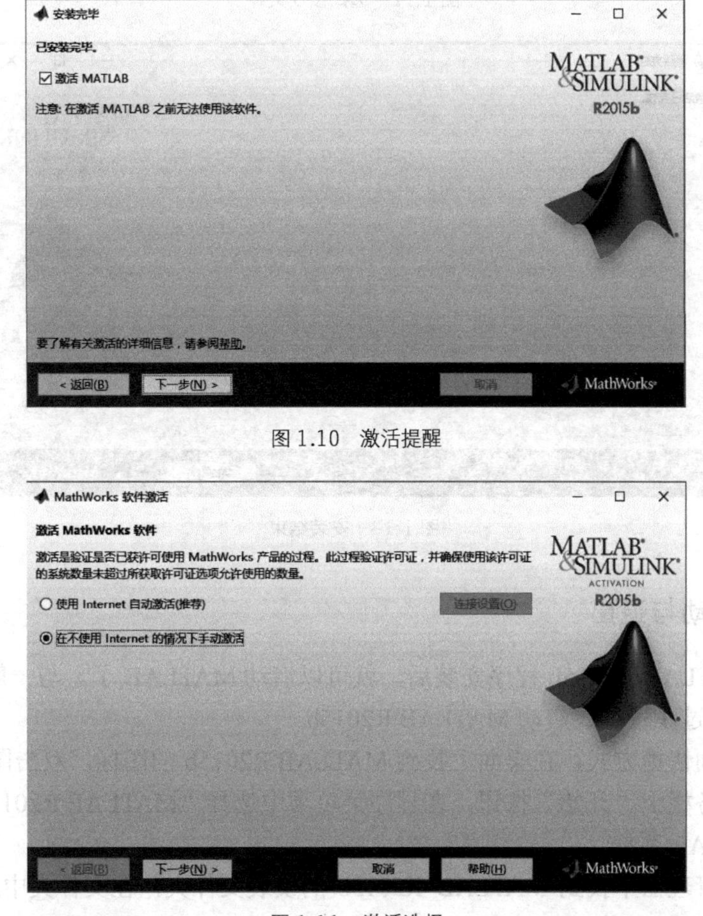

图 1.10 激活提醒

图 1.11 激活选择

此时要求输入授权文件所在的位置，如图 1.12 所示。单击“浏览”按钮选择授权文件后，单击“下一步”继续。

完成授权文件的安装，最终激活完成。单击“完成”按钮，完成整个安装过程，如图 1.13 所示。

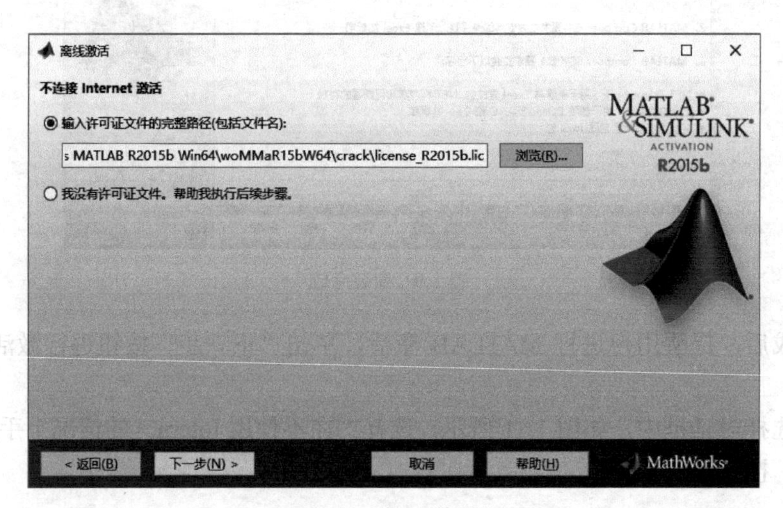

图 1.12　选择授权文件

图 1.13　安装结束

1.1.3　启动与退出

在完成 MATLAB R2015b 程序安装后，就可以启动 MATLAB 了。与一般 Windows 应用程序一样，可通过 3 种方式启动 MATLAB R2015b。

① 运行桌面快捷方式，在桌面上找到 MATLAB R2015b 的图标，双击图标启动。

② 单击任务栏上“开始”按钮，在程序菜单项中选择“MATLAB R2015b 程序”选项，可以启动 MATLAB 系统。

③ 在资源管理器中找到 MATLAB R2015b 的安装文件夹，在文件夹中选择通过运行可执行文件 MATLAB.exe 启动 MATLAB 系统。

例如，双击MATLAB图标后，进入MATLAB R2015b的启动界面，如图1.14所示。

图1.14 MATLAB启动界面

启动界面结束后，进入MATLAB R2015b的集成环境，如图1.15所示。

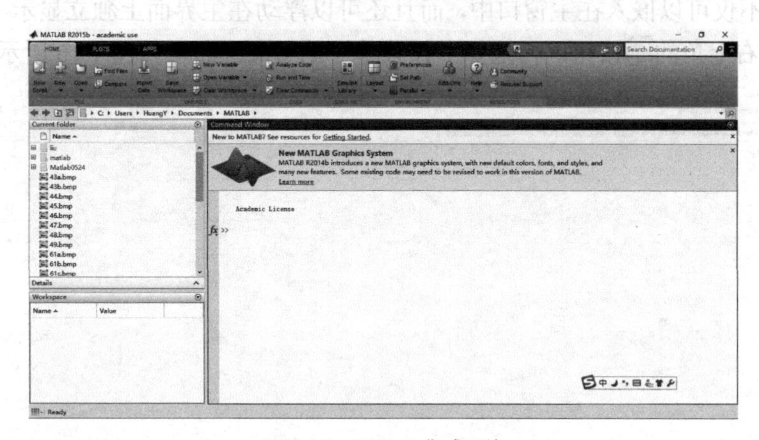

图1.15 MATLAB集成环境

结束在MATLAB集成环境中的工作后，要退出MATLAB，有3种常见方法。

① 在MATLAB主窗口菜单项的File菜单中选择Exit MATLAB。

② 在MATLAB的命令窗口中输入Exit或Quit命令。

③ 单击MATLAB主窗口右上角的关闭按钮。

1.2 MATLAB工作环境

MATLAB提供集成化工作环境，方便用户操作。集成环境在默认时由多个窗口组成。除主窗口（Main Window）外，还有命令窗口（Command Window）、工作空间窗口（Workspace）、命令历史窗口（Command History）和当前目录窗口（Current Folder）。这些子窗口都嵌在主窗口中，共同组成 MATLAB 的操作界面。

1.2.1 主窗口

MATLAB 主窗口是 MATLAB 的主要工作界面。从 MATLAB 8.0（R2012b）开始，主窗口的用户界面较以前的版本做了很大的修改，取消了传统的菜单+工具条的形式，更改为类似 Office 2007 的 Ribbon 风格。

MATLAB R2015b 的主窗口重新组织为 HOME、PLOTS 和 APPS 3 大功能。HOME 功能下包含有关文件、变量、代码、Simulink 仿真等操作；PLOTS 功能以按钮的形式存放各种类型的画图指令；APPS 功能下包含了曲线拟合、信号处理、神经网络模式识别等常用的工具箱。与传统的菜单式用户界面相比，Ribbon 界面的优势主要体现在如下 4 个方面。

① 所有功能有组织地集中存放，不再需要查找级联菜单、工具栏等。

② 更好地在每个应用程序中组织命令。

③ 提供足够显示更多命令的空间。

④ 丰富的命令布局可以帮助用户更容易地找到重要的、常用的功能。

1.2.2 命令窗口

命令窗口是 MATLAB 的主要交互窗口，用于输入命令并显示除图形以外的所有执行结果。命令窗口不仅可以嵌入在主窗口中，而且还可以浮动在主界面上独立显示（操作方法为：单击命令窗口右上角的按钮，再选择下拉菜单中的 Undock），如图 1.16 所示。

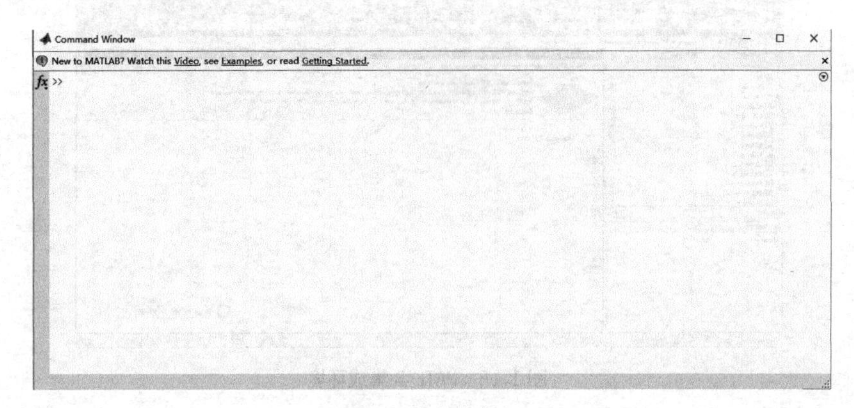

图 1.16 命令窗口

恢复为默认嵌入在主窗口中的命令窗口，可选择 HOME 功能下的 ENVIRONMENT 中的 Layout 菜单，在下拉菜单中单击 Default 即可。

在命令窗口中，双箭头（“>>”）是输入提示符，表示命令窗口处于就绪状态，正在等待输入命令。在 MATLAB 中，所有命令都是在输入提示符后输入的。在命令窗口中完成命令输入并单击回车键，MATLAB 会解释执行输入的命令，并在命令窗口中显示计算结果。

在命令窗口中，一次可输入多条命令并使这些命令一次得到执行。但这些命令不能连续输入，也不能以空格隔开，而是要以逗号或分号隔开。例如：

```
>>h=1, f=2
>>h=1; f=2
```

在 MATLAB 中，分号的作用之一是控制回显。在第 1 条命令执行后会显示 h 和 f 的值。第 2 条命令执行后只会显示 f 的值，h 的值由于分号的作用而不显示，但 h 的值已经成功设为1。

有时会遇到需要输入一个非常长的命令的情况，在一行内无法输入完、需要在下一行中继续输入，这时不能直接单击回车键进行换行。直接单击回车键将告诉 MATLAB 立即执行命令。此时需要以省略号（3 个小黑点）为续行符，进入后续行继续输入。输入续行符后再按回车键，MATLAB 不执行本行命令，而是将本行与后续行联结在一起再运行。例如：

```
>>>>w=h+f+3+4+5+6+7+8+9+10,…
    +11+12+13+14+15
```

虽然占用了 2 行，但由于第一行末有续行符，MATLAB 会自动联结两行一起执行。

为了加快在命令行中的输入速度，MATLAB 提供了控制键和方向键等一些快捷方式。例如，上箭头（↑）用于调用上一条输入的命令，下箭头（↓）用于调用下一条输入的命令。通过上箭头与下箭头的配合可以迅速找到以前输入过的命令，并再次执行。表 1.2 列出了 MATLAB 命令窗口中的快捷键。

表 1.2　命令窗口快捷键

控制键	功能	控制键	功能
↑	调用上一条输入过的命令	Home	当前行光标移动到行首
↓	调用下一条输入过的命令	End	当前行光标移动到行尾
←	当前行左移光标	Del	删除光标右边的字符
→	当前行右移光标	Backspace	删除光标左边的字符
PgUp	向前翻动一页	Esc	删除当前行所有字符
PgDn	向后翻动一页		

1.2.3　工作空间窗口

MATLAB 在运行期间，所有的变量就存储在工作空间里（工作空间的概念将在后续内容中进行阐述）。工作空间窗口显示这些变量，包括名称、取值、变量类型等信息。通过工作空间窗口，可以直接对变量进行查看、编辑、保存和删除。工作空间窗口与命令窗口一样，可内嵌在主窗口中，也可浮动显示，如图 1.17 所示。

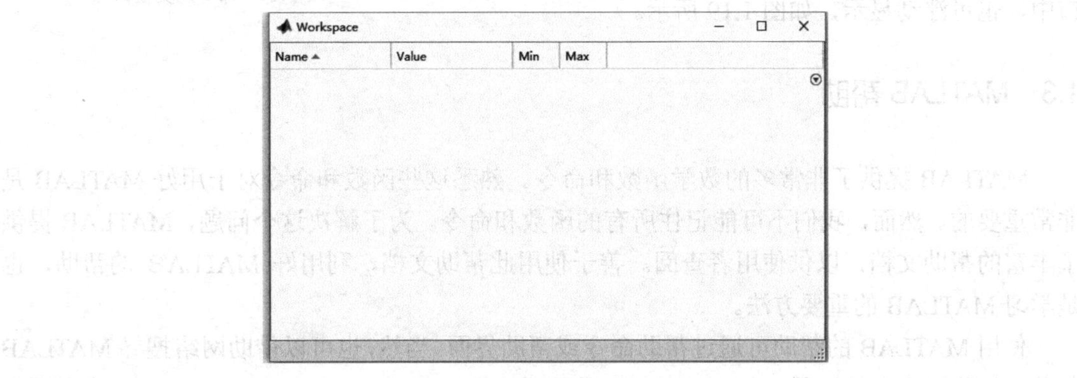

图 1.17　工作空间窗口

1.2.4　当前目录窗口

MATLAB 里有非常多的文件，为了有效管理这些文件，MATLAB 建立了工作目录的概念。当前目录就是 MATLAB 的工作目录，可以通过更改当前目录来改变 MATLAB 的工作目录。一般情况下，将新建一个文件夹，并将当前目录设为此文件夹。这样，该文件夹就是 MATLAB 的工作目录。所有新建的文件都会自动保存在此文件夹中。运行某文件时，MATLAB 也首先从该文件夹中搜索该文件。

在当前目录窗口中，可以看到当前路径下的所有文件。如果文件太多，还可以通过当前目录窗口提供的搜索功能快速找到文件。

当前工作目录窗口与命令窗口一样，可内嵌在主窗口中，也可浮动显示，如图 1.18 所示。

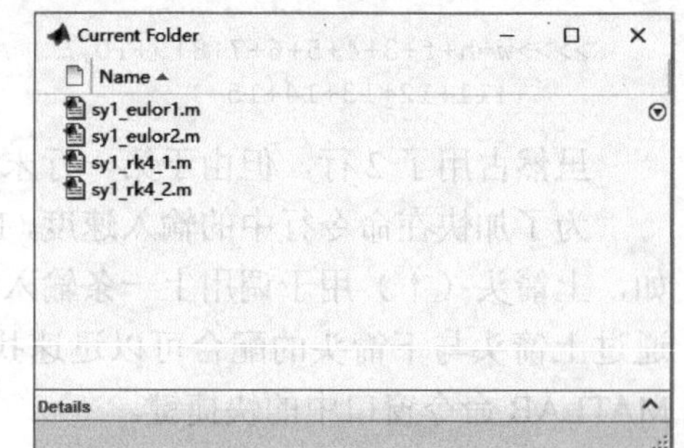

图 1.18　当前目录窗口

MATLAB 具有众多的系统命令、函数或用户自定义的文件，那么这些文件是以什么样的顺序被 MATLAB 搜索并执行的呢？这里需要引入 MATLAB 搜索路径的概念。MATLAB 搜索路径是 MATLAB 在执行命令时寻找文件的路径，可以添加工作目录到 MATLAB 搜索路径中。当然除了工作目录外，还可以添加更多的目录到 MATLAB 搜索路径中。

1.2.5　命令历史窗口

在 MATLAB 中，所有已经执行过的命令（不论正确或错误）都会自动保存在命令历史记录中。命令历史窗口就显示这些历史记录，并且标明了命令执行时间，从而方便用户查询。用户可以双击某条命令，这条命令就会出现在命令窗口中并被立即执行。通过这些操作，用户可以避免重复输入某条指令，以提高效率。如果要清空历史记录，可以选择 HOME 功能下的 CODE 功能中的 Clear Commands 下拉菜单中的 Command History 选项。

命令历史窗口与命令窗口一样，可内嵌在主窗口中，也可浮动显示，如图 1.19 所示。

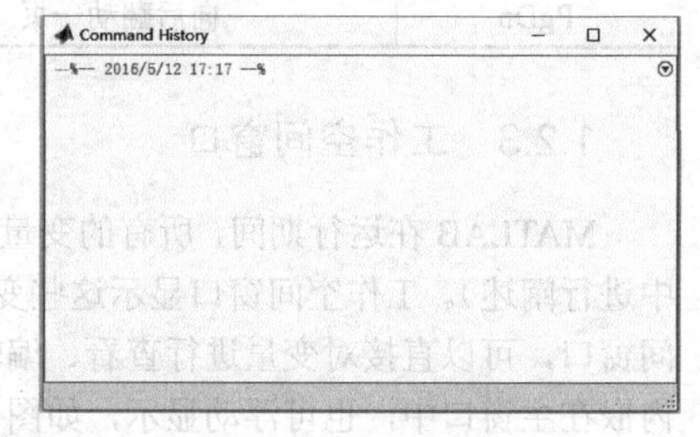

图 1.19　命令历史窗口

1.3　MATLAB 帮助

MATLAB 提供了非常多的数学函数和命令。熟悉这些函数和命令对于用好 MATLAB 是非常重要的。然而，我们不可能记住所有的函数和命令。为了解决这个问题，MATLAB 提供了丰富的帮助文档，以供使用者查阅。善于使用此帮助文档，利用好 MATLAB 的帮助，也是学习 MATLAB 的重要方法。

使用 MATLAB 的帮助可通过帮助命令或帮助界面。当然，也可以借助网络搜寻 MATLAB 帮助，帮助解决实际问题。在 MathWorks 公司的主页（http://www.mathworks.com）或者国内的一些网络论坛上，都提供了有关 MATLAB 的丰富的信息资源。

1.3.1 帮助命令

MATLAB 的各个函数，不管是内建函数，M 文件函数，还是 MEX 文件函数等，一般都有 M 文件的使用帮助和函数功能说明。各个工具箱通常情况下也具有一个与工具箱名相同的 M 文件用来说明工具箱的构成内容等。在 MATLAB 命令窗口中，可以通过指令来获取这些纯文本的帮助信息。

通常能够起到帮助作用、获取帮助信息的指令有 help、lookfor、which、doc、get、type 等。以下内容在初次学习时可跳过。

1. help 指令

help 指令是 MATLAB 中最有用的指令之一。如果一个 MATLAB 使用人员不能熟练使用 help 指令，那么他就不能够称为是一个熟练的 MATLAB 使用者。下面介绍 help 的 3 种常见使用情况。

（1）直接使用 help 指令，可以获取当前计算机上 MATLAB 的分类列表，即当前安装的工具箱名称及其简要描述。例如，在命令窗口中输入 help，可以得到如下信息。

```
>> help
HELP topics:
Documents\MATLAB              - (No table of contents file)
matlab\demos                  - Examples.
matlab\graph2d                - Two dimensional graphs.
matlab\graph3d                - Three dimensional graphs.
matlab\graphics               - Handle Graphics.
matlab\plottools              - Graphical plot editing tools
matlab\scribe                 - Annotation and Plot Editing.
……
simulink\upgradeadvisor       - (No table of contents file)
stm\stm                       - Simulation and Test Manager
symbolic\symbolic             - Symbolic Math Toolbox
symbolic\symbolicdemos        - (No table of contents file)
matlab\timeseries             - Time series data visualization and exploration.
matlab\hds                    - (No table of contents file)
```

（2）使用 help 工具箱名，可以获取该工具箱的相关函数、图形用户工具以及演示文件名等。由上述 help 的使用方法可知，在不知道需要查找的函数具体名称，也不清楚它所在工具箱的具体名称，仅仅知道其大概所属类别的情况下，查找出其所在工具箱的具体名称。然后再用 help 工具箱名就可以得到该工具箱的函数列表。每个函数后面都有简要的说明，可以根据其说明来确定可能需要的是哪个函数。例如，在命令窗口中，输入 help eml 就可以获得该工具箱的基本信息和分类函数列表。

```
>> help eml
  Embedded MATLAB Package.

  Functions in the eml package.
    allowpcode    - Control code generation from P-files.
    ceval         - Call external C functions from Embedded MATLAB code.
    cstructname   - Assign a C-friendly name to a structure type in the generated code.
    extrinsic     - Declare a function to be extrinsic and instruct Embedded MATLAB
```

```
not to compile it.
      inline      - Control inline behavior of the current function.
      opaque      - Declare a variable in the generated C code.
      ref         - Pass a parameter by reference to an external C function as a
read/write input.
      rref        - Pass a parameter by reference to an external C function as a
read-only input.
      target      - Determine the Embedded MATLAB code-generation target.
      unroll      - Force a FOR loop to be completely unrolled.
      wref        - Pass a parameter by reference to an external C function as a
write-only input.

   Contents of eml:

   eml_try_catch                 -
   eml_validate_toolbox_inputs   - Embedded MATLAB Library Function
   emlhelp
```

（3）使用 help 函数名可以获得该函数的纯文本的帮助信息，通常也带有少量的例子。通过上述的使用方法，应该已经找到了所需函数的具体名称。接着，可以在 MATLAB 命令窗口中用 help 指令获取该函数的具体信息。例如，在命令窗口中，输入 help inline 可以得到如下信息。

```
>> help inline
 inline Construct inline object.

    inline will be removed in a future release. Use anonymous functions instead.

    inline (EXPR) constructs an inline function object from the MATLAB expression
contained in the string EXPR.  The input arguments are automatically determined by
searching EXPR for variable names (see SYMVAR). If no variable exists, 'x' is used.

    inline (EXPR, ARG1, ARG2, ...) constructs an inline function whose input
arguments are specified by the strings ARG1, ARG2, ...  Multicharacter symbol names
may be used.

   inline(EXPR, N), where N is a scalar, constructs an inline function whose input
arguments are 'x', 'P1', 'P2', ..., 'PN'.

    Examples:
      g = inline('t^2')
      g = inline('sin(2*pi*f + theta)')
      g = inline('sin(2*pi*f + theta)', 'f', 'theta')
      g = inline('x^P1', 1)
    See also symvar, function_handle.
    Overloaded methods:
       sym/inline
    Reference page in Help browser
       doc inline
```

在采用这种方法得到该函数的帮助信息的时候，值得注意的是最后面的“See also”部分给出了与该函数相关的一些指令。有时候通过这些相关指令，可以查找到更广泛的有用信息。

2. lookfor 指令

lookfor 指令是在 MATLAB 搜索路径的所有 M 文件第一个注释行中搜索特定关键字。通常在不确定需要搜索的函数，仅知道该函数的功能的时候，可以通过 lookfor 搜索该功能的关键字。例如，想查找一个画矩形的命令，可以使用“lookfor rectangle”（如果不知道椭圆怎么写，可以先用汉英字典查找），得到如下信息，然后再选取函数查找具体的信息。

```
>> lookfor rectangle
rectangle              - Create rectangle, rounded-rectangle, or ellipse.
dragrect               - Drag XOR rectangles with mouse.
dblquad                - Numerically evaluate double integral over a rectangle.
rectint                - Rectangle intersection area.
rectpuls               - Sampled aperiodic rectangle generator.
```

3. which 指令

which 指令可以用来定位该函数的位置。通过这个位置信息，可以获取该函数所属的类别。通常，在创建一个 M 文件或者保存一个 M 文件的时候，为了避免与系统函数等同名，就应该先用“which 文件（函数）名 -all”搜索查找是否存在想要保存的文件名或者函数名。

另外，利用得到的位置信息可以查找一些相关联文件的帮助信息。例如，在编程过程中，需要一个保存文件对话框，但想不起该函数名，也不确定是否确实有此函数。但是我们很清楚的是有个与此类似的打开文件对话框，函数名为 uigetfile，因此，采用 which 定位 uigetfile。

```
>> which uigetfile -all
D:\Program Files (x86)\matlab2015b\toolbox\matlab\uitools\uigetfile.m
```

从给出的地址可以看出，该函数属于 uitools 类。于是用 help uitools 查找该类别信息，在该类别的 dialog boxes 子类别中找到一条

```
uiputfile      - Standard save file dialog box.
```

然后，再通过用 help uiputfile 获取该函数的详细帮助信息和使用方法。

4. set/get 指令

set 指令可以获取图形对象的属性列表和被选属性值。在 GUI 编程和数据可视化的时候，有时想改变某些对象的属性，让它按照我们自己的想法实现，但是又想不起这些对象的属性名，更不知道如何设置它们。这时，可以用 get(objecthandles)得到此对象的所有属性及其当前值，用 set(handles)可以得到此对象所有可以设置的属性及其可能的取值。找到需要的属性名和可能的取值之后，就用 set(handles, propertyname, values)设置此对象此属性的值。

5. 其他帮助指令

“doc 函数名”可以在 MATLAB 的帮助文档浏览器中调出该函数的文档；“type M 文件函数名”或者“edit M 文件函数名”可以分别在命令窗口中打印出该 M 文件源代码和在 M 文件编辑器中打开该 M 文件函数源代码，以便查看该函数源文件；“helpwin 函数名”与“help 函数名”获得的帮助信息一样，只是将其在帮助文件浏览器中打开。

1.3.2 帮助窗口

MATLAB 的帮助窗口其实是一个帮助文档浏览器。通过帮助窗口可以搜索和查看所有 MATLAB 的帮助文档，还能运行有关演示程序。打开 MATLAB 帮助窗口的方法有以下 3 种。

① 在 MATLAB 主窗口环境下按下快捷键“F1”。

② 通过 HOME 功能下的 RESOURCES 子功能中的 Help 下拉菜单中的 Documentation 选项。

③ 在命令窗口中运行 doc 命令。

MATLAB 的帮助窗口如图 1.20 所示。单击帮助向导中的每条内容，会显示具体的帮助内容。

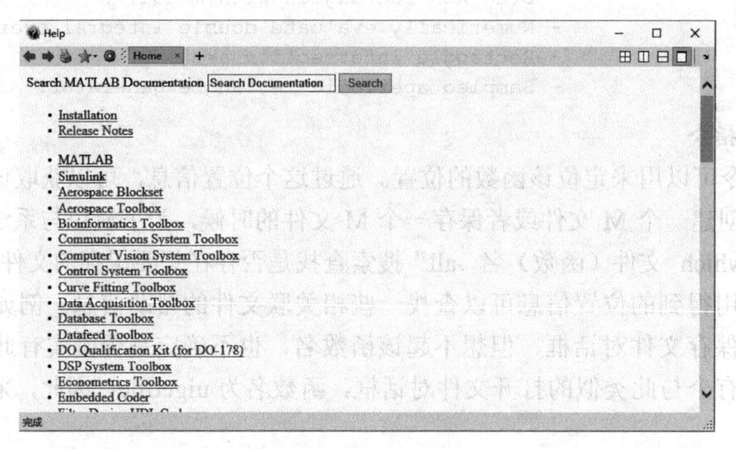

图 1.20 MATLAB 帮助窗口

1.3.3 演示系统

MATLAB 的演示系统可提供很多的 MATLAB 功能演示，对于初学者来说特别有用。通过演示系统，还可以提供一些解决 MATLAB 问题的思路，进行 MATLAB 的学习。打开 MATLAB 演示系统的方法有以下两种。

① 通过 HOME 功能下的 RESOURCES 子功能中的 Help 下拉菜单中的 Examples 选项。

② 在命令窗口中运行 demos 命令。

MATLAB 的演示系统窗口如图 1.21 所示。与 MATLAB 帮助窗口一样，演示系统窗口中包括与 MATLAB 主程序相关的演示、工具箱演示、Simulink 演示和模块集演示，单击相关选项后可演示具体的内容。

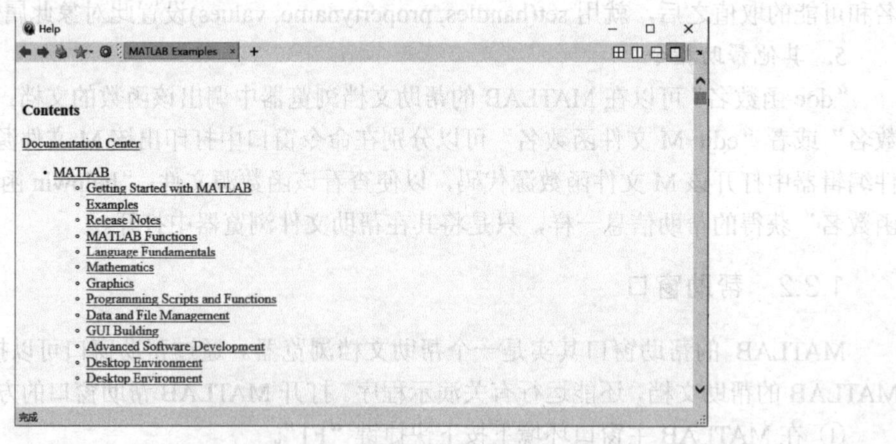

图 1.21 MATLAB 演示系统窗口

课后习题

1．进行 MATLAB 安装练习，熟悉 MATLAB 的安装过程及工作环境。

2.用户建立了一个 M 文件，保存在工作目录中。但在命令窗口中输入文件名后，MATLAB 提示没有定义函数或变量。分析错误的原因并给出解决办法。

3．建立一个自己的工作目录，通过哪些办法可以将工作目录添加到 MATLAB 搜索路径中？

4．熟悉 MATLAB 的帮助功能与演示功能。

第2章 MATLAB基础知识

MATLAB 自 1984 年由美国 MathWorks 公司推向市场以来，历经几十年的发展，已成为由 MATLAB 语言、MATLAB 工作环境、MATLAB 图形处理系统、MATLAB 数学函数库和 MATLAB 应用程序接口五大部分组成的集数值计算、图形处理、程序开发为一体的功能强大的系统。

2.1 MATLAB 组成

MATLAB 是一个产品家族，包含了多个软件产品，以下将对 MATLAB 主要组成部分进行介绍。

1. MATLAB

MATLAB 是 MATLAB 产品家族的核心。它提供了基本的数学算法，如矩阵运算、数值分析算法等。MATLAB 集成了 2D 和 3D 图形功能，以完成相应数值可视化的工作，并且提供了一种交互式的高级编程语言——M 语言，利用 M 语言可以通过编写脚本或者函数文件实现用户自己的算法。

2. MATLAB Compiler

MATLAB Compiler 是一种编译工具。它能够将那些利用 MATLAB 提供的编程语言——M 语言编写的函数文件编译生成为函数库、可执行文件、COM 组件等，这样就可以扩展 MATLAB 功能，以便 MATLAB 能够同其他高级编程语言，如 C/C++语言等进行混合应用，取长补短，以提高程序的运行效率，丰富程序开发的手段。

利用 M 语言还开发了相应的 MATLAB 专业工具箱函数供用户直接使用。这些工具箱应用的算法是开放的和可扩展的。用户不仅可以查看其中的算法，还可以针对一些算法进行修改，甚至允许开发自己的算法扩充工具箱的功能。目前 MATLAB 产品的工具箱有四十多个，分别涵盖了数据采集、科学计算、控制系统设计与分析、数字信号处理、数字图像处理、金融财务分析以及生物遗传工程等专业领域。

3. Simulink

Simulink 是基于 MATLAB 的框图设计环境，可以用来对各种动态系统进行建模、分析和仿真。它的建模范围广泛，可以针对任何能够用数学来描述的系统进行建模，如航空航天动力学系统、卫星控制制导系统、通信系统、船舶及汽车动力学系统等，其中包括连续、离散、条件执行、事件驱动、单速率、多速率和混杂系统等。Simulink 提供了利用鼠标拖放的方法建立系统框图模型的图形界面，而且 Simulink 还提供了丰富的功能块以及不同的专业模块集合。利用 Simulink 几乎可以做到不书写一行代码即可完成整个动态系统的建模工作。

4. Stateflow

Stateflow 是一个交互式的设计工具。它基于有限状态机的理论，可以用来对复杂的事件驱动系统进行建模和仿真。Stateflow 与 Simulink 和 MATLAB 紧密集成，可以将 Stateflow 创建的复杂控制逻辑有效地结合到 Simulink 的模型中。

5. RTW

在 MATLAB 产品族中，自动化的代码生成工具主要有 Real-Time Workshop（RTW）和 Stateflow Coder，如图 2.1 所示。这两种代码生成工具可以直接将 Simulink 的模型框图和 Stateflow 的状态图转换成高效优化的程序代码。利用 RTW 生成的代码简洁、可靠、易读。目前 RTW 支持生成标准的 C 语言代码，并且具备了生成其他语言代码的能力。整个代码的生成、编译以及相应的目标下载过程都可以自动完成，用户只需使用鼠标单击几个按钮即可。MathWorks 公司针对不同的实时或非实时操作系统平台，开发了相应的目标选项，配合不同的软硬件系统，可以完成快速控制原型（Rapid Control Prototype）开发、硬件在回路的实时仿真（Hardware-in-Loop）、产品代码生成等工作。

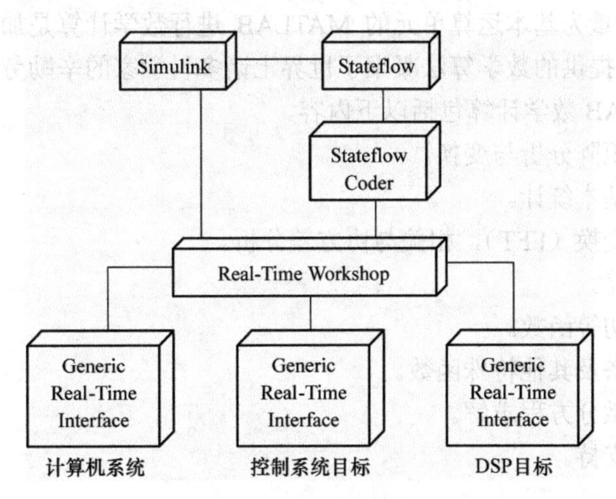

图 2.1　RTW 生产代码

另外，MATLAB 开放性的可扩充体系允许用户开发自定义的嵌入式系统目标，利用 Real-Time Workshop Embedded Coder 能够直接将 Simulink 的模型转变成效率优化的产品级代码。代码不仅可以是浮点的，还可以是定点的。

MATLAB 开放的产品体系使 MATLAB 成为了诸多领域的开发首选软件。而且 MATLAB 还具有 300 余家第三方合作伙伴，分布在科学计算、机械动力、化工、计算机通信、汽车、金融等领域。接口方式包括了联合建模、数据共享、开发流程衔接等。

MATLAB 结合第三方软硬件产品组成了在不同领域内的完整解决方案，实现了从算法开发到实时仿真再到代码生成与最终产品实现的完整过程。

2.2 MATLAB 主要功能

MATLAB 是一种高级科学计算软件，也是进行算法开发、数据可视化、数据分析以及数值计算的交互式应用开发环境。世界上许许多多的科研工作者都在使用 MATLAB 产品来加快他们的科研进程，缩短数据分析和算法开发的时间，研发出更加先进的产品和技术。相对于传统的 C、C++或者 FORTRAN 语言，MATLAB 提供了高效快速解决各种科学计算问题的方法。目前，MATLAB 产品已经被广泛认可为科学计算领域内的标准软件工具之一。

MATLAB 可以被广泛地应用于不同的领域，如信号与图像处理、控制系统设计与仿真、通信系统设计与仿真、测量测试与数据采集、金融数理分析以及生物科学等。在 MATLAB 中内建了丰富的数学、统计和工程计算函数，使用这些函数进行问题的分析解答，无论是问题的提出还是结果的表达都采用工程师习惯的数学描述方法，这一特点使 MATLAB 成为了数学分析、算法开发及应用程序开发的良好环境。MATLAB 是 MathWorks 产品家族中所有产品的基础。附加的工具箱扩展 MATLAB 基本环境用于解决特定领域的工程问题。

MATLAB 提供的强大功能包括以下 8 个方面。

1. 数学计算

利用以矩阵、向量为基本运算单元的 MATLAB 进行数学计算是加速算法开发的有效途径，而且 MATLAB 提供的数学算法凝聚了世界上诸多科学家的辛勤劳动，保证了数学计算精确的结果。MATLAB 数学计算包括以下内容。

① 线性代数和矩阵分析与变换。

② 数据处理与基本统计。

③ 快速傅里叶变换（FFT），相关与协方差分析。

④ 稀疏矩阵运算。

⑤ 三角及其他初等函数。

⑥ 贝塞尔、贝塔及其他特殊函数。

⑦ 线性方程及微分方程求解。

⑧ 多维数组的支持。

2. 开发工具

MATLAB 提供了各种用于算法开发的工具，包括以下内容。

① MATLAB Editor，该工具提供了标准的编辑、调试 M 语言算法的基本环境，如可以在该工具中定义断点并且进行单步调试。

② M-Lint Code Checker，该工具用于分析 M 语言代码并且向开发人员提出改善代码性能和维护性的建议。

③ MATLAB Profiler，该工具可以计算每行 M 语言代码执行消耗的时间。

④ Directory Reports，该工具扫描当前目录下所有的 M 语言，并且报告文件的代码效率、文件的相关性以及代码覆盖度等信息。

3. 数据的可视化

MATLAB 提供了功能丰富的数据可视化功能函数，包括以下内容。

① 二维、三维绘图，包括散点图、直线图、封闭折线图（Polygon）、网线图、等值线图、

极坐标图、直方图等丰富多样的数据可视化手段。

② 交互的文本注释编辑能力。

③ 提供文件I/O能力用来显示绘制图形，支持多种图像文件格式，如EPS、TIFF、JPEG、PNG、BMP、HDF、AVI、PCX等。

④ 软硬件支持的OpenGL渲染。

⑤ 支持动画和声音。

⑥ 多种光源设置、照相机和透视控制。

⑦ 对图形界面元素提供了交互式可编程的控制方法——句柄图形。

⑧ 能够打印或者导出数据图形文件到其他的应用程序中，如Word和PowerPoint，共享开发的结果。

4. 交互式编辑创建图形

MATLAB提供了交互式工具用于设计、修改图形窗体。在MATLAB的图形窗体中，工程师可以完成以下内容。

① 拖放数据集到窗体。

② 修改图形窗体中任意对象的属性。

③ 放大、旋转、平移、修改摄像机或者光线的位置、角度等。

④ 增加注释和数据标注。

⑤ 将图形窗体文件转变为M代码。

5. 集成的算法开发编程语言和环境

MATLAB提供了一种简便易用的算法开发语言——M语言，直接利用MATLAB提供的基本数学、图形能力，开发工程师自定义的程序。几乎所有的MATLAB工具箱函数都是利用M语言开发的。

① 可视化的程序编辑器/调试器。

② 语法风格类似C语言，容易掌握。

③ JIT加速器加快程序运行速度。

④ 多维向量及工程师自定义结构，以及数组、结构、元胞数组等多种数据结构。

⑤ 支持面向对象编程（OOP）。

⑥ 流程控制（for, while, if, switch等）。

⑦ 字符变换。

⑧ ASCII码及二进制文件输入输出。

⑨ 灵活的开发性能够与C、C++、FORTRAN、Java、COM组件以及Excel集成使用。

⑩ 支持使用底层I/O手段获取数据，操作数据文件。

⑪ MATLAB数据文件——MAT文件支持跨平台应用。

6. 图形用户界面开发环境——GUIDE

① 应用程序向导简化开发步骤。

② 下拉及弹出式菜单。

③ 支持多种界面元素按钮（PUSH BUTTON）、选项钮（RADIO BUTTON）、检查框（CHECK BOXES）。

④ 滑块（SLIDERS）、可编辑文本框（EDIT BOX）和ActiveX控件。

⑤ 鼠标事件（Mouse Event）和回调。

⑥ 利用回调函数响应工程师的操作。

7. 开放性、可扩展性强

M 语言函数文件是可见的 MATLAB 程序，用户可以查看源代码。开放的系统设计使用户能够检查算法的正确性，修改已存在的函数，或者加入自己的新部件，包括以下内容。

① 使用 C 或者 FORTRAN MEX 文件集成已有的 C/FORTRAN 算法。

② 在独立 C 或 FORTRAN 程序中调用 MATLAB 函数。

③ 在 MATLAB 中使用 Java 语言编程。

④ 提供 COM 服务和 COM 控制支持。

⑤ 输入输出各种 MATLAB 及其他标准格式的数据文件。

⑥ 对计算机串口进行输入输出操作。

⑦ 加载通用 DLL 文件。

⑧ 创建图文并茂的技术文档，包括 MATLAB 图形、命令，并可通过 Word、HTML 输出。

8. 专业应用工具箱

MATLAB 的工具箱加强了对工程及科学中特殊应用的支持。工具箱也和 MATLAB 一样是完全用户化的，可扩展性强。将某个或某几个工具箱与 MATLAB 联合使用，可以得到一个功能强大的计算组合包，满足用户的特殊要求。于是，MATLAB 产品被广泛应用于下列领域。

① 测量测试。

② 数学建模与分析。

③ 信号处理。

④ 财经金融建模与分析。

⑤ 图像处理与地理信息。

⑥ MATLAB 桌面应用程序发布。

2.3 MATLAB 变量

变量是 MATLAB 的基本元素之一。与其他程序设计语言不同的是，MATLAB 不需要对所使用的变量进行事先说明，也不需要指定变量的类型。系统会根据该变量被赋予的值或对该变量所进行的操作来自动确定变量的类型，即 MATLAB 使用变量不需预先声明，可直接使用。

在命令窗口中，同时存储着输入的命令和创建的所有变量值。它们可以在任何需要的时候被调用。如果要查看变量的值，只需要在命令窗口中输入变量的名称即可。如要查看 a 的值，可以写入命令：

```
>> a
a =
    15
```

注意，MATLAB 将“%”符号之后的文字视为程序注解，执行时忽略。例如：

```
>> a    % 显示 a 的值
```

```
a =
    15
```

在命令窗口中，可用逗号（,）或分号（;）隔开多个表达式。MATLAB 将一起执行这些表达式。需要说明的是，分号将控制回显，即以分号结束的语句执行的结果在命令窗口中将不显示。例如：

```
>> a=10, b=20          % 都回显
a =
    10
b =
    20
>> a=10; b=20          % a 赋值不回显，b 赋值回显
b =
    20
>> a=10; b=20;         % 都不回显
```

2.3.1 MATLAB 变量命名规则

在 MATLAB 中，变量命名有如下规则。

① 必须以字母开头，变量名包含字符、数字或下划线，但不允许出现标点符号。

② 长度最大为 63 个字符，超过的字符系统忽略不计。

③ MATLAB 中的变量名需区分大小写。

④ 不要使用系统中固定的默认变量（表示特定数值或含义），避免冲突。

例如，合法的变量名有：MyVar、My_Var、My_Var1_等，但_My_var 是非法的，因为变量名不能以下划线开头。01My_Var 也是非法的，因为变量名不能以数字开头。MyVar 和 myvar 是两个不同的变量。

2.3.2 MATLAB 系统变量

MATLAB 中有一些特定的变量，不需要用户定义，它们已经被预定义了某个特定的值。这些变量被称作系统变量（有些书中也称为常亮）。系统变量在 MATLAB 启动时就产生了。MATLAB 常用的系统变量如表 2.1 所示。

表 2.1 MATLAB 常用的系统变量

系统变量	变量功能	系统变量	变量功能
ans	运算结果的默认变量名	beep	使计算机发出蜂鸣声
bitmax	最大的正整数	eps	浮点数相对误差
inf	无穷大	i 或 j	复数单位
nargin	函数的输入参数个数	nargout	函数的输出参数个数
NaN 或 nan	不定数	pi	圆周率
realmax	最大的正浮点数	realmin	最小的正浮点数
varagin	可变的函数输入参数个数	varagout	可变的函数输出参数个数

对表中的一些变量做如下补充说明：

pi 表示圆周率数值。在命令窗口中输入 pi，显示如下结果。

```
>> pi
ans =
    3.1416
```

bitmax 是 MATLAB 中允许的最大正整数，使用 MATLAB 时需要注意不要超出这个范围。

```
>> bitmax
ans =
   9.0072e+15
```

eps 是浮点相对误差限，用来表示系统能准确表示的浮点数的精度，是 MATLAB 中的零值。其值具体大小和计算机有关。在 PC 中，eps 值为 2.2204e-16。若某个值的绝对值小于此值，则可以认为这个值为 0。eps 也是计算机用于区分两个数的差的最小常数。如果两个数的差的绝对值小于 eps，则计算机认为这两个数相等。

eps 可以用来代替一个数组中的零元素。通常在做除法时，分母加上 eps，防止分母为 0 时不能运算。

i 和 j 是纯虚数的默认表示，即 sqrt(-1)。若程序中没有对其进行定义，则系统默认其为单位虚数，用户可直接使用。用户也可重新对其定义，将这两个变量设为新的值。例如：

```
>> i
ans =
    0.0000 + 1.0000i
>> i=5
i =
     5
```

2.4 MATLAB 数据

2.4.1 MATLAB 数据类型

1. 数据类型简介

数据类型是一个值的集合以及定义在这个值集上的一组操作。MATLAB 中不同数据类型的变量或对象所占用的空间不同，也具有不同的操作函数。

在命令窗口中输入 help datatypes 命令，可以获取 MATLAB 的数据类型列表。

MATLAB 支持的常用数据类型如图 2.2 所示。

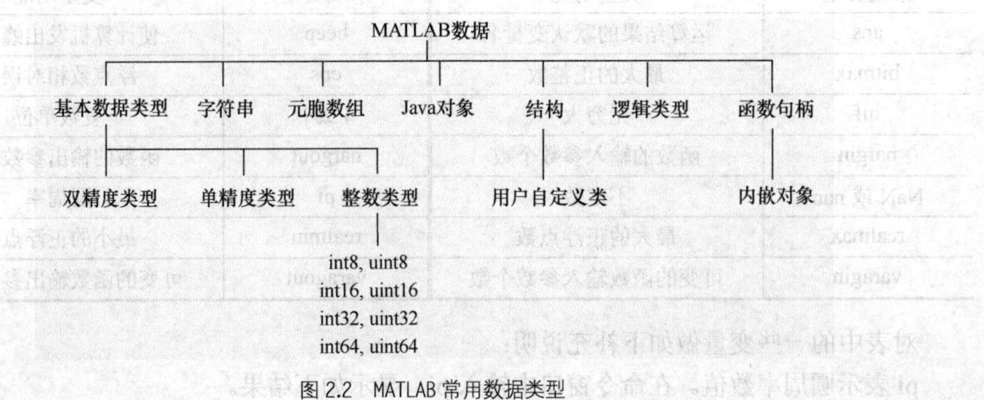

图 2.2 MATLAB 常用数据类型

用户的自定义类型是图 2.2 中各种数据类型的组合，其中 uint8 常常用于图像处理中。不同数据类型的说明如表 2.2 所示。

表 2.2　　MATLAB 基本数据类型

数据类型	说明	占用空间（Byte）	取值范围
double	双精度浮点型	8	
sparse	系数矩阵类型	N/A	
single	单精度浮点型	4	
uint8	无符号 8bit 整数	1	0～255
uint16	无符号 16bit 整数	2	0～65 535
uint32	无符号 32bit 整数	4	0～4 294 967 295
uint64	无符号 64bit 整数	8	0～18 446 744 073 709 551 615
int8	有符号 8bit 整数	1	-128~127
int16	有符号 16bit 整数	2	−32 768~32 767
int32	有符号 32bit 整数	4	−2 147 483 648~2 147 483 647
int64	有符号 64bit 整数	8	−9 223 372 036 854 775 808～9 223 372 036 854 775 807

MATLAB 中有部分函数与上述数据类型有关。Class 函数就是其中之一。该函数可以用来获取变量或对象的类型，也可以用来创建用户自定义的数据类型。例如：

```
>> array=[1 2 3 4 5]
array =
     1     2     3     4     5
>> class(array)
ans =
  double
```

2. 数据类型转换

MATLAB 中变量默认的类型为双精度浮点型（double）。若需要使用其他类型的数据，则需要通过显式的类型转换来完成。注意，MATLAB 的数据类型名称同样就是数据类型转换的函数，可利用这些名称所对应的函数完成数据类型转换。例如，将下面的 array 变量中的数据类型转换为整型。

```
>> d=int16(array)
d =
      1      2      3      4      5
>> class(d)
ans =
     int16
```

上例中利用 int16 完成了类型转换。注意，在进行数据类型转换时，若输入参数的数据类型就是目的数据类型，则 MATLAB 忽略转换，保持变量原有的特性。

2.4.2　矩阵

在 MATLAB 语言中，最基本的数据类型就是矩阵，最重要的功能就是进行各种矩阵的运算。在系统中，所有的数值功能都是以矩阵为基本单元来实现的。本小节将对矩阵及其相关操作进行详细的介绍。

1. 矩阵的表示

在数学上，矩阵是指纵横排列的二维数据表格，最早来自于方程组的系数及常数所构成的方阵。

在 MATLAB 中，最基本的数据结构就是二维矩阵。通过对二维矩阵的操作，可以方便地存储和访问大量的数据。矩阵的元素可以是数值类型、逻辑类型、字符串类型或者其他任何 MATLAB 支持的数据类型。

特殊的，对于单个的数据，MATLAB 采用的是 1×1 的矩阵来表示，可以称之为标量。

对于一组数据，MATLAB 用 1×n 的矩阵来表示，被称之为向量；MATLAB 还存在多维的矩阵。

例如，实数 1.25 就是一个 1×1 的双精度浮点型矩阵。在 MATLAB 中，可以使用 whos 命令来查看数值的数据类型和储存矩阵的大小。例如：

```
>> a=1.25;
>> whos a
  Name      Size            Bytes  Class     Attributes
  a         1x1                 8  double
```

MATLAB 中的矩阵单元可以是各种类型，如字符串类型。

```
>> str='I am learning MATLAB';
>> whos str
  Name      Size            Bytes  Class    Attributes
  str       1x20               40  char
```

2. 矩阵的建立

在 MATLAB 中，矩阵的建立方式多种多样。比较常用的建立方式有命令窗口中直接输入、通过语句和函数建立矩阵和从外部数据文件中导入矩阵 3 种。

（1）命令窗口中直接输入

从命令窗口中直接输入，是最简单的矩阵构建方式。其优点在于可以灵活构建任意结构、任意数据的矩阵。但由于需要手工输入每一个矩阵单元，其繁琐程度可想而知。

在命令窗口中输入矩阵，应遵循如下 4 条规则。

① 矩阵元素应当在方括号内。

② 行内的元素，用逗号或者空格隔开。

③ 行与行之间，用分号或者回车分隔。

④ 元素可以是数值或表达式。

例如：

```
>> b=[2 2*3; 5 3+5]
b =
     2     6
     5     8
```

（2）通过语句和函数建立矩阵

通过语句构建矩阵，常见的有下面介绍的两种方式。需要注意的是，这两种方式生成的都是向量。

① 使用“from:step:to”方式生成矩阵。

该方法只能生成线性的、等间隔的向量。当 step 参数省略时，系统默认 step=1，下面的例子是使用“from:step:to”方式产生的矩阵，其中包括了 4 种常见情况。

```
>> x1=1:5                    % 省略 step 参数，默认值为 1
x1 =
     1     2     3     4     5
>> x2=7:-2:1                 % step 参数可以为负值，表示递减
x2 =
     7     5     3     1
>> x3=5:2:1                  % 当起始值大于终止值，且 step 参数为正时，生成空矩阵
x3 =
   Empty matrix: 1-by-0
>> x4=[1:4;7:-2:1]           % 该语句可以作为矩阵的一个单元
x4 =
     1     2     3     4
     7     5     3     1
```

② 使用 linspace 和 logspace 函数生成矩阵。

函数 linspace 可以在指定区间内自动生成线性等分向量，其调用格式为 linspace (a,b,n)。a 表示向量的第一个值，b 表示向量的最后一个值，n 表示向量中元素的个数。如果省略，则默认 n=100。中间的值将根据 a、b 及向量个数 n 等分产生。例如：

```
>> a=linspace(0,10,5)
a =
         0    2.5000    5.0000    7.5000   10.0000
```

函数 logspace 可以在指定区间内自动生成指数等分向量，其调用格式为 logspace(a,b,n)。a 表示向量的第一个值，是以 10 为底的幂；b 表示向量的最后一个值，是以 10 为底的幂；n 表示向量中元素的个数。如果省略，则默认 n=50。中间的值将根据 10^a~10^b 之间按对数等分 n 产生。例如：

```
>> b=logspace(0,3,4)
b =
           1          10         100        1000
```

通过一些其他函数，也可以建立一些对应的特殊类型矩阵，相关内容将在下一小节中进行阐述。

③ 从外部数据文件中导入矩阵。

在使用 MATLAB 处理实际的问题时，常常需要从外部导入已有的数据。这些数据可以是 MAT 格式的文件，也可以是任意的 MATLAB 可识别的文件。

从外部数据文件中导入矩阵，可以通过 HOME 功能下的子功能 VARIABLE 中的 Import Data 图标进行。然后选择相应的数据文件，如图 2.3 所示。

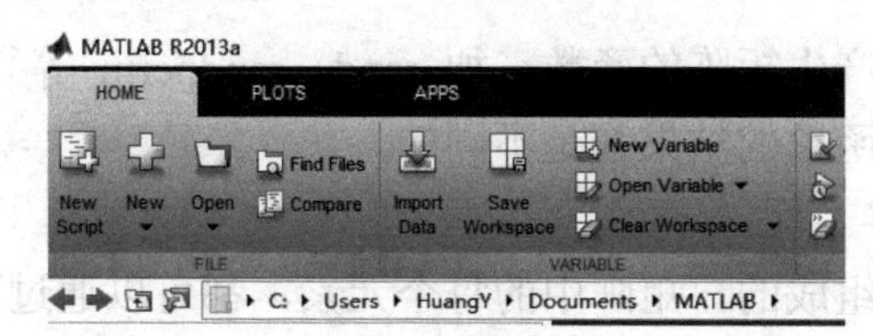

图 2.3　数据导入

3. 特殊类型矩阵

MATLAB 还提供了一些函数，可以直接生成各种特殊类型的矩阵。这些函数的功能如表 2.3 所示。

表 2.3　　产生特殊类型函数

函数	功能说明
zeros(m,n)	产生 m×n 的全 0 矩阵
ones(m,n)	产生 m×n 的全 1 矩阵
eye(m,n)	产生 m×n 的单位矩阵
rand(m,n)	产生 m×n，以 0～1 均匀分布的矩阵
randn(m,n)	产生 m×n，均值为 0，方差为 1 的高斯分布的矩阵
randperm(n)	产生整数 1～n 的随机排列
magic(n)	产生 n 阶魔方矩阵，每行、列、对角线上的元素和相等

这些产生特殊类型矩阵的函数举例如下。

```
>> zeros(2,3)
ans =
     0     0     0
     0     0     0
>> ones(2,3)
ans =
     1     1     1
     1     1     1
>> eye(2,3)
ans =
     1     0     0
     0     1     0
>> rand(2,3)
ans =
    0.8147    0.1270    0.6324
    0.9058    0.9134    0.0975
>> randn(2,3)
ans =
   -0.4336    3.5784   -1.3499
    0.3426    2.7694    3.0349
>> randperm(5)
ans =
     4     5     2     3     1
>> magic(3)
ans =
     8     1     6
     3     5     7
     4     9     2
```

需要注意的是，随机产生矩阵的函数（如 rand、randperm 等），以系统时间作为随机种子。因此，每次运动此类函数的结果都是不同的。

4. 矩阵下标与子矩阵

矩阵都是由多个元素组成的。矩阵中的每个元素，都可以通过下标来标识。通过使用下标，就可以提取出矩阵中的某个元素，或对这个元素赋值。

MATLAB中有两种方式使用下标，分别是全下标方式和单下标方式。一般前者使用较为广泛。

（1）全下标方式

对于一个m×n的矩阵a，其中第i行第j列的元素可以表示为a(i,j)。

需要注意的是，这里的i和j都是正整数。并且在对元素赋值时，如果$i>m$或$j>n$，系统不会报错，并对其余扩充部分以0填充。

全下标方式的应用举例如下。

```
>> a=magic(3)          % 产生一个3阶魔方矩阵
a =
     8     1     6
     3     5     7
     4     9     2
>> a(1,3)              % 提取出第1行第3列的元素
ans =
     6
>> a(2,1)=5            % 对第2行第1列的元素赋值
a =
     8     1     6
     5     5     7
     4     9     2
>> a(4,4)              % 由于不存在第4行第4列元素，故系统报错
Index exceeds matrix dimensions.
 >> a(4,4)=10          % 可以对超出矩阵下标的元素进行赋值，其余元素将自动填充0
a =
     8     1     6     0
     5     5     7     0
     4     9     2     0
     0     0     0    10
```

（2）单下标方式

实际上，矩阵的元素在系统中仍然是以线性方式储存的。一个$m\times n$的矩阵a，可以用a(x)来表示矩阵中的每一个元素。元素排序的方式是从左边第1列开始，从上往下递增，然后再计数第2列，按此方式直到最后一个元素，即矩阵元素读取顺序为“列优先”。例如：

```
>> a=magic(3)
a =
     8     1     6
     3     5     7
     4     9     2
>> a(3)
ans =
     4
>> a(7)
ans =
     6
```

显而易见，单下标方式a(x)和全下标方式a(i,j)，其下标换算关系为x=(i−1)×m+j。

在MATLAB中，还可以利用矩阵下标来产生已知矩阵的子矩阵。下面以举例的方式来

介绍这几种操作方式。

```
>> a=magic(4)
a =
    16     2     3    13
     5    11    10     8
     9     7     6    12
     4    14    15     1
```

a(:,n)表示矩阵 a 的所有行与第 n 列，即提取矩阵 a 第 n 列元素。

```
>> a(:,2)
ans =
     2
    11
     7
    14
```

a(m,:)表示矩阵 a 的第 m 行与所有列，即提取矩阵 a 第 m 行元素。

```
>> a(1,:)
ans =
    16     2     3    13
```

a([m,n],[i,j])表示矩阵的第 m 行与第 n 行的第 i 列和第 j 列，即提取矩阵 a 第 m 行与第 n 行的第 i 列及第 j 列元素。

```
>> a([1,3],[2,4])
ans =
     2    13
     7    12
```

a(m_1:m_2,n_1:n_2)表示矩阵 a 的第 m_1 行至第 m_2 行的第 n_1 列至第 n_2 列，即提取矩阵 a 第 m_1 行至第 m_2 行的第 n_1 列至第 n_2 列的所有元素。

```
>> a(1:3,3:4)
ans =
     3    13
    10     8
     6    12
```

a(m:end,n)表示矩阵 a 的第 m 行至最末行的第 n 列，即提取矩阵 a 从第 m 行至最末行的第 n 列的子块。

```
>> a(1:end,1)
ans =
    16
     5
     9
     4
     15
```

a(:)表示一个列矢量，该矢量的元素按矩阵的列进行排列（受篇幅限制，此例请自行试验）。

还有一种特殊的方式是利用逻辑矩阵提取子矩阵。逻辑矩阵是大小和原矩阵相同，但它的元素值为 0 或者 1 的矩阵。假设 m1，m2 为逻辑向量，可以用 a(m1,m2)来表示 a 的子矩阵，对应 m1，m2 的元素为 1，则取出该位置的值，反之以 0 代替。

```
>> m1=logical([1 0 1 0])                % logical 函数改变矩阵元素类型为逻辑型
m1 =
     1     0     1     0
>> m2=logical([0 1 0 1])
m2 =
     0     1     0     1
>> a(m1,m2)                             % 提取第 1 行与第 3 行的第 2 列与第 4 列的元素
ans =
     2    13
     7    12
```

5. 矩阵处理

（1）矩阵的赋值

矩阵的赋值有全下标方式、单下标方式和全元素方式 3 种方式，如表 2.4 所示。

表 2.4 矩阵赋值方式

赋值方式	使用方法	说明
全下标	a(i,j)=b	给矩阵 a 的部分元素赋值，若 b 为标量，则将 b 的值赋给矩阵 a 中需要赋值的部分元素；若 b 为矩阵，则 b 矩阵的行列数必须等于 a 矩阵需要赋值的部分
单下标	a(s)=b	若 b 为标量，与全下标赋值方式相同；若 b 为矩阵，则 b 中元素个数必须等于 a 矩阵需要赋值部分的个数
全元素	a(:)=b	给 a 矩阵所有元素赋值，若 b 为标量，与全下标赋值方式相同；若 b 为矩阵，则必须和 a 矩阵的元素总数相等，但行列数可以不同

举例如下：

```
>> a=zeros(3,4)
a =
     0     0     0     0
     0     0     0     0
     0     0     0     0
>> a(1:2,1:3)=1
a =
     1     1     1     0
     1     1     1     0
     0     0     0     0
>> a(1:2,1:2)=[2 3; 4 5]
a =
     2     3     1     0
     4     5     1     0
     0     0     0     0
>> a(10:12)=[10 11 12]
a =
     2     3     1    10
     4     5     1    11
     0     0     0    12
>> a(:)=[1 2 3; 4 5 6; 7 8 9; 10 11 12]
a =
     1    10     8     6
     4     2    11     9
     7     5     3    12
```

（2）矩阵元素的删除

在 MATLAB 中，可以利用方括号（[ ]）删除矩阵的某行列，或者它的子矩阵。例如：

```
>> a=magic(3)
a =
     8     1     6
     3     5     7
     4     9     2
>> a(3,:)=[ ]                   % 方括号之间不必有空格
a =
     8     1     6
     3     5     7
>> a(:,2:3)=[ ]
a =
     8
     3
```

（3）矩阵的合并

在 MATLAB 中，也可以使用方括号（[ ]），将小的矩阵合并成一个大矩阵。但需要注意行列数是否匹配。例如：

```
>> a=rand(2)
a =
    0.9157    0.9595
    0.7922    0.6557
>> b=ones(2)
b =
     1     1
     1     1
>> c=[1 2 3]
c =
     1     2     3
>> d=[a b]
d =
    0.9157    0.9595    1.0000    1.0000
    0.7922    0.6557    1.0000    1.0000
>> f=[a; b]
f =
    0.9157    0.9595
    0.7922    0.6557
    1.0000    1.0000
    1.0000    1.0000
>> g=[a c]
Error using horzcat
Dimensions of matrices being concatenated are not consistent.
```

2.4.3 字符串

在 MATLAB 中，字符串是以字符向量的方式来存储的，并用单引号来界定。其中每一个字符（包括空格）以其 ASCII 编码的形式存放，占用 2 字节。

1. 字符串建立

创建字符串最直接的方法就是在单引号内直接输入字符。例如：

```
>> str1='Hello'
str1 =
        Hello
>> str2='Hi MATLAB!'
str2 =
        Hi MATLAB!
>> str3= ='学习MATLAB'
str3 =
        学习MATLAB
>> whos
  Name      Size         Bytes    Class     Attributes
  str1      1x5            10     char
  str2      1x10           20     char
  str3      1x8            16     char
```

从例子中可以看到，字符串可以是一个单词、一句话，同时可以支持中文操作。不论中文、英文，还是标点符号、空格，一律占用 2 字节的存储空间。

多个字符串可以用 Strcat 函数连接在一起。例如，

```
>> str4=strcat(str1,str2,str3)
str4 =
       HelloHi MATLAB!学习MATLAB
```

如果要创建二维字符数组，则要保证每行有相同的长度。如果长度不同，则需要插入空格以达到相等长度。例如：

```
>> str_array=['abcd';'12 3']        % 1与2之间无空格，2和3之间有1个空格
str_array =
              abcd
              12 3
```

2. 字符串处理

常用的字符串处理函数如表 2.5 所示。

表 2.5 字符串处理函数

函数名	功能说明
length	计算字符串长度
double	将字符串转换为 ASCII 码
char	将 ASCII 码转换为字符串
ischar	用来判断某个变量是否为字符串，若是则返回 1
strcmp(x,y)	比较字符串 x 和 y 的内容是否相同，相同则返回值为 1
findstr(x,x_1)	寻找某个长字符串中是否有子字符串 x_1，并返回位置。如示例中，'MAT'这个子字符串出现在 str2 的第 4 个位置
eval	执行字符串表示的命令函数
deblank(x)	删除字符串尾部的空格

表 2.5 中的函数举例如下：

```
>> length(str1)
ans =
    5
```

```
>> tmp=double(str1)
tmp =
    72   101   108   108   111
>> char(tmp)
ans =
     Hello
>> ischar(str1)
ans =
    1
>> strcmp(str1,str2)
ans =
    0
>> findstr(str2,'MAT')
ans =
    4
>> str='2*3'
str =
    2*3
>> eval(str)
ans =
    6
```

表 2.5 只列举了一些比较常用的字符串处理函数，更多更丰富的函数可在 MATLAB 的帮助中找到。

由于 MATLAB 将字符串以相对应的 ASCII 码储存成一个行向量，因此如果字符串直接进行数值运算，则其结果就变成了一般的数值向量，而不再是字符串了。

```
>> str=['abc']
str =
     abc
>> array=[1,2,3]
array =
    1     2     3
>> str+array
ans =
     98   100   102
```

2.4.4 逻辑量

逻辑量的类型只有两种，即逻辑真和逻辑假，在 MATLAB 中可以用 1 和 0 来表示。应用特定的逻辑函数或者运算符，可以判断某个逻辑条件是否满足。第 3 章将详细讲解基于 MATLAB 逻辑量的逻辑运算。

2.4.5 多维矩阵

多维矩阵可视为二维矩阵的扩展。在矩阵中，人们习惯把第 1 个下标叫作行，第 2 个下标叫作列。在多维矩阵则需要更多的下标来实现索引。三维矩阵的第 3 个下标称为“页”，若再多出第四维，则称为“箱”。由此类推可至 n 维。如下标(2,3,2)表示三维矩阵的第 2 行、第 3 列、第 2 页的元素。

多维矩阵可以通过手工输入的方式创建，例如：

```
>> a=[1 2;3 4]
a =
     1     2
     3     4
>> a(:,:,2)=[5 6; 7 8]
a(:,:,1) =
     1     2
     3     4
a(:,:,2) =
     5     6
     7     8
```

更高维矩阵可以用这种方式扩展。

多维矩阵同样也可以使用 zeros、ones、rand 和 randn 函数直接创建，例如：

```
>> b=rand(2,2,2,2)
b(:,:,1,1) =
    0.0357    0.9340
    0.8491    0.6787
b(:,:,2,1) =
    0.7577    0.3922
    0.7431    0.6555
b(:,:,1,2) =
    0.1712    0.0318
    0.7060    0.2769
b(:,:,2,2) =
    0.0462    0.8235
    0.0971    0.6948
```

多维矩阵还可以通过一些特定函数产生，这些函数如表 2.6 所示。

表 2.6　　多维矩阵函数

函数名	功能说明
cat(维度,p1,p2…)	在第一个参数指定的维度中，将 p_1 和 p_2 两个矩阵连接起来。如下面的例子中，c 矩阵就是在第二维将 a、b 矩阵连接起来， d 矩阵则是在第三维将 a、b 矩阵连接
repmat(p,[行 列 页…])	将 p 矩阵作为模块元素，重复放在由后面参数设定大小的矩阵中
reshape(p, [行 列 页…])	将 p 矩阵改变为后面设定的矩阵形状，但是矩阵的元素个数不能改变

产生多维矩阵的函数举例如下：

```
>> a=[1 2; 3 4]          % 先定义二维矩阵 a，b
a =
     1     2
     3     4
>> b=[1 1; 2 2]
b =
     1     1
     2     2
>> c=cat(2,a,b)
c =
     1     2     1     1
     3     4     2     2
>> d=cat(3,a,b)
```

```
d(:,:,1) =
     1     2
     3     4
d(:,:,2) =
     1     1
     2     2
>> repmat(a,[1 2 3])
ans(:,:,1) =
     1     2     1     2
     3     4     3     4
ans(:,:,2) =
     1     2     1     2
     3     4     3     4
ans(:,:,3) =
     1     2     1     2
     3     4     3     4
>> reshape(c,[2 2 2])
ans(:,:,1) =
     1     2
     3     4
ans(:,:,2) =
     1     1
     2     2
```

同时，MATLAB 提供了一些函数来获取多维数组的属性，如表 2.7 所示。

表 2.7　　多维数组属性函数

函数名	功能说明
ndims(a)	返回矩阵 a 的维数
size(a)	将矩阵 a 各维的大小依次返回
size(a,x)	将矩阵 a 的第 x 维的大小返回
length(a)	将矩阵 a 中的某一维的最大值返回，相当于 max(size(a))

例如：

```
>> array_3=repmat(a,[1 2 3])
array_3(:,:,1) =
     1     2     1     2
     3     4     3     4
array_3(:,:,2) =
     1     2     1     2
     3     4     3     4
array_3(:,:,3) =
     1     2     1     2
     3     4     3     4
>> ndims(array_3)
ans =
     3
>> size(array_3)
ans =
     2     4     3
>> size(array_3,2)
ans =
```

```
    4
>> length(array_3)
ans =
    4
```

2.4.6 元胞

矩阵中所有元素要么都是数值，要么都是字符，即矩阵中所有元素的类型必须相同。元胞（cell）类似于矩阵的结构，可以用来存放各种不同类型的数据。元胞中的元素可以是数值、字符、矩阵、字符串，甚至是元胞本身。可以将其理解为一个元素多元化的矩阵。

元胞可以是任意维的，每一个元胞以下标区分。标注方式和矩阵相同。

1. *元胞的建立*

元胞有3种建立方式。

（1）第1种方式是直接使用大括号（{}），手动输入。例如：

```
>> A={'This is a cell.',[1 2;3 4]; rand(3), {'subcell', [1,2,3]}}
A =
    'This is a cell.'    [2×2 double]
         [3×3 double]    {1×2 cell  }
>> whos A
  Name      Size         Bytes      Class    Attributes
  A         2×2          844        cell
```

从例子中可以看到，元胞可以是字符串、数组、元胞数组等各种数据类型，并且不受数据的大小限制。

（2）第2种方式是以元胞来依次对元素赋值，生成元胞。例如：

```
>> B(1,1)={'This is a cell.'}
B =
    'This is a cell.'
>> B(2,1)=[2 3]
Conversion to cell from double is not possible.
 >> B(2,1)={[2 3]}
B =
    'This is a cell.'
    [1×2 double]
```

从例子中可以看到，当给第一个元素赋值表明是一个元胞时，B就变成了元胞。因此，再对B的其他元素赋值时，都必须使用元胞，否则就会出现例中的错误。

（3）第3种方法是利用大括号（{}）索引，创建各元胞元素。这种方式和第2种建立方式很相似，容易混淆。例如：

```
>> C{1,1}= 'This is a cell.'
C =
    'This is a cell.'
>> C{2,1}=[1 2 3]
C =
    'This is a cell.'
    [1×3 double]
```

从例子中可以看到，这种方式和括号索引结果是相同的。括号索引指向的是普通矩阵元素，因此赋值时需要添加大括号。大括号的索引方式，特指的是元胞的元素内容，因此可以直接赋值。这种区别在后面部分会有更好的体现。

2. 元胞的显示

由于元胞其内部存储数据结构的复杂性，MATLAB 的显示方式与普通矩阵略有不同。例如：

```
>> A
A =
   'This is a cell.'    [2×2 double]
        [3×3 double]    {1×2 cell  }
>> A(2,1)
ans =
   [3×3 double]
>> A{2,1}
ans =
    0.3171    0.4387    0.7952
    0.9502    0.3816    0.1869
    0.0344    0.7655    0.4898
```

在此例中，可以区别括号索引和大括号索引两种方式的不同。

若要求完全显示元胞中的所有元素，则可以使用 celldisp 函数。例如：

```
>> celldisp(A)
A{1,1} =
          This is a cell.
A{2,1} =
    0.3171    0.4387    0.7952
    0.9502    0.3816    0.1869
    0.0344    0.7655    0.4898
A{1,2} =
     1     2
     3     4
A{2,2}{1} =
           subcell
A{2,2}{2} =
     1     2     3
```

还可以使用 cellplot 函数，将元胞以图的方式显示出来，如图 2.4 所示。例如：

```
>> cellplot(A)
```

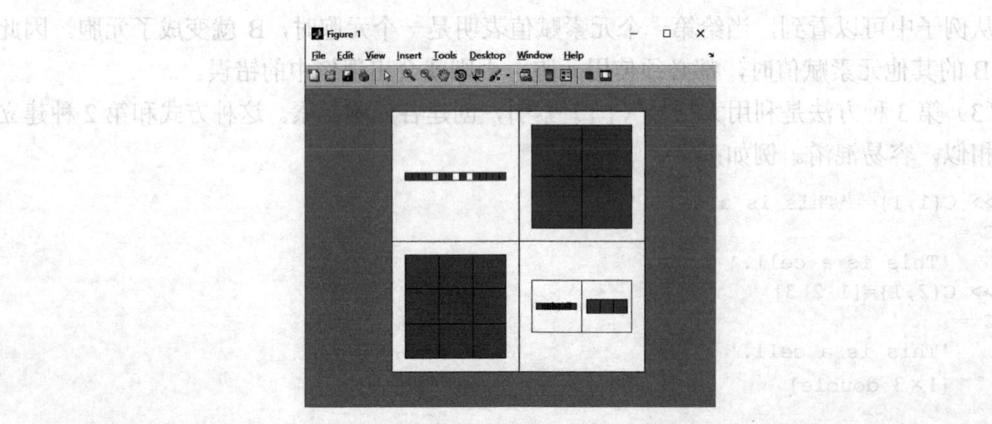

图 2.4　元胞显示图

3. 获取元胞的内容

可以通过如下 3 种方式获取元胞的内容。

（1）第 1 种方式是获取元胞中某元素的内容。例如：

```
>> x1=A{1,2}
x1 =
     1     2
     3     4
>> x2=A{1,2}(2,2)
x2 =
     4
```

注意，此处的 x1 是矩阵，x2 是标量。

（2）第 2 种方式是获取元胞中的元胞。例如：

```
>> x3=A(1,2)
x3 =
    [2×2 double]
>> whos x3
  Name      Size        Bytes     Class    Attributes
  x3        1×1          144      cell
```

此处的 x3 是一个元胞，而非矩阵。

（3）第 3 种方式是使用 deal 函数一次获取元胞的多个元素中的内容。例如：

```
>> [x4 x5 x6]=deal(A{[1,2,4]})
x4 =
    This is a cell.
x5 =
    0.3171    0.4387    0.7952
    0.9502    0.3816    0.1869
    0.0344    0.7655    0.4898
x6 =
    'subcell'    [1×3 double]
```

2.4.7 结构

同元胞一样，结构也可以存储不同类型的数据。与元胞相比，结构内容更加丰富，应用也更加广泛。一个结构由多个域组成，每个对象表示不同类型的数据。例如，结构的对象可以表示一个学生的姓名、成绩等各种信息。每个对象都具有这些属性，但是属性的值是不同的，因此可以用结构来存放不同的对象。

结构数组的基本组成是结构，每一个结构都包含了多个域。例如，多个学生组成一个结构数组，一个学生就是其中的一个结构，学生的属性（姓名、成绩等）就是一个域。数据不能直接存放在结构中，只能存放在域中。域可以存放任何类型、任何大小的数据。

1. 结构数组的创建

第 1 种方法是直接输入方式。例如：

```
>> student.name='Thomas';
>> student.number=201601;
>> student.score=[85 90]
```

```
student =
     name: 'Thomas'
     number: 201601
     score: [85 90]
>> student(2).name='Lucy';
>> student(2).number=201602;
>> student(2).score=[80 85]
student =
1×2 struct array with fields:
    name
    number
    score
```

第 2 种方法是利用结构函数创建结构。例如，使用 struct 函数创建结构数组，使用方法是：

```
>> student=struct('name','Thomas','number','201601','score',[85 90])
student =
     name: 'Thomas'
     number: '201601'
     score: [85 90]
```

在括号中，奇数的变量表示域名，偶数的变量表示域的值。

2. 结构数组的操作

（1）获取结构数组的内容

下面的例子中分别使用了 3 种不同命令获取结构数组的内容，其返回的结果也是不同的。

```
>> student
student =
    1×2 struct array with fields:
    name
    number
    score
>> student(1)
ans =
     name: 'Thomas'
     number: 201601
     score: [85 90]
>> student(1).name
ans =
     Thomas
```

也可以使用 getfield 函数获取结构数组的数据，其使用方法是：

```
getfield(array,{array_index},field,{field_index})
```

其中，array 是结构数组名，array_index 是结构的下标，field 是域名，field_index 是域中元素的下标。例如：

```
>> getfield(student,{1},'score',{2})
ans =
    90
```

（2）获取结构数组的域名

可以使用 fieldnames 函数获取结构数组的域名。例如：

```
>> fieldnames(student)
ans =
    'name'
    'number'
    'score'
```

（3）添加或修改结构数组的域

使用 setfield 函数添加或者修改结构数组的域，其使用方法是：

```
setfield(array,{array_index},field,{field_index})
```

其中，array 是结构数组名，array_index 是结构的下标，field 是域名，field_index 是域中元素的下标。例如：

```
>> student=setfield(student,{1},'weight',60)
student =
    1×2 struct array with fields:
    name
    number
    score
    weight
```

2.5 MATLAB 工作空间

工作空间是由系统所提供的特殊变量和用户自己使用过程中生成的所有变量组成的一个概念上的空间。

MATLAB 启动后，系统会自动建立一个工作空间。这时的工作空间内只包含系统所提供的一些特殊变量，如 pi、eps、nan、i 等，之后会逐渐增加一些用户自己定义的变量。如果不采用诸如 clear 之类的指令来删除变量，这些变量就会一直存在下去，直到用户关闭 MATLAB 释放工作空间后才会消失。

在进行各种运算时，MATLAB 的工作区域可分为基本工作空间（Base Workspace）和暂时工作空间（Temporality Workspace）。基本工作空间与暂时工作空间中的变量不会交叉，即基本工作空间与暂时工作空间的变量可以取一样的名字，但是代表的是两个变量。一般运算时，各变量储存在基本工作空间中，并随命令进行更新，只要 MATLAB 不退出或执行特定清除命令，变量就会一直存在于基本工作空间中。在执行某函数时，即进入该函数的暂时工作空间，对其内部的运算不会影响基本工作空间的变量。当函数执行完毕时，暂时工作空间及其内容将被自动删除。

2.5.1 MATLAB 工作空间的存取

MATLAB 在每次启动时，基本工作空间中没有用户定义的变量。一旦关闭 MATLAB，基本工作空间所有的变量就会自动清除。当用户使用 MATLAB 进行复杂运算时，得到的数据有可能需要在下次运算中再次使用。为了避免重复操作，MATLAB 提供了工作空间存取方法。利用这些方法，我们可以在退出 MATLAB 前，将工作空间中的变量存储起来，下一次运算时再导入这些数据，以继续上次的操作。MATLAB 工作空间保存文件是以 mat 作为文件扩展名的。

MATLAB 中，工作空间存取主要由 save 和 load 命令来实现。

1．save 命令

保存当前工作空间。主要用法包括以下 4 种。

（1）save filename：将工作空间中的所有变量保存到名为 filename 的.mat 文件中。例如：

```
>> save mywork          % 将工作空间中的所有变量保存到 mywork.mat 文件中
```

执行完 save 命令后，在当前工作目录下会出现 mywork.mat 文件。如果当前工作目录下已有 mywork.mat 文件，再次执行 save 指令会重复覆盖 mywork.mat 文件。如果没有指定文件名，则自动会生成 matlab.mat 文件。

（2）save filename x y：将工作空间的 x、y 变量保存到名为 filename 的.mat 文件中。这种用法是指定变量进行保存。例如：

```
>> save mywork a b      % 将工作空间的 a、b 变量保存到 mywork.mat 文件中
```

（3）save filename -regexp patl pat2：将工作空间中符合表达式要求的变量保存到 filename.mat 文件中。

上面保存的 MAT 文件是以二进制的方式储存工作空间中的变量。这样文件会比较小，而且在导入时速度较快，但无法用普通的文本软件（如记事本等）直接打开看到文件内容。若想看到文件内容，则必须加上-ascii 选项。但若非有特殊需要，应该尽量以二进制方式储存工作区变量。

（4）save filename –ascii：将工作空间中的变量以八进制保存到名为 filename 的 ASCII 文件中。例如：

```
>> save mywork -ascii   % 工作空间中的变量以八进制保存到名为 mywork 的 ASCII 文件中，可以用记事本打开可读
```

2. load 命令

导入保存的数据文件来恢复工作空间。主要用法包括以下 4 种。

（1）load filename：将名为 filename 的.mat 文件中的所有变量读入内存中。例如：

```
>> load mywork          % 将 mywork.mat 导入到工作空间中
```

执行完 load 命令后，mywork.mat 文件中的所有变量都将导入到工作空间中。如果当前工作目录和搜索路径下都没有 mywork.mat 文件，则会报错，并提示没有 mywork.mat 文件。如果没有指定文件名，则会自动搜寻 matlab.mat 文件并导入。

（2）load filename x y：将名为 filename 的.mat 文件中的 x、y 变量读入内存。这种用法是指定变量进行导入。例如：

```
>> load mywork a b      % 将 mywork.mat 文件中的 a、b 变量导入到工作空间中
```

（3）load filename -regexp patl pat2：将名为 filename 的.mat 文件中符合表达式要求的变量读入内存。

（4）load filename x y –ascii：将名为 filename 的 ASCII 文件中的 x、y 变量读入内存。

上述命令中，filename 可以带有路径，但不用带扩展名。x、y 代表变量名称，个数不限，但名称之间必须以空格来分隔。-ascii 参数表示数据将以 ASCII 格式来处理，生成的文件可以使用文本编辑器来编辑，一般适用于数据较多的文件。如果命令行后面没有-ascii 参数，在

默认情况下，数据将以二进制格式来处理，生成以 mat 为扩展名的文件。

除了使用命令对工作空间进行存取之外，MATLAB 也支持用户在主窗口中对工作空间的操作。用户可以单击 HOME 功能下的 VARIABLE 子功能中的“Save Workspace”按钮，将所有变量保存到.mat 文件中。如果要保存工作空间中的部分变量，则可以在工作空间浏览器中同时选中这些变量，然后右击，在弹出的快捷菜单中选择“Save As...”命令，将选择的变量保存到.mat 文件中。

类似的，也可以在主窗口中加载数据。通过单击 HOME 功能下的子功能 VARIABLE 中的“Import Data”按钮，然后选择已保存的.mat 文件，加载变量。

2.5.2 MATLAB 工作空间管理命令

除了 save 与 load 命令外，MATLAB 还提供了很多工作空间管理命令，支持通过命令窗口进行管理。

1. who 命令

who 命令简要列出了工作空间中的所有变量名。例如：

```
>> who
Your variables are:
a b c
```

2. whos 命令

whos 命令详细列出了工作空间变量名，包括名称、大小、字节、类型等信息。例如：

```
>> whos
  Name      Size      Bytes     Class     Attributes
  a         3×3        72       double
  b         1×3        24       double
  c         2×2        32       double
```

3. clear 命令

clear 命令可以清除工作空间中缓存的变量。在程序设计中，初始化函数常会加入 clear 命令，以防止工作空间中缓存的变量对程序造成影响。

4. pack 命令

该命令可以整理工作空间内存，将变量存在硬盘上，防止大计算量时内存溢出情况的发生。当用户创建一个变量或运行一个 M 文件中的函数时，MATLAB 会为这些变量和函数分配相应的内存空间。由于用户的计算机配置不同，MATLAB 有可能会出现内存溢出的现象，使计算机无法继续工作。当用户使用 clear 命令删除变量时，MATLAB 就释放这些变量和函数所占用的空间。但是若多次执行该命令后，就不可避免会出现内存碎片，即此时 MATLAB 的内存空间充斥着大量碎小的闲置内存包围的许多变量。由于 MATLAB 开辟内存空间时总是会使用连续的空闲区域，故这些内存碎片对 MATLAB 而言变得不再可用。为了解决这些问题，MATLAB 提供了 pack 命令，该命令能清空工作区，并将原有变量重新载入工作区中。这样，所有的内存碎片就合并为一个大的、可用的内存块。用户可根据自己机器上有多少内存可分配给 MATLAB、该 MATLAB 程序已经运行了多长时间以及用户所创建的变量数等条件来决定是否使用 pack 命令。

5. size 命令

该命令列出变矩阵的大小。例如：

```
>> size(a)
ans =
     3     3
```

其中，第一个值为行，第二个值为列。若为多维矩阵，依此类推。

6. disp 命令

该命令显示变量的值。例如：

```
>> disp(a)
     8     1     6
     3     5     7
     4     9     2
```

7. length 命令

该命令显示向量的大小。其用法等同于 max(size(a))。

2.6 MATLAB 的其他命令

MATLAB 还提供了非常多的管理命令供用户使用，掌握这些命令对于用户熟练使用 MATLAB 非常重要。下面归纳列出了 MATLAB 常用的命令，供读者自己练习。

1. 管理命令和函数

① help：在线帮助文件。

② doc：装入超文本说明。

③ what：MATLAB 的文件夹列表。

what：列举当前文件夹的路径，并列出所有文件和文件夹有关的在 MATLAB 当前文件夹中找到的路径。文件列出的是 M、MAT、MEX、MDL 和 P-文件。文件夹列出所有的类和包。

④ type：显示文件内容。

type filename：在 MATLAB 的命令窗口中显示指定文件的内容信息。

⑤ lookfor：通过 help 条目搜索关键字。

⑥ which：定位函数和文件。

⑦ demo：运行演示程序。

⑧ path：控制 MATLAB 的搜索路径。

2. 与文件和操作系统有关的命令

① cd：改变当前工作目录。

w = cd：将当前工作目录名称赋值给变量 w。

cd('directory')：将当前工作目录设置为 directory，使用 directory 的全路径名称。

cd('..')：改变工作目录为当前工作目录的上一级目录。

cd directory：cd 函数调用格式的非引用格式。

② dir：列举当前文件夹里（或指定文件夹）所有的文件与文件夹。结果不排序，按照操作系统中的顺序列举。

dir(name)：列举特定的文件。name参数可以是路径名称、文件名称或路径名称加文件名称。用户可以使用绝对路径、相对路径和通配符（*）。

files = dir('dirname')：同上，不过把文件名与文件夹名保存到file中，非常适合做文件（夹）列举、循环文件夹读取等。

③ delete：删除文件/图形对象。当使用delete来删除时，MATLAB不会询问是否要删除。

delete(filenamel,filename2,...)：删除相应的文件，其中filenamel和filename2是文件名字符串。

delete(h)：删除对应的图形对象，其中，h为图形对象句柄功能。

delete(handle_array)：删除对应句柄的对象，其中，输入handle_array为句柄向量。

④ getenv：获取环境变量值。

getenv name：为字符串name搜索底层操作系统的环境列表，形式为name=value。其中，name是输入字符串。如果找到了环境变量，则MATLAB软件返回字符串的值。如果指定的名称不能找到，则返回一个空矩阵。

N = getenv('name')：返回与name相对应的value值给变量N。

⑤ !：感叹号后面的输入是操作系统的命令或者可执行程序。

! dir：在感叹号后面指定要执行的程序或者命令。

⑥ unix：执行一个UNIX命令并返回结果。

unix command：呼叫UNIX操作系统执行给定的命令。

status = unix('command')：返回完成命令的状态变量。

[status, result] = unix('command')：返回标准输出到结果的变量，除了完成状态。

[status, result] = unix('command', '-echo')：强行输出到命令窗口，即使它正在成为一个变量分配。

⑦ diary：保存会议文件。

diary filename：导致所有后续命令窗口中输入复制和由此产生的命令窗口输出的大部分被追加到指定的文件。如果没有指定文件，使用文件名diary。

diary off/on：暂停/打开diary。

3. 控制命令窗口

① edit：设置命令行编辑。

② clc：清空命令窗口。

③ clf：清除当前图形窗口的内容。

④ home：光标置左上角。

⑤ more：在命令窗口中控制分页输出。

4. 启动和退出MATLAB

① quit：退出MATLAB。

② startup：引用MATLAB时所执行的M文件。

5. 一般信息

① info：MATLAB系统信息及MathWorks公司信息。

② subscribe：成为MATLAB的订购用户。

③ hostid：MATLAB服务器主机标识号码。

id = hostid：通常返回一个单个元素的单元数组，其中包含标识符的字符串。在 UNIX 平台上，可以有一个以上的标识符。在这种情况下，hostid 返回一个单元数组，其中的每一个单元对应一个标识符。

④ whatsnew：MathWorks 产品发布说明。

⑤ ver：MathWorks 产品的版本信息。

ver 命令显示头信息包含当前 MathWorks 产品系列的版本号、许可证号码、操作系统和 Sun 微系统 JVM 软件版本的 MATLAB 产品。其次是针对 MATLAB、Simulink、toolbox 等其他已安装的所有 MathWorks 产品的信息。

ver product：显示头信息包含当前 MathWorks 的产品系列的版本号、许可证号码、操作系统和 Sun 微系统 JVM 软件版本的 MATLAB 产品，以及 product 产品的当前版本号。

v = ver('product')：返回版本信息的结构数组，有产品名称、版本、发行日期等。

课后习题

1．与其他高级语言相比，MATLAB 有哪些功能？

2．访问 MathWorks 公司的主页，查询有关 MATLAB 的产品信息。

3．如何理解“矩阵是 MATLAB 最基本的数据对象”？

4．建立一个长度为 10 的向量，第一值为 2，后面的元素依次递增 0.5。

5．建立一个 4 阶的魔方矩阵，删除其第 3 行，然后将第 2 列的元素改为 0。

6．已知方程组 $\begin{cases} x1-2x2+x3=2 \\ 3x1+x2-2x3=3 \\ x1-5x2+3x3=4 \end{cases}$，求解线性方程组。

7．在字符串'MATLAB'中，将每个字符都变成小写，例如'A'变为'a'。

8．使用 randn 函数，建立一个 3 阶矩阵 a，用另一方阵 b 记录 a 中大于 0 的元素的位置。例如，对应 a 中的元素大于 0，b 中该元素为 1，否则为 0。

9．建立一个三维数组 a，第 1 页为 $\begin{bmatrix} 1 & 2 \\ 3 & 4 \end{bmatrix}$，第 2 页为 $\begin{bmatrix} 2 & 1 \\ 4 & 3 \end{bmatrix}$，第 3 页为 $\begin{bmatrix} 0 & -1 \\ 1 & 6 \end{bmatrix}$，然后重排为一个 3 行 2 列 2 页的数组。

10．熟悉 MATLAB 常用的命令。

第3章 MATLAB数值运算

在MATLAB中，一切数据均以矩阵的形式出现。相比其他语言，MATLAB在矩阵运算方面具有强大的功能，它提供了多种运算和函数对矩阵进行操作。MATLAB的数值运算包括两种：一种是针对整个矩阵的数学运算，称之为矩阵运算，如求矩阵的行列式的函数det()；另一种是针对矩阵的每一个元素进行运算的函数，称之为矩阵元素的运算，如求矩阵每一元素的正弦值的函数sin()。

本章将介绍矩阵的基本运算功能和常用矩阵函数，以及运用MATLAB求解多项式和线性方程组的方法。

3.1 基本运算功能

3.1.1 算术运算

MATLAB算术运算可以分为两类：一类以矩阵为基本操作对象，称之为矩阵算术运算；另一类以矩阵中单个元素为基本操作对象，称之为点算术运算。

1. 矩阵的加法与减法

矩阵可以做加减运算。计算原则是矩阵中位置相对应的元素做加减运算，因此参与运算的矩阵大小必须相同。例如：

```
>> a=[1,2,3;4,5,6]
a =
     1     2     3
     4     5     6
>> b=ones(2,3)
b =
     1     1     1
     1     1     1
>> a+b
ans =
     2     3     4
     5     6     7
>> a-b
ans =
     0     1     2
```

```
     3     4     5
```

2. 矩阵的乘法

矩阵的乘法分为直接相乘与点乘。

两个矩阵的直接相乘必须满足矩阵乘法的运算法则，即被乘矩阵的行数必须等于乘矩阵的列数。例如：

```
>> c=eye(3,2)
c =
     1     0
     0     1
     0     0
>> a*c
ans =
     1     2
     4     5
```

这里需要注意，矩阵的乘法是不满足交换律的。

两个矩阵的点乘为两个矩阵对应的元素相乘，因此两个矩阵的大小必须相等。例如：

```
>> d=c'            % d为c的转置矩阵
d =
     1     0     0
     0     1     0
>> a.*d
ans =
     1     0     0
     0     5     0
```

3. 矩阵的除法

矩阵的除法有左除与右除，也有直接相除和点除，即 A\B 和 A/B、A.\B 和 A./B。

运算符“\”和“/”分别是左除和右除。左除表示左边的矩阵为除数。相应的，右除表示右边的数为除数。例如：

```
>> A=1;B=2;
>> A\B
ans =
     2
>> A/B
ans =
    0.5000
```

需要注意的是，左除和右除是按照矩阵除法的运算法则。当 A、B 都为矩阵时，A/B=A*inv(B)，而 A\B=inv(A)*B，它们之间的关系为 A/B=((B'\A')')。例如：

```
>> a=magic(3)
a =
     8     1     6
     3     5     7
     4     9     2
>> b=pascal(3)
b =
     1     1     1
     1     2     3
```

```
     1     3     6
>> a/b
ans =
    27   -31    12
     1     2     0
   -13    29   -12
>> a*inv(b)                % b 为矩阵时，inv(b)为 b 的逆矩阵
ans =
    27   -31    12
     1     2     0
   -13    29   -12
>> a\b
ans =
    0.0667    0.0500    0.0972
    0.0667    0.3000    0.6389
    0.0667    0.0500   -0.0694
>> inv(a)*b
ans =
    0.0667    0.0500    0.0972
    0.0667    0.3000    0.6389
    0.0667    0.0500   -0.0694
>> a/b-(b'\a')'
ans =
     0     0     0
     0     0     0
     0     0     0
```

矩阵的除法常用来解多元方程组的问题。方程组可以表示为 A*X=B，则

```
A\(A*X)=A\B
(A\A)*X=A\B
X=A\B
```

当 A 是非奇异 n 阶方阵，B 是 n 维列向量，则得出方程的解；若 A 是 $m\times n$ 的矩阵，B 是 m 维的列向量，则 X=A\B 得出最小二乘解。

【例 3.1】 已知方程组 $\begin{cases}2x_1 - x_2 + 3x_3 = -1 \\ x_1 + x_2 - 5x_3 = 6 \\ 3x_1 - 2x_2 + x_3 = 2\end{cases}$，用矩阵除法来解线性方程组。

解：将该方程组转换为 $AX = B$ 的形式。其中

$$A=\begin{bmatrix}2 & -1 & 3\\ 1 & 1 & -5\\ 3 & -2 & 1\end{bmatrix},\quad B=\begin{bmatrix}-1\\ 6\\ 2\end{bmatrix}$$

```
>> a=[2 -1 3;1 1 -5; 3 -2 1]
a =
     2    -1     3
     1     1    -5
     3    -2     1
>> b=[-1 6 2]'
b =
    -1
     6
```

```
    2
>> a\b
ans =
   1.0000
   0.0000
  -1.0000
```

A.\B 和 A./B 分别是左点除和右点除，分别表示以左边和右边的矩阵作为除数；A、B 的元素对应相除，A、B 矩阵的大小必须相等。例如：

```
>> a=magic(2)
a =
     1     3
     4     2
>> b=[1 2; 3 4]
b =
     1     2
     3     4
>> a.\b
ans =
    1.0000    0.6667
    0.7500    2.0000
>> a./b
ans =
    1.0000    1.5000
    1.3333    0.5000
```

4. 矩阵的乘方

矩阵的乘方运算可以用 A^B 表示，但有如下 4 种情况需要考虑。

（1）若 A 为矩阵，则必须为方阵

① B 为正整数时，表示 A 矩阵自乘 B 次。

② B 为负整数时，可以先将 A 求逆矩阵，再自乘|B|次，仅对非奇异矩阵成立。

③ B 为矩阵时，无法计算。

④ B 为非整数时，涉及到特征值和特征向量求解，将 A 分解成为 A=W*D/W 的形式，D 为对角矩阵，则有 A^B=W*D^B/W。

（2）若 A 为标量时

B 为矩阵，将 A 分解为 A=W*D/W 的形式，D 为对角矩阵，则有 A^B= W*diag(D.^B)/W。例如：

```
>> x1=[1 2;3 4]
x1 =
     1     2
     3     4
>> x2=eye(2)
x2 =
     1     0
     0     1
>> x1^2
ans =
     7    10
    15    22
>> x1^-1
```

```
ans =
   -2.0000    1.0000
    1.5000   -0.5000
>> x1^x2
Error using ^
Inputs must be a scalar and a square matrix.
To compute elementwise POWER, use POWER (.^)
instead.
>> x1^0.5
ans =
   0.5537 + 0.4644i   0.8070 - 0.2124i
   1.2104 - 0.3186i   1.7641 + 0.1458i
>> 2^x1
ans =
   10.4827   14.1519
   21.2278   31.7106
```

（3）矩阵的乘方也有 A^B 的方式

① 当 A 为矩阵，B 为标量时，将 A 的元素自乘 B 次。

② 当 A 为矩阵，B 也为矩阵时，A 和 B 的大小必须相同，元素 A(i,j)自乘 B(i,j)次构成新矩阵的第(i,j)个元素。

（4）当 A 为标量，B 为矩阵时，将 A^ B(i,j)构成新矩阵的第(i,j)个元素。

例如：

```
>> x1.^2
ans =
     1     4
     9    16
>> 2.^x1
ans =
     2     4
     8    16
>> x1.^x2
ans =
     1     1
     1     4
```

5. 矩阵相关的数学函数

MATLAB 中，还有很多对标量处理的数学函数可以直接应用在矩阵上，这些运算分别对矩阵中的每一个元素进行运算。具体的说明如表 3.1 所示。

表 3.1 矩阵数学函数

函数名	说明	函数名	说明
abs	绝对值或者复数模	rat	有理数近似
sqrt	平方根	mod	模除求余数
real	实部	round	四舍五入取整
imag	虚部	fix	接近 0 取整
conj	复数共轭	floor	接近-∞取整
sin	正弦	ceil	接近+∞取整
cos	余弦	sign	符号函数

续表

函数名	说明	函数名	说明
tan	正切	rem	求余数函数
asin	反正弦	exp	自然指数
acos	反余弦	log	自然对数
atan	反正切	log10	以 10 为底的对数
aaan2	第四象限反正切	pow2	2 的幂
sinh	双曲正弦	bessel	贝塞尔函数
cosh	双曲余弦	gamma	伽马函数
tanh	双曲正切		

点运算符是 MATLAB 中独具特色的运算符，具有非常重要的作用，而且初学者也容易出错。建议初学者多加练习，熟练掌握。

3.1.2 逻辑运算

在逻辑运算中，真用非零元素表示，假用零表示。逻辑运算的返回值为 1 或 0，1 表示真，0 表示假。MATLAB 和其他语言一样提供了 3 种逻辑运算符：&（与）、|（或）和～（非）。除此以外，xor（异或）也是经常用到的逻辑运算类型。逻辑运算关系如表 3.2 所示。

表 3.2 逻辑运算关系

a	b	a&b	a|b	~a	xor(a,b)
0	0	0	0	1	0
0	1	0	1	1	1
1	0	0	1	0	1
1	1	1	1	0	0

对于不同的数据类型，逻辑运算的操作方式也不同。例如：

① 如果逻辑运算的两个变量都是标量，则结果为 0、1 的标量。

② 如果逻辑运算的两个变量都是数组，且数组大小必须相同，则把数组的每个元素相对应位置进行操作，结果也是同样大小的 0、1 数组。

③ 如果逻辑运算的两个变量一个是数组，一个是标量，则把数组的每个元素分别与标量比较，结果为与数组大小相同的数组。

逻辑运算符如表 3.3 所示。

表 3.3 MATLAB 中的逻辑运算符

逻辑运算符	操作对象	说明
&	同型矩阵；矩阵和标量	同型矩阵对应元素分别相与；矩阵元素各元素与标量分别相与
|	同型矩阵；矩阵和标量	同型矩阵对应元素分别相或；矩阵元素各元素与标量分别相或
～	单个矩阵	矩阵元素分别取非

逻辑运算举例如下：

```
>> A=[-2 0 3 1];B=[2 0 0 -1];
>> C=A&B
C =
     1     0     0     1
>> D=A|B
D =
     1     0     1     1
>> E=~A
E =
     0     1     0     0
```

3.1.3 关系运算

在进行逻辑运算时，常用到关系运算符：==（等于）、~=（不等于）、<（小于）、>（大于）、<=（小于等于）、>=（大于等于）。关系运算的返回值为 1 或 0，1 表示表达式为真，0 表示表达式为假。MATLAB 提供了 6 种关系运算符，如表 3.4 所示。

表 3.4　　MATLAB 中的关系运算符

关系运算符	操作对象	说明
>（大于）	同型矩阵；矩阵和标量	同型矩阵中对应元素运算；矩阵各元素与标量分别运算
<（小于）		
>=（大于等于）		
<=（小于等于）		
==（等于）		
~=（不等于）		

需要说明的是，在算术、逻辑、关系运算中，算术运算优先级最高，逻辑运算优先级最低，关系算术运算优先级居中。

在 MATLAB R2015b 版本中，还提供了先决逻辑操作符&&（先决与）和 ||（先决或）。&&运算符会当左边的运算结果为真时，才继续执行该符号右边的运算符。||运算符是当左边的运算符为真时，就不会执行右边的运算符。例如：

```
>> a=1;              % 此处没有定义 b 的值
>> (a= =0)&&(b= =2)  % 由于左边的运算 a= =0 结果为假，故不需要计算右边了
ans =
     0
>> (a = = 0)&(b = = 2)
Undefined function or variable 'b'.
```

在逻辑、关系运算中，MATLAB 除了提供逻辑、关系运算符外，还提供了很多逻辑、关系运算函数。表 3.5 给出了一些常用的逻辑、关系运算函数。

表 3.5　　MATLAB 中常用的逻辑、关系运算函数

函数名	含义
All	判断列向量是否全为非 0 元素，若全是非 0 则为 1，否则返回 0
Any	判断列向量是否有非 0 元素，若存在非 0 则为 1，否则返回 0

续表

函数名	含义
Isequal	判断两个矩阵对应的元素是否全都相等，相等为 1，否则返回 0
Exist	检查变量是否在工作空间存在，存在时返回 1，否则返回 0
Find	寻找矩阵中非 0 元素的位置，即返回非 0 元素的下标，注意矩阵以列优先原则返回下标
Isempty	判断矩阵是否为空矩阵，是空矩阵则返回 1，否则返回 0
Isglobal	判断变量是否为全局变量，是全局变量则返回 1，否则返回 0
Isnumeric	判断矩阵的各元素是否全是数值型，是则返回 1，否则返回 0
Isreal	判断矩阵的各元素是否全是实数，是则返回 1，否则返回 0
Isprime	判断矩阵的各元素是否全为质数，是则返回 1，否则返回 0
Isinf	判断矩阵中的各元素是否为±inf，是则返回 1，否则返回 0。相当于在矩阵元素中±inf 处置 1，其他元素处置 0
Isnan	判断矩阵中的各元素是否为 NaN，是则返回 1，否则返回 0。相当于在矩阵元素为 NaN 处置 1，其他元素处置 0
Isfinite	判断矩阵中的各元素是否为有限值，是则返回 1，否则返回 0。相当于在矩阵元素为有限值处置 1，其他元素处置 0
Is*	Is 系列其他函数，参考 help 文档

下面举例说明表 3.5 中各函数的用法。

```
>> a=[1,inf;0,2]
a =
    1   inf
    0     2
>> b=[0 1;3 0]
b =
    0     1
    3     0
>> all(a)
ans =
    0     1
>> any(a)
ans =
    1     1
>> isequal(a,b)
ans =
    0
>> isempty(a)
ans =
    0
>> isfinite(a)
ans =
    1     0
    1     1
>> isnan(a)
ans =
    0     0
    0     0
>> isnumeric(a)
ans =
```

```
     1
>> isreal(a)
ans =
     1
>> isprime(b)
ans =
     0     0
     1     0
>> find(a)
ans =
     1
     3
     4
>> find(b>0.5)
ans =
     2
     3
```

3.2 向量与矩阵处理

1. 矩阵结构变换函数

矩阵结构变换函数包括矩阵重排、矩阵抽取以及矩阵转向等。

（1）矩阵重排

reshape(A, m, n)：将矩阵 A 中所有元素重新排列成 $m \times n$ 的矩阵。矩阵总元素数必须相等。

在 MATLAB 中，矩阵元素列优先，即首先存储矩阵中的第一列元素，然后依次存储直到最后一列。reshape 函数只改变矩阵 A 的行数和列数，但不改变元素总个数和元素的存储结构。例如：

```
>> a=[1 2 3 4; 5 6 7 8]
a =
     1     2     3     4
     5     6     7     8
>> reshape(a,4,2)
ans =
     1     3
     5     7
     2     4
     6     8
```

（2）矩阵抽取

diag(A, k)：A 为矩阵时，抽取矩阵 A 的第 k 条对角线。

设 A 为 $m \times n$ 的矩阵，diag(A, k)函数抽取矩阵 A 的第 k 条对角线的元素，并返回一个列向量。其中，与主对角线平行，向上为第 1 条，第 2 条，…，第 n 条对角线，向下为第-1 条，第-2 条，…，第 $-n$ 条对角线。当省略 k 时，提取 A 的主对角线。

diag(V, k)：V 为向量时，产生一个第 k 条对角线为 V 的矩阵。

设 V 为具有 m 个元素的向量，则 diag(V, k)返回一个 m+|k|的对角阵，其中第 k 条对角线上的元素为向量 V 的元素。当省略 k 时，返回一个 $m \times m$ 的矩阵，主对角线元素为向量 V 的元素。

triu(A, k)：提取矩阵 A 的第 k 条对角线以上（含第 k 条对角线）的所有元素，并返回相应矩阵。当省略 k 时，返回 A 的上三角矩阵。

tril(A, k)：提取 A 的第 k 条对角线以下（含第 k 条对角线）的元素，并返回相应矩阵。当省略 k 时，返回 A 的下三角矩阵。例如：

```
>> A=[1 2 3 ; 4 5 6; 7 8 9]
A =
     1     2     3
     4     5     6
     7     8     9
>> diag(A)                    % 提取 A 的主对角线元素
ans =
     1
     5
     9
>> diag(A,-1)                 % 提取 A 的主对角线下方平行的对角线元素
ans =
     4
     8
>> B=[1 2 3; 4 5 6]           % 任意产生一个非方阵矩阵
B =
     1     2     3
     4     5     6
>> diag(B)                    % 提取 B 的主对角线元素
ans =
     1
     5
>> C=diag([1 2 3 4])          % 产生对角矩阵
C =
     1     0     0     0
     0     2     0     0
     0     0     3     0
     0     0     0     4
>> D=diag([1 2 3],1)          % 产生指定的类对角矩阵
D =
     0     1     0     0
     0     0     2     0
     0     0     0     3
     0     0     0     0
>> triu(A)                    % 求 A 的上三角矩阵
ans =
     1     2     3
     0     5     6
     0     0     9
>> tril(A,-1)                 % 求 A 的类下三角矩阵（不包含主对角线）
ans =
     0     0     0
     4     0     0
     7     8     0
```

（3）矩阵转向

transpose(A)：求矩阵 A 的转置。可以用单引号（'）直接代替 transpose 函数。

rot90(A, k)：将矩阵A按逆时针方向旋转k*90º。当省略参数k时，默认k=1。

fliplr(A)：将矩阵A左右翻转。flipud(A)：将矩阵A上下翻转。flipdim(a,dim)：使矩阵a按特定维翻转。当dim=1时，按行维翻转。当dim=2时，按列维翻转。若有多维，以此类推。

例如：

```
>> A=[1 2 3; 4 5 6; 7 8 9]
A =
     1     2     3
     4     5     6
     7     8     9
>> transpose(A)                % 求A的转置
ans =
     1     4     7
     2     5     8
     3     6     9
>> A'                          % 求A的转置
ans =
     1     4     7
     2     5     8
     3     6     9
>> rot90(A)                    % 将A逆时针旋转90º
ans =
     3     6     9
     2     5     8
     1     4     7
>> rot90(A,2)                  % 将A逆时针旋转180º
ans =
     9     8     7
     6     5     4
     3     2     1
>> fliplr(A)                   % 将A左右翻转
ans =
     3     2     1
     6     5     4
     9     8     7
>> flipud(A)                   % 将A上下翻转
ans =
     7     8     9
     4     5     6
     1     2     3
>> flipdim(A,1)
ans =
     7     8     9
     4     5     6
     1     2     3
```

2. 矩阵求值函数

inv(A)：求可逆矩阵A的逆。

设矩阵A为一方阵，如果存在一个与A同阶的方阵B，使得：

$$A \cdot B = B \cdot A = E \text{（单位矩阵）}$$

则称A与B互为逆矩阵。可逆矩阵也称为非奇异矩阵、满秩矩阵等。

det(A)：求方阵 A 所对应的行列式的值。

rank(A)：求矩阵 A 的秩。

设矩阵 A 为 $m \times n$ 的矩阵。若 m 个行向量中有 r(r≤m)个行向量线性无关，而其余的线性相关，则称 r 为矩阵 A 的行秩。类似的可定义矩阵 A 的列秩。矩阵 A 的行秩和列秩相等，统称为矩阵 A 的秩。

trace(A)：求矩阵 A 的迹。

矩阵的迹是指矩阵的对角线元素之和，也等于矩阵的特征值之和。

eig(A)：求矩阵 A 的特征值和特征向量。

对于 n 阶方阵 A，满足行列式 $|A-\lambda I|=0$ 的 n 个 λ 称为 A 的特征值。对应 λ，满足 $(A-\lambda I)\xi$ 的 ξ 称为 A 的特征向量。eig 函数有 3 种调用格式。

E=eig(A)：求矩阵 A 的全部特征值，构成向量 E。

[V,D]=eig(A)：求矩阵 A 的全部特征值，构成对角阵 D；同时求 A 的特征向量 V，构成列向量 V。

[V,D]=eig(A,'nobalance')：与第 2 种格式类似，但是第 2 种格式先经过相似变换，再求特征值和特征向量；第 3 种格式则是直接求特征值和特征向量。

例如：

```
>> A=[3 2 1; 2 6 5; 1 5 9];
>> inv(A)                    % 求方阵 A 的逆
ans =
    0.4462   -0.2000    0.0615
   -0.2000    0.4000   -0.2000
    0.0615   -0.2000    0.2154
>> det(A)                    % 求方阵 A 的行列式
ans =
    65
>> rank(A)                   % 求方阵 A 的秩
ans =
     3
>> trace(A)                  % 求方阵 A 的迹
ans =
    18
>> b=eig(A)                  % 求矩阵 A 的特征值
b =
    1.4391
    3.4432
   13.1177
>> [C,D]=eig(A)              % 求矩阵 A 的特征向量和特征值
C =
   -0.6366   -0.7461    0.1953
    0.6793   -0.4226    0.5999
   -0.3651    0.5145    0.7759
D =
    1.4391         0         0
         0    3.4432         0
         0         0   13.1177
```

3. 数据统计与分析中的矩阵函数

（1）求矩阵的最大值与最小值

求矩阵的最大值与最小值分别是 max 和 min 函数。max 和 min 函数具有相同的语法格式和相似的功能，下面仅以 max 函数为例介绍其用法。

max 函数具有多种不同的调用格式，对于向量与矩阵是不一样的。

对于向量来说，函数调用有如下两种方法。

① y=max(X)：求向量 X 的最大元素，并返回给 y。对于复数元素按模取最大值。

② [y,k]=max(X)：返回向量 X 的最大元素，并返回给 y，最大元素的序号返回给 k。对于复数元素按模取最大值。

对于矩阵来说，函数调用有如下 3 种方法。

① Y=max(A)：返回行向量 Y，Y 中第 i 个元素为 A 中第 i 列的最大元素。

② [Y,U]=max(A)：返回行向量 Y 和 U，Y 中元素对应 A 中各列最大元素。U 中元素对应 A 中各列最大元素的行号。

③ [Y,U]=max(A,[ ],dim)：dim=1 时和上一格式相同，dim=2 时返回列向量 Y 和 U，Y 中元素对应 A 中各行最大元素，U 中元素对应 A 中各行最大元素的列号。

也可以用 max 函数进行向量或矩阵对应元素比较，函数调用有如下两种方法。

① U=max(A,B)：A 和 B 为同型向量或同型矩阵。函数返回二者的同型矩阵 U，U 中每个元素为 A、B 对应元素的较大值。

② U=max(A,n)：A 为向量或矩阵，n 为标量。函数返回 A 的同型矩阵 U，U 中每个元素为 A 对应元素和 n 的较大值。

举例如下：

```
>> X=[1 2 3 4 5];
>> A=[1 2 3;4 5 6;7 8 9];
>> B=[2 2 2;4 4 4;6 6 6];
>> [y,k]=max(X)              % 求向量 X 的最大值和对应序号
y =
    5
k =
    5
>> [Y,U]=max(A)              % 求矩阵 A 的各列最大值和对应序号
Y =
    7     8     9
U =
    3     3     3
>> [Y,U]=max(A,[ ],2)        % 求矩阵 A 的各行最大值和对应序号
Y =
    3
    6
    9
U =
    3
    3
    3
>> U=max(A,B)                % 比较矩阵 A 和 B
U =
```

```
     2     2     3
     4     5     6
     7     8     9
>> U=max(A,6)            % 比较矩阵A和标量6
U =
     6     6     6
     6     6     6
     7     8     9
```

（2）求矩阵的平均值和中值

数据序列的平均值是指算术平均值，MATLAB 中用 mean 函数实现。中值是指数据序列中数值的大小位于中间的元素，MATLAB 中用 median 函数实现。当数据序列有奇数个元素时，中值的大小为中间的元素。当数据序列有偶数个元素时，中值的大小为中间两个元素的平均值。

mean 函数调用有如下 3 种格式。

① y=mean(X)：设 X 为向量，函数将 X 的算术平均值返回给 y。

② Y=mean(A)：设 A 为矩阵，函数返回行向量 Y，Y 中各元素对应 A 中相应列的算术平均值。

③ Y=mean(A,dim)：设 A 为矩阵，函数返回向量 Y。当 dim=1 时，功能和上一调用格式相同；当 dim=2 时，Y 为列向量，Y 中各元素对应 A 中相应行的算术平均值。

median 函数调用有如下 3 种格式。

① y=median(X)：设 X 为向量，函数将 X 的中值返回给 y。

② Y=median(A)：设 A 为矩阵，函数返回行向量 Y，Y 中各元素对应 A 中相应列的中值。

③ Y=median(A,dim)：设 A 为矩阵，函数返回向量 Y。当 dim=1 时，功能和上一调用格式相同；当 dim=2 时，Y 为列向量，Y 中各元素对应 A 中相应行的中值。

举例如下：

```
>> A=[1 2 2;3 5 4; 9 8 7]
A =
     1     2     2
     3     5     4
     9     8     7
>> Y1=mean(A,1)           % 求平均值
Y1 =
    4.3333    5.0000    4.3333
>> Y1=median(A,2)         % 求中值
Y1 =
     2
     4
     8
```

（3）矩阵求和与求积

矩阵求和与求积可以分为两类：矩阵元素求和与求积，矩阵元素累加和与累乘积。

矩阵元素求和与求积函数分别为 sum 和 prod，二者调用格式完全相同。下面仅介绍 sum 函数的调用格式。

y=sum(X)：设 X 为向量，函数将 X 各元素之和返回给 y。

Y=sum(A)：设 A 为矩阵，函数返回行向量 Y，Y 中各元素对应 A 中相应列的元素和。

Y=sum(A,dim)：设 A 为矩阵，函数返回向量 Y。当 dim=1 时，功能和上一调用格式相同；当 dim=2 时，Y 为列向量，Y 中各元素对应 A 中相应行的元素和。

例如：

```
>> a=[2 3 -6 8 5 9];
>> sum(a)
ans =
    21
>> A=[1 2 3;4 5 6]
A =
     1     2     3
     4     5     6
>> Y=sum(A)
Y =
     5     7     9
>> Y=sum(A,1)
Y =
     5     7     9
>> Y=sum(A,2)
Y =
     6
    15
```

设$U=[u_1,u_2,\cdots,u_n]$，V、W是与U等长的向量，并且满足：

$$V=\left[\sum_{i=1}^{1}u_i,\sum_{i=1}^{2}u_i,\cdots,\sum_{i=1}^{n}u_i\right]$$

$$W=\left[\prod_{i=1}^{1}u_i,\prod_{i=1}^{2}u_i,\cdots\prod_{i=1}^{n}u_i\right]$$

则称V和W分别为U的累加和与累乘积。MATLAB 提供了 cumsum 和 cumprod 函数分别求矩阵的累加和与累乘积，其调用格式与 sum 完全相同，在此不再赘述。

例如，求向量$X=(1!,2!,\cdots,10!)$。

```
>> X=cumprod(1:10)
X =
  Columns 1 through 6
         1          2          6          24         120         720
  Columns 9 through 10
    35040      40320      62880      3628800
```

（4）标准方差与相关系数

设N为具有n个元素的数据序列$x_1,x_2,\cdots,x_n$，则标准方差的计算公式为

$$S_1=\sqrt{\frac{1}{N-1}\sum_{i=1}^{n}(x_i-\overline{x})^2}$$

或

$$S_2 = \sqrt{\frac{1}{N}\sum_{i=1}^{n}(x_i - \overline{x})^2}$$

其中，$\overline{x} = \frac{1}{N}\sum_{i=1}^{n} x_i$。

MATLAB 计算标准方差的函数是 std，其调用格式包括以下几种。

std(X,flag)：设 X 为向量，函数返回 X 的标准方差。当 flag=1 或省略时，按 S_1 计算；当 flag=2 时，按 S_2 计算。

Y=std(A,flag,dim)：设 A 为矩阵，函数返回向量 Y。当 dim=1 或省略时，Y 是行向量，Y 中各元素对应 A 中相应列的标准方差；当 dim=2 时，Y 为列向量，Y 中各元素对应 A 中相应行的标准方差。当 flag=1 或省略时，按 S_1 计算；当 flag=2 时，按 S_2 计算。

设有两组数据 $x_i, y_i (i = 1,2,\cdots,n)$，则二者的相关系数计算公式为

$$r = \frac{\sqrt{\sum_{i=1}^{n}(x_i - \overline{x})(y_i - \overline{y})}}{\sqrt{\sum_{i=1}^{n}(x_i - \overline{x})^2}\sqrt{\sum_{i=1}^{n}(y_i - \overline{y})^2}}$$

其中，$\overline{x} = \frac{1}{N}\sum_{i=1}^{n} x_i$，$\overline{y} = \frac{1}{N}\sum_{i=1}^{n} y_i$。

MATLAB 计算相关系数的函数是 corrcoef，其调用格式包括以下几种。

corrcoef(X)：设 X 为矩阵，函数返回与 X 同型的相关系数矩阵。它把矩阵 X 的每一列看作一个变量求各列间的相关系数，存放在返回矩阵的对应元素中。

corrcoef(X,Y)：当 X 和 Y 为列向量时，其作用与 corrcoef([X,Y])相同。

标准方差与相关系数函数举例如下。

```
>> X=[1 2; 3 4; 5 6]
X =
     1     2
     3     4
     5     6
>> Y=[7 8 9 10 11 12];
>> std(X)
ans =
     2     2
>> std(X,1,2)
ans =
    0.5000
    0.5000
    0.5000
>> corrcoef(X)
ans =
     1     1
     1     1
>> Z=reshape(X,6,1)
Z =
     1
```

```
    3
    5
    2
    4
    6
>> corrcoef(Z,Y')
ans =
    1.0000    0.7143
    0.7143    1.0000
>> corrcoef([Z,Y'])
ans =
    1.0000    0.7143
    0.7143    1.0000
```

（5）矩阵元素排序

MATLAB 提供了 sort 函数来实现对向量或矩阵中元素重新排序的功能，其调用格式包括以下几种。

[Y,I]=sort(X)：设 X 为向量，函数返回按元素升序排列的新向量 Y，I 则记录 Y 中各元素在 X 中的位置。

[Y,I]=sort(A,dim)：设 A 为矩阵，函数返回与 A 同型的矩阵 Y 和 I。当 dim=1 时，对 A 各列升序排列；当 dim=2 时，对 A 各行升序排列。I 记录了 Y 中各元素在 A 中的位置。

例如：

```
>> A=[3 1 5 2; 8 2 4 5; 9 3 7 1];
>> sort(A,2)
ans =
     1     2     3     5
     2     4     5     8
     1     3     7     9
>> [Y,I]=sort(A,2)        % 对A中各行升序排列，并记录Y中元素在原来矩阵的位置
Y =
     1     2     3     5
     2     4     5     8
     1     3     7     9
I =
     2     4     1     3
     2     3     4     1
     4     2     3     1
```

3.3 多项式

在 MATLAB 中，n 次多项式表示为一个长度为 $n+1$ 的行向量。行向量中各元素为多项式降序排列的系数，缺少的幂次项系数为 0。

例如，n 次多项式表示为

$$p(x)=a_0x^n+a_1x^{n-1}+a_2x^{n-2}+\cdots+a_{n-1}x^1+a_n$$

在 MATLAB 中，$p(x)$ 表示为行向量：$[a_0,a_1,a_2,\cdots,a_{n-1},a_n]$。

3.3.1 多项式的四则运算

1. 多项式的加减运算

多项式的加减运算，就是对应的系数向量相加减。同次多项式相加减，即对应系数向量直接相加减；不同次多项式相加减，应先将低次多项式系数向量前补零至与高次多项式系数向量同维数，然后再相加减。

例如，计算 $(3x^4+4x^2+6x+2)+(x^2+x+2)$

```
>> a=[3 0 4 6 2];
>> b=[0 0 1 1 2];
>> c=a+b
c =
     3     0     5     7     4
```

2. 多项式的乘法运算

多项式的乘法运算由 conv 函数实现，其调用方法如下。

conv(a,b)：多项式相乘，其中，a、b 分别表示两个多项式的系数向量。

3. 多项式的除法运算

多项式的除法运算由 deconv 函数实现，其调用方法如下。

[q,r]=deconv(a,b)：多项式相除，其中。a、b 分别表示两个多项式的系数向量，q、r 分别表示商式和余式的系数向量。

【例 3.2】已知

$$f(x)=x^4+13x^3+28x^2+27x+18$$
$$g(x)=x^2+2x+3$$

求 $f(x)\times g(x)$ 和 $f(x)/g(x)$。

解：

```
>> f=[1 13 28 27 18];
>> g=[1 2 3];
>> a=conv(f,g)
a =
     1    15    57   122   156   117    54
>> [q,r]=deconv(f,g)
q =
     1    11     3
r =
     0     0     0   -12     9
```

3.3.2 多项式求值

多项式求值就是计算在给定点处的多项式的值。MATLAB 提供了两种求多项式值的函数：polyval 和 polyvalm。前者用于求代数多项式的值，后者用于求矩阵多项式的值。

1. 代数多项式求值

代数多项式求值的函数调用格式如下。

Y=polyval(P,x)：P 为多项式系数向量；如果 x 为一数值，则求多项式在这一点处的值；

如果 x 为一向量或矩阵，则求多项式在向量或矩阵中每一元素处的值。

2. 矩阵多项式求值

将代数多项式中的自变量用矩阵变量表示，即构成矩阵多项式。如 P 表示多项式 x^2+2x+3，X 表示一方阵，则 $X^2+2X+3I$ 是一个矩阵多项式。

矩阵多项式求值的函数调用格式如下。

Y=polyvalm(P,X)：P 为多项式系数向量，X 必须为一方阵。

例如：

```
>> P=[1 2 3];
>> x1=2;
>> x2=ones(2,2)
x2 =
     1     1
     1     1
>> y1=polyval(P,x1)
y1 =
    11
>> y2=polyval(P,x2)
y2 =
     6     6
     6     6
>> y3=polyvalm(P,x2)
y3 =
     7     4
     4     7
```

3.3.3 多项式求根

在复数域内，n 次多项式有 n 个根。MATLAB 提供函数 roots 求多项式的根，其调用格式如下。

x=roots(P)：P 为多项式的系数向量，x 为多项式 n 个根组成的向量。

【例 3.3】求多项式 x^3+3x^2+2x+1 的所有根。

解：

```
>> P=[1 3 2 1];
>> x=roots(P)
x =
  -2.3247 + 0.0000i
  -0.3376 + 0.5623i
  -0.3376 - 0.5623i
```

3.3.4 多项式的生成与表达

如前所述，在 MATLAB 中多项式由其降序排列系数行向量表示。若给定一个多项式的全部根组成的向量 x，可以用函数 P=poly(x)建立起该多项式。应该注意的是，此生成的多项式首项系数为 1。

【例 3.4】已知

$$f(x)=2x^4+3x^3+4x^2+5x+6$$

（1）计算多项式 $f(x)=0$ 的全部根；

（2）由 $f(x)=0$ 的根构造一个多项式 $g(x)$ 。

```
>> f=[2 3 4 5 6];
>> x=roots(f)
x =
   0.3369 + 1.2587i
   0.3369 - 1.2587i
  -1.0869 + 0.7653i
  -1.0869 - 0.7653i
>> g=poly(x)
g =
    1.0000    1.5000    2.0000    2.5000    3.0000
```

3.4 线性方程组

3.4.1 线性方程组的表示

设有线性方程组：

$$\begin{cases} a_{11}x_1 + a_{12}x_2 + \cdots + a_{1n}x_n = b_1 \\ a_{21}x_1 + a_{22}x_2 + \cdots + a_{2n}x_n = b_2 \\ \vdots \\ a_{m1}x_1 + a_{m2}x_2 + \cdots + a_{mn}x_n = b_n \end{cases}$$

上述方程组可以用向量和矩阵的形式表示为 $Ax=b$ ，其中：

$$A=\begin{bmatrix} a_{11} & a_{12} & \cdots & a_{1n} \\ a_{21} & a_{22} & \cdots & a_{2n} \\ & & \vdots & \\ a_{m1} & a_{m2} & \cdots & a_{mn} \end{bmatrix}$$

$$x=[x_1,x_2,\cdots,x_n]^T$$

其实，在 MATLAB 中正是用系数向量 A 和常数项向量 b 来完整地表示线性方程组的。

3.4.2 线性方程组求解

在讨论线性方程组求解问题之前，先来简单讨论线性方程组的分类。

对于线性方程组 $Ax=b$ ，设 A 为 $m\times n$ 的矩阵，则根据 m 和 n 的关系，可以将方程组分为以下 3 类。

当 $m=n$ 时，为恰定方程组，可以求得精确解。

当 $m>n$ 时，为超定方程组，可以求得最小二乘解。

当 $m<n$ 时，为欠定方程组，可以求得基础解，该解最多有 m 个非零元素。

下面介绍 MATLAB 中求解上述 3 种方程组的基本方法。

1. 恰定方程组

MATLAB 中，可以通过以下 3 种方法求解恰定方程组。

（1）x=A\b

即利用左除运算符进行求解。MATLAB 指令解释器确认变量 A 非奇异后，对其进行 LU 分解，并给出解 x。

（2）x=rref([A,b])

即利用求最简形矩阵函数。rref 函数通过初等行变换，将矩阵化简为最简形矩阵。在线性代数中已经学过，将增广矩阵[A,b]化为最简形矩阵后，最后一列即为方程组的解。

（3）x=inv(A)*b

即利用矩阵求逆。方法（3）和（1）相似，对于维数不高、条件数不大的矩阵，二者差别不大。但是对于维数很高、条件数很大的矩阵，方法（1）较方法（2）在运算速度、运算精度上会有明显优势，故不推荐使用方法（2）。

上述 3 种方法都是在 A 为非奇异矩阵的前提下进行的。当 A 接近奇异矩阵时，MATLAB 将给出警告信息。当发现 A 是奇异矩阵时，计算结果为 inf，并且给出警告信息。当矩阵 A 是病态矩阵时，给出警告信息。

【例 3.5】求解下列方程组。

（1）$\begin{cases} 2x_1 - x_2 + 3x_3 = 5 \\ 3x_1 + x_2 - 5x_3 = 5 \\ 4x_1 - x_2 + x_3 = 9 \end{cases}$　　（2）$\begin{cases} x_1 + 2x_2 + 3x_3 = 1 \\ 4x_1 + 5x_2 + 6x_3 = 2 \\ 7x_1 + 8x_2 + 9x_3 = 3 \end{cases}$

解：方程组（1）的求解过程如下：

```
>> A=[2 -1 3;3 1 -5;4 -1 1];          % 系数矩阵
>> b=[5 5 9]';
>> rA=rank(A)
rA =
     3
>> rAb=rank([A,b])
rAb =
     3
>> x=A\b                              % 利用左除运算符
x =
     2
    -1
     0
>> x=rref([A,b])                      % 化增广矩阵为最简形矩阵
x =
     1     0     0     2
     0     1     0    -1
     0     0     1     0
```

方程组（2）的求解过程如下：

```
>> A=[1 2 3; 4 5 6;7 8 9];
>> b=[1;2;3];
>> x=A\b
Warning: Matrix is close to singular orbadly scaled.% 系统警告结果可能不正确
Results may be inaccurate. RCOND =  1.541976e-18.
x =
   -0.3333
    0.6667
```

```
        0
>> rank(A)
ans =
     2
```

2. 超定方程组

对于方程组 $Ax=b$，当 $n>m$，且 A 列满秩时，方程为超定方程组，方程没有精确解。超定方程常遇到的问题是数据的曲线拟合。MATLAB 提供了两种方法求超定方程组的最小二乘解。

（1）x=A\b

该方法利用左除命令求解超定方程组的最小二乘解，其原理是建立在奇异值分解的基础上。

（2）x=pinv(A)*b

该方法利用求伪逆函数 pinv 求超定方程组的最小二乘解，伪逆法是建立在对原超定方程直接进行 householder 变换的基础上。二者相比，前者可靠性高，但后者速度快。

【例 3.6】求解下列方程组。

$$\begin{cases} 2x_1 - x_2 + 3x_3 = 3 \\ 3x_1 + x_2 - 5x_3 = 0 \\ 4x_1 - x_2 + x_3 = 3 \\ x_1 + 3x_2 - 13x_3 = -6 \end{cases}$$

解：

```
>> A=[2 -1 3;3 1 -5;4 -1 1;1 3 -13];
>> b=[3; 0; 3; -6];
>> x=A\b
x =
    1.0000
    2.0000
    1.0000
>> x=pinv(A)*b
x =
    1.0000
    2.0000
    1.0000
>> A*x-b                                    % 验证出此解不是方程组的精确解
ans =
   1.0e-14 *
    0.1332
    0.5329
    0.0888
    0.1776
```

3. 欠定方程组

欠定方程组的方程数少于未知数的个数，理论上有无穷多个解。解欠定方程组的方法包括以下 3 种。

x=A\b：可求出方程组零元素最多的解。此方法可求出方程组的一个特解。

x=pinv(A)*b：可求出方程组具有最小长度（范数）的解。这种解不是精确解。

x=null(A, 'r')：可求得方程组的一组基础解系。

【例 3.7】求解下列方程组

$$\begin{cases} 2x_1 + 4x_2 + 2x_3 + x_4 = 1 \\ -x_1 + 2x_2 + 2x_4 = 4 \\ 3x_1 + 5x_2 + 2x_3 + 4x_4 = 6 \end{cases}$$

解：

```
>> A=[2,4,2,1;-1,2,0,2;3,5,2,1];
>> b=[1;4;6];
>> x1=A\b                       % 求零元素最多的解
x1 =
    2.0000
    3.0000
   -7.5000
         0
>> x2=pinv(A)*b                 % 求最小范数解
x2 =
    2.6667
    2.3333
   -7.3333
    1.0000
>> x=null(A,'r')                % 求方程组的一个基础解系
x =
    0.6667
   -0.6667
    0.1667
    1.0000
```

在本节结束前，提醒读者注意并思考如下两个问题。

① 求解线性方程组是一个古老而复杂的问题，本节所讲述的只是求解线性方程组最基础的知识。在 MATLAB 中，关于线性方程组的求解除了本节所讲的直接求解外，还可以通过迭代的方法求出近似解，这种方法非常适用于求解大型系数矩阵的方程组。希望有兴趣的读者可以查阅相关资料，了解迭代求解线性方程组的方法。

② 对线性方程组除了从恰定、超定和欠定的角度分类外，还可以从齐次和非齐次的角度分类。读者可以尝试根据线性代数中线性方程组的求解理论，通过 MATLAB 编程解决不同类型方程组的求解问题。

3.5 数学函数

对于数值计算，MATLAB 还提供了丰富的数学函数。本节将介绍 MATLAB 中一些常用的数学函数。

1. 指数、对数函数

表 3.6 列出了 MATLAB 中常用的指数、对数函数。

表 3.6　　MATLAB 中常用的指数、对数函数

函数名	含义
sqrt	平方根
log	自然对数
log10	常用对数（以 10 为底）
log2	以 2 为底的对数
exp	自然对数
pow2	2 的幂

2. 三角函数

表 3.7 列出了 MATLAB 中常用的三角函数。

表 3.7　　MATLAB 中常用的三角函数

函数名	含义
sin	正弦函数
cos	余弦函数
tan	正切函数
asin	反正弦函数
acos	反余弦函数
atan	反正切函数
sinh	双曲正弦函数
cosh	双曲余弦函数
tanh	双曲正切函数
asinh	反双曲正弦函数
acosh	反双曲余弦函数
atanh	反双曲正切函数

3. 复数函数

表 3.8 列出了 MATLAB 中常用的复数函数。

表 3.8　　MATLAB 中常用的复数函数

函数名	含义
abs	实数的绝对值或复数的模值
angle	复数的相角
real	复数的实部
imag	复数的虚部
conj	复数的共轭运算

4. 近似、取模函数

表 3.9 列出了 MATLAB 中常用的近似、取模函数。

表 3.9　　MATLAB 中常用的近似、取模函数

函数名	含义
mod	模运算
rem	求余数或模运算
round	四舍五入到最近整数
fix	向零方向取整
floor	不大于自变量的最大整数
ceil	不小于自变量的最小整数

说明：

（1）注意比较 round、fix、floor 和 ceil 的区别

下面以实数的坐标轴来说明以上 4 种取整函数的功能，设 a 为正整数，有

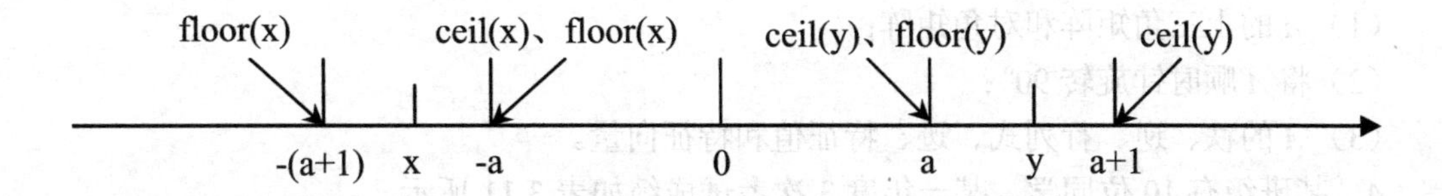

对于正数 y 而言，floor(y)=fix(y)<ceil(y)。对于负数 x 而言，floor(x)<ceil(x)= fix(x)。

（2）注意比较 mod 和 rem 的区别

rem(x,y) = x-y.*fix(x./y)

mod(x,y) = x-y.*floor(x./y)

上两式中，当 x 与 y 同号时，rem(x,y) = mod(x,y)；当 x 与 y 符号相反时，mod(x,y) = rem(x,y)+y。rem(x,0) = NaN，而 mod(x,0) = x。x 与 y 异号时，rem(x,y)结果符号与 x 相同，mod(x,y)结果符号与 y 相同。

5. 离散数学函数

表 3.10 列出了 MATLAB 中常用的复数函数。

表 3.10　　MATLAB 中常用的复数函数

函数名	含义
factor	分解质因数
factorial	阶乘函数
gcd	求最大公因子
lcm	求最小公倍数

课后习题

1. 任意产生两个非奇异的三维方阵 A 和 B，试计算：

（1）$A*B$，$B*A$；

（2）$A\backslash B$，A/B；

（3）$A*B$，$A.*B$；

（4）$A./B$，$B.\backslash A$。

比较上述各组的运算过程及运算结果。

2．执行下面命令后，R1、R2 和 R3 的值分别是多少？

```
A = [1 2; 0 1];
B = [0 1; 0 1];
R1 = A&B;
R2 = any(A)|all(B);
R3 = find(A>=B);
```

3．建立矩阵 $A=\begin{bmatrix}1 & 2 & 5\\ 4 & 8 & 9\\ 7 & 4 & 3\end{bmatrix}$，求：

（1）A 的上三角矩阵和对角矩阵；

（2）将 A 顺时针旋转 90°；

（3）A 的秩、逆、行列式、迹、特征值和特征向量。

4．某班级有 10 位同学，某一年度 3 次考试成绩如表 3.11 所示。

表 3.11　某班 10 位同学某一年度 3 次考试成绩

学号	考试 1（分）	考试 2（分）	考试 3（分）
1	66	48	90
2	87	56	95
3	61	67	89
4	70	66	92
5	75	72	97
6	83	68	90
7	59	66	88
8	16	69	88
9	78	62	96
10	78	53	94

请统计：

（1）每次考试中成绩最高、最低和处于中间的学生的学号；

（2）每次考试中全班的平均成绩和方差；

（3）每位学生 3 次考试的平均成绩，并将平均成绩加到上述表格的最后一列；

（4）按平均成绩从高到低排序。

5．已知多项式 $p_1=x^3+3x+1$，$p_2=3x^5+x^4+5x^3+13x+5$，求：

（1）p_1+p_2；

（2）$p_1\times p_2$，p_2/p_1；

（3）p_1 在 $x=0,1,1.5,2$ 处的值；

（4）$p_2=0$ 的根；

（5）根据(4)求出的根生成多项式，并与 p_2 比较。

6．求解下列方程组，并指出题目属于哪一类方程组。

（1）$\begin{cases} 2x+3y+5z=10 \\ 3x+7y+4z=3 \\ x-7y+z=5 \end{cases}$；（2）$\begin{cases} 5x+y-z=1 \\ x+3y-z=2 \\ -x+y+5z=3 \\ 2x+4y=1 \end{cases}$；

（3）$\begin{cases} 7x+y-z=2 \\ 3x+4y+z=5 \end{cases}$。

7．求非齐次线性方程组的通解。

$$\begin{cases} 2x+y-z+p=1 \\ 4x+2y-2z+p=2 \\ 2x+y-z-p=1 \end{cases}$$

8．计算下列各式的值。

（1）$\log(\sin(5)+e^{|2+3i|})$；（2）$\text{conj}(\text{imag}(3+2i))$；

（3）$\text{round}(2.5), \text{floor}(2.5), \text{ceil}(2.5), \text{fix}(2.5)$。

第4章 MATLAB图形基础

MATLAB语言具有丰富的图形表现方法，能够使得数学计算结果方便地、多样性地实现可视化，以便对样本数据的分布、趋势特性有一个直观的了解，这是其他语言所不能比拟的。MATLAB中实现数据可视化的方法是绘制二维或者三维图形。MATLAB提供了一系列的绘图函数，包括高层绘图函数和低层绘图函数。调用高层绘图函数，用户不用过多考虑绘图细节，只需给出一些基本参数就能得到所需图形。低层绘图函数是将图形的每个图形元素（如坐标轴、曲线、曲面或文字等）看作是一个独立的对象，分配一个句柄，直接通过图形句柄对该图形元素进行操作。高层绘图操作简单明了、方便高效，是用户最常使用的绘图方法；低层绘图操作控制和表现图形的能力更强，为用户更加自主地绘制图形创造了条件。

本章主要介绍常用的绘制二维和三维图形的绘图函数，在此基础上介绍其他图形修饰与控制函数的使用方法。

4.1 二维图形绘制

二维图形是将平面坐标上的数据点连接起来的平面图形。平面坐标系可以采用不同的坐标系，除直角坐标系外，还可以采用对数坐标系、极坐标系。数据点可以用向量或矩阵形式给出，类型可以是实数型或复数型。二维图形的绘制是其他绘图操作的基础。

4.1.1 基本绘图函数

在MATLAB中，最基本且应用最为广泛的二维绘图函数为plot函数，利用它可以在二维平面上绘制出不同的曲线。plot函数会自动打开一个图形窗口，在该窗口中绘制图形。在绘制图形时，根据图形坐标大小自动缩小或扩展坐标轴，将数字标尺和单位标注自动加到两个坐标轴上。同时，用户也可自定义坐标轴。支持单窗口单曲线绘图、单窗口多曲线绘图、单窗口多曲线分图绘图和多窗口绘图等。可任意设定曲线颜色、线型和标记符号。如果已经存在一个图形窗口，plot函数则清除当前图形，绘制新的图形。

plot函数有4种调用格式。

plot(x)：默认自变量绘图格式。x可以为向量，也可以为矩阵。当x为实向量时，则以该向量元素的下标为横坐标，元素值为纵坐标，画出一条曲线，这实际上是绘制折线图；当x为复数向量时，分别以该向量元素实部和虚部为横、纵坐标绘制出一条曲线；当x为$m\times n$维矩阵时，每一维列向量就能绘制成一条曲线，因此能绘制出 *n* 条不同的曲线。

例如：

```
>> x=[0 0.6 2.3 5 8.3 11.7 15 17.7 19.4 20];
>> plot(x)          % 绘制图形如图 4.1（a）所示
>> t=0:0.01:2*pi;
>> x=exp(i*t);
>> plot(x)          % 绘制图形如图 4.1（b）所示
>> x=[1 2 3; 4 5 6];
>> plot(x)          % 绘制图形如图 4.1（c）所示
>> x=exp(i*t);
>> y=[x;2*x;3*x]';
>> plot(y)          % 绘制图形如图 4.1（d）所示
```

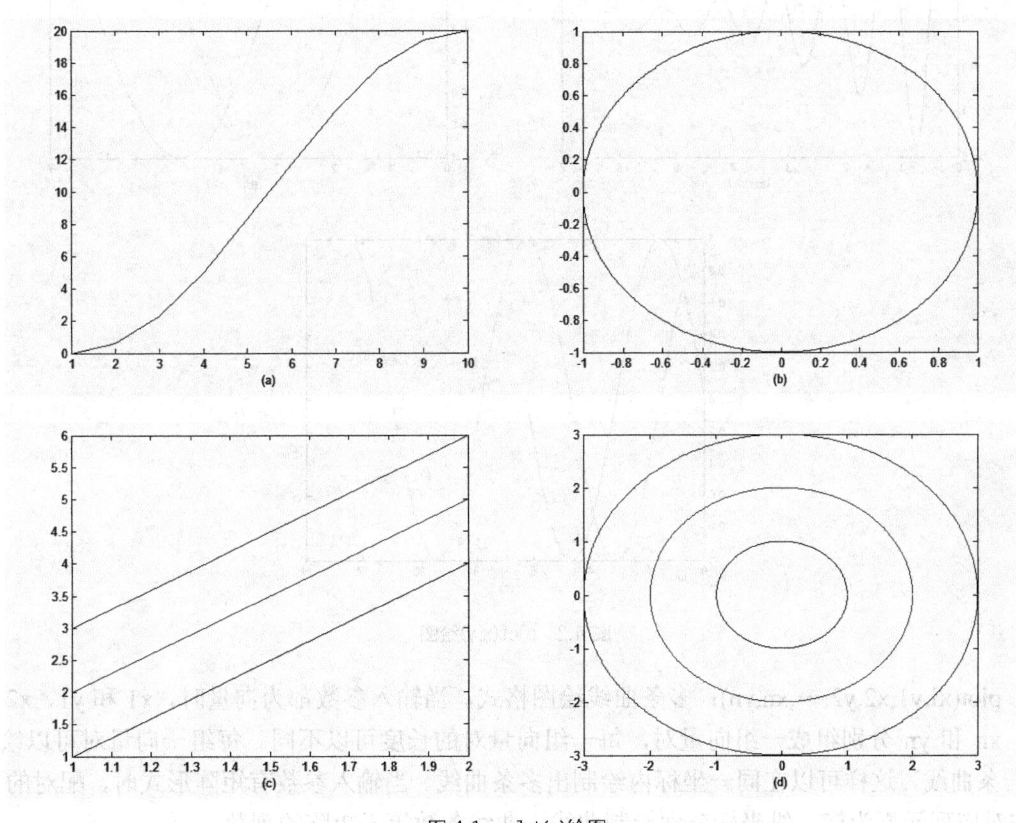

图 4.1　plot(x)绘图

plot(x,y)：基本格式。以 y(x)的函数关系做出直角坐标图。如果 x 是向量，y 有一维与 x 同维的矩阵时，则 x 被作为多条曲线共同的横坐标。当 x、y 是同维矩阵时，则以 x、y 对应元素为横、纵坐标分别绘制曲线，曲线条数等于矩阵的列数。

例如：

```
>> x=0:pi/100:2*pi;
>> y=2*exp(-0.5*x).*sin(2*pi*x);        % x 和 y 为长度相同的向量
>> plot(x,y)                            % 绘制图形如图 4.2(a)所示
>> x=linspace(0,2*pi,100);
```

```
>> y=[sin(x);cos(x)];                        % x 为向量，y 的列维与 x 同维
>> plot(x,y)                                 % 绘制图形如图 4.2（b）所示
>> t1=linspace(0,2*pi,100);
>> t2=linspace(0,4*pi,100);
>> x=[t1;t2]';
>> y=[sin(t1);cos(t2)]';                     % x 与 y 为同维矩阵
>> plot(x,y)                                 % 绘制图形如图 4.2（c）所示
```

(a)

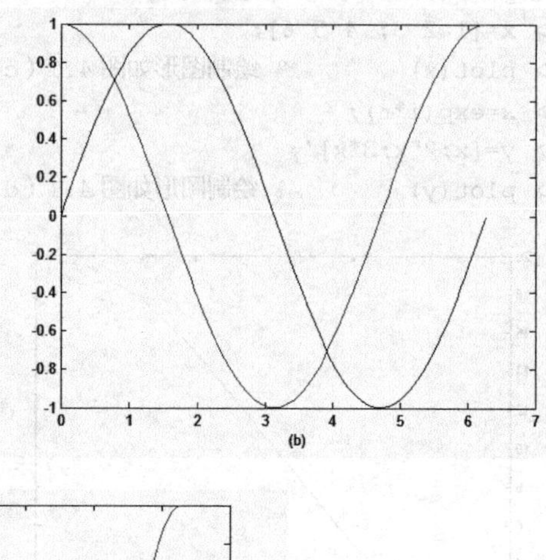

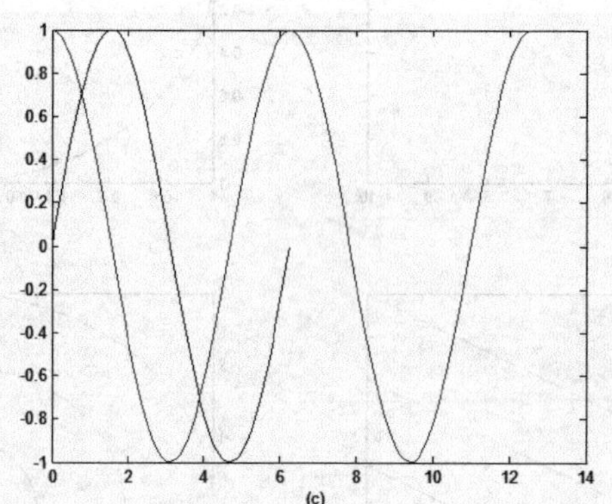

图 4.2　plot(x,y)绘图

plot(xl,y1,x2,y2,⋯,xn,yn)：多条曲线绘图格式。当输入参数都为向量时，x1 和 y1、x2 和 y2、xn 和 yn 分别组成一组向量对，每一组向量对的长度可以不同。每组一向量对可以绘制出一条曲线，这样可以在同一坐标内绘制出多条曲线。当输入参数有矩阵形式时，配对的 x、y 按对应列元素为横、纵坐标分别绘制曲线，曲线条数等于矩阵的列数。

例如：

```
>> t=0:pi/100:2*pi;
>> y=sin(t);
>> y1=sin(t+0.25);
>> y2=sin(t+0.5);
>> plot(t,y,t,y1,t,y2)          % 输入参数都为向量时，绘制图形如图 4.3(a)所示
>> x1=linspace(0,2*pi,100);
>> x2=linspace(0,3*pi,100);
>> x3=linspace(0,4*pi,100);
>> y1=sin(x1);
```

```
>> y2=1+sin(x2);
>> y3=2+sin(x3);
>> x=[x1;x2;x3]';
>> y=[y1;y2;y3]';                      % 输入参数有矩阵形式
>> plot(x,y,x1,y1-1)                   % 绘制图形如图 4.3（b）所示
```

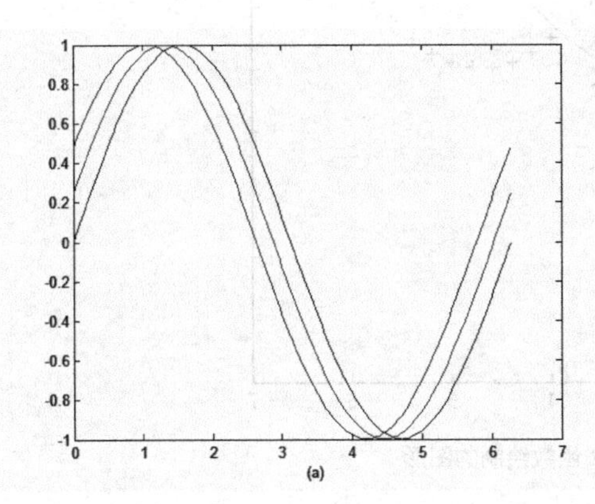

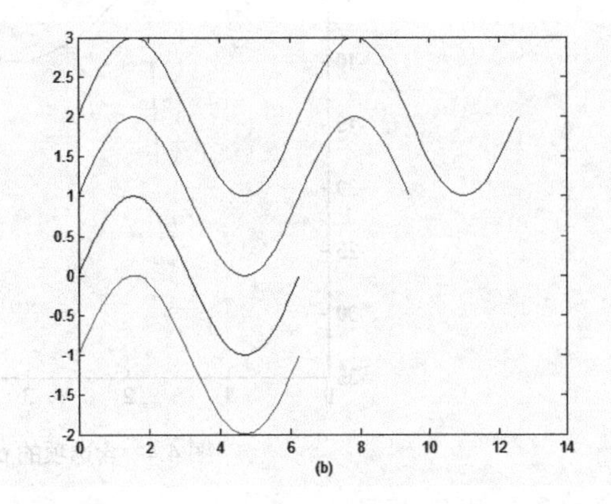

图 4.3 绘制多条曲线

plot 函数在绘制图形时，可以设定图形曲线的颜色、线型及标示符号。图形设定调用格式有以下 2 种。

plot(xl,y1,选项 1,x2,y2,选项 2,…,xn,yn,选项 n)：含选项的绘图格式。MATLAB 提供了一些绘图选项，用于确定所绘曲线的线型、颜色和数据点标记符号。它们可以单独使用，也可以组合使用。例如，plot(xl,y1,'b-.',x2,y2,'y:d',…)，其中，'b-.'表示蓝色点划线，'y:d'表示黄色虚线并用菱形符标记数据点。当选项省略时，MATLAB 规定，线型一律用实线，颜色将根据曲线的先后顺序依次采用表格 4.1 给出的前 7 种颜色。

表 4.1　　线型、颜色和标记符号选项

线型		颜色		数据点标记符号		数据点标记符号	
-	实线	b	蓝色	.	点	︿	朝上三角符号
:	虚线	g	绿色	。	圆圈	<	朝左三角符号
-.	点划线	r	红色	x	叉号	>	朝右三角符号
--	双划线	c	青色	+	加号	p	五角星符
		m	晶红色	*	星号	h	六角星符
		y	黄色	s	方块符		
		k	黑色	d	菱形符		
		w	白色	﹀	朝下三角符号		

例如：

```
>> t=0:0.2:2*pi;
>> x=10*sin(t);
>> y=10*cos(t);
>> z=tan(t);
>> plot(t,x,'+r',t,y,'-b',t,z,'--g')
```

图形绘制结果如图 4.4 所示。

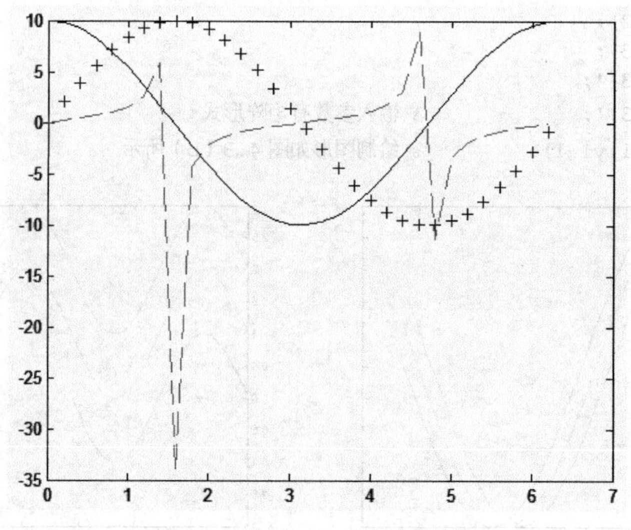

图 4.4 含选项的 plot 函数绘制的图形

plot 是最基本的二维图形绘制函数，除此之外，MATLAB 还提供 plot 函数的变化形式 plotyy。

plotyy 是双纵坐标绘图函数，该函数能将函数值具有不同量纲、不同数量级的两个函数绘制在同一坐标中，有利于对比分析图形数据。函数调用格式为：

```
plotyy(x1,y1,x2,y2)
```

其中，x1，y1 对应一条曲线，x2，y2 对应另一条曲线。横坐标的标度相同，纵坐标有两个，左纵坐标用于 x1，y1 数据对，右纵坐标用于 x2，y2 数据对。

【例 4.1】用不同标度在同一坐标内绘制曲线 $y_1 = 0.5e^{-0.5x}\cos 2\pi x$ 及曲线 $y_2 = 1.5e^{-0.1x}\cos x$。

解：

（1）MATLAB 程序

```
x1=linspace(0,2*pi,200);
x2=linspace(0,3*pi,300);
y1=0.5*exp(-0.5*x1).*cos(2*pi*x1);
y2=1.5*exp(-0.1*x2).*cos(x2);
plotyy(x1,y1,x2,y2);
```

（2）程序运行结果

由图 4.5 可见，在同一窗口，基于同一横坐标轴，绘制出两条不同纵坐标轴的曲线。

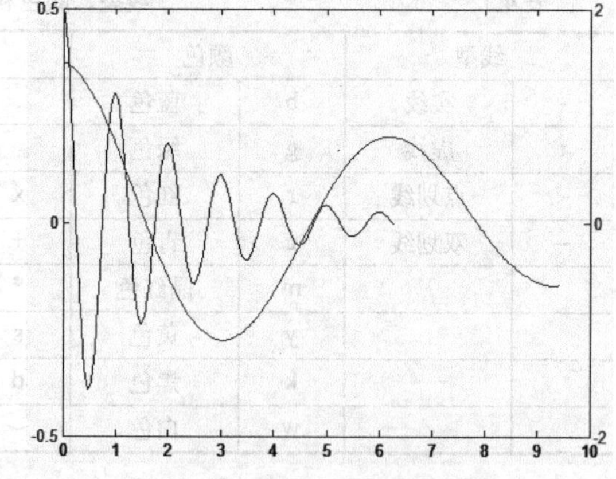

图 4.5 利用双坐标轴函数绘制图形

4.1.2 特殊坐标系函数

MATLAB 中除了提供基于直角坐标系中的绘图函数 plot 外，还提供了基于对数坐标系和极坐标系的绘图函数。

1. 对数坐标系函数

有时变量变化范围非常大，如 x 轴从 0.01～100，这时如果仍采用 plot 绘图，就会失去局部可视性，因此应用对数坐标系来绘图。在对数坐标中可清晰地看到局部信息。

在实际应用中，经常用到对数坐标，如通信中幅频响应曲线。MATLAB 提供了绘制半对数和对数坐标曲线的函数。

semilogx：x 轴为常用对数刻度，y 轴仍保持线型刻度，等价为 plot($\log_{10}$(x),y)。

semilogy：y 轴为常用对数刻度，x 轴仍保持线型刻度，等价为 plot(x,$\log_{10}$(y))。

loglog：x 和 y 轴都是常用对数刻度，等价为 plot($\log_{10}$(x),$\log_{10}$(y))。

在用法上，3 个对数函数的调用格式和 plot 函数类似。

【例 4.2】绘制函数 $y=10x^3+5x^2$ 的对数坐标图，并与直角线性坐标图进行比较。

解：

（1）MATLAB 程序

```
x=0:0.1:10;
y=10*x.*x.*x+5*x.*x;
subplot(2,2,1);    % 将当前窗口分成2×2个绘图区，选定第一个区单独绘制图形
plot(x,y);
title('plot(x,y)');grid on;     % 给图形注释标题，并显示网格
subplot(2,2,2);
semilogx(x,y);
title('semilogx(x,y)');grid on;
subplot(2,2,3);
semilogy(x,y);
title('semilogy(x,y)');grid on;
subplot(2,2,4);
loglog(x,y);
title('loglog(x,y)');grid on;
```

（2）程序运行结果

如图 4.6 所示。

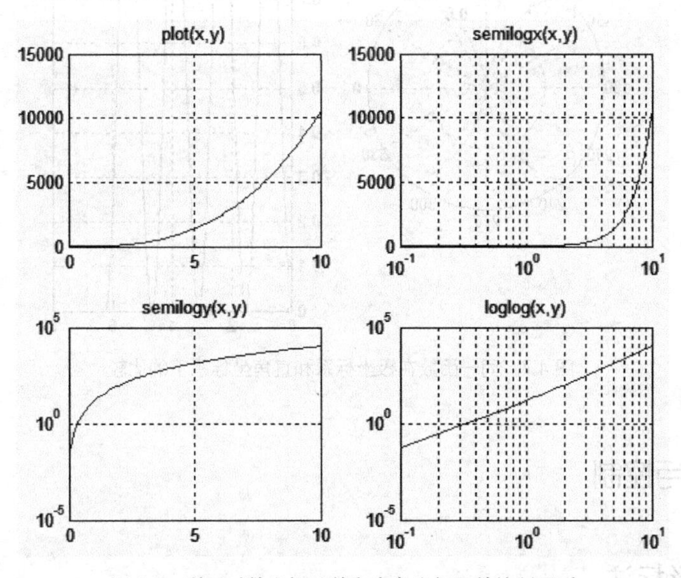

图 4.6 利用对数坐标函数和直角坐标函数绘制图形

图 4.6 中，各图的横纵坐标数据是一样的，但是由于采用不同的坐标系，故绘制出的图

形不一样。

2. 极坐标系函数

有些几何轨迹问题如果用极坐标图处理，它的方程比用直角坐标法更为简单，描图也更方便。

MATLAB 中用 polar 函数绘制极坐标图。

polar(theta,rho,选项)：根据角度 theta 和半径 rho 创建极坐标图，选项是指定极坐标图中直线的线型、标记和颜色，与 plot 函数类似。

【例 4.3】绘制一个简单的极坐标图，并与直角坐标系比较。

解：

（1）MATLAB 程序

```
t=0:0.01:2*pi;
subplot(1,2,1);
polar(t,sin(2*t).*sin(2*t),'--r');
title('polar(x,y)');grid on;
subplot(1,2,2);
plot(t,sin(2*t).*sin(2*t));
title('plot(x,y)');grid on;
```

（2）程序运行结果

如图 4.7 所示。

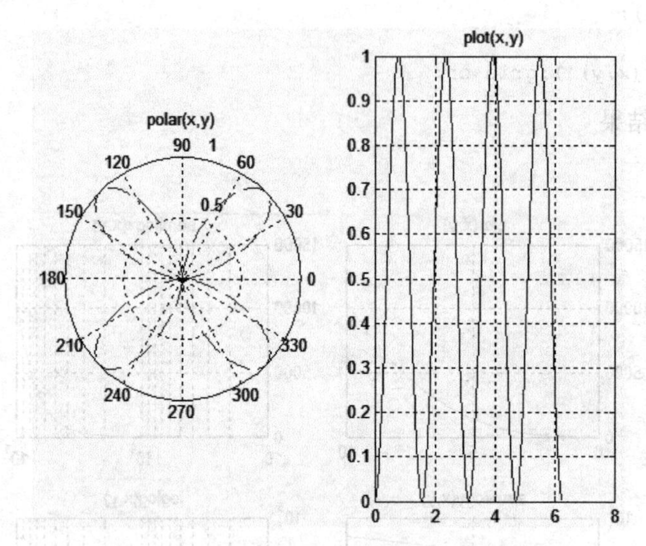

图 4.7　同一函数在极坐标系和直角坐标系下的比较

4.2 图形修饰与控制

4.2.1 图形标注

在绘制图形的同时，可以对图形加上一些说明，如图形名称、坐标轴说明以及图形某一部分的含义等，这些操作称为添加图形标注。常用的图形标注函数如表 4.2 所示。

表 4.2　　常用的图形标注函数

函数名	函数功能
title	设置图形标题
xlabel	设置 x 轴标签
ylabel	设置 y 轴标签
text/gtext	在（x,y）坐标处添加图形说明
legend	设置图例

1. title 函数

title 函数用于标注图形标题内容。标题固定在图形顶端，并且默认居中对齐。

title('标题','属性名','属性值',…)：设置标题的同时，设置标题的属性，属性名如字体、颜色等，属性值就是相应属性可以取的值。

2. xlabel/ylabel 函数

x1abe1/ylabel 函数用于设置图形的横轴和纵轴的标签。默认情况下，横轴标签被安排在横轴下方中间位置水平排列，纵轴标签被安排在左方位置垂直排列。两个函数的调用格式和 title 类似。

3. legend 函数

legend 函数用来标注图形的图例。图例可以用来标注图形中不同颜色、线型的数据组的实际意义。1egend 函数调用格式有以下 4 种。

legend('stringl','string2',…)：添加图例，并设置各组数据的图例文字为对应位置字符串值。

legend('off')：清除图例。

legend('hide')：隐藏图例。

legend('show')：显示图例。

4. text/gtext 函数

text/gtext 函数是用于在坐标(x,y)处添加文本说明。

text 函数是纯命令行文本标注函数，该函数的常用调用格式如下所示。

text(x,y,'string','property name','property value',…)：string 为文本说明，设置内容的同时，设置标题的属性，如字体、颜色、加粗等。

gtext 函数是交互式文本标注函数，该函数的常用调用格式有以下几种。

gtext('string')：可以在鼠标单击的位置标注一个单行文本。

gtext('string1','string2','string3',…)：可以在鼠标单击的位置标注一个多行文本。

gtext('string1';'string2';'string3';…)：可以通过多次鼠标单击标注一个多行文本。

例如，绘制图形曲线并添加图形标注。

```
x=0:0.02*pi:2*pi;
y1=sin(x);
y2=cos(x);
y3=sin(3*x).*cos(x);
plot(x,[y1;y2;y3]);
title('sin(x)**');                    % 设置图形标题
xlabel('自变量','FontSize',15);        % 设置横坐标标签，并将字体设置为 15 号
ylabel('因变量','FontSize',8);         % 设置纵坐标标签，并将字体设置为 8 号
```

```
text(2,0.9,'y1=sin(x)');                % 在坐标(2,0.9)处添加文本
text(0,0.9,'y2=cos(x)');                % 在坐标(0,0.9)处添加文本
gtext('y1=sin(3x)cos(x)');              % 在鼠标单击处添加文本
legend('sin(x)','cos(y)','sin(3x)cos(x)');           % 标注图例
```

绘制图形结果如图 4.8 所示。

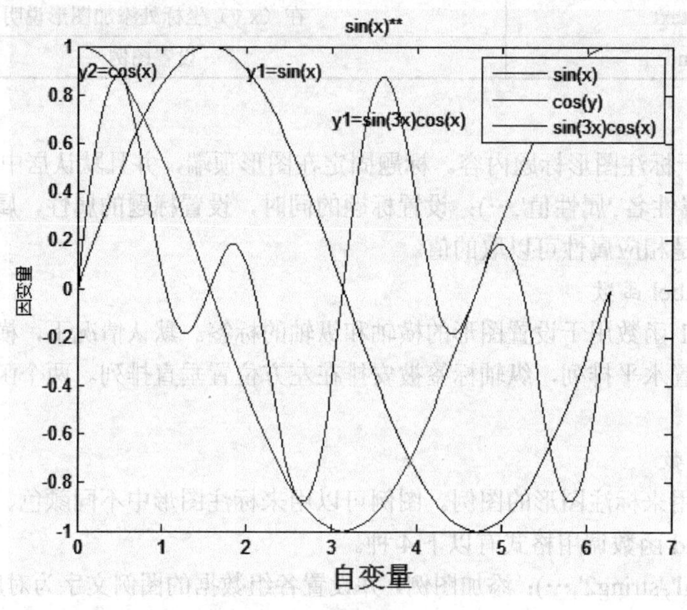

图 4.8　利用标注函数修饰图形

4.2.2　LaTex 格式字符控制

4.3.1 节中的函数中的说明文字，除使用标准的 ASCII 字符外，还可以使用 LaTeX（LaTeX 是一种非常流行的数学排版软件）格式的控制字符，这样就可以在图形中添加希腊字母、数学符号及公式等内容。MATLAB 中可用的 LaTeX 字符序列和对应符号如表 4.3 所示。

表 4.3　LaTeX 字符序列和对应符号

字符序列	符号	字符序列	符号	字符序列	符号
\alpha	α	\upsilon	υ	\sim	~
\beta	β	\phi	φ	\leq	⩽
\gamma	γ	\chi	χ	\infty	∞
\delta	δ	\psi	ψ	\clusuit	♣
\epsilon	ε	\omega	ω	\diamondsuit	♦
\zeta	ζ	\Gamma	Γ	\heartsuit	♥
\eta	η	\Delta	Δ	\spadesuit	♠
\theta	θ	\Theta	Θ	\leftrightarrow	↔
\iota	ι	\Lambda	Λ	\leftarrow	←
\kappa	κ	\Xi	Ξ	\uparrow	↑
\lambda	λ	\Pi	Π	\rightarrow	→

续表

字符序列	符号	字符序列	符号	字符序列	符号
\mu	μ	\Sigma	Σ	\downarrow	↓
\nu	ν	\Upsilon	Υ	\circ	○
\xi	ξ	\Phi	Φ	\pm	±
\pi	π	\Psi	Ψ	\geq	⩾
\rho	ρ	\Omega	Ω	\propto	∝
\sigma	σ	\forall	∀	\partial	∂
\tau	τ	\exists	∃	\bullet	•
\equiv	≡	\cong	≅	\div	÷
\otimes	⊗	\approx	≈	\neq	≠
\Im	ℑ	\Re	ℜ	\wp	℘
\cap	∩	\oplus	⊕	\alcph	ℵ
\supset	⊃	\cup	∪	\oslash	ø
\int	∫	\subseteq	⊆	\supseteq	⊇
\rfloor	ë	\in	∈	\subset	⊂
\lfloor	ü	\lceil	é	\nabla	∇
\perp	⊥	\cdot	·	\ldots	…
\wedge	∧	\neg	¬	\prime	′
\rceil	ù	\times	×	\O	Ø
\vee	∨	\surd	√	\mid	|
\langle	∠	\rangle	∠	\copyright	©

通过 LaTeX 标记语言，还可以设置字体、颜色等，如表 4.4 所示。

表 4.4　设置字体、颜色的 LaTeX 标记序列

标记序列	功能	标记序列	功能
\bf	字体加粗	\fontname{fontname}	采用指定字体
\it	字体倾斜	\fontsize{fontsize}	指定字号
\rm	正常字体	\color{colorname}	指定颜色

4.2.3　坐标、网格与边界控制

在绘制图形中，MATLAB 自动根据要绘制曲线数据的范围选择合适的坐标刻度，使得曲线能够尽可能清晰地显示出来。所以，在一般情况下用户不必选择坐标轴的刻度范围。但是，如果用户对坐标系不满意，可以利用 axis 函数对其重新设定。axis 函数功能丰富，能够设置坐标轴范围和坐标轴比例。

坐标轴范围有 5 种设置模式。

axis([xmin xmax ymin ymax])：MATLAB 按照给出的 x、y 轴的最小值和最大值选择坐标系范围，以便绘制出合适的二维曲线。

axis auto：将当前绘图区的坐标轴范围设置为 MATLAB 自动调整的区间。

axis tight：采用紧密模式设置当前坐标轴范围，即以用户数据范围为坐标轴范围。

axis manual：冻结当前坐标轴范围，以后叠加绘图都在当前坐标范围内显示。

axis on/off：显示或隐藏当前坐标轴、坐标轴标签和坐标轴刻度。

坐标轴比例有 3 种模式。

axis equal：横纵坐标采用等长刻度。

axis square：产生正方形坐标系（默认为矩形）。

axis normal：自动调整横纵轴比例，使当前坐标轴范围内的图形显示达到最佳效果。

说明：设置坐标轴范围的选项和设置坐标轴比例的选项可以在 axis 函数中联合使用。MATLAB 绘图默认的坐标轴设置是 axis auto normal。

除了可以设置图形窗口的坐标轴，还可以设置图形窗口的网格线和边界线。

给坐标加网格线用 grid 命令来控制。grid on/off 命令控制是否画网格线，不带参数的 grid 命令在两种状态之间进行切换。

给坐标加边框用 box 命令来控制。box on/off 命令控制是否加边框线，不带参数的 box 命令在两种状态之间进行切换。

【例 4.4】灵活应用 axis 各种设置方式、grid 和 box 命令绘图进行对比。

解：应用 axis 各种设置方式程序如下。

```
t=0:0.01*pi:2*pi;
x=sin(t);
y=cos(t);
for i=1:9
  subplot(3,3,i);
  plot(x,y);
end
subplot(3,3,1);
axis auto normal
title('axis auto normal');
subplot(3,3,2);
axis([-2 2 -1.5 1.5]);
axis normal
title('axis[] normal');
subplot(3,3,3);
axis tight normal
title('axis tight normal');
subplot(3,3,4);
axis auto square
title('axis auto square');
subplot(3,3,5);
axis([-2 2 -1.5 1.5]);
axis square
title('axis[] square');
grid off
subplot(3,3,6);
axis tight square
title('axis tight square');
subplot(3,3,7);
axis auto equal
title('axis auto equal');
subplot(3,3,8);
```

```
axis([-2 2 -1.5 1.5]);
axis equal
title('axis[] equal');
subplot(3,3,9);
axis tight equal
title('axis tight equal');
```

绘制图形如图 4.9 所示。

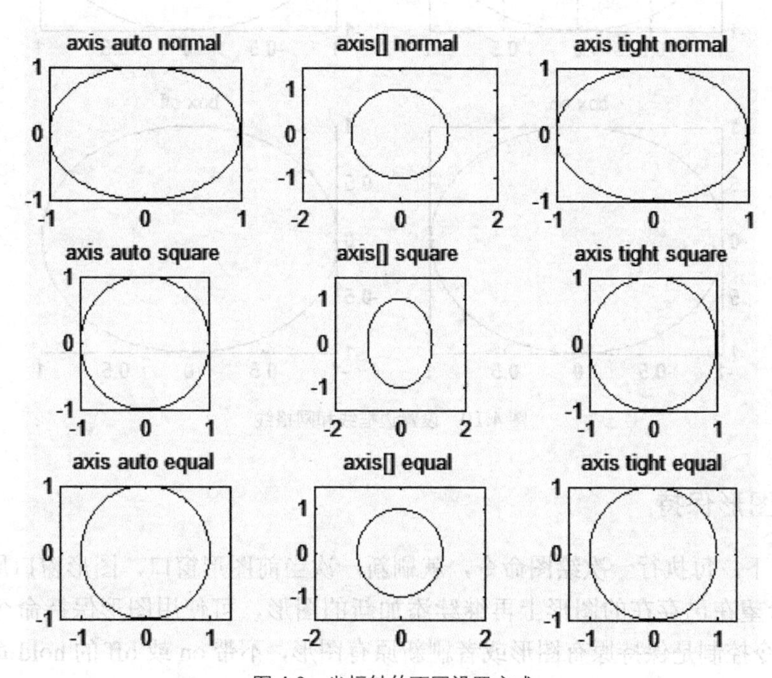

图 4.9　坐标轴的不同设置方式

应用 grid 命令和 box 命令，程序如下。

```
t=0:0.01*pi:2*pi;
x=sin(t);
y=cos(t);
for i=1:4
    subplot(2,2,i);
    plot(x,y);
end
subplot(2,2,1);
grid on
title('grid on');
subplot(2,2,2);
grid off
title('grid off');
subplot(2,2,3);
box on
title('box on');
subplot(2,2,4);
box off
title('box off');
```

绘制图形如图 4.10 所示。

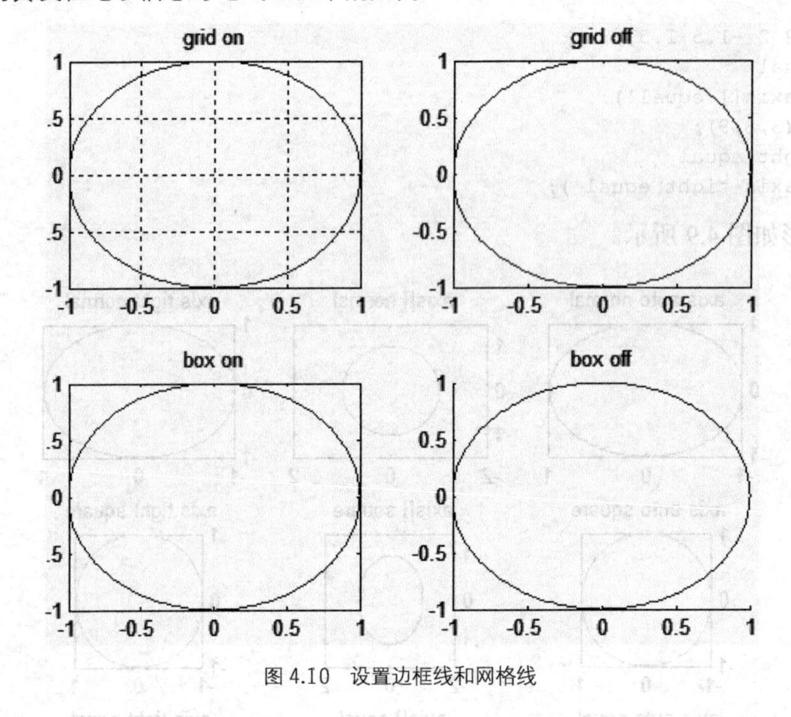

图 4.10　设置边框线和网格线

4.2.4　图形保持

一般情况下，每执行一次绘图命令，就刷新一次当前图形窗口，图形窗口原有图形将不复存在。若希望在已存在的图形上再继续添加新的图形，可使用图形保持命令 hold。hold on/hold off 命令控制是保持原有图形或者刷新原有图形，不带 on 或 off 的 hold 命令在两种状态之间进行切换。

例如，利用 hold 命令在同一窗口中先后绘制两条曲线，程序如下。

```
x=-5:5;
y1=randn(size(x));
y2=normpdf(x);                 % 求概率密度函数
subplot(2,1,1);
hold
hold                           % 切换子图 1 的叠加绘图模式到关闭状态
plot(x,y1,'b');
plot(x,y2,'r');                % 新的绘图指令冲掉了原来的绘图结果
title('hold off model');
subplot(2,1,2);
hold on                        % 打开子图 2 得到叠加绘图模式
plot(x,y1,'b');
plot(x,y2,'r');                % 新得绘图结果叠加在原来的图形中
title('hold on model');
```

绘制图形如图 4.11 所示。

程序在执行过程中，每执行一次 hold 会提示当前窗口是保持还是关闭。程序执行后在主窗口显示如下：

```
Current plot held
```

```
Current plot released
```

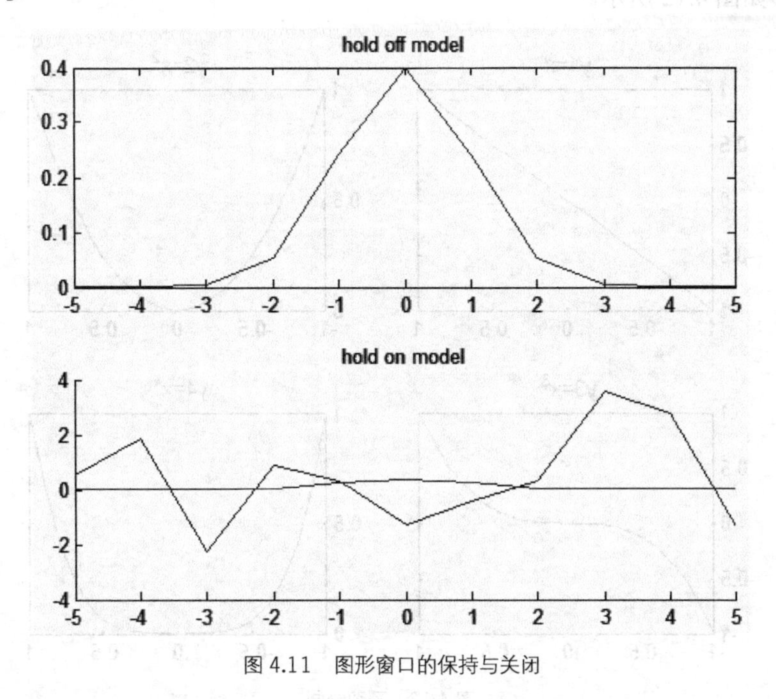

图 4.11　图形窗口的保持与关闭

4.2.5　图形窗口分割

在实际应用中，有时候如果在同一窗口中绘制不同的曲线不太方便观察。因此经常需要在一个图形窗口中绘制若干个独立的图形，这就需要对图形窗口进行分割。分割后的图形窗口由若干个绘图区组成，每一个绘图区可以建立独立的坐标系并绘制图形。同一图形窗口的不同图形称为子图。MATLAB 系统提供了 subplot 函数用来将图形窗口分割成若干个绘图区。每个区域代表一个独立的子图，也是一个独立的坐标系，可以通过 subplot 函数激活某一区，该区为活动区，所发出的绘图命令都是作用于活动区域。subplot 函数的调用格式如下所示。

subplot(m,n,p)：该函数将当前图形窗口分成 $m \times n$ 个绘图区，即 m 行，每行 n 个绘图区，区号按行优先编号，且选定第 p 个区为当前活动区。在每一个绘图区允许以不同的坐标系单独绘制图形。

例如，在一个图形窗口中绘制 4 个不同的函数，程序如下。

```
x=-1:0.1:1;
y1=x;
y2=x.^2;
y3=x.^3;
y4=x.^4;
subplot(2,2,1);
plot(x,y1);title('y1=x');
subplot(2,2,2);
plot(x,y2);title('y2=x^2');
subplot(2,2,3);
plot(x,y3);title('y3=x^3');
subplot(2,2,4);
plot(x,y4);title('y4=x^4');
```

绘制图形如图 4.12 所示。

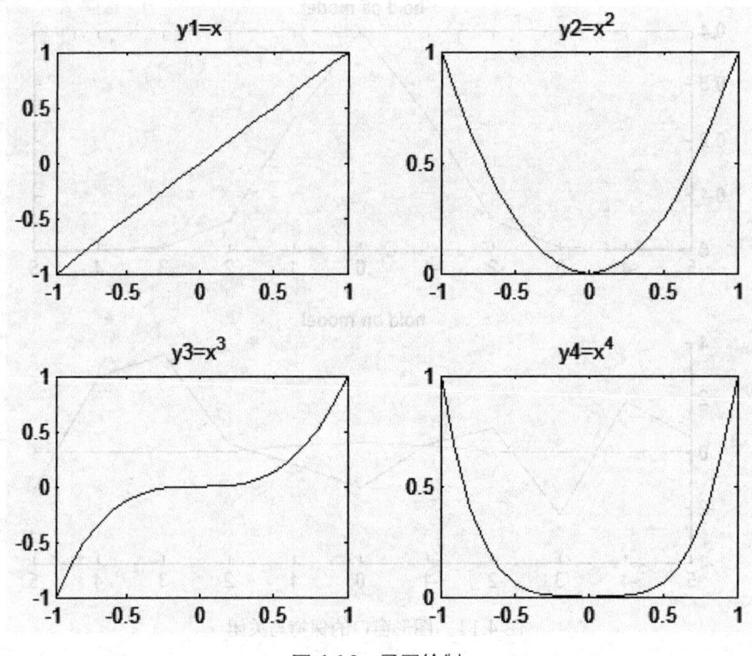

图 4.12 子图绘制

上例中将图形窗口分割成2×2个绘图区，编号从 1 到 4，各区分别绘制一幅图形，这是最规则的情况。实际上，还可以做更灵活的分割。程序如下。

```
x=-1:0.1:1;
y1=x;
y2=x.^2;
y3=x.^3;
y4=x.^4;
subplot(2,2,1);
stairs(x,y1);title('y1=x*');
subplot(2,1,2);
stem(x,y1);title('y1=x&');
subplot(4,4,3);
plot(x,y1);title('y3=x');
subplot(4,4,4);
plot(x,y2);title('y2=x^2');
subplot(4,4,7);
plot(x,y3);title('y3=x^3');
subplot(4,4,8);
plot(x,y4);title('y2=x^4');
```

绘制出图形如图 4.13 所示。

本质上讲，上述分割还是规则的分割，subplot 函数还可以利用坐标轴对象操作对图形窗口进行任意分割。具体方法可通过 help subplot 命令查看。

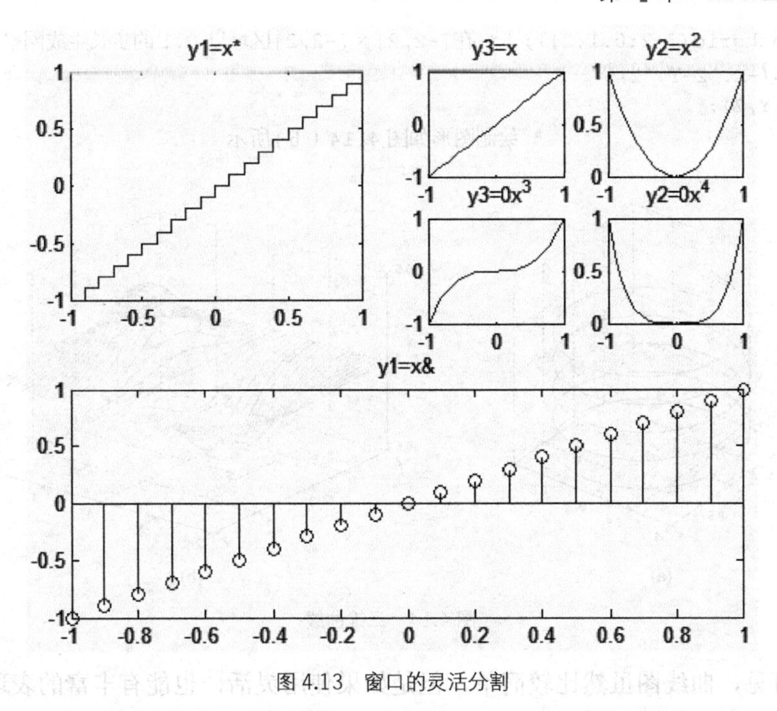

图 4.13　窗口的灵活分割

4.3　三维图形绘制

三维图形相比二维图形，看起来更具有立体感。用三维图形表现数据特征和场景，不管信息量还是图形的直观性，都要比二维图形更丰富。本节主要介绍 MATLAB 中绘制各种三维图形的函数。

4.3.1　三维曲线图

三维曲线描述了（x, y）沿着一条平面曲线变化时，z 随之变化的情况。MATLAB 中提供的最基本的三维图形函数为 plot3。它将二维绘图函数 plot 的相关功能扩展到三维空间。plot3 函数与 plot 函数用法十分相似，其调用格式为：

```
plot3(x1, y1, z1, 选项 1, x2, y2, z2, 选项 2, …, xn, yn, zn, 选项 n)
```

其中，每一组（x,y,z）组成一组曲线的坐标函数，选项的定义和 plot 函数相同。当 x,y,z 是同维向量时，则 x,y,z 对应元素构成一条三维曲线。当 x,y,z 是同维矩阵时，则以 x,y,z 对应元素绘制三维曲线，曲线条数等于矩阵列数。

例如，用 plot3 函数绘制三维曲线。

参数为同维向量时，绘制一条螺旋线。程序如下。

```
t=0:pi/50:10*pi;
plot3(sin(t),cos(t),t);
axis square;
grid on                         % 绘制图形如图 4.14（a）所示
```

参数为矩阵时绘制三维曲线。程序如下。

```
[X,Y]=meshgrid([-2:0.1:2]);  % 在[-2,2]×[-2,2]区域以 0.1 的步长生成网格坐标矩阵 X 和 Y
Z=X.*exp(-X.^2-Y.^2);
plot3(X,Y,Z);
grid on                       % 绘制图形如图 4.14（b）所示
```

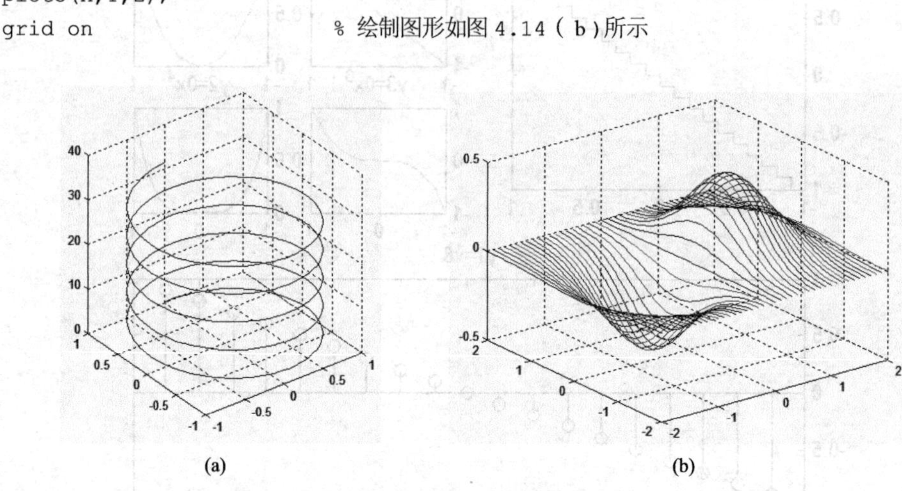

图 4.14　三维曲线

由上例可见，曲线图虽然比较简单，但是如果使用灵活，也能有丰富的表现力。

4.3.2　三维曲面图

当 (x, y) 定义在一条曲线上时，可以用曲线图描绘 (x, y, z) 的变化关系。对于 (x, y) 定义在一个区域中的情况，则应该用曲面图显示。

MATLAB 中通过矩形网格组合来描绘曲面，即将 (x, y) 定义的区域分解为一个个小矩形区域，然后计算在这个小矩形区域每一个顶点处的 z 值，在显示时通过把这些临近的顶点都互相连接起来，从而组合出整个 (x, y) 区域上的 (x, y, z) 曲面。

按照组合方式不同，MATLAB 中的曲面图分为网格图和表面图两种类型。

网格图：只用线条将各个邻近顶点连接，网格区域内部显示为空白，这种通过矩形网格边框来显示整个曲面的曲面图称为网格图。

表面图：不但显示网格线边框，而且将其内部填充着色，从而通过一个个矩形平面组合显示整个曲面，这种曲面图称为表面图。

下面详细介绍网格图和表面图。

1. 三维网格图

绘制三维网格图，首先要创建(x,y)的网格。MATLAB 提供了 meshgrid 函数创建网格，meshgrid 的调用格式如下所示。

[X,Y] = meshgrid(x,y)：当 x 和 y 都是长度为 n 的一维数组时，则 X 和 Y 是 n*n 的二维数组。

用 mesh、meshc 和 meshz 函数绘制网格图，其调用格式如下所示。

mesh(x,y,z,c)：绘制由 x、y 和 z 确定的网格曲面。若 x 和 y 是向量，length(x)=m，length(y)=n，其中，[m,n]=size(z)，x(j)、y(i)、z(i,j)为网格线的交点；若 x 和 y 是矩阵，则 x(i,j)、y(i,j)、z(i,j)为网格线的交点。矩阵 c 确定网格的颜色，c 的大小和矩阵 z 一样。如果 c 省略，默认 c=z，也就是颜色的设定正比于图形的高度。

meshc 函数的调用方式和 mesh 函数一样，只是要在网格下方画一个等值线图。meshz 函数的调用方式和 mesh 函数一样，只是要在网格下方画一个底座图。

例如，绘制 3 种网格图，程序如下：

```
[X,Y]=meshgrid(-3:0.125:3);
Z=peaks(X,Y);
subplot(1,3,1);
mesh(X,Y,Z);title('mesh(X,Y,Z)');
axis([-3 3 -3 3 -10 5])
subplot(1,3,2);
meshc(X,Y,Z);title('meshc(X,Y,Z)');
axis([-3 3 -3 3 -10 5])
subplot(1,3,3);
meshz(X,Y,Z);title('meshzX,Y,Z)');
axis([-3 3 -3 3 -10 5])
colormap colorcube
```

绘制图形如图 4.15 所示。

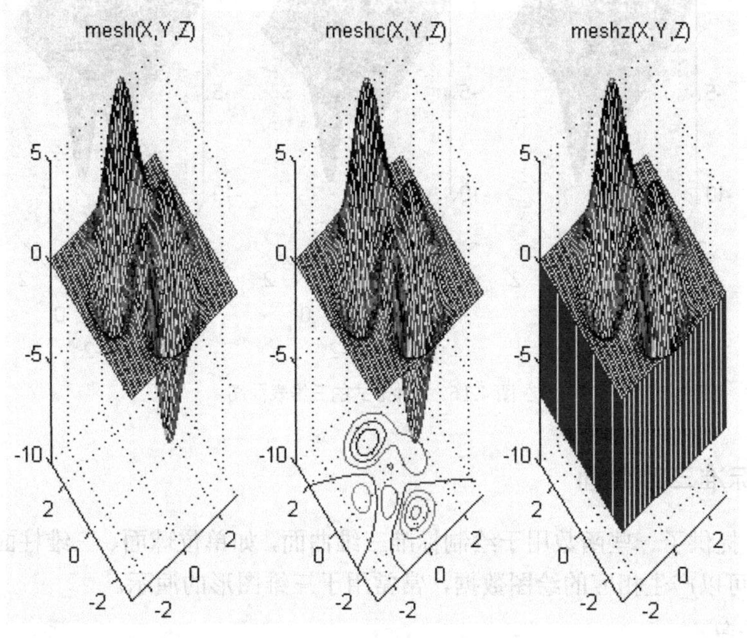

图 4.15 3 种形式的三维网格图

2. 三维表面图

将三维网格图中的单元用不同颜色进行填充，生成三维表面图。

与绘制网格图一样，也需要先调用 meshgrid 函数生成网格矩阵。

用 surf, surfc 和 surfl 函数绘制三维表面图，调用格式与 mesh 函数的调用格式一样。surfc 函数绘制曲面具有等高线，surfl 函数绘制曲面具有光照效果。

例如，绘制三维表面图，程序如下。

```
[X,Y]=meshgrid(-3:0.125:3);
Z=peaks(X,Y);
subplot(1,3,1);
```

```
surf(X,Y,Z);title('surf(X,Y,Z)');
axis([-3 3 -3 3 -10 5]);
subplot(1,3,2);
surfc(X,Y,Z);title('surfc(X,Y,Z)');
axis([-3 3 -3 3 -10 5]);
subplot(1,3,3);
surfl(X,Y,Z);title('surfl(X,Y,Z)');
axis([-3 3 -3 3 -10 5]);
```

绘制图形如图 4.16 所示。

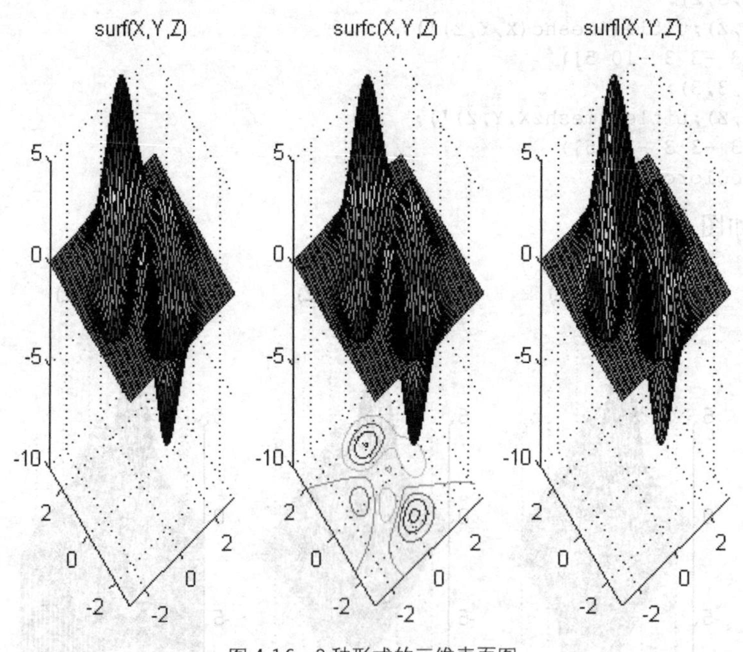

图 4.16　3 种形式的三维表面图

4.3.3　标准三维曲面

MATLAB 提供了一些函数用于绘制标准三维曲面，如单位球面、三维柱面和多峰函数曲面，这些函数可以产生相应的绘图数据，常常用于三维图形的演示。

1. 单位球面

用 sphere 函数绘制单位球面，函数调用格式为：

```
[x,y,z] = sphere(n)
```

该函数用于产生(n+1)×(n+1)矩阵 x、y、z，采用这 3 个矩阵可以绘制出圆心位于原点、半径为 1 的单位球体。若在调用该函数时不带输出参数，则直接绘制所需球面。n 决定了球面的圆滑程度，其默认值为 20。若 n 值取得较小，则将绘制出多面体表面图。

2. 三维柱面

用 cylinder 函数绘制三维柱面。函数调用格式为：

```
[x,y,z] = cylinder(R,n)
```

其中，R 是一个向量，存放柱面各个等间隔高度的半径，n 表示在圆柱周围上有 n 个间隔点，默认有20个间隔点。例如，cylinder(3)生成一个圆柱，cylinder([10,1])生成一个圆锥，而t=0:pi/100:4*pi; R=sin(t); cylinder(R,30)生成一个正弦型柱面。另外，生成矩阵的大小与R向量的长度及n有关。其余与sphere函数相同。

3. *多峰函数曲面*

用peaks函数绘制多峰函数曲面。函数的调用格式与sphere函数的调用格式相同，即：

```
[x,y,z] = peaks(n)
```

如果n没有给定，则系统默认值为49。

例如，绘制标准三维曲面图形，程序如下。

```
[x,y,z]=sphere(50);
subplot(1,3,1);
surf(x,y,z);
[x,y,z]=cylinder(2,30);
subplot(1,3,2);
surf(x,y,z);
subplot(1,3,3);
[x,y,z]=peaks(30);
meshz(x,y,z);
```

绘制图形如图4.17所示。

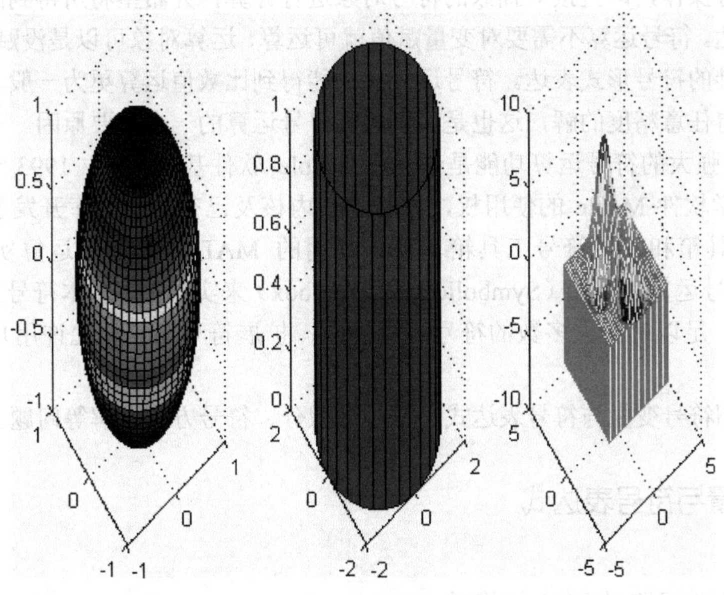

图4.17 球体、柱体与多峰

课后习题

1. 用不同线型和颜色绘制曲线 $y = 2e^{\wedge}(0.5x)\sin(2*pi*x)$ 及其包络线。
2. 在[−1,2]上画 $y = e^{\wedge}2x + \sin(3x^{\wedge}2)$ 的图形。
3. 在 $0 \leqslant x \leqslant 2\pi$ 区间内，绘制曲线 $y_1 = 2e - 0.5x$ 和 $y_2 = \cos 4\pi x$，并给图形添加图形标注。
4. 在同一坐标中，绘制3个同心圆，并加坐标控制。

第5章 MATLAB符号计算

MATLAB具有多种不同的数据类型，包括双精度型、单精度型、字符型、逻辑型、符号型、结构型（structure）和元胞型等。第3章已经介绍过MATLAB的数值运算。数值运算在运算前必须先对变量赋值，再参加运算。由于计算机精度的原因，数值运算的结果往往是一个近似化的数值。

在科学研究和实际应用中，除了对数值对象进行操作，并得到数值结果外，往往还需要对符号对象进行操作，即直接对抽象的符号对象进行计算，并希望将所得到的结果以标准的符号方式来表达。符号运算不需要对变量赋值就可运算，运算对象可以是没赋值的符号变量，运算结果以标准的符号形式表达。符号运算往往能得到比数值运算更为一般、更为通用化的结果，可以获得任意精度的解，这也是我们关注符号运算的一个重要原因。

MATLAB 强大的符号运算功能是建立在 Maple 软件基础上的。1993 年，MathWorks 公司购买了数学软件 Maple 的使用权，并基于其内核及已有的函数库开发了实现符号运算的基本符号工具箱和扩展符号工具箱。现在使用的 MATLAB 符号运算实际上就是通过MATLAB中符号运算工具箱（Symbolic Math Toolbox）来实现的。基本符号工具箱包含100多个符号函数，足以解决大多数的符号运算问题；扩展符号工具箱允许用户编写直接访问Maple的程序。

本章将介绍符号变量与符号表达式、符号微积分、符号方程求解等问题。

5.1 符号变量与符号表达式

5.1.1 符号矩阵的创建与修改

MATLAB提供了符号数据类型，其相应的运算对象称为符号对象。通过建立符号对象，可以进一步建立符号表达式和符号矩阵。

1. 建立符号对象

（1）建立单个符号对象

MATLAB提供了sym函数建立单个符号对象。其调用格式为：

```
符号对象名 = sym(符号字符串)
```

符号字符串可以是变量、常量、函数或表达式，放在单引号里。

例如：

```
>> a=sym('a');              % 定义符号变量
>> b=sym('b');
>> x=1;                     % 定义数值常量
>> y=2;
>> p=a^2+b^2                % 符号运算
p =
a^2 + b^2
 >> q=x^2+y^2               % 数值运算
q =
    5
>> whos                     % 查看内存变量
  Name      Size        Bytes      Class     Attributes
  a         1×1          112       sym
  b         1×1          112       sym
  p         1×1          112       sym
  q         1×1            8       double
  x         1×1            8       double
  y         1×1            8       double
```

从这个例子可以看出，数值变量运算前必须赋值，运算结果是一个相同类型的值。符号变量运算前不用赋值，运算结果是一个符号类型的表达式。

再例如：

```
>> a=sym('pi');                  % 定义符号常量
>> b=sym('2');
>> c=sym('3');
>> x1=sin(pi/3)                  % 数值运算
x1 =
    0.8660
>> x2=sin(a/3)                   % 符号运算
x2 =
3^(1/2)/2
 >> y1=sqrt(2)+3                 % 数值运算
y1 =
    4.4142
>> y2=sqrt(b)+c                  % 符号运算
y2 =
    2^(1/2) + 3
```

从这个例子可以看出，用符号常量进行运算更像是在推导公式，数值运算则更像是在求结果的近似值。

（2）建立多个符号对象

当需要一次建立多个符号变量时，可以使用MATLAB提供的syms函数。其调用格式为：

```
syms arg1 arg2 … argn
```

注意变量间用空格隔开，而不是用逗号隔开。

2. 建立符号表达式

式子 f='sin(x)+5x'就是符号表达式，其中 f 是符号变量名，单引号(' ')是符号标识，符号表达式一定要用单引号括起来，这样 MATLAB 才能识别。

可以通过以下 3 种方法建立符号表达式。

① 利用单引号建立。

② 利用 sym 函数建立。

③ 利用已定义符号变量建立。

可以通过以下几例掌握建立符号表达式的基本方法。

```
>> y1='x^4+3*x^2+1'
y1 =
    x^4+3*x^2+1
>> y2='x^3+1=0'
y2 =
    x^3+1=0
>> y=sym('x^2*y^2+x*y+3')
y =
x^2*y^2 + x*y + 3
>> syms a b;
>> y=a+a*b^3
y =
a*b^3 + a
```

单引号中的内容可以是符号表达式，也可以是符号方程。例如：

```
>> f1='a*x^2+b*x+c'          % 符号表达式，二次三项式
>> f2='a*x^2+b*x+c=0'        % 符号方程
>> f3='Dy+y^2=1'             % 符号微分方程
```

符号表达式或符号方程可以赋给符号变量，方便以后调用；也可以不赋给符号变量，直接参与运算。

3. 建立符号矩阵

其实符号矩阵可以看成一种特殊的符号表达式。当函数作用于符号矩阵时，等效于作用于矩阵的每一个元素。

对于符号矩阵，除了可以进行与符号表达式相同的运算外，还可以进行有关矩阵的运算。

（1）符号矩阵的建立

建立符号矩阵的方法有两种，分别是利用已定义的符号变量建立和利用 sym 函数建立。通过下面的例子，希望读者能掌握建立符号矩阵的两种不同方法。

例如：

```
>> syms x y;                                    % 建立符号变量
>> A=[sin(x),sin(y);cos(x),cos(y)]              % 建立符号矩阵 A
A =
    [ sin(x), sin(y)]
    [ cos(x), cos(y)]
>> B=sym('[cos(x),cos(y);sin(x),sin(y)]')       % 建立符号矩阵 B
B =
    [ cos(x), cos(y)]
```

```
    [ sin(x), sin(y)]
>> C=transpose(A)                                          % 求矩阵 A 的转置
C =
    [ sin(x), cos(x)]
    [ sin(y), cos(y)]
>> D=rank(B)                                               % 求矩阵 B 的秩
D =
    2
>> E=A*B                                                   % 求矩阵的乘积
E =
    [ cos(x)*sin(x) + sin(x)*sin(y),      sin(y)^2 + cos(y)*sin(x)]
    [     cos(x)^2 + cos(y)*sin(x), cos(x)*cos(y) + cos(y)*sin(y)]
```

（2）符号矩阵的修改

可以通过 subs 函数替换（修改）符号矩阵，其调用格式如下所示。

subs(A, 'old', 'new')：A 为要修改的符号矩阵（或符号表达式），'old'是要修改的符号变量（或符号表达式），'new'是待输入的新符号变量（或符号表达式）。

例如：

```
>> A=sym('[cos(x),cos(y);sin(x),sin(y)]')              % 建立符号矩阵
A =
    [ cos(x), cos(y)]
    [ sin(x), sin(y)]
>> A1=subs(A,'sin(x)','tan(x)')
A1 =
    [ cos(x), cos(y)]
    [ tan(x), sin(y)]
>> A2=subs(A,'x','t')
A2 =
    [ cos(t), cos(y)]
    [ sin(t), sin(y)]
```

5.1.2 符号矩阵与数值矩阵的转换

利用 sym 函数可以将数值表达式（矩阵）转换为符号表达式（矩阵）；利用 eval 函数可以将符号表达式（矩阵）转换为数值表达式（矩阵）。

例如：

```
>> a=0.6;
>> a1=sym(a)
a1 =
   3/5
>> b='pi';
>> b1=eval(b)
b1 =
   3.1416
```

5.1.3 符号表达式的运算

1. 符号表达式的四则运算

在 MATLAB 以前的版本中，符号表达式的四则运算函数为 symadd（符号加）、symsub

（符号减）、symmul（符号乘）、symdiv（符号除）、sympow（符号乘方）等。在现在的 MATLAB 版本中，为了与数值运算统一，已经不再支持这些函数。与数值运算一样，可以利用+、-、*、/、^等运算符进行符号表达式的四则运算。通过以下几个例子，读者不难掌握符号表达式的四则运算。

例如：

```
>> syms x y;
>> f=x^2+2*x+1;
>> g=x+1;
>> y1=f+g
y1 =
    x^2 + 3*x + 2
>> y2=f*g
y2 =
    (x + 1)*(x^2 + 2*x + 1)
>> y3=f/g
y3 =
    (x^2 + 2*x + 1)/(x + 1)
>> y4=f^2
y4 =
    (x^2 + 2*x + 1)^2
```

对于符号表达式的累计和，MATLAB 提供了 symsum 函数，其调用方式包括以下 3 种。

symsum(s)：对符号表达式 s 求其累计和。

symsum(s,v)：对符号表达式 s 求其累计和，其中 v 为变量。

symsum(s,a,b)：对于符号表达式 s 在区间[a,b]求其累计和。

【例 5.1】分别计算表达式 $\sum k$，$\sum_{0}^{10} k^2$ 和 $\sum_{k=0}^{\infty}\frac{x^k}{k!}$ 的值。

解：

```
>> syms k x
>> symsum(k)
ans =
    k^2/2 - k/2
>> symsum(k^2,0,10)
ans =
    385
>> symsum(x^k/sym('k!'),k,0,inf)
ans =
    exp(x)
```

【例 5.2】计算。

（1）$s_1 = 1+1/4+1/9+1/16+\cdots+1/n^2+\cdots$；

（2）$s_2 = 1-1/2+1/3-1/4+\cdots+(-1)^{n+1}1/n+\cdots$；

（3）$s_3 = x+2x^2+3x^3+\cdots+nx^n+\cdots$；

（4）$s_4 = 1+4+9+16+\cdots+10000$。

解：

```
>> n=sym('n');
>> x=sym('x');
```

```
>> s1=symsum(1/n^2,n,1,inf)
s1 =
    pi^2/6
>> s2=symsum((-1)^(n+1)/n,1,inf)
s2 =
    log(2)
>> s3=symsum(n*x^n,n,1,inf)
s3 =
    piecewise([abs(x) < 1, x/(x - 1)^2])
>> s4=symsum(n^2,1,100)
s4 =
    338350
```

2. 符号表达式提取分子、分母

MATLAB 提供了 numden 函数用来提取有理式的分子和分母。其调用格式如下所示。

[n,d] = numden(s)：提取符号表达式 s 的分子与分母，分别返回给 n 与 d。

当 s 为单个符号表达式时，n 和 d 分别代表 s 的分子和分母；当 s 为符号矩阵时，n 和 d 分别表示 s 矩阵各元素的分子和分母组成的符号矩阵。numden 函数在提取分子、分母前，会先对符号表达式进行有理化（通分）处理。举例如下。

```
>> f=sym('(x^2+3*x+4)/(x+1)');
>> [n,d]=numden(f)
n =
    x^2 + 3*x + 4
d =
    x + 1
>> f1=sym('x^2+3*x+4/(x+1)');
>> [n,d]=numden(f1)
n =
    x^3 + 4*x^2 + 3*x + 4
d =
    x + 1
>> f2=sym('[(x+1)/x,x]')
f2 =
    [ (x + 1)/x, x]
>> numden(f2)
ans =
    [ x + 1, x]
```

3. 符号表达式因式分解与展开

表 5.1 列出了 MATLAB 中符号表达式因式分解、展开的相关函数。

表 5.1　符号表达式因式分解与展开函数

函数调用格式	说明
factor(s)	对符号表达式 s 进行因式分解
expand(s)	对符号表达式 s 进行展开
collect(s)	对符号表达式 s 进行同类项合并
collect(s,v)	对符号表达式 s 按变量 v 进行同类项合并

对符号表达式因式分解与展开的函数举例如下。

```
>> syms x y;
>> f=x^3+y^3;
```

```
>> f1=factor(f)                    % 因式分解
f1 =
    (x + y)*(x^2 - x*y + y^2)
>> f2=expand(f1)                   % 多项式展开
f2 =
    x^3 + y^3
>> f3=collect(f1,y)                % 以y为变量合并同类项
f3 =
    x^3 + y^3
```

4. 符号表达式的化简

MATLAB提供了simplify和simple两种函数对符号表达式进行化简。其中，simplify函数应用Maple函数规则对表达式进行化简；simple函数则调用MATLAB的所有化简函数对表达式进行化简，然后在结果表达式中选择含有最少字符的形式显示化简结果。

下面对两种化简函数举例。

【例5.3】化简符号表达式 $f=(x^3+x^2)^2$ 。

解：

```
>> x=sym('x');
>> f=(x^3+x^2)^2;
>> g1=simplify(f)                  % simplify化简
g1 =
    x^4*(x + 1)^2
>> simple(f)                       % simple化简过程
simplify:
    x^4*(x + 1)^2
radsimp:
    (x^3 + x^2)^2
simplify(Steps = 100):
    x^4*(x + 1)^2
combine(sincos):
    (x^3 + x^2)^2
combine(sinhcosh):
    (x^3 + x^2)^2
combine(ln):
    (x^3 + x^2)^2
factor:
    x^4*(x + 1)^2
expand:
    x^6 + 2*x^5 + x^4
combine:
    (x^3 + x^2)^2
rewrite(exp):
    (x^3 + x^2)^2
rewrite(sincos):
    (x^3 + x^2)^2
rewrite(sinhcosh):
    (x^3 + x^2)^2
rewrite(tan):
    (x^3 + x^2)^2
mwcos2sin:
```

```
    (x^3 + x^2)^2
collect(x):
    x^6 + 2*x^5 + x^4
ans =                                 % simple 化简结果
    (x^3 + x^2)^2
```

5.1.4 变量的确定

MATLAB中符号对象有符号变量和符号常量之分。MATLAB提供了findsym函数找出函数表达式中的部分或全部符号变量。其调用格式如下所示。

findsym(s, n)：返回符号表达式s中n个符号变量。

需要注意以下内容。

① 函数返回符号表达式s中的n个符号变量。若没有指定n，则返回全部符号变量。

② MATLAB按照离x最近的原则确定默认变量。当进行函数求极限、微积分时，如果用户没有明确指出变量，MATLAB将按默认变量进行相应的运算。

③ 若表达式中有两个符号变量与x的距离相等，则ASCII码大者优先。

④ 事实上，findsym(s, 1)返回的就是默认变量。

例如：

```
>> syms w x y z;
>> a=sym('pi');
>> f=x^2+y*z+5*w+a;
>> findsym(f)
ans =
    w,x,y,z
>> findsym(f,2)
ans =
    x,y
>> findsym(f,1)
ans =
    x
```

又例如：

```
>> syms a b w y z
>> findsym(a*y+b*w,1)
ans =
    y
>> findsym(a*z+b*w,1)
ans =
    w
>> findsym(a*5+b,1)
ans =
    b
```

5.1.5 精度控制

在符号运算工具箱（Symbolic Math Toolbox）中有3种不同的算术运算。

① 数值型（Numeric）：MATLAB的浮点算术运算。

② 有理数型（Rational）：Maple的精确符号运算。

③ VPA 型（Variable-Precision Arithmetic）：Maple 的任意精度算术运算。

可以通过 MATLAB 提供的 digits 和 vpa 两个函数实现任意精度的符号运算。在介绍两个函数用法之前，有必要提醒：format 命令控制数值型输出格式，或者说是控制输出结果的精度，但是运算过程中是按默认精度计算的。本节所讲的精度控制是指控制运算精度，或者说是控制运算过程中的精度。请仔细比较。

1. digits 函数语法格式

digits：显示当前 VPA 精度，默认 VPA 精度为 32 位。

digits(n)：设置想要的 VPA 精度，n 为所期望的有效位数。

digits 函数可以改变默认的有效位数来改变精度，随后每个进行 Maple 函数的计算都以新精度为准。当有效位数增加时，计算时间和占用的内存也随之增加。

2. vpa 函数语法格式

vpa(s，n)：以给定的新的 VPA 精度 n 对 s 进行计算。

vpa(s)：以默认的当前 VPA 精度对 s 进行计算。

vpa 函数中的 s 可以是数值或符号对象，但计算结果一定是符号对象。vpa 命令只对指定的 s 按新精度进行计算，并以同样的精度显示计算结果，但不改变全局的 digits 函数。

例如：

```
>> a=sym('sqrt(5)+1')           % 建立符号表达式 a
a =
   5^(1/2) + 1
>> digits                       % 显示默认的 VPA 精度
Digits = 32
>> vpa(a)                       % 以默认的 VPA 精度计算 a，注意结果有 32 位有效数字
ans =
   3.2360679774997896964091736687313
>> vpa(a,4)                     % 以 VPA 精度 4 计算 a
ans =
   3.236
>> digits                       % 使用 VPA 后，全局的 digits 没有改变，仍然是 32
Digits = 32
>> digits(6)                    % 设置新的 VPA 精度为 6
>> vpa(a)                       % 以修改后的 VPA 精度计算 a，注意结果有 6 位有效数字
ans =
   3.23607
```

又例如：

```
>> x=1/3                        % 数值型运算
x =
   0.3333
>> format long                  % 控制输出格式，注意与本节精度控制区别
>> x
x =
   0.333333333333333
>> y=sym('1/3')                 % 有理数型运算
y =
   1/3
```

```
>> z=vpa(1/3,10)                    % VPA 型运算
z =
    0.3333333333
```

通过上例，现在比较3种运算的区别。

① 数值型运算在3种运算方式中运算速度最快，而且占用内存最少，但是结果最不精确。

② 有理型运算的计算时间和占用内存都最差，但是结果却是最精确的。

③ VPA 型任意精度运算较为灵活，可以根据实际需求灵活设定。当保留的有效位数增加时，每次运算的时间和使用的内存也随之增加。

5.2 微积分

5.2.1 极限

MATLAB 提供的求符号函数的极限的函数是 limit，其调用格式主要有4种。

limit(f)：求符号函数 f 的默认变量趋近于默认值 0 时的极限值，相当于 $\lim_{x \to 0} f(x)$。

limit(f, x, a)：求符号函数 f(x)当变量 x 趋近于 a 时的极限值，相当于 $\lim_{x \to a} f(x)$。

limit(f, x, a, 'left')：求符号函数 f(x)当变量 x 趋近于 a 时的左极限值，相当于 $\lim_{x \to a^-} f(x)$。

limit(f, x, a, 'right')：求符号函数 f(x)当变量 x 趋近于 a 时的右极限值，相当于 $\lim_{x \to a^+} f(x)$。

【例 5.4】 求下列函数的极限值。

（1）$\lim_{x \to a} \frac{x(e^{\sin x}+1)-2(e^{\tan x}-1)}{x+a}$；　（2）$\lim_{x \to 0} \frac{\sin(a+x)-\sin(a-x)}{x}$；

（3）$\lim_{x \to +\infty} x(\sqrt{x^2-1}-x)$；　（4）$\lim_{t \to 3^+} \left(1+\frac{2t}{x}\right)^{3x}$。

解：

```
>> syms x t a;
>> f1=(x*(exp(sin(x))+1)-2*(exp(tan(x))-1))/(x+a);
>> f2=(sin(x+a)-sin(a-x))/x;
>> f3=x*(sqrt(x^2-1)-x);
>> f4=(1+(2*t)/x)^(3*x);
>> limit(f1,a)                          % 求(1)式极限
 ans =
(a*(exp(sin(a)) + 1) - 2*exp(sin(a)/cos(a)) + 2)/(2*a)
>> limit(f2)                            % 求(2)式极限
ans =
2*cos(a)
>> limit(f3,x,inf,'left')               % 求(3)式极限
ans =
-1/2
>> limit(f4,t,3,'right')                % 求(4)式极限
ans =
((x + 6)/x)^(3*x)
```

5.2.2 微分

MATLAB 提供了 diff 函数求符号表达式的导数，其调用格式主要有 4 种。

diff(f)：求表达式 f 关于默认符号变量的一阶导数。

diff(f,t)：求表达式 f 关于符号变量 t 的一阶导数。

diff(f,n)：求表达式 f 关于默认符号变量的 n 阶导数。

diff(f,n,t)：求表达式 f 关于符号变量 t 的 n 阶导数。

【例 5.5】求下列函数的导数。

（1）$f(x,t)=\begin{bmatrix} a & t^2 \\ t\cos x & \ln x \end{bmatrix}$，求 f_x'，f_x''，f_t'，f_t''。

（2）$\begin{cases} x = a\cos t \\ y = a\sin t \end{cases}$，求 y_x'。

（3）$z=f(x,y)$，由方程 $x^2+y^2+z^2=a^2$ 确定，求 z_x'。

在练习本例前，希望读者能够复习参数方程求导和隐函数求导的方法。

解：

```
>> f=sym('[a,t^2;t*cos(x),log(x)]');          % 求解(1)
>> fx=diff(f)
fx =
    [          0,   0]
    [ -t*sin(x), 1/x]
>> fxx=diff(f,2)
fxx =
    [          0,      0]
    [ -t*cos(x), -1/x^2]
>> ft=diff(f,'t')
ft =
    [      0, 2*t]
    [ cos(x),   0]
>> ftt=diff(f,2,'t')
ftt =
    [ 0, 2]
    [ 0, 0]
>> x=sym('a*cos(t)');                          % 求解(2)
>> y=sym('a*sin(t)');
>> y1x=diff(y)/diff(x)
y1x =
    -cos(t)/sin(t)
>> f1=sym('x^2+y^2+z^2-a^2');                  % 求解(3)
>> z1x=-diff(f1,'x')/diff(f1,'z')
z1x =
    -x/z
```

5.2.3 积分

积分可以认为是微分（求导）的反运算。MATLAB 提供了 int 函数求符号表达式的积分，其调用格式主要有 4 种。

int(f)：求表达式 f 关于默认变量的不定积分结果。

int(f,t)：求表达式 f 关于变量 t 的不定积分结果。

int(f,a,b)：求表达式 f 关于默认变量在区间[a,b]上的定积分结果。

int(f,t,a,b)：求表达式 f 关于变量 t 在区间[a,b]上的定积分结果。

【例 5.6】 求下列积分。

（1）$\int\begin{bmatrix} ax & bx^2 \\ \dfrac{1}{x} & \sin x \end{bmatrix}\mathrm{d}x$；　　（2）$\int xy^2\mathrm{d}y$；

（3）$\int_0^1\int_{\sqrt{x}}^2\int_{xy^2}^{x^2}(x^2+y^2+z^2)\mathrm{d}z\mathrm{d}y\mathrm{d}x$。

解：

```
>> f=sym('[a*x,b*x^2;1/x,sin(x)]');                % 求解(1)
>> f1=int(f)
f1 =
    [ (a*x^2)/2, (b*x^3)/3]
    [    log(x),    -cos(x)]
>> f=sym('x*y^2');                                 % 求解(2)
>> f1=int(f,'y')
f1 =
    (x*y^3)/3
>> f=sym('x^2+y^2+z^2');                           % 求解(3)
>> int(int(int(f,'z','x*y^2','x^2'),'y','sqrt(x)',2),0,1)
ans =
    -1246/297
```

希望读者仔细阅读上例，尤其是第(3)小题，熟练掌握 int 函数的使用。

5.3 方程求解

5.3.1 代数方程求解

代数方程是指没有涉及到微积分的简单方程。MATLAB 提供了 solve 函数求代数方程或方程组的解，其调用格式有 4 种。

solve(s)：以默认变量为求解变量，求解 s 表示的代数方程。

solve(s,v)：以变量 v 为求解变量，求解 s 表示的代数方程。

solve(s1,s2,…,sn)：求解 s1,s2,…,sn 组成的代数方程组。其中求解变量的确定规则为：当方程组中变量小于等于 n，则所有变量为求解变量；当方程组中变量大于 n，则以 findsym(s,n) 返回的变量为求解变量。

solve(s1,s2,…,sn,v1,v2,…,vn)：以 v1,v2,…,vn 为求解变量，求解 s1,s2,…,sn 组成的代数方程组。

在所有调用规则中，当代数方程右边为 0 时，s 表达式可以只给出左边部分。

【例 5.7】求解下列方程。

（1）$15x+5=0$；（2）$(x+2)^x=2$；

（3）$x^2+ax=3$；（4）$t\sin x=2$（t 为变量）。

解：

```
>> x=solve('15*x+5')                         % 求解(1)
x =
   -1/3
>> x=solve('(x+2)^x=2')                      % 求解(2)
x =
   0.6983
>> x=solve('x^2+a*x=3')                      % 求解(3)
x =
  (a^2 + 12)^(1/2)/2 - a/2
 - a/2 - (a^2 + 12)^(1/2)/2
>> t=solve('t*sin(x)=2','t')                 % 求解(4)
t =
   2/sin(x)
```

【例 5.8】求解下列方程组。

（1）$\begin{cases}2x^2-3xy-2y^2=0\\x^2+y^2=5\end{cases}$；（2）$\begin{cases}u^3+v^3=98\\u+v=2\end{cases}$；（3）$\begin{cases}u+v=98\\\sqrt[3]{u}+\sqrt[3]{v}=2\end{cases}$。

解：

```
>> [x,y]=solve('x^2+y^2=5','2*x^2-3*x*y-2*y^2')            % 求解(1)
x =
  2
  1
 -1
 -2
y =
  1
 -2
  2
 -1
>> s=solve('u^3+v^3=98','u+v=2')                            % 求解(2)
s =
   u: [2x1 sym]
   v: [2x1 sym]
>> s.u
ans =
-3
 5
>> s.v
ans =
 5
-3
>> [u,v]=solve('u+v=98','u^(1/3)+v^(1/3)=2')                % 求解(3)
Warning: Explicit solution could not be found.
```

```
> In solve at 179
u –
 [ empty sym ]
v =
     []
```

MATLAB 在求解（3）时给出的结果为空，但比较（2）和（3），明显可以看出（3）应该有解。求解代数方程或代数方程组是一个复杂的问题，因此即使是功能强大的 MATLAB 也未必能够解决所有问题。当遇到方程组无解的情况时，需要尝试其他符号求解方法，也不妨尝试一下数值求解的方法。

5.3.2 符号常微分方程求解

在 MATLAB 中，用大写字母 D 表示导数。例如，Dy 表示 y'，D2y 表示 y''，以此类推。含有因变量和自变量导数的方程称为常微分方程，徒手求解常微分方程往往非常困难。

MATLAB 提供了 dsolve 函数求解常微分方程，其调用格式有以下 2 种。

dsolve(s,c,v)：该函数求解以 v 为自变量的常微分方程 s 在给定的初始条件 c 下的特解。当 c 没有给定时，结果为常微分方程的通解。当没有给定 v 时，默认变量为自变量，但是特别要提醒读者的是，在常微分方程中以 t 为默认自变量。

dsolve(s1,s2,⋯,sn,c1,c2,⋯,cn,v1,v2,⋯,vn)：该函数求解常微分方程组 s1,s2,⋯,sn 在初始条件 c1,c2,⋯,cn 下的特解，若不给出初始条件，则求方程组的通解，v1,v2,⋯,vn 给出求解变量。

【例 5.9】求解下列常微分方程或常微分方程组。

（1）$t\dfrac{\mathrm{d}y}{\mathrm{d}t}=x$；　　（2）$t\dfrac{\mathrm{d}y}{\mathrm{d}x}=x$；

（3）$\dfrac{\mathrm{d}^2y}{\mathrm{d}x^2}+2x=2y$；　　（4）$x\dfrac{\mathrm{d}^2y}{\mathrm{d}x^2}-3\dfrac{\mathrm{d}y}{\mathrm{d}x}=x^2, y(1)=0, y(5)=0$；

（5）$\begin{cases}\dfrac{\mathrm{d}^2x}{\mathrm{d}t^2}-y=0\\ \dfrac{\mathrm{d}^2y}{\mathrm{d}t^2}-x=0\end{cases}$。

解：

```
>> y=dsolve('t*Dy=x')                    % 求解(1)
y =
C5 + x*log(t)
>> y=dsolve('t*Dy=x','x')                % 求解(2)
y =
x^2/(2*t) + C7
```

请读者仔细比较（1）和（2）的求解过程。（1）和（2）在 MATLAB 中表达式相同，但（1）中是以微分方程中默认变量 t 为自变量的；（2）中是以 x 为自变量的，在微分方程求解中不能当作默认变量。

```
>> y=dsolve('D2y+2*x=2*y','x')                          % 求解(3)
y =
   x + C9*exp(2^(1/2)*x) + C10*exp(-2^(1/2)*x)
```

```
>> y=dsolve('x*D2y-3*Dy=x^2','y(1)=0','y(5)=0','x')    % 求解(4)
y =
    (31*x^4)/468 - x^3/3 + 125/468
>> [x,y]=dsolve('D2x-y=0','D2y-x=0')                   % 求解(5),注意以 t 为默认变量
x =
   -exp(-t)*(C15 - C14*exp(2*t) - C17*exp(t)*cos(t) + C16*exp(t)*sin(t))
y =
   -exp(-t)*(C15 - C14*exp(2*t) + C17*exp(t)*cos(t) - C16*exp(t)*sin(t))
```

其实有很多常微分方程是没有解析解的，也就是说不能用符号方法求解，需要采用数值计算的方法求解。实际运用中，应根据具体问题，灵活选取解决方案。

课后练习

1．建立符号表达式 $y=\log(x+x^2)$，并求当 $x=2$ 时表达式的精确值和近似值。

2．对下列各式分解因式。

（1）$x^2+y^2+z^2+2(xy+yz+zx)$；　　（2）x^5-1；

（3）$(x^2+x+1)(x^2+x+2)-12$；　　（4）$(1+y)^2-2x^2(1+y^2)+x^4(1-y)^2$。

3．化简下列各式。

（1）$(x-1)^4+4(x-1)^3+6(x-1)^2+(x-2)$；　　（2）$2\cos^2 x+\sin^2 x$；

（3）$\sqrt{3+2\sqrt{2}}$。

4．求下列各式的极限。

（1）$\lim\limits_{x\to 0}\dfrac{\sqrt{x+\sqrt{x+\sqrt{x}}}}{\sqrt{x+1}}$；　　（2）$\lim\limits_{x\to\infty}\left(x+\dfrac{1}{x}\right)^2$；

（3）$\lim\limits_{x\to\left(\frac{\pi}{4}\right)^+}\dfrac{\cos 2x}{\sqrt{1-\sin 2x}}$；　　（4）$\lim\limits_{t\to 0}\left(\dfrac{x(\sqrt[n]{t+1}-1)}{t}+x^2\right)$。

5．计算下列各函数的导数。

（1）$y=x^3-5x^2+4x+6$，求 y'，y''。

（2）$z=x+y-\sqrt{x^2+y^2}$，求 $\dfrac{\partial^2 z}{\partial x\partial y}$，$\dfrac{\partial y}{\partial x}$。

（3）$y=\sin x\cos t+tx^4$，求 y 对 t 的一阶导数。

6．求下列各式的积分。

（1）$\int_{\frac{1}{e}}^{e}|\ln x|\mathrm{d}x$；　　（2）$\int_0^a (x\sin x)^2\mathrm{d}x$；

（3）$\int\dfrac{\mathrm{d}t}{t^2-x^2}$；　　（4）$\int_0^1\int_0^{\sqrt{y}}(x+y)\mathrm{d}x\mathrm{d}y$。

7．求解下列代数方程或方程组。

（1）$x+\sin x-2^x=2$；　　（2）$x\sin t-\sqrt{3}t=\sqrt{2}$，$t$ 为变量；

（3）$\begin{cases} x+2y+z=0 \\ x+4y-z=4 \\ 3x-y+3z=6 \end{cases}$；（4）$\begin{cases} \sin^2 x+y^3+e^x=7 \\ 5x^2+3^y-z^3+3=0 \\ x-y-z=3 \end{cases}$。

8．求解下列常微分方程或常微分方程组（注意：常微分方程中是以 t 为默认自变量）。

（1）$y^2 y'^2-2xyy'+2y^2-x^2=0$；（2）$(y-2xty)\mathrm{d}t+x^2t^2\mathrm{d}y=0$；

（3）$\begin{cases} xy'+(1-n)y'+y=0 \\ y(0)=y'(0)=0 \end{cases}$；（4）$\begin{cases} \dfrac{\mathrm{d}^2x}{\mathrm{d}t^2}+\dfrac{\mathrm{d}y}{\mathrm{d}t}-x=\mathrm{e}^t \\ \dfrac{\mathrm{d}^2y}{\mathrm{d}t^2}+\dfrac{\mathrm{d}x}{\mathrm{d}t}+y=0 \end{cases}$。

第6章 Simulink仿真系统

Simulink 是 MATLAB 最重要的组件之一，它提供一个动态系统建模、仿真和综合分析的集成环境。在该环境中，无需大量书写程序，只需要通过简单直观的鼠标操作，就可构造出复杂的系统。并且可以通过与 MATLAB 集成，是读者将 MATLAB 算法融合到并入模型中，并可以将仿真结果导出至 MATLAB 做进一步分析。Simulink 具有适应面广、结构和流程清晰及仿真精细、贴近实际、效率高、灵活等优点，并基于以上优点，Simulink 已被广泛应用于控制理论和数字信号处理的复杂仿真和设计，同时有大量的第三方软件和硬件可应用于或被要求应用于 Simulink。

Simulink 是用于动态系统和嵌入式系统的多领域仿真和基于模型的设计工具。对各种事变系统，包括通信、控制、信号处理、视频处理和图像处理系统，Simulink 提供了交互式图形化环境和可定制模块库来对其进行设计、仿真、执行和测试。

本章节主要介绍了一些 Simulink 模块库、常用技巧及系统建模，使读者逐步熟悉 Simulink 的使用方法，并提供了一些关于 Simulink 模型创建的实例。

6.1 Simulink 操作基础

6.1.1 Simulink 简介

Simulink 是一个进行动态系统建模、仿真和综合分析的集成软件包。它可以处理的系统包括：线性、非线性系统，离散、连续及混合系统，单任务、多任务离散事件系统。在 Simulink 提供的图形用户界面 GUI 上，只要进行鼠标的简单拖拉操作就可构造出复杂的仿真模型。它外表以方块图形式呈现，且采用分层结构。从建模角度讲，这既适于自上而下（Top-down）的设计流程（概念、功能、系统、子系统，直至器件），又适于自下而上（Bottum-up）逆程设计。从分析研究角度讲，这种 Simulink 模型不仅能让用户知道具体环节的动态细节，而且能让用户清晰地了解各器件、各子系统、各系统间的信息交换，掌握各部分之间的交互影响。

在 Simulink 环境中，用户将摆脱理论演绎时需做理想化假设的无奈，观察到现实世界中摩擦、风阻、齿隙、饱和、死区等非线性因素和各种随机因素对系统行为的影响。在 Simulink 环境中，用户可以在仿真进程中改变感兴趣的参数，实时地观察系统行为的变化。由于 Simulink 环境使用户摆脱了深奥数学推演的压力和繁琐编程的困扰，因此用户在此环境中会产生浓厚的探索兴趣，引发活跃的思维，感悟出新的真谛。

6.1.2 Simulink 的启动与退出

1. *Simulink 的启动*

在 MATLAB 命令窗口中输入 Simulink，结果是在桌面上出现一个称为 Simulink Library Browser 的窗口。在这个窗口中列出了按功能分类的各种模块的名称。也可以通过 MATLAB 主窗口的快捷按钮来打开 Simulink Library Browser 窗口，如图 6.1 所示。

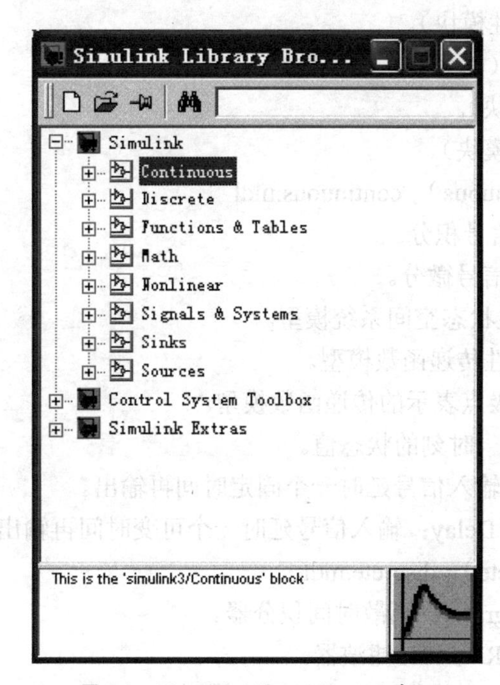

图 6.1 Simulink Library Browser 窗口

2. *Simulink 的退出*

要退出 Simulink，只要关闭所有模型编辑窗口和 Simulink 模块库浏览器窗口即可。

6.2 系统仿真模型

6.2.1 Simulink 仿真模型概述

Simulink 仿真模型是在视觉上表现为直观的方框图，其文件扩展名为.mdl,在数学上体现了一组微分方程或者差分方程，模拟了物理器件构成的实际系统的动态特性。

模块是过程系统仿真模型的基本单元。用适当的方式把各种模块连接在一起就建立了工态系统的仿真模型。从宏观角度来看，Simulink 模型通常包含了 3 类模块：信源、系统及信宿。系统即被研究系统的 Simulink 方框图；信源可以是常数、正弦波、阶梯波等信号源；信宿可以是示波器、图形记录仪等。系统、信源和信宿可以从 Simulink 模块库中直接获得，也可以根据需要使用库中的模块搭建而成。

6.2.2 Simulink 的模块库介绍

Simulink 模块库按功能分为以下 8 类子库。

① Continuous（连续模块）。

② Discrete（离散模块）。

③ Function&Tables（函数和平台模块）。

④ Math（数学模块）。

⑤ Nonlinear（非线性模块）。

⑥ Signals&Systems（信号和系统模块）。

⑦ Sinks（接收器模块）。

⑧ Sources（输入源模块）。

1. 连续模块（Continuous） continuous.mdl

① Integrator：输入信号积分。

② Derivative：输入信号微分。

③ State-Space：线性状态空间系统模型。

④ Transfer-Fcn：线性传递函数模型。

⑤ Zero-Pole：以零极点表示的传递函数模型。

⑥ Memory：存储上一时刻的状态值。

⑦ Transport Delay：输入信号延时一个固定时间再输出。

⑧ Variable Transport Delay：输入信号延时一个可变时间再输出。

2. 离散模块（Discrete） discrete.mdl

① Discrete-time Integrator：离散时间积分器。

② Discrete Filter：IIR 与 FIR 滤波器。

③ Discrete State-Space：离散状态空间系统模型。

④ Discrete Transfer-Fcn：离散传递函数模型。

⑤ Discrete Zero-Pole：以零极点表示的离散传递函数模型。

⑥ First-Order Hold：一阶采样和保持器。

⑦ Zero-Order Hold：零阶采样和保持器。

⑧ Unit Delay：一个采样周期的延时。

3. 函数和平台模块（Function&Tables） function.mdl

① Fcn：用自定义的函数（表达式）进行运算。

② MATLAB Fcn：利用 MATLAB 的现有函数进行运算。

③ S-Function：调用自编的 S 函数的程序进行运算。

④ Look-Up Table：建立输入信号的查询表（线性峰值匹配）。

⑤ Look-Up Table(2-D)：建立两个输入信号的查询表（线性峰值匹配）。

4. 数学模块（Math） math.mdl

① Sum：加减运算。

② Product：乘运算。

③ Dot Product：点乘运算。

④ Gain：比例运算。

⑤ Math Function：包括指数函数、对数函数、求平方、开根号等常用数学函数。

⑥ Trigonometric Function：三角函数，包括正弦、余弦、正切等。

⑦ MinMax：最值运算。

⑧ Abs：取绝对值。

⑨ Sign：符号函数。

⑩ Logical Operator：逻辑运算。

⑪ Relational Operator：关系运算。

⑫ Complex to Magnitude-Angle：由复数输入转为幅值和相角输出。

⑬ Magnitude-Angle to Complex：由幅值和相角输入合成复数输出。

⑭ Complex to Real-Imag：由复数输入转为实部和虚部输出。

⑮ Real-Imag to Complex：由实部和虚部输入合成复数输出。

5. 非线性模块（Nonlinear） nonlinear.mdl

① Saturation：饱和输出，让输出超过某一值时能够饱和。

② Relay：滞环比较器，限制输出值在某一范围内变化。

③ Switch：开关选择，当第二个输入端大于临界值时，输出由第一个输入端而来，否则输出由第三个输入端而来。

④ Manual Switch：手动选择开关。

6. 信号和系统模块（Signals&Systems） sigsys.mdl

① In1：输入端。

② Out1：输出端。

③ Mux：将多个单一输入转化为一个复合输出。

④ Demux：将一个复合输入转化为多个单一输出。

⑤ Ground：连接到没有连接到的输入端。

⑥ Terminator：连接到没有连接到的输出端。

⑦ SubSystem：建立新的封装（Mask）功能模块。

7. 接收器模块（ Sinks ） sinks.mdl

① Scope：示波器。

② XY Graph：显示二维图形。

③ To Workspace：将输出写入MATLAB的工作空间。

④ To File(.mat)：将输出写入数据文件。

8. 输入源模块（Sources ） sources.mdl

① Constant：常数信号。

② Clock：时钟信号。

③ From Workspace：来自MATLAB的工作空间。

④ From File(.mat)：来自数据文件。

⑤ Pulse Generator：脉冲发生器。

⑥ Repeating Sequence：重复信号。

⑦ Signal Generator：信号发生器，可以产生正弦、方波、锯齿波及随意波。

⑧ Sine Wave：正弦波信号。

⑨ Step：阶跃波信号。

6.2.3 Simulink 的模块库功能介绍

在库模块浏览器中单击 Simulink 前面的“+”号，就能够看到 Simulink 的模块库。

1. 连续模块库（Continuous）

在连续模块（Continuous）库中包括了常见的连续模块，这些模块如图 6.2 所示。

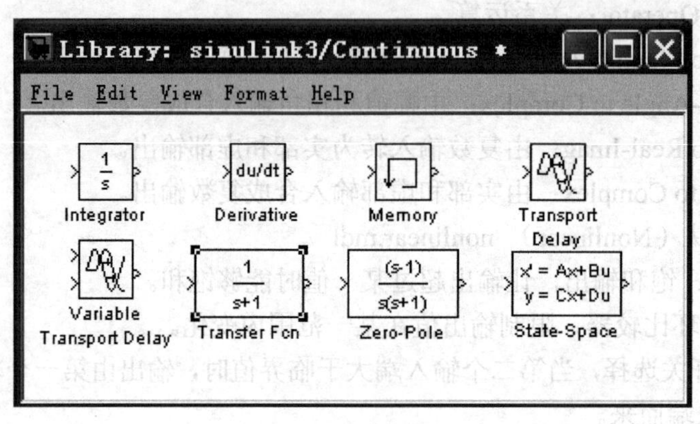

图 6.2 连续模块库

（1）积分模块（Integrator）功能：对输入变量进行积分。说明：模块的输入可以是标量，也可以是矢量；输入信号的维数必须与输入信号保持一致。

（2）微分模块（Derivative）功能：通过计算差分 Δu/Δt 近似计算输入变量的微分。

（3）线性状态空间模块（State-Space）功能：通过设定矩阵系数实现线性状态空间系统函数。

（4）传递函数模块（Transfer-Fcn）功能：用执行一个线性传递函数。

（5）零极点传递函数模块（Zero-Pole）功能：用于建立一个预先指定的零点、极点，并用延迟算子 s 表示的连续。

（6）存储器模块（Memory）功能：保持输出前一步的输入值。

（7）传输延迟模块（Transport Delay）功能：用于将输入端的信号延迟指定的时间后再传输给输出信号。

（8）可变传输延迟模块（Variable Transport Delay）功能：用于将输入端的信号进行可变时间的延迟。

2. 离散模块库（Discrete）

离散模块库（Discrete）主要用于建立离散采样的系统模型，包括的主要模块如图 6.3 所示。

（1）零阶保持器模块（Zero-Order Hold）功能：在一个步长内将输出的值保持在同一个值上。

（2）单位延迟模块（Unit Delay）功能：将输入信号做单位延迟，并且保持一个采样周期相当于时间算子 z-1。

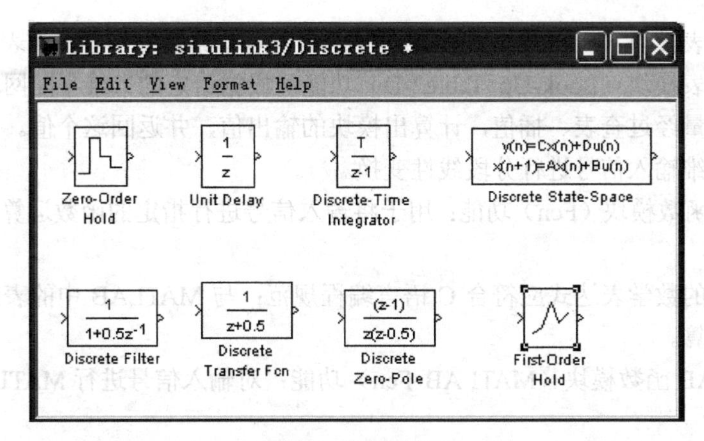

图 6.3 离散模块库

（3）离散时间积分模块（Discrete-time Integrator）功能：在构造完全离散的系统时，代替连续积分的功能。使用的积分方法有：向前欧拉法、向后欧拉法、梯形法。

（4）离散状态空间模块（Discrete State-Space）功能：用于实现如下数学方程描述的系统：+=+=+)()()()()([])1[(nTDunTCxnTynTBunTAxTnx。

（5）离散滤波器模块（Discrete Filter）功能：用于实现无限脉冲响应（IIR）和有限脉冲响应（FIR）的数字滤波器。

（6）离散传递函数模块（Discrete Transfer-Fcn）功能：用于执行一个离散传递函数。

（7）离散零极点传递函数模块（Discrete Zero-Pole）功能：用于建立一个预先指定的零点、极点，并用延迟算子 z-1 表示的离散系统。

（8）一阶保持器模块（First-Order Hold）功能：在一定时间间隔内保持一阶采样。

3. 函数与平台模块库（Function&Tables）

函数与平台模块库（Function&Tables）主要实现各种一维、二维或者更高维函数的查表，另外用户还可以根据自己需要创建更复杂的函数。该模块库包括多个主要模块，如图 6.4 所示。

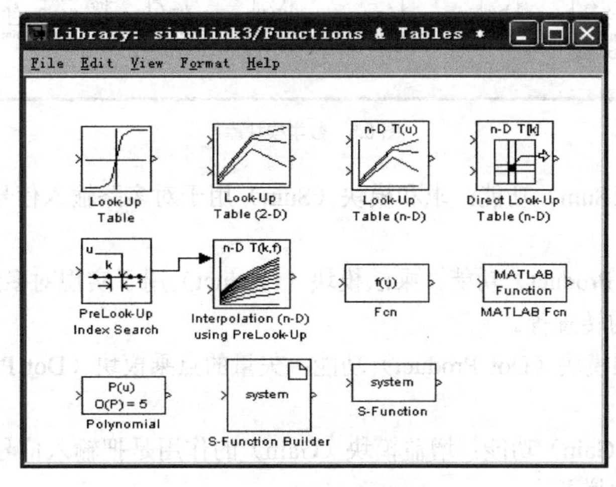

图 6.4 函数与平台模块库

（1）一维查表模块（Look-Up Table）功能：实现对单路输入信号的查表和线性插值。

（2）二维查表模块（Look-Up Table2-D）功能：根据给定的二维平面网格上的高度值，把输入的两个变量经过查表、插值，计算出模块的输出值，并返回这个值。

说明：对二维输入信号进行分段线性变换。

（3）自定义函数模块（Fcn）功能：用于将输入信号进行指定的函数运算，最后计算出模块的输出值。

说明：输入的数学表达式应符合 C 语言编程规范；与 MATLAB 中的表达式有所不同，不能完成矩阵运算。

（4）MATLAB 函数模块（MATLAB Fcn）功能：对输入信号进行 MATLAB 函数及表达式的处理。

说明：模块为单输入模块；能够完成矩阵运算。

注意：从运算速度角度，Math function 模块要比 Fcn 模块慢。当需要提高速度时，可以考虑采用 Fcn 或者 S 函数模块。

（5）S-函数模块（S-Function）功能：按照 Simulink 标准，编写用户自己的 Simulink 函数。它能够将 MATLAB 语句、C 语言等编写的函数放在 Simulink 模块中运行，最后计算模块的输出值。

4. 数学模块库（Math）

数学模块库（Math）包括多个数学运算模块，如图 6.5 所示。

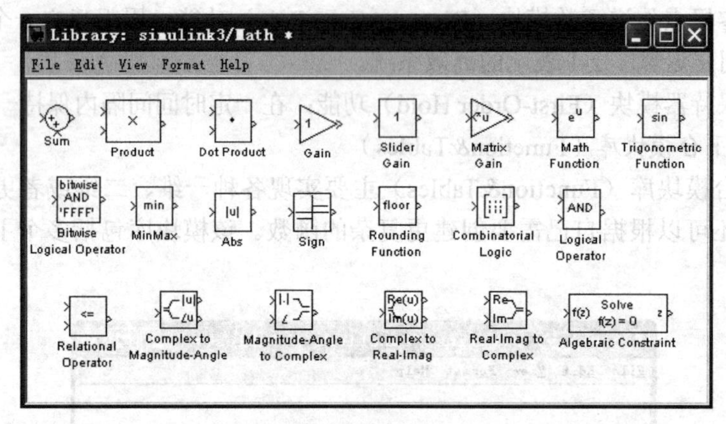

图 6.5　数学模块库

（1）求和模块（Sum）功能：求和模块（Sum）用于对多路输入信号进行求和运算，并输出结果。

（2）乘法模块（Product）功能：乘法模块（Product）用于实现对多路输入的乘积、商、矩阵乘法或者模块的转置等。

（3）矢量的点乘模块（Dot Product）功能：矢量的点乘模块（Dot Product）用于实现输入信号的点积运算。

（4）增益模块（Gain）功能：增益模块（Gain）的作用是把输入信号乘以一个指定的增益因子，使输入产生增益。

（5）常用数学函数模块（Math Function）功能：用于执行多个通用数学函数，其中包含

cxp、log、log10、square、sqrt、pow、reciprocal、hypot、rem、mod等。

（6）三角函数模块（Trigonometric Function）功能：用于对输入信号进行三角函数运算，共有10种三角函数供选择。

（7）特殊数学模块

特殊数学模块中包括求最大最小值模块（Min Max）、取绝对值模块（Abs）、符号函数模块（Sign）、取整数函数模块（Rounding Function）等。

（8）数字逻辑函数模块

数字逻辑函数模块包括复合逻辑模块（Combinational Logic）、逻辑运算符模块（Logical Operator）、位逻辑运算符模块（Bitwise Logical Operator）等。

（9）关系运算模块（Relational Operator）

关系符号包括：==（等于）、≠（不等于）、<（小于）、<=（小于等于）、>（大于）、>=（大于等于）等。

（10）复数运算模块

复数运算模块包括计算复数的模与辐角（Complex to Magnitude-Angle）、由模和辐角计算复数（Magnitude-Angle to Complex）、提取复数实部与虚部模块（Complex to Realand Image）、由复数实部和虚部计算复数（Realand Image to Complex）。

5. 非线性模块库（Nonlinear）

非线性模块库（Nonlinear）中包括一些常用的非线性模块，如图6.6所示。

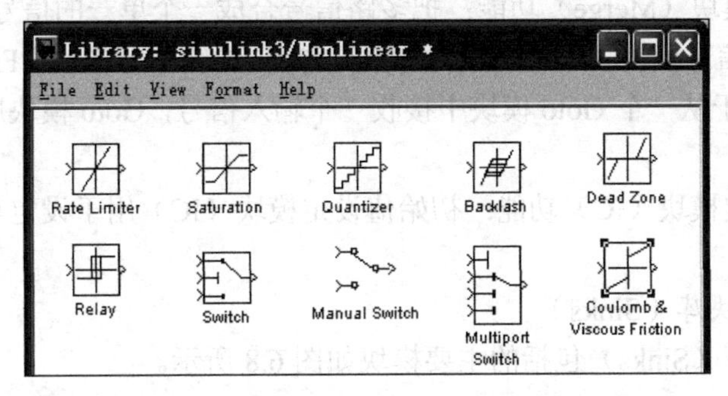

图6.6 非线性模块库

（1）比率限幅模块（Rate Limiter）功能：用于限制输入信号的一阶导数，使得信号的变化率不超过规定的限制值。

（2）饱和度模块（Saturation）功能：用于设置输入信号的上下饱和度，即上下限的值，来约束输出值。

（3）量化模块（Quantizer）功能：用于把输入信号由平滑状态变成台阶状态。

（4）死区输出模块（Dead Zone）功能：在规定的区内没有输出值。

（5）继电模块（Relay）功能：继电模块（Relay）用于实现在两个不同常数值之间进行切换。

（6）选择开关模块（Switch）功能：根据设置的门限来确定系统的输出。

6. 信号与系统模块库（signals &Systems）

信号与系统模块库（signals &Systems）包括的主要模块如图6.7所示。

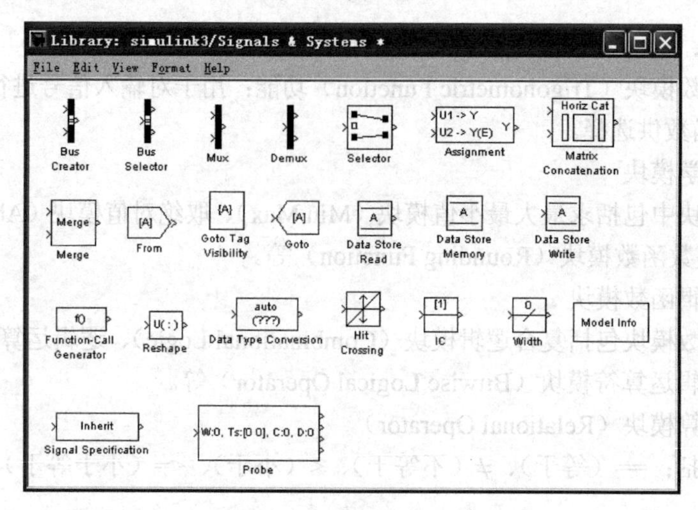

图 6.7　信号与系统模块库

（1）Bus 信号选择模块（Bus Selector）功能：用于得到从 Mux 模块或其他模块引入的 Bus 信号。

（2）混路器模块（Mux）功能：把多路信号组成一个矢量信号或者 Bus 信号。

（3）分路器模块（Demux）功能：把混路器组成的信号按照原来的构成方法分解成多路信号。

（4）信号合成模块（Merge）功能：把多路信号合成一个单一的信号。

（5）接收/传输信号模块（From/Goto）功能：接收/传输信号模块（From/Goto）常常配合使用，From 模块用于从一个 Goto 模块中接收一个输入信号，Goto 模块用于把输入信号传递给 From 模块。

（6）初始值设定模块（IC）功能：初始值设定模块（IC）用于设定与输出端口连接的模块的初始值。

7. 信号输出模块库（Sinks）

信号输出模块库（Sinks）包括的主要模块如图 6.8 所示。

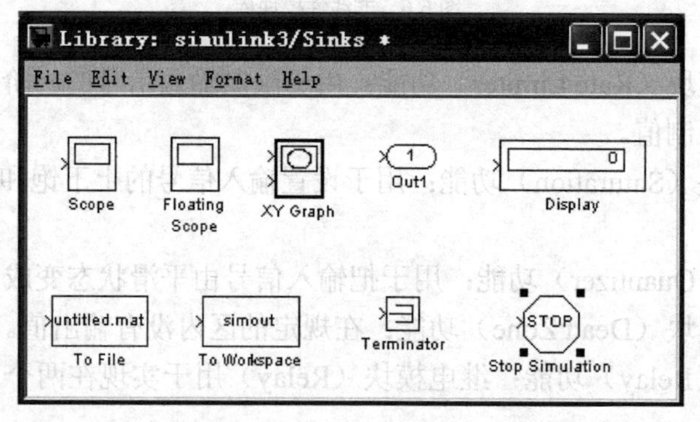

图 6.8　信号输出模块库

（1）示波器模块（Scope）功能：显示在仿真过程中产生的输出信号，用于在示波器中显示输入信号与仿真时间的关系曲线，仿真时间为 x 轴。

（2）二维信号显示模块（XY Graph）功能：在MATLAB的图形窗口中显示一个二维信号图，并将两路信号分别作为示波器坐标的x轴与y轴，同时把它们之间的关系图形显示出来。

（3）显示模块（Display）功能：按照一定的格式显示输入信号的值。可供选择的输出格式包括：short、long、short_e、long_e、bank等。

（4）输出到文件模块（To File）功能：按照矩阵的形式把输入信号保存到一个指定的mat文件。第一行为仿真时间，余下的行则是输入数据，一个数据点是输入矢量的一个分量。

（5）输出到工作空间模块（To Workspace）功能：把信号保存到MATLAB的当前工作空间，是另一种输出方式。

（6）终止信号模块（Terminator）功能：中断一个未连接的信号输出端口。

（7）结束仿真模块（Stopsimulation）功能：停止仿真过程。当输入为非零时，停止系统仿真。

8. 信号源模块库（Sources）

信号源模块库（Sources）包括的主要模块如图6.9所示。

（1）输入常数模块（Constant）功能：产生一个常数。该常数可以是实数，也可以是复数。

（2）信号源发生器模块（Signal Generator）功能：产生不同的信号，其中包括：正弦波、方波、锯齿波信号。

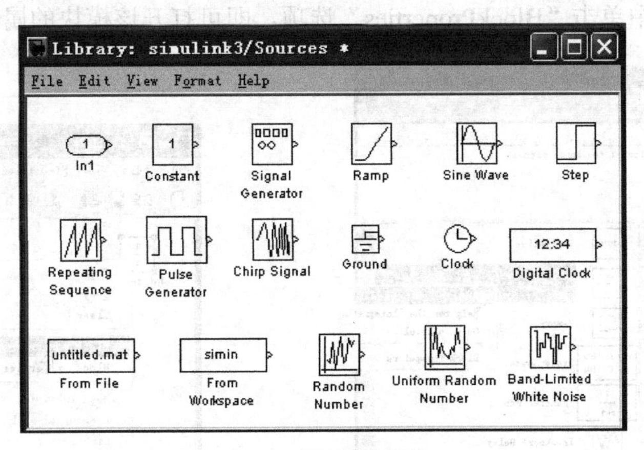

图6.9 信号源模块库

（3）从文件读取信号模块（From File）功能：从一个mat文件中读取信号，读取的信号为一个矩阵，其矩阵的格式与To File模块中介绍的矩阵格式相同。如果矩阵在同一采样时间有两个或者更多的列，则数据点的输出应该是首次出现的列。

（4）从工作空间读取信号模块（From Workspace）功能：从MATLAB工作空间读取信号作为当前的输入信号。

（5）随机数模块（Random Number）功能：产生正态分布的随机数，默认的随机数是期望为0、方差为1的标准正态分布量。

（6）带宽限制白噪声模块（Band Limited White Noise）功能：实现对连续或者混杂系统的白噪声输入。

（7）其他模块

除以上介绍的常用模块外，还包括其他模块。各模块功能可通过以下方法查看：先进入 Simulink 工作窗口，在菜单中执行 Help/Simulink Help 命令，这时就会弹出 Help 界面。然后用鼠标展开 Using Simulink\Block Reference\Simulink Block Libraries 就可以看到 Simulink 的所有模块。查看相应的模块的使用方法和说明信息即可。

6.3 仿真模型的建立与模块参数与属性的设置

6.3.1 仿真模块的建立

首先启动 Simulink 命令，建立一个空的模块窗口“untitled”，然后利用 Simulink 提供的模块库，在此窗口中创建自己需要的 Simulink 模型。

具体方法：在模块库浏览器中找到所需模块，选中该模块后右击鼠标，把它加入到一个模型窗口中，即可完成模块的建立，如图 6.10 所示。

6.3.2 模块参数与属性的设置

方法：在所建立的模型窗口中，选中相应的模块，右击鼠标，在弹出的快捷菜单中单击“Block parameters”选项，如图 6.11 所示，即可打开该模块的参数设置对话框。右击鼠标，在弹出的快捷菜单中单击“BlockProperties”选项，即可打开该模块的属性设置对话框。

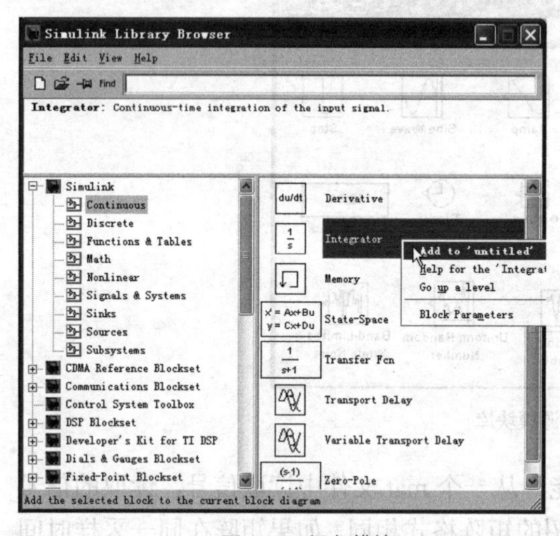

图 6.10 添加模块

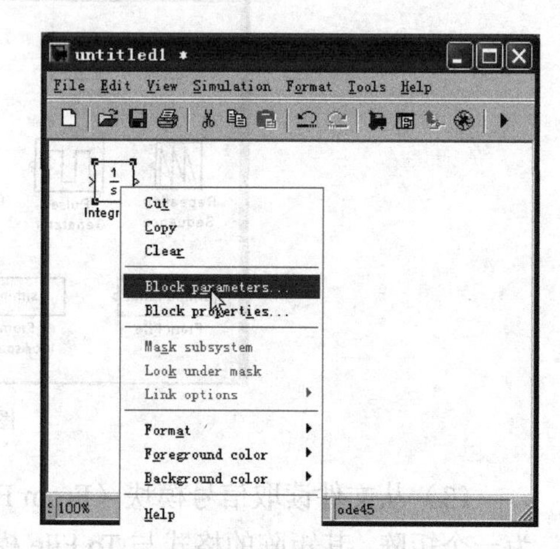

图 6.11 模块参数设置对话框

6.3.3 模块的连接

一般情况下，每个模块都有一个或者多个输入口或者输出口。输入口通常是模块的左边的“>”符号，输出口是右边的“>”符号。

模块的连接方法：把鼠标指针放到模块的输出口，这时鼠标指针将变为“+”字形；然后拖运鼠标至其他模块的输入口，这时信号线就变成了带有方向箭头的线段。此时，说明这两个模块的连接成功，否则需要重新进行连接，如图 6.12 所示。

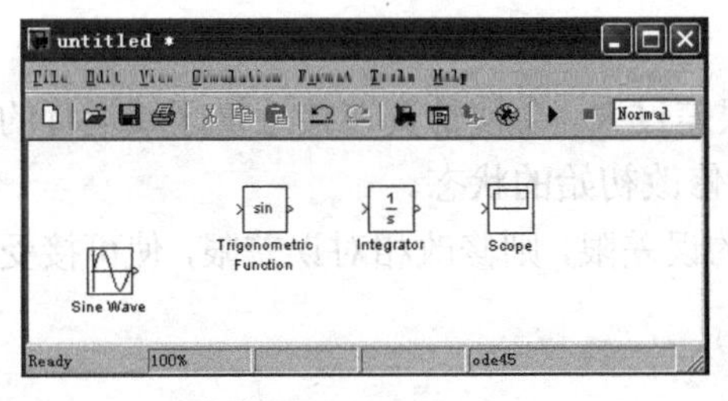

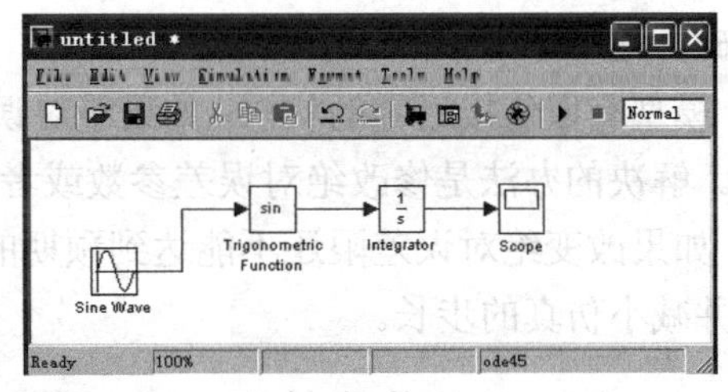

图6.12 模块链接

在运行仿真之前，首先保存已设置和连接的模型，然后就可以运行仿真。

6.4 Simulink仿真注意与技巧

6.4.1 Simulink仿真注意

1. Simulink的数据类型

由于Simulink在仿真过程中始终都要检查模型的类型安全性。模型的类型安全性是指从该模型产生的代码不出现上溢或者下溢现象。当产生溢出现象时，系统将出错误。查看模块数据类型的方法是：在模型窗口的菜单中执行Format/Port Data Types命令，这样每个模块支持的数据类型就显示出来了。要取消数据类型的查看方式，单击Port Data Types，去掉其前面的钩号即可。

2. 数据的传输

在仿真过程中，Simulink首先查看有没有特别设置的信号的数据类型，以及检验信号的输入和输出端口的数据类型是否产生冲突。如果有冲突，Simulink将停止仿真，并给出一个出错提示对话框。在此对话框中将显示出错的信号以及端口，并把信号的路径以高亮显示。遇到该情形时，必须改变数据类型以适应模块的需要。

3. 提高仿真速度

Simulink仿真过程，仿真的性能受诸多因素的影响，包括模型的设计和仿真参数的选择等。对于大多数问题，使用Simulink系统默认的解法和仿真参数值就能够比较好地解决。因素及解决方法如下。

① 仿真的时间步长太小。针对这种情况，可以把最大仿真步长参数设置为默认值auto。

② 仿真的时间过长。可酌情减少仿真的时间。

③ 选择了错误的解法。针对这种情况可以通过改变解法器来解决。

④ 仿真的精度要求过高。仿真时，如果绝对误差限度太小，则会使仿真在接近零的状态附近耗费过多时间。通常，相对误差限为0.1%就已经足够了。

⑤ 模型包含一个外部存储块。尽量使用内置存储模块。

⑥ 改善仿真精度。

检验仿真精度的方法是：通过修改仿真的相对误差限和绝对误差限，并在一个合适的时间跨度反复运行仿真，对比仿真结果有无大的变化，如果变化不大，表示解是收敛的，说明仿真的精度是有效的，结果是稳定的。

如果仿真结果不稳定，其原因可能是系统本身不稳定或仿真解法不适合。如果仿真的结果不精确，很可能是下面两个原因。

① 模型有取值接近零的状态。如果绝对误差过大，会使仿真在接近零区域运行的仿真时间太小。解决的办法是修改绝对误差参数或者修改初始的状态。

② 如果改变绝对误差限还不能达到预期的误差限，则修改相对误差限，使可接受的误差降低，并减小仿真的步长。

6.4.2 Simulink 仿真技巧

1. 连接分支信号线

先连接好单根信号线，然后将鼠标指针放在已经连接好的信号线上，同时按住“Ctrl”键，拖动鼠标，连接到另一个模块。这样就可以根据需要由一个信号源模块引出多条信号线，如图 6.13 所示。

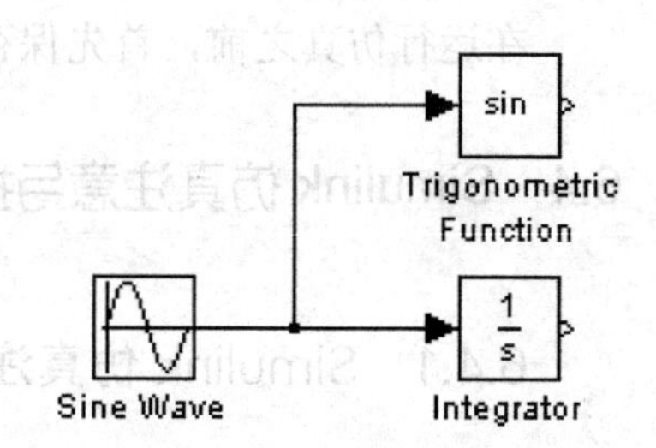

图 6.13 引出多条信号线示例

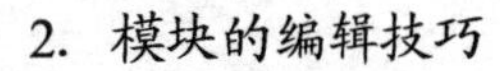

2. 模块的编辑技巧

（1）调整模块大小

（2）在同一窗口复制模块

（3）删除模块

（4）编辑模块标签

6.5 其他应用模块集和 Simulink 扩展库

1. 通信模块集（Communications Blockset）（图 6.14）

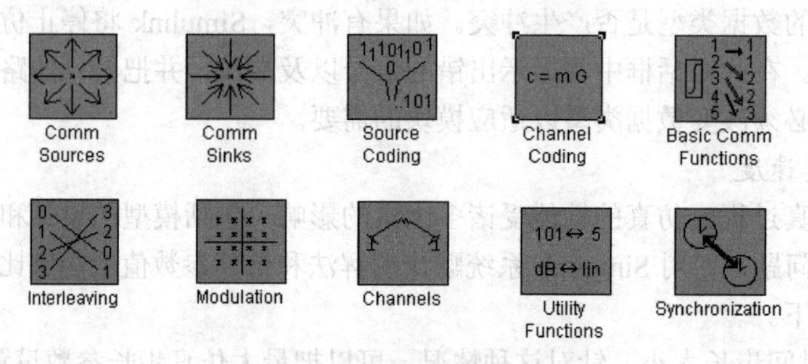

图 6.14 通信模块集中的模块库

2. 数字信号处理模块集（DSP Blockset）（图 6.15）

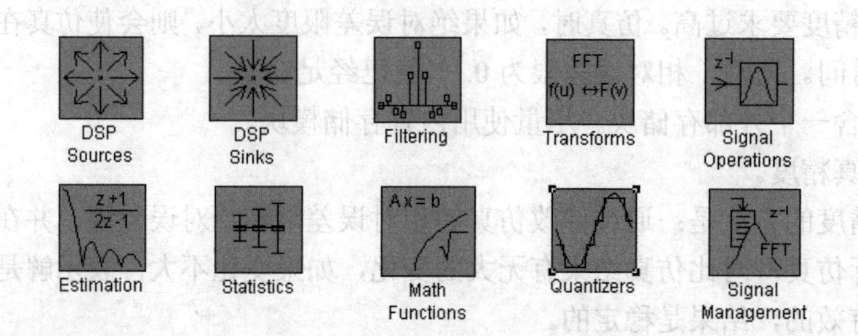

图 6.15 数字信号处理模块集

3. 电力系统模块集（Power System Blockset）（图 6.16）

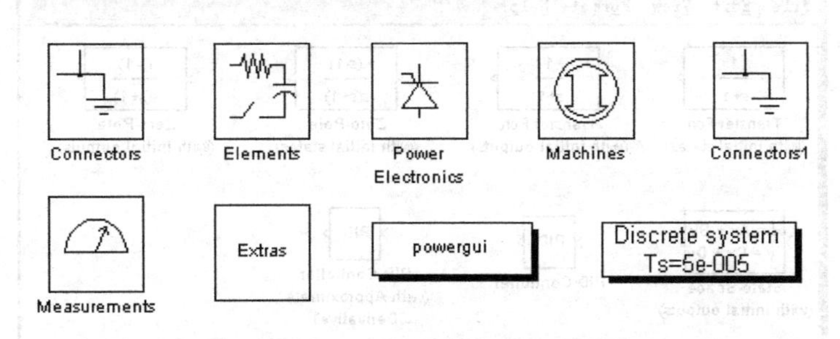

图 6.16　电力系统模块集

4. Simulink 扩展库（图 6.17）

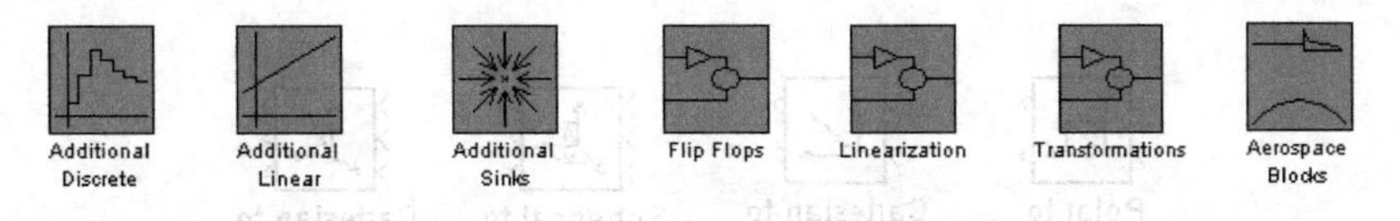

图 6.17　Simulink 扩展库

（1）扩展信号输出模块库（Additional Sinks）（图 6.18）

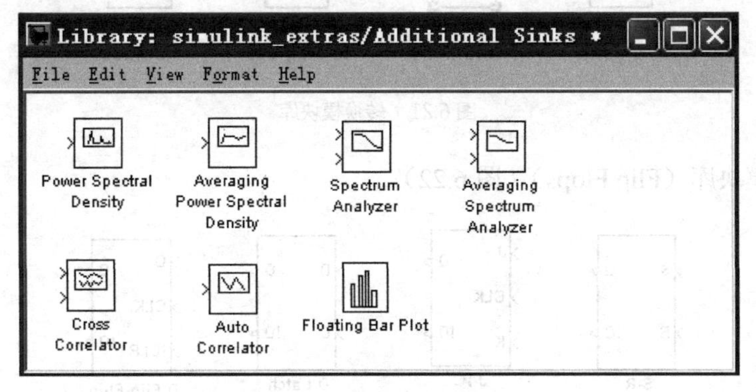

图 6.18　扩展信号输出模块库

（2）扩展离散库（Additional Discrete）（图 6.19）

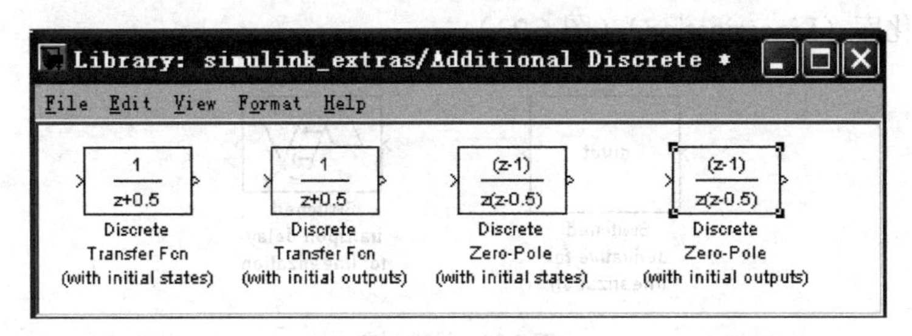

图 6.19　扩展离散库

（3）扩展线性库（Additional Linear）（图 6.20）

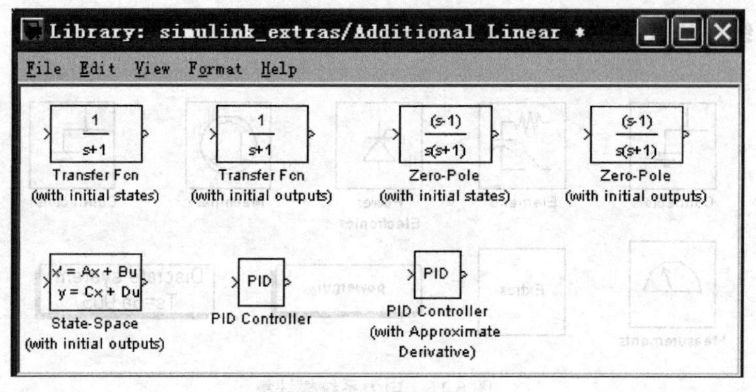

图 6.20　扩展线性库

（4）转换模块库（Transformations）（图 6.21）

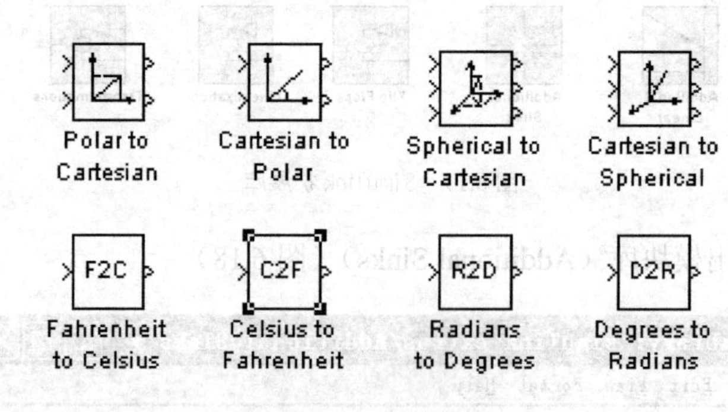

图 6.21　转换模块库

（5）触发模块库（Flip Flops）（图 6.22）

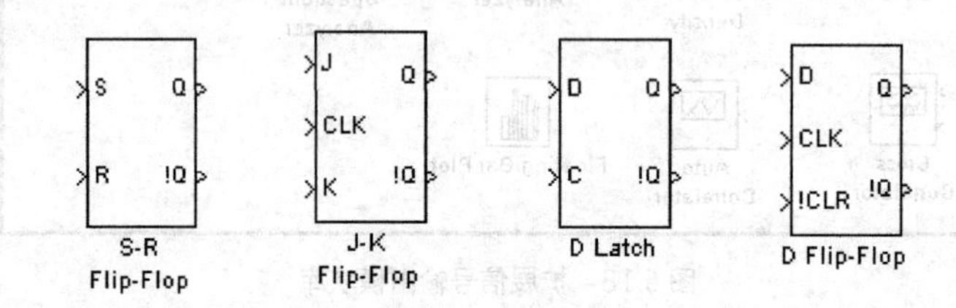

图 6.22　触发模块库

（6）线性化库（Linearization）（图 6.23）

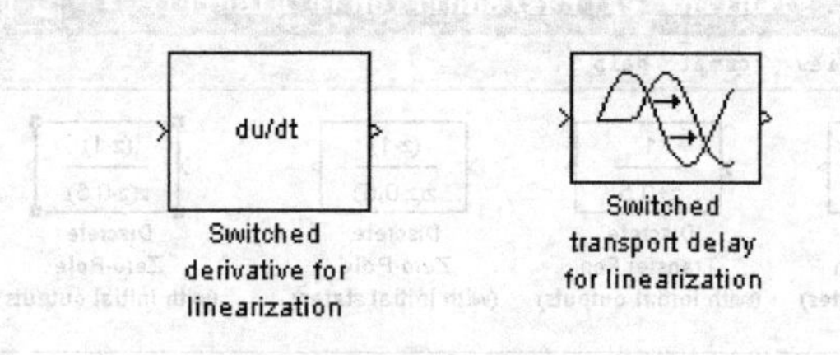

图 6.23　线性化库

（7）宇航模块库（Airspace Blocks）（图 6.24）

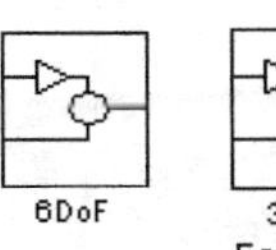

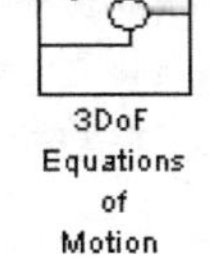

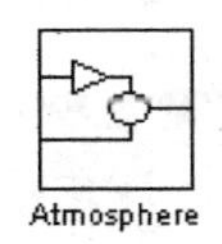

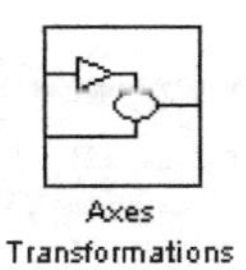

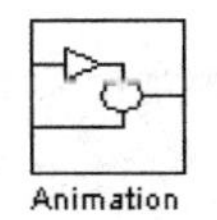

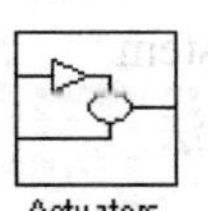

图 6.24　宇航模块库

6.6　使用命令操作对系统进行仿真

除了使用 Simulink 的图形建模方式建立动态系统模型之外，用户也可以使用命令行方式进行系统建模，然后再进行动态系统的仿真与分析。在进一步介绍使用命令行进行动态系统的仿真技术之前，首先简单介绍一下使用命令行的方式建立系统模型的相关知识。Simulink 中建立系统模型的命令如表 6.1 所示。

表 6.1　　系统模型建立命令

命令	功能
new_system	建立一个新的 Simulink 系统模型
open_system	打开一个已存在的 Simulink 系统模型
close_system,bdclose	关闭一个 Simulink 系统模型
save_system	保存一个 Simulink 系统模型
find_system	查找 Simulink 系统模型、模块、连线及注释
add_block	在系统模型中加入指定模块
delete_block	从系统模型中删除指定模块
replace_block	替代系统模型中的指定模块
add_line	在系统模型中加入指定连线
delete_line	从系统模型中删除指定连线
get_param	获取系统模型中的参数
set_param	设置系统模型中的参数
gcb	获得当前模块的路径名
gcs	获得当前系统模型中的路径名
gcbh	获得当前模块的操作句柄
bdroot	获得最上层系统模型的名称
simulink	打开 Simulink 的模块库浏览器

使用上面的命令便可以生成和编辑动态系统的 Simulink 模型，由于使用命令行方式建立的 Simulink 系统模型与使用图形建模方式建立的系统模型没有什么大的区别，因此这里仅简单介绍各个命令的使用，不再给出使用这些命令所建立的系统模型框图。

1．new_system

使用语法

```
new_system('sys')
```

2. open_system

（1）使用语法

```
open_system('sys')
open_system('blk')
open_system('blk', 'force')
```

（2）功能描述

打开一个已存在的 Simulink 系统模型。

open_system('sys')：打开名为'sys'的系统模型窗口或子系统模型窗口。注意，这里'sys'使用的是 MATLAB 中的标准路径名（绝对路径名或相对于已经打开的系统模型的相对路径名）。

open_system('blk')：打开与指定模块'blk'相关的对话框。

open_system('blk', 'force')：打开封装后的子系统，这里的'blk'为封装子系统模块的路径名，这个命令与图形建模方式中的 Look under mask 菜单功能一致。

（3）举例

open_system('controller') % 打开名为 controller 的系统模型。

open_system('controller/Gain') % 打开 controller 模型下的增益模块 Gain 的对话框。

3. save_system

（1）使用语法

```
save_system
save_system('sys')
save_system('sys', 'newname')
```

（2）功能描述

保存一个 Simulink 系统模型。

save_system：使用当前名称保存当前顶层的系统模型。

save_system('sys')：保存已经打开的系统模型，与 save_system 功能类似。

save_system('sys', 'newname')：使用新的名称 newname 保存当前已经打开的系统模型。

（3）举例

save_system % 保存当前的系统模型。

save_system('vdp') % 保存系统模型 vdp。

save_system('vdp', 'myvdp')% 保存系统模型 vdp，模型文件名为 myvdp。

4. close_system, bdclose

（1）使用语法

```
close_system
close_system('sys')
close_system('sys', saveflag)
close_system('sys', 'newname')
close_system('blk')
bdclose; bdclose('sys'); bdclose('all')
```

（2）功能描述

关闭一个 Simulink 系统模型。

close_system：关闭当前系统或子系统模型窗口。如果顶层系统模型被改变，系统会提示是否保存系统模型。

close_system('sys')：关闭指定的系统或子系统模型窗口。close_system('sys', saveflag)：关闭指定的顶层系统模型窗口并且从内存中清除。saveflag 为 0 表示不保存系统模型，为 1 表示使用当前名称保存系统模型。

（3）举例

close_system % 关闭当前系统。

close_system('engine', 1) % 保存当前系统模型 engine（使用当前系统名称），然后再关闭系统。

close_system('engine/Combustion/Unit Delay')% 关闭系统模型 engine 下的 Combustion 子系统中 Unit Delay 模块的对话框。

5. find_system

（1）使用语法

```
find_system(sys, 'c1', cv1, 'c2', cv2,...'p1', v1, 'p2', v2,...)
```

（2）功能描述

查找由 sys 指定的系统模型、模块、连线及注释等，并返回相应的路径名与操作句柄。由于使用此命令涉及较多的参数设置，因此这里不再赘述，用户可以查看 Simulink 的联机帮助系统中 Simulink 目录下的 Using Simulink\Model Construction Commands\Introduction 中的 find_system 命令的帮助即可。

6. add_block

（1）使用语法

```
add_block('src', 'dest')
add_block('src', 'dest', 'parameter1', value1, ...)
```

（2）功能描述

在系统模型中加入指定模块。

add_block('src', 'dest')：拷贝模块'src'为'dest'（使用路径名表示），从而可以从 Simulink 的模块库中复制模块至指定系统模型中，且模块'dest'参数与'src'完全一致。

add_block('src', 'dest_obj', 'parameter1', value1, ...)：功能与上述命令类似，但是需要设置给定模块的参数'parameter1'，value1 为参数值。

（3）举例

add_block('simulink3/Sinks/Scope', 'engine/timing/Scope1')% 从 Simulink 的模块库 Sinks 中复制 Scope 模块至系统模型 engine 的子系统 timing 中。

7. delete_block

（1）使用语法

```
delete_block('blk')
```

（2）功能描述

从系统模型中删除指定模块。

delete_block('blk')：从系统模型中删除指定的系统模块'blk'。

（3）举例

delete_block('vdp/Out1') %从 vdp 模型中删除模块 Out1。

8. replace_block

（1）使用语法

```
replace_block('sys', 'blk1', 'blk2', 'noprompt')
replace_block('sys', 'Parameter', 'value', 'blk', ...)
```

（2）功能描述

替代系统模型中的指定模块。

replace_block('sys', 'blk1', 'blk2')：在系统模型'sys'中使用模块'blk2'取代所有的模块'blk1'。如果'blk2'为 Simulink 的内置模块，则只需要给出模块的名称即可；如果为其他的模块，则必须给出所有的参数。如果省略'noprompt'，Simulink 会显示取代模块对话框。

replace_block('sys', 'Parameter', 'value', . 'blk', ..)：取代模型'sys'中具有特定取值的所有模块'blk'。'Parameter'为模块参数，'value'为模块参数取值。

（3）举例

replace_block('vdp','Gain','Integrator','noprompt')% 使用积分模块 Integrator 取代系统模型 vdp 中所有的增益模块 Gain，并且不显示取代对话框。

9. add_line、delete_line

（1）使用语法

```
h = add_line('sys','oport','iport')
h = add_line('sys','oport','iport', 'autorouting','on')
delete_line('sys', 'oport', 'iport')
```

（2）功能描述

在系统模型中加入或删除指定连线。

add_line('sys', 'oport', 'iport')：在系统模型'sys'中的给定模块的输出端口与指定模块的输入端口之间加入直线。'oport'与'iport'分别为输出端口与输入端口（包括模块的名称、模块端口编号）。

add_line('sys','oport','iport', 'autorouting','on')：与 add_line('sys','oport','iport')命令类似，只是加入的连线方式可以由'autorouting'的状态控制：'on'表示连线环绕模块，'off'表示连线为直线（缺省状态）。

delete_line('sys', 'oport', 'iport')：删除由给定模块的输出端口'oport'至指定模块的输入端口'iport'之间的连线。

（3）举例

add_line('mymodel','Sine Wave/1','Mux/1')% 在系统模型'mymodel'中加入由正弦模块 Sine Wave 的输出至信号组合模块 Mux 第一个输入间%的连线。

delete_line('mymodel', 'Sine Wave/1','Mux/1')% 删除系统模型'mymodel'中由正弦模块 Sine Wave 的输出至信号组合模块 Mux 第一个输入间的%连线。

10. set_param 和 get_param

（1）使用语法

```
set_param('obj', 'parameter1', value1, 'parameter2', value2, ...)
get_param('obj', 'parameter')
get_param( { objects }, 'parameter')
get_param(handle, 'parameter')
```

```
get_param(0, 'parameter')
get_param('obj', 'ObjectParameters')
get_param('obj', 'DialogParameters')
```

（2）功能描述

设置与获得系统模型以及模块参数。

set_param('obj', 'parameter1', value1, 'parameter2',value2, ...)：其中，'obj'表示系统模型或其中的系统模块的路径，或者取值为 0；给指定的参数设置合适的值，取值为 0 表示给指定的参数设置为缺省值。在仿真过程中，使用此命令可以在 MATLAB 的工作空间中改变这些参数的取值，从而可以更新系统在不同的参数下运行仿真。

get_param('obj', 'parameter')：返回指定参数取值。其中，'obj'为系统模型或系统模型中的系统模块。

get_param({ objects }, 'parameter')：返回多个模块指定参数的取值，其中，{ objects }表示模块的细胞矩阵（Cell）。

get_param(handle, 'parameter')：返回句柄值为 handle 的对象的指定参数的取值。

get_param(0, 'parameter')：返回 Simulink 当前的仿真参数或默认模型、模块的指定参数的取值。

get_param('obj', 'ObjectParameters')：返回描述某一对象参数取值的结构体。其中，返回到结构体中具有相应的参数名称的每一个参数域分别包括参数名称（如 Gain）、数据类型（如 string），以及参数属性（如 read-only）等。

get_param('obj', 'DialogParameters')：返回指定模块对话框中所包含的参数名称的细胞矩阵。由于参数选项很多，这里不再赘述,读者可以参考 Simulink 帮助中的 Model and BlockParameters 中的详细介绍。

（3）举例

set_param('vdp', 'Solver', 'ode15s', 'StopTime', '3000') % 设置系统模型'vdp'的求解器为'ode15s'，仿真结束时间为 3000。

sset_param('vdp/Mu', 'Gain', '1000') % 设置系统模型 vdp 中的模块 Mu 中的增益模块 Gain 的取值为 1000。

set_param('vdp/Fcn', 'Position', [50 100 110 120]) % 设置系统模型 vdp 中的 Fcn 模块的位置为[50 100 110 120]

set_param('mymodel/Zero-Pole','Zeros','[2 4]','Poles','[1 2 3]')% 设置系统模型 mymodel 中零极点模块 Zero-Pole 的零点 Zeros 取值为[2 4]，极点 Poles 取值为[1 2 3]。

get_param('Mysys/Subsys/Inertia','Gain')% 获得系统模型 Mysys 中的子系统 Subsys 中的 Inertia 模块的增益值。其结果如下（假设此系统模型%已存在）。

```
ans =
1.0000e-006
p = get_param('untitled/Sine Wave', 'DialogParameters')
% 获得系统模型 untitled 下正弦信号模块 Sine Wave 的参数设置对话框中所包含的参数名称
% 结果如下
p =
'Amplitude'
'Frequency'
```

```
'Phase'
'SampleTime'
```

11. gcb、gcs 以及 gcbh

（1）使用语法

```
gcb
gcb('sys')
gcs
gcbh
bdroot
bdroot('obj')
```

（2）功能描述

gcb：返回当前系统模型中当前模块的路径名。

gcb('sys')：返回指定系统模型中当前模块的路径名。

gcs：获得当前系统模型的路径名。

gcbh：返回当前系统模型中当前模块的操作句柄。

bdroot：返回顶层系统模型的名称。

bdroot('obj')：返回包含指定对象名称的顶层系统的名称，其中，'obj'为系统或模块的路径名。

12. simulink

（1）使用语法

```
simulink
```

（2）功能描述

打开 Simulink 的模块库浏览器。

使用命令行方式建立的动态系统模型与使用 Simulink 图形建模方式所建立的系统模型完全一致，然而，仅仅使用命令行方式建立系统模型是一件麻烦且低效的方法。

6.7 系统仿真实例

设置完仿真参数之后，从 Simulation 中选择 Start 菜单项或单击模型编辑窗口中的 Start Simulation 命令按钮，便可启动对当前模型的仿真。此时，Start 菜单项变成不可选，Stop 菜单项变成可选，以供中途停止仿真使用。从 Simulation 菜单中选择 Stop 项停止仿真后，Start 项又变成可选。

【例 6.1】利用 Simulink 仿真求定积分。

解：仿真过程如下：

（1）打开一个模型编辑窗口。

（2）将所需模块添加到模型中。

（3）设置模块参数并连接各个模块组成仿真模型。

（4）设置系统仿真参数。

（5）开始系统仿真。

（6）观察仿真结果。

1．求定积分。

$$I = \int_0^1 e^{-x^2} dx$$

MATLAB 程序

先建立一个函数文件 ex.m:

```
function ex=ex(x)
ex=exp(-x.^2);
```

然后在 MATLAB 命令窗口输入命令：

```
format long
I=quad('ex',0,1)
I=
0.74682418072642
I=quadl('ex',0,1)
I=
0.74682413398845
```

也可不建立关于被积函数的函数文件，使用语句函数求解，命令如下：

```
g=inline('exp(-x.^2)');
I=quadl(g,0,1)
I=
0.74682413398845
```

2．计算一元函数 f(x)=x-10sinx 的零点。

（1）首先绘制函数的曲线。

MATLAB 程序

```
x= -10:0001:10;
y= x-10*sinx;
plot(x,y)
xlabel('x');
ylabel('f(x)');
grid;
```

图形窗口中的输出结果如图 6.25 所示。

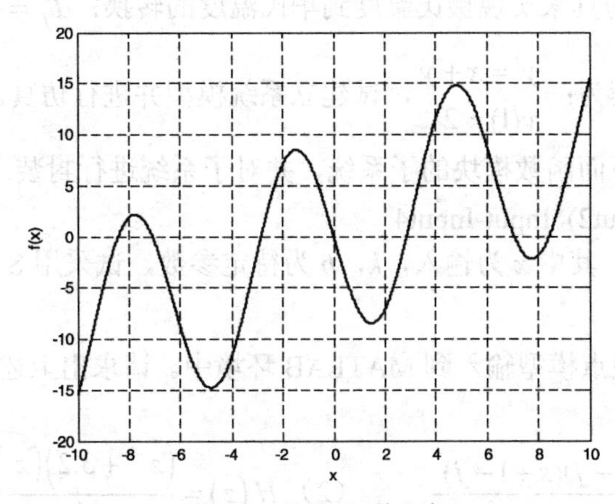

图 6.25　函数 f(x)的曲线

由图 6.25 不难看出，其包括 7 个零点。

（2）其次计算函数某点附近的零点。

MATLAB 程序

```
f=@(x) x-10*sin(x);
x1=fzero(f,-9)
x2=fzero(f,-7)
x3=fzero(f,-3)
x4=fzero(f,0)
x5=fzero(f,3)
x6=fzero(f,7)
x7=fzero(f,9)
```

命令窗口中的输出结果如下。

```
x1 =
   -8.4232
x2 =
   -7.0682
x3 =
   -2.8523
x4 =
     0
x5 =
   2.8523
x6 =
   7.0682
x7 =
   8.4232
```

课后习题

1．利用 Simulink 仿真，$x(t)=\frac{8A}{\pi^2}\left(\cos\omega t+\frac{1}{9}\cos 4\omega t+\frac{1}{30}\cos 8\omega t\right)$，取 A=1，$w=2^{\pi}$。

2．利用 Simulink 仿真来实现摄氏温度到华氏温度的转换：$T_f=\frac{9}{5}T_c+32$。

3．设系统微分方程为：$\begin{matrix} y'=x+y \\ y(1)=2 \end{matrix}$，试建立系统模型并进行仿真。

4．设计一个实现下面函数模块的子系统，并对子系统进行封装。

Output=(Input1+Input2)*Input-Input4

5．已知 $y=kx+b$，其中 x 为输入，k，b 为待定参数，试采用 S 函数实现模块，并封装和测试该模块。

6．请将下面的零极点模型输入到 MATLAB 环境中。请求出上述模型的零极点，并绘制其位置。

（1）$G(s)=\frac{8(s+1+j)(s+1-j)}{s^2(s+5)(s+6)(s^2+1)}$ （2）$H(z)=\frac{\left(z^{-1}+3.2\right)\left(z^{-1}+2.6\right)}{z^{-5}\left(z^{-1}-8.2\right)}$，$T=0.05\text{s}$

7．新建一个 Simulink 的模型文件，试建立并调试一个模型，实现在一个示波器中同时观察正弦波信号和方波信号。

8．有初始状态为 0 的二阶微分方程 $x''+0.2x'+0.4x=0.2u(t)$，其中 $u(t)$是单位阶跃函数，试建立系统模型并仿真。

9．建立如图 6.26 所示的仿真模型并进行仿真。改变 Gain 模块的增益，观察 Scope 显示波形的变化。用 Silder Gain 模型取代 Gain 模块，重复上述操作。

10．建立如图 6.27 所示的仿真模型并进行仿真。改变 Slider Gain 模型的增益，观察 x-y 波形的变化，用浮动的 Scope 模块观测各点波形。

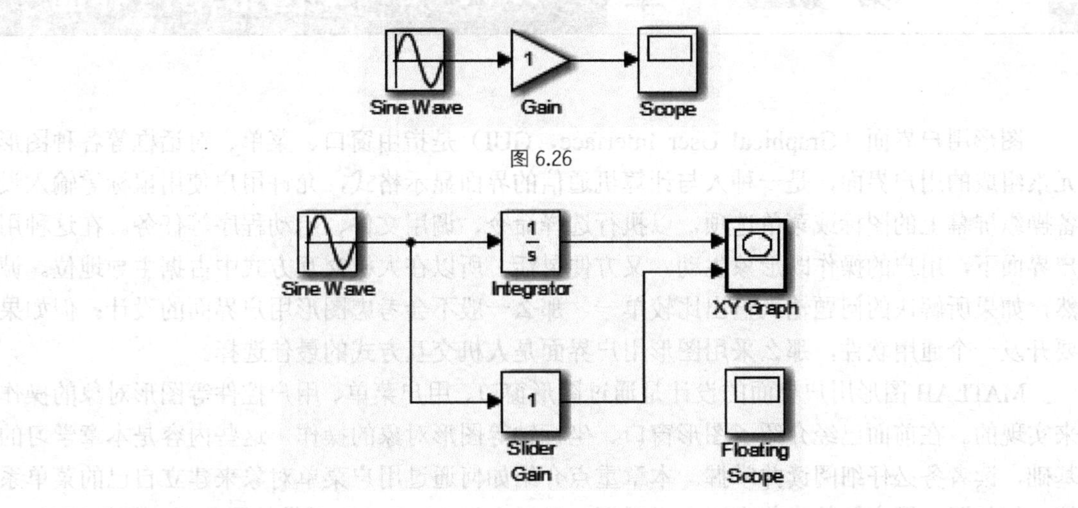

图 6.26

图 6.27 Simulink 仿真模型

11．将图 6.26 所示的 Scope 模块变换成 Output 模块。在 Configuration Parameters 对话框中把时间和输出作为返回变量，分别设置变量名 t 和 y。运行仿真并用绘图命令画出曲线 x-y。

12．用 To Workspace 模块取代第 3 题中的 Output 模型，进行仿真并画出曲线。

第7章 MATLAB图形用户界面

图形用户界面（Graphical User Interface，GUI）是指由窗口、菜单、对话框等各种图形元素组成的用户界面，是一种人与计算机通信的界面显示格式，允许用户使用鼠标等输入设备操纵屏幕上的图标或菜单选项，以执行选择命令、调用文件、启动程序等任务。在这种用户界面下，用户的操作既形象生动，又方便灵活，所以在人机交互方式中占据主导地位。诚然，如果所解决的问题输入输出比较单一，那么一般不会考虑图形用户界面的设计；但如果要开发一个通用软件，那么采用图形用户界面是人机交互方式的最佳选择。

MATLAB图形用户界面的设计是通过图形窗口、用户菜单、用户控件等图形对象的操作来实现的。在前面已经介绍了图形窗口、坐标轴等图形对象的操作，这些内容是本章学习的基础，读者务必仔细阅读并掌握。本章重点介绍如何通过用户菜单对象来建立自己的菜单系统，如何通过用户控件对象来建立对话框，最后介绍MATLAB提供的用户界面设计工具。

7.1 菜单设计

菜单是一种十分重要的用户界面，也是软件的一种重要操作方式。现代软件大都具有十分友好的菜单系统。从图形对象的树形结构可知，MATLAB用户菜单对象是图形窗口的子对象，所以菜单设计总在某一个图形窗口中进行。MATLAB的各个图形窗口都有自己的菜单栏，包括File、Edit、Tools、Windows和Help共5个菜单项。为了建立用户自己的菜单系统，可以先将图形窗口的MenuBar属性设置为none，以取消图形窗口缺省的菜单，然后再建立用户自己的菜单。

7.1.1 用户菜单的建立

用户菜单通常包括一级菜单（菜单条）和二级菜单，有时根据需要还可以往下建立子菜单（三级菜单等），每一级菜单又包括若干菜单项。要建立用户菜单可用uimenu函数，因其调用方法不同，该函数可以用于建立一级菜单项和子菜单项。

建立一级菜单项的函数调用形式为：

```
一级菜单项句柄=uimenu (图形窗口句柄，属性名1,属性值1，属性名2，属性值2,…)
```

建立子菜单项的函数调用形式为：

```
子菜单项句柄=uimenu (一级菜单项句柄, 属性名1,属性值1,属性名2, 属性值2, …)
```

这两种调用形式的区别在于：建立一级菜单项时，要给出图形窗口的句柄值。如果省略了这个句柄值，MATLAB 就在当前图形窗口中建立这个菜单项。如果此时不存在活动图形窗口，MATLAB 会自动打开一个图形窗口，并将该菜单项作为它的菜单对象。在建立子菜单项时，必须指定一级菜单项对应的句柄值。例如：

```
hm=uimenu(gcf,'Label','File');
hm1=uimenu(hm,'Label','Save');
hm2=uimenu(hm,'Label','Save As')。
```

将在当前图形窗口菜单条中建立名为 File 的菜单项。其中，Label 的属性值 File 就是菜单项的名字，hm 是 File 菜单项的句柄值，供定义该菜单项的子菜单之用。后两条命令将在 File 菜单项下建立 Save 和 Save As 2 个子菜单项。

7.1.2 菜单对象常用属性

菜单对象具有 Children、Parent、Tag、Type、UserData、Visible 等公共属性。除公共属性外，还有一些常用的特殊属性。

1. Label 属性

该属性的取值是字符串，用于定义菜单项的名字。可以在字符串中加入&字符，这时在该菜单项名字上跟随&字符后的字符有一条下划线，&字符本身不出现在菜单项中。对于这种带下划线字符的菜单，可以用 Alt 键加该字符键来激活相应的菜单项。

2. Accelerator 属性

该属性的取值可以是任何字母，用于定义菜单项的快捷键。如取字母 W，则表示定义快捷键为 Ctrl +W。

3. Callback 属性

该属性的取值是字符串，可以是某个 M 文件名或一组 MATLAB 命令。在该菜单项被选中以后，MATLAB 将自动地调用此回调函数来做出对相应菜单项的响应，如果没有设置一个合适的回调函数，则此菜单项也将失去其应有的意义。

在产生子菜单时，Call back 选项也可以省略，因为这时可以直接打开下一级菜单，而不是侧重于对某一函数进行响应。

4. Checked 属性

该属性的取值是 on 或 off（缺省值），该属性为菜单项定义一个指示标记，可以用这个特性指明菜单项是否已选中。

5. Enable 属性

该属性的取值是 on（缺省值）或 off，这个属性可以用来控制菜单项的可选择性。如果它的值是 off，则此时不能使用该菜单，该菜单项呈灰色。

6. Position 属性

该属性的取值是数值，它定义一级菜单项在菜单条上的相对位置或子菜单项在菜单组内的相对位置。例如，对于一级菜单项，若 Position 属性值为 1，则表示该菜单项位于图形窗口菜单条的可用位置的最左端。

7. Separator 属性

该属性的取值是 on 或 off（缺省值）。如果该属性值为 on，则在该菜单项上方添加一条分隔线，用分隔线将各菜单项按功能分开。

【例 7.1】建立图 7.1 所示的图形演示系统菜单。

菜单条中含有 3 个菜单项：Plot、Option 和 Quit。Plot 中有 Sine Wave 和 Cosine Wave 两个子菜单项，分别控制在本图形窗口中画出正弦和余弦曲线。Option 菜单项的内容如图 7.1 所示，其中，Grid on 和 Grid off 控制给坐标轴加网格线，Box on 和 Box off 控制给坐标轴加边框，而且这 4 项只有在画有曲线时才是可选的。Window Color 控制图形窗口的背景颜色。Quit 控制是否退出系统。

解：

（1）MATLAB 程序

```
screen=get(0,'ScreenSize');
W=screen(3);H=screen(4);
figure('Color',[1,1,1],'Position',[0.2*H,0.2*H,0.5*W,0.3*H],...
      'Name','图形演示系统','NumberTitle','off','MenuBar','none');
%定义 Plot 菜单项
hplot=uimenu(gcf,'Label','&Plot');
uimenu(hplot,'Label','Sine Wave','Call',...
['t=-pi:pi/20:pi;','plot(t,sin(t));',...
      'set(hgon,''Enable'',''on'');',...
'set(hgoff,''Enable'',''on'');',...
      'set(hbon,''Enable'',''on'');',...
'set(hboff,''Enable'',''on'');']);
uimenu(hplot,'Label','Cosine Wave','Call',...
['t=-pi:pi/20:pi;','plot(t,cos(t));',...
      'set(hgon,''Enable'',''on'');',...
'set(hgoff,''Enable'',''on'');',...
      'set(hbon,''Enable'',''on'');',...
'set(hboff,''Enable'',''on'');']);
%定义 Option 菜单项
hoption=uimenu(gcf,'Label','&Option');
hgon=uimenu(hoption,'Label','&Grid on',...
'Call','grid on','Enable','off');
hgoff=uimenu(hoption,'Label','&Grid off',...
'Call','grid off','Enable','off');
hbon=uimenu(hoption,'Label','&Box on',...
'separator','on','Call','box on','Enable','off');
hboff=uimenu(hoption,'Label','&Box off',...
'Call','box off','Enable','off');
hwincor=uimenu(hoption,'Label','&WindowColor','Separator','on');
uimenu(hwincor,'Label','&Red','Accelerator','r',...
'Call','set(gcf,''Color'',''r'');');
uimenu(hwincor,'Label','&Blue','Accelerator','b',...
'Call','set(gcf,''Color'',''b'');');
uimenu(hwincor,'Label','&Yellow','Call',...
'set(gcf,''Color'',''y'');');
uimenu(hwincor,'Label','&White','Call',...
'set(gcf,''Color'',''w'');');
%定义 Quit 菜单项
```

```
uimenu(gcf,'Label','&Quit','Call','close(gcf)');
```

（2）程序运行结果

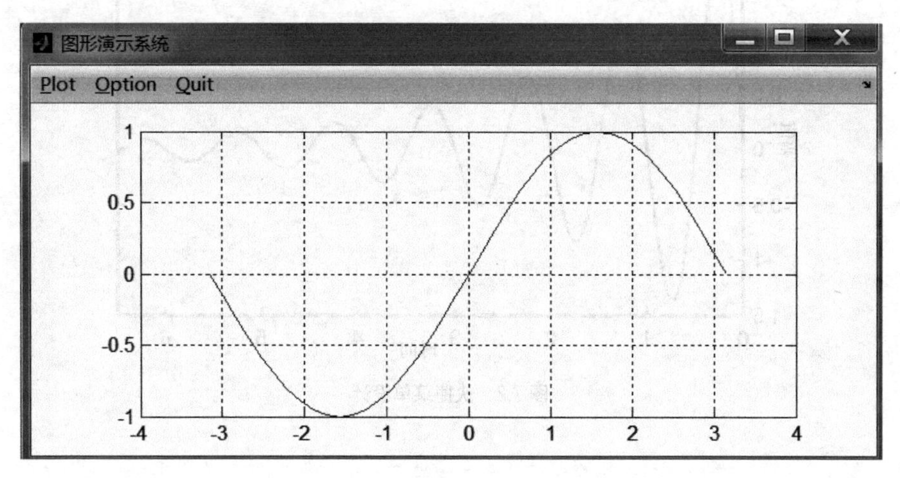

图 7.1 “图形演示系统”菜单

7.1.3 快捷菜单

快捷菜单是用鼠标右键单击某对象时在屏幕上弹出的菜单。这种菜单出现的位置是不固定的，而且总是和某个图形对象相联系。在 MATLAB 中，可以使用 uicontextmenu 函数和图形对象的 UIContextMenu 属性来建立快捷菜单，具体步骤如下。

（1）利用 uicontextmenu 函数建立快捷菜单。

（2）利用 uimenu 函数为快捷菜单建立菜单项。

（3）利用 set 函数将该快捷菜单和某图形对象联系起来。

【例 7.2】绘制曲线 y=2e-0.5$x$sin(2πx)，并建立一个与之相联系的快捷菜单，用以控制曲线的线型和曲线宽度。

解：

（1）MATLAB 程序

```
x=0:pi/100:2*pi;
y=2*exp(-0.5*x).*sin(2*pi*x);
hl=plot(x,y);
hc=uicontextmenu;                %建立快捷菜单
hls=uimenu(hc,'Label','线型');    %建立菜单项
hlw=uimenu(hc,'Label','线宽');
uimenu(hls,'Label','虚线','Call','set(hl,''LineStyle'','':'');');
uimenu(hls,'Label','实线','Call','set(hl,''LineStyle'',''-'');');
uimenu(hlw,'Label','加宽','Call','set(hl,''LineWidth'',2);');
uimenu(hlw,'Label','变细','Call','set(hl,''LineWidth'',0.5);');
set(hl,'UIContextMenu',hc);      %将该快捷菜单和曲线对象联系起来
```

（2）程序运行结果

如图 7.2 所示。

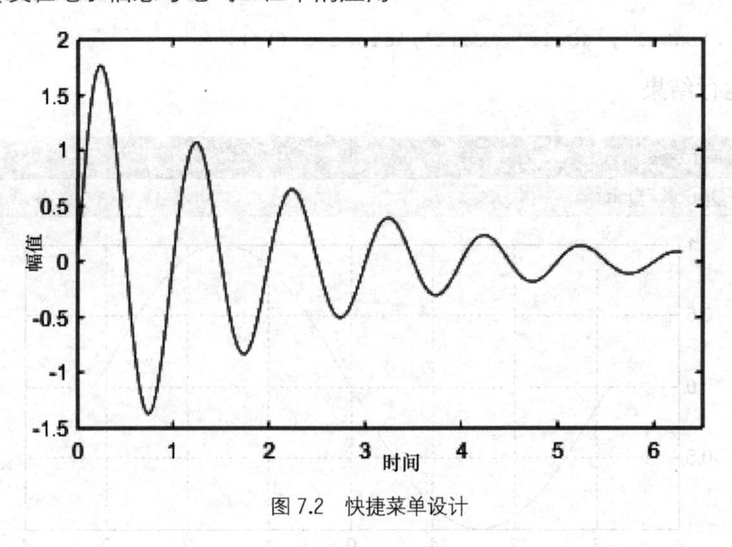

图 7.2 快捷菜单设计

7.2 对话框设计

对话框是用户与计算机进行信息交流的临时窗口，在现代软件中有着广泛的应用。在软件设计时，借助于对话框可以更好地满足用户操作需要，使用户操作更加方便灵活。

7.2.1 对话框的控件

在对话框上有各种各样的控件，利用这些控件可以实现有关控制。下面先介绍这些控件。

1. 按钮

按钮（Push Button）是对话框中最常用的控件对象，其特征是在矩形框上加上文字说明。一个按钮代表一种操作，所以有时也称命令按钮。

2. 双位按钮

双位按钮（Toggle Button）有 2 个状态，即按下状态和弹起状态。每单击一次，其状态将改变一次。

3. 单选按钮

单选按钮（Radio Button）是一个圆圈加上文字说明。它是一种选择性按钮，当被选中时，圆圈的中心有一个实心的黑点，否则圆圈为空白。在一组单选按钮中，通常只能有一个被选中，如果选中了其中一个，则原来被选中的就不再处于被选中状态，这就像收音机一次只能选中一个电台一样，故称作单选按钮。在一些文献中，也称作无线电按钮或收音机按钮。

4. 复选框

复选框（Check Box）是一个小方框加上文字说明。它的作用和单选按钮相似，也是一组选择项，被选中的项其小方框中有钩号。与单选按钮不同的是，复选框一次可以选择多项。这也是“复选框”名字的由来。有些文献中也称作检测框。

5. 列表框

列表框（List Box）列出可供选择的一些选项，当选项很多而列表框装不下时，可使用列表框右端的滚动条进行选择。

6. 弹出框

弹出框（Popup Menu）平时只显示当前选项，单击其右端的向下箭头即弹出一个列表框，列出全部选项。其作用与列表框类似。

7. 编辑框

编辑框（Edit Box）可供用户输入数据用。在编辑框内可提供缺省的输入值，随后用户可以进行修改。

8. 滑动条

滑动条（Slider）可以用图示的方式输入指定范围内的一个数量值。用户可以移动滑动条中间的游标来改变它对应的参数。

9. 静态文本

静态文本（Static Text）是在对话框中显示的说明性文字，一般用来给用户做必要的提示。因用户不能在程序执行过程中改变文字说明，故将其称为静态文本。

10. 边框

边框（Frame）主要用于修饰用户界面，使用户界面更友好。可以用边框在图形窗口中圈出一块区域，并将某些控件对象组织在这块区域中。

7.2.2 公共对话框

MATLAB 提供的公共对话框包括文件打开对话框、文件保存对话框、颜色设置对话框、字体设置对话框、打印页面设置对话框、打印预览对话框以及打印对话框。下面分别进行介绍。

1. 文件打开对话框

文件打开对话框用于打开某个文件。在 MATLAB 中，利用函数 uigetfile 创建文件打开对话框。该函数常用调用格式有以下几种。

Uigetfile：显示文件打开对话框，并列出当前目录下 MATLAB 能认识的所有文件。

uigetfile('filterspec' , 'dialogtitle' , x, y)：filterspec 为指定的文件类型，因此是一个文件类型过滤字符串。例如，可以取值'*.m'；dialogtitle 是文件打开对话框的标题名，默认标题名为“Select file to Open”。x 和 y 用于指定对话框显示的位置，是从屏幕左上角算起的水平和垂直距离。

2. 文件保存对话框

文件保存对话框用于保存某个文件。在 MATLAB 中，利用函数 uiputfile 创建文件保存对话框。该函数常用调用格式有以下几种。

uiputfile:显示文件保存对话框，并列出当前目录下的所有文件。

uiputfile('initfile', 'dialogtitle', x, y)：initfile 为指定的文件类型，因此是一个文件类型过滤字符串。例如，可以取值'*.m'；dialogtitle 是文件保存对话框的标题名，默认标题名为“Select file to Write”。x 和 y 用于指定对话框显示的位置，是从屏幕左上角算起的水平和垂直距离。

3. 颜色设置对话框

颜色设置对话框用于设置某个图形对象的颜色。在 MATLAB 中，利用函数 uisetcolor 创建颜色设置对话框。该函数常用调用格式如下所示。

c=uisetcolor(h,' dialogtitle')：h 可以是图形对象的句柄，也可以是一个 RGB 矢量。dialogtitle

用于标明颜色对话框的标题名。输出参数 c 返回用户选择的 RGB 矢量值。

例如，在命令窗口输入：

```
>>c=uisetcolor([0 1 0],'set color for graphics object' )
```

得到颜色设置对话框如图 7.3 所示。

4. 字体设置对话框

字体设置对话框可用于交互式修改文本字符串、坐标轴等字体属性。在 MATLAB 中，利用函数 uisetfont 创建字体设置对话框。该函数常用调用格式有以下两种。

uisetfont:显示字体设置对话框，并列出了字体、字形、字体大小等。

uisetfont (h,' dialogtitle')：h 是一个对象句柄，用对象句柄中的字体属性值初始化字体设置对话框中的属性值；dialogtitle 是颜色设置对话框的标题名，默认标题名为“Font”。

5. 打印页面设置对话框

打印页面设置对话框用于对打印输出时的页面进行设置。在 MATLAB 中，利用函数 pagesetupdlg 创建打印页面设置对话框，调用格式如下所示。

dlg=pagesetupdlg(fig)：调用默认的页面设置属性为图形窗口对象创建一个打印页面设置对话框。

例如，在命令窗口中输入：

```
>> dlg=pagesetupdlg
```

得到打印页面设置对话框如图 7.4 所示。

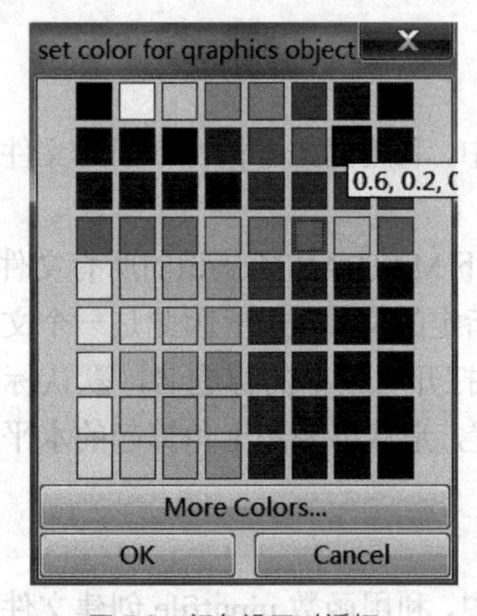

图 7.3 颜色设置对话框

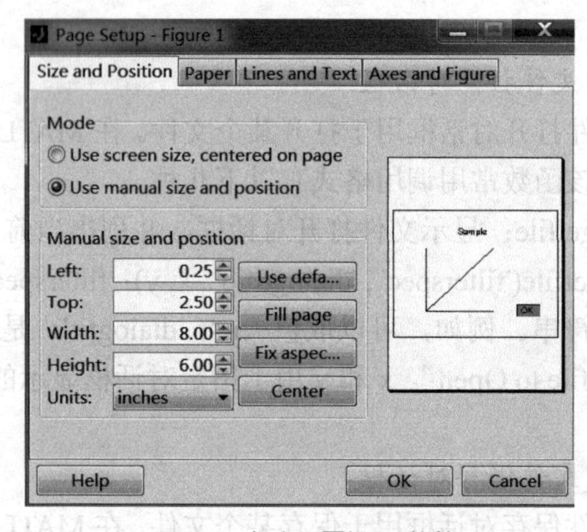

图 7.4 打印页面设置对话框

6. 打印预览对话框

打印预览对话框用于对打印输出的页面进行预览。在 MATLAB 中，利用函数 printview 创建打印预览对话框。该函数常用调用格式有以下两种。

printview：显示当前图形窗口的打印预览对话框。打印预览对话框显示了要打印的图形在页面上的尺寸和大小。

printview (fig)：显示指定的图形窗口对象 fig 的打印预览对话框。

7. 打印对话框

打印对话框是专门进行打印用的对话框。在 MATLAB 中，利用函数 printdlg 创建打印对话框。该函数常用调用格式有以下2种。

printdlg：显示出标准的打印对话框。它打印当前图形窗口内的图形对象。

printdlg(fig)：显示指定的图形窗口对象 fig 的打印对话框。打印由 fig 指定的图形窗口内的对象。

7.2.3 一般对话框

除了大量的标准公共对话框之外，MATLAB 还提供了大量的一般对话框。MATLAB 提供的一般对话框有帮助对话框（helpdlg）、出错信息显示对话框（errordlg）、信息提示对话框（msgbox）、问题显示对话框（questdlg）、警告信息显示对话框（warndlg）、变量输入对话框（inputdlg）、列表选择对话框（listdlg）等。下面分别对它们进行介绍。

1. 帮助对话框

显示帮助信息的就是帮助对话框。在 MATLAB 中，利用函数 helpdlg 创建帮助对话框。函数的常用调用格式有以下几种。

helpdlg：创建一个默认的帮助对话框。

helpdlg('helpstring' ,'dlgname')：创建一个帮助对话框。dlgname 决定该对话框的名字，helpstring 决定对话框内显示的帮助信息。

例如，在命令窗口中输入：

```
>> helpdlg('Choose 10 points from figure','Point Seetion')
```

创建的帮助对话框如图 7.5 所示。

2. 出错信息显示对话框

出错信息显示对话框能够使用户知道出错的原因，以便采取正确的操作方法。在 MATLAB 中，利用函数 errordlg 创建出错信息显示对话框。函数的常用调用格式有以下两种。

errordlg：创建一个默认的出错信息显示对话框。

helpdlg('errorstring' ,'dlgname'):创建一个出错信息显示对话框。dlgname 决定该对话框的名字，errorstring 决定对话框内显示的出错信息。

例如，在命令窗口中输入:

```
>> errordlg('file not found','file error');
```

创建的出错信息显示对话框如图 7.6 所示。

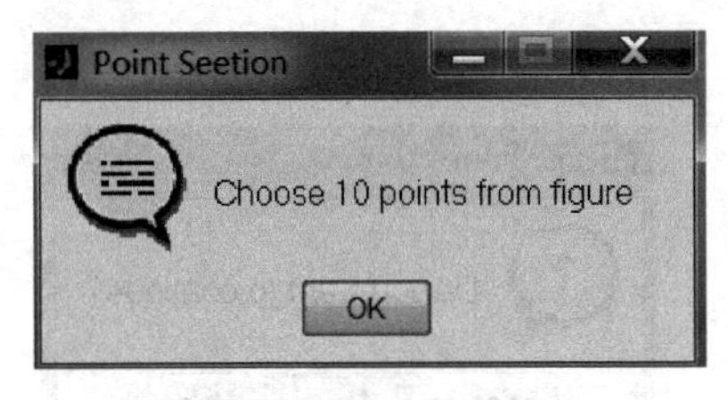

图 7.5 帮助对话框

图 7.6 出错信息显示对话框

3. 信息提示对话框

信息提示对话框用于提示显示信息。在 MATLAB 中，利用函数 msgbox 创建信息提示对话框。函数的常用调用格式有以下两种。

msgbox(message)：创建一个信息提示对话框。对话框会自动设置宽度，message 是要显示的提示信息。

msgbox(message, title,' custom' , iconData, iconCmap)：创建信息提示对话框，图标是用户自定义的图标。iconData 存储的是定义图标的图像数据，iconCmap 存储的是定义图标的颜色数据。

例如，在命令窗口中输入：

```
>> msgbox('This is a first information dialog box!' ,'information','warn',
'non-modal')
```

创建的信息提示对话框如图 7.7 所示。

4. 问题显示对话框

当对问题的解决可能存在多种选择时，就会显示一个问题显示对话框，由用户选择采取步骤。在 MATLAB 中，利用函数 questdlg 创建问题显示对话框。函数的常用调用格式有以下几种。

button=questdlg('qstring'):创建一个问题显示的模式对话框。该对话框有 3 个按钮，分别是 Yes、No、Help。参数 qstring 决定显示的问题。button 返回的是用户按下的命令按钮的名字。

button=questdlg('qstring' ' title' 'str1' 'str1' 'str3' 'default')：创建一个问题显示的模式对话框。该对话框有 3 个按钮，分别由 str1、str2、str3 决定。参数 qstring 决定显示的问题。default 设置当用户按下键盘上的回车键时返回的参数值，必须是 str1、str2、str3 中的一个。button 返回的是用户按下的命令按钮的名字。

（1）MATLAB 程序

```
button=questdlg('Do you want to continue?''Continue
Operation''Yes''No''Help''No');
if (strcmp(button,'Yes'))
disp('Creating file')
else if strcmg(button,'No')
disp('Canceled file operation')
elseif strcmp(button,'Help')
disp('Sorry,no help available')
end
```

（2）程序运行结果

创建的问题显示对话框如图 7.8 所示。

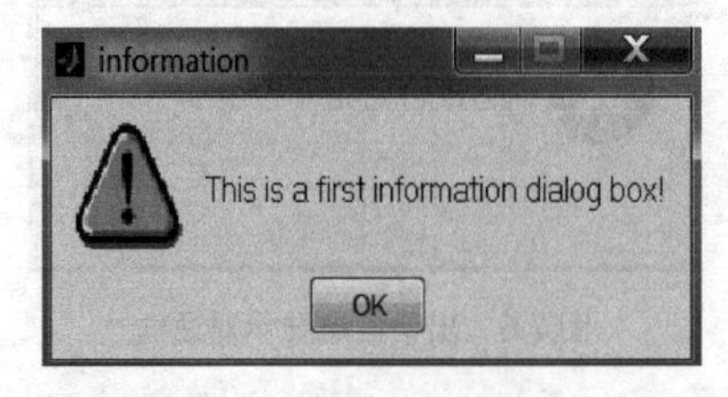

图 7.7 信息提示对话框

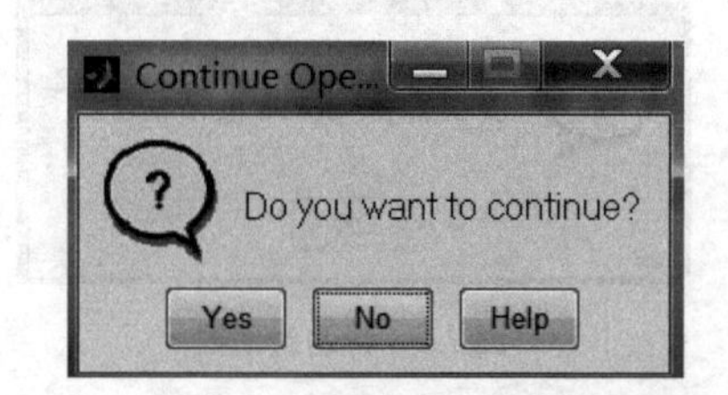

图 7.8 问题显示对话框

5. 警告信息显示对话框

警告信息显示对话框就是显示由于用户进行不恰当的操作后的警告信息，用于提醒用户。在MATLAB中，利用函数warndlg创建警告信息提示对话框。函数的常用调用格式有以下两种。

warndlg：创建一个默认的警告信息显示对话框。

warndlg('warnstring','dlgname'):创建一个警告信息显示对话框。dlgname 决定该对话框的名字，warnstring 决定对话框内显示的警告信息。

例如，在命令窗口中输入：

```
>> warndlg('Pressing OK will clear memory','warning!')
```

创建的警告信息显示对话框如图7.9所示。

6. 变量输入对话框

当需要用户输入变量时，就会显示一个输入对话框，即变量输入对话框。在 MATLAB 中，利用函数 inputdlg 创建变量输入对话框。函数的常用调用格式有以下两种。

answer=inputdlg(prompt)：创建一个模式变量输入对话框。输入参数 prompt 是提示输入信息的字符串。answer 存储用户输入的变量值。

answer=inputdlg(prompt, title, lineno, def)：参数 title 决定对话框的标题名，参数 lineno 决定可编辑文本框的行数，默认值是1。def 决定可编辑文本框的默认值。

（1）MATLAB 程序

```
promt={'Enter matrix size','Enter colomap name'};
title='Input for peaks function';
line=[2 4]';
def={'20','hsv'};
answer=inputdlg(promt,title,line,def);
```

（2）程序运行结果

创建的变量对话框如图7.10所示。

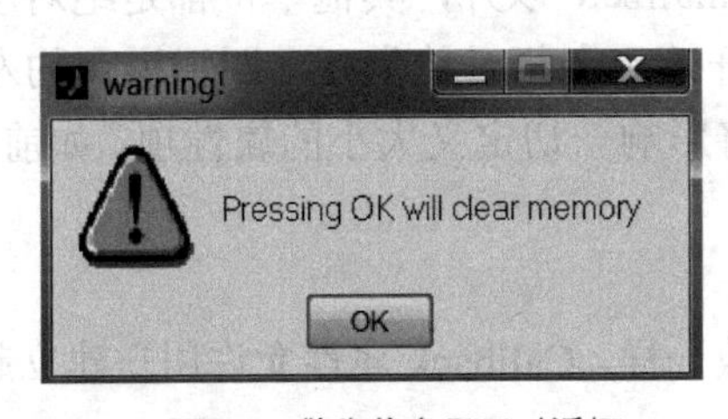

图7.9 警告信息显示对话框

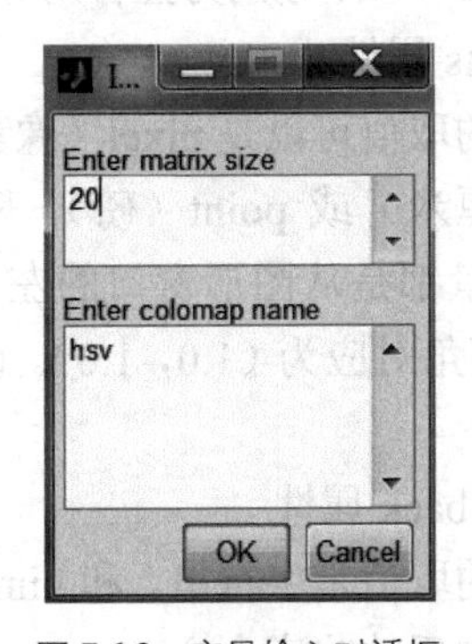

图7.10 变量输入对话框

7. 列表选择对话框

当存在多个选择项时，提供给用户一个列表框，即列表选择对话框，使用户自己选择。在MATLAB中，利用函数listdlg创建列表选择对话框。函数的常用调用格式如下所示。

[section, ok}=listdlg('liststring',s,…)：创建列表选择模式对话框。

（1）MATLAB 程序

```
d=dir;
str={d.name};
```

```
[s,v]=listdlg('PromptString','Select a file:','SeletionMode','single','ListString',str)
```

（2）程序运行结果

创建的列表选择对话框如图 7.11 所示。

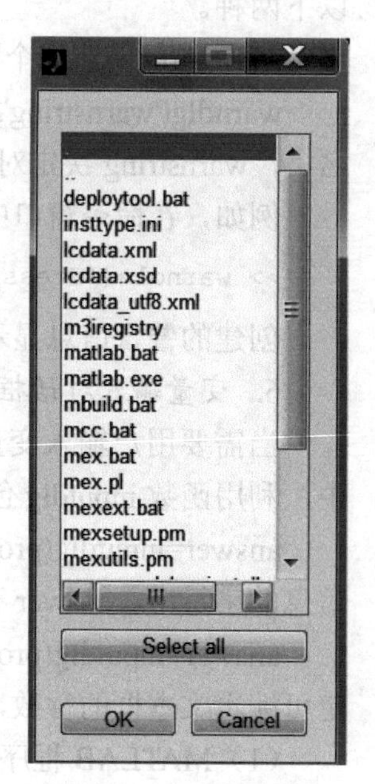

图 7.11　列表选择对话框

7.2.4　对话框的设计

在 MATLAB 中，要设计一个对话框，首先要建立一个图形窗口，然后在图形窗口中放置有关的用户控件对象。

1. 建立控件对象

MATLAB 提供了用于建立控件对象的函数 uicontrol，其调用格式为：

```
对象句柄=uicontrol(图形窗口句柄，属性名 1，属性值 1，属性名 2，属性值 2，……)
```

其中，各个属性名及可取的值和前面介绍的 uimenu 函数相似，但也不尽相同，下面将介绍一些常用的属性。

2. 控件对象的属性

MATLAB 的 10 种控件对象使用相同的属性类型，但是这些属性对于不同类型的控件对象，其含义不尽相同。除 Children、Parent、Tag、Type、UserData、Visible 等公共属性外，还有一些常用的特殊属性。

（1）Position 属性

该属性的取值是一个由 4 个元素构成的向量，其形式为[n1,n2,n3,n4]，这个向量定义了控件对象在屏幕上的位置和大小，其中，n1 和 n2 分别为控件对象左下角相对于图形窗口的横纵坐标值，n3 和 n4 分别为控件对象的宽度和高度。它们的单位由 Units 属性决定。

（2）Units 属性

该属性的取值可以是 pixel（像素，为缺省值）、normalized（相对单位）、inches（英寸）、ecntimctc（厘米）或 point（磅）。除了 normalized 以外，其他单位都是绝对度量单位。所有单位的度量都是从图形窗口的左下角处开始，在相对单位下，图形窗口的左下角对应为（0，0），右上角对应为（1.0，1.0）。该属性将影响一切定义大小的属性项，如前面的 Position 属性。

（3）Callback 属性

该属性的取值是字符串。和 uimenu 函数一样，Callback 属性允许用户建立起在对话框控件对象被选中后的响应命令。

（4）String 属性

该属性的取值是字符串。它定义控件对象的说明文字，如按钮上的说明文字以及单选按钮或复选按钮后面的说明文字等。

（5）Style 属性

该属性的取值可以是 push（按钮，缺省值）、toggle（双位按钮）、radio（单选按钮）、check（复选框）、list 列表框、popup（弹出框）、edit（编辑框）、text（静态文本）、slider（滑动条）和 frame（边框）。这个属性定义控件对象的类型。

（6）BackgroundColor 属性

该属性的取值是代表某种颜色的字符或 RGB 三元组。它定义控件对象区域的背景色，它的缺省颜色是浅灰色。

（7）ForegroundColor 属性

该属性的取值与 BackgroundColor 属性相同。ForegroundColor 属性定义控件对象说明文字的颜色，其缺省颜色是黑色。

（8）Max、Min 属性

Max 和 Min 属性的取值都是数值，其缺省值分别是 1 和 0。这两个属性值对于不同的控件对象类型，其意义是不同的。以下分别予以介绍。

当单选按钮被激活时，它的 Value 属性值为 Max 属性定义的值。当单选按钮处于非激活状态时，它的 Value 属性值为 Min 属性定义的值。

当复选框被激活时，它的 Value 属性值为 Max 属性定义的值。当复选框处于非激活状态时，它的 Value 属性值为 Min 属性定义的值。

对于滑动条对象，Max 属性值必须比 Min 属性值大。Max 定义滑动条的最大值，Min 定义滑动条的最小值。

对于编辑框，如果 Max−Min>1，那么对应的编辑框接收多行字符输入；如果 Max−Min<1，那么编辑框仅接收单行字符输入。

对于列表框，如果 Max−Min>1，那么在列表框中允许多项选择；如果 Max−Min<l，那么在列表框中只允许单项选择。

另外，边框、弹出框和静态文本等控件对象不使用 Max 和 Min 属性。

（9）Value 属性

该属性的取值可以是向量值，也可以是数值。它的含义依赖于控件对象的类型。对于单选按钮和复选框，当它们处于激活状态时，Value 属性值由 Max 属性值定义，反之由 Min 属性值定义。对于弹出框，Value 属性值是被选项的序号，所以由 Value 的值可知弹出框的选项。同样，对于列表框，Value 属性值定义了列表框中高亮度选项的序号。对于滑动条对象，Value 属性值处于 Min 与 Max 属性值之间，由滑动条标尺位置对应的值定义。其他的控件对象不使用这个属性值。

（10）FontAngle 属性

该属性的取值是 normalized（缺省值）、italic 和 oblique。这个属性值定义控件对象标题等的字体。其值为 normalized 时，选用系统缺省的正字体；其值为 italic 或 oblique 时，使用方头斜字体。

（11）FontName 属性

该属性的取值是控件对象标题等使用字体的字库名，必须是系统支持的各种字库。缺省字库是系统的缺省字库。

（12）Fontsize 属性

该属性的取值是数值，它定义控件对象标题等字体的字号。字号单位由 Font Units 属性值定义。缺省值与系统有关。

（13）FontUnits 属性

该属性的取值是 points（磅，缺省值）、normlizedized（相对单位）、inches（英寸）、centimeters

（厘米）或 pixels（像素），该属性定义字号单位。相对单位将 FontSize 属性值解释为控件对象图标高度百分比，其他单位都是绝对单位。

（14）FontWeight 属性

该属性的取值是 normlized（缺省值）、light、demi 或 bold，它定义字体的粗细。

（15）HorizontalAlignment 属性

该属性的取值是 left、center（缺省值）或 right。用来决定控件对象说明文字在水平方向上的对齐方式，即说明文字在控件对象图标上居左（left）、居中（center）、居右（right）。

【例 7.3】建立图 7.12 所示的数制转换对话框。在左边输入一个十进制整数和 2～16 之间的数，单击“转换”按钮能在右边得到十进制数所对应的 2～16 进制字符串，单击“退出”按钮退出对话框。

解:

MATLAB 程序

```
hf=figure('Color',[0,1,1],'Position',[100,200,400,200],...
    'Name','数制转换','NumberTitle','off','MenuBar','none');
uicontrol(hf,'Style','Text', 'Units','normalized',...
    'Position',[0.05,0.8,0.45,0.1],'Horizontal','center',...
    'String','输 入 框','Back',[0,1,1]);
uicontrol(hf,'Style','Text','Units','normalized',...
    'Position',[0.5,0.8,0.45,0.1],'Horizontal','center',...
    'String','输 出 框','Back',[0,1,1]);
uicontrol(hf,'Style','Frame','Units','normalized',...
   'Position',[0.04,0.33,0.45,0.45],'Back',[1,1,0]);
uicontrol(hf,'Style','Text','Units','normalized',...
    'Position',[0.05,0.6,0.25,0.1],'Horizontal','center',...
    'String','十进制数','Back',[1,1,0]);
uicontrol(hf,'Style','Text','Units','normalized',...
    'Position',[0.05,0.4,0.25,0.1],'Horizontal','center',...
    'String','2～16 进制','Back',[1,1,0]);
he1=uicontrol(hf,'Style','Edit','Units','normalized',...
    'Position',[0.25,0.6,0.2,0.1],'Back',[0,1,0]);
he2=uicontrol(hf,'Style','Edit','Units','normalized',...
    'Position',[0.25,0.4,0.2,0.1],'Back',[0,1,0]);
uicontrol(hf,'Style','Frame','Units','normalized',...
   'Position',[0.52,0.33,0.45,0.45],'Back',[1,1,0]);
ht=uicontrol(hf,'Style','Text','Units','normalized',...
    'Position',[0.6,0.5,0.3,0.1],'Horizontal','center',...
'Back',[0,1,0]);
COMM=['n=str2num(get(he1,''String''));',...
'b=str2num(get(he2,''String''));',...
    'dec=trdec(n,b);','set(ht,''string'',dec);'];
uicontrol(hf,'Style','Push','Units','normalized',...
      'Position',[0.18,0.1,0.2,0.12],'String','转 换','Call',COMM);
uicontrol(hf,'Style','Push', 'Units','normalized',...
    'Position',[0.65,0.1,0.2,0.12],...
'String','退 出', 'Call','close(hf)');
```

程序调用了 trdec.m 函数文件，该函数的作用是将任意十进制整数转换为二进制～十六进制字符串。trdec.m 函数文件如下。

```
function dec=trdec(n,b)
ch1='0123456789ABCDEF';          %十六进制的16个符号
k=1;
while n~=0                       %不断除某进制基数取余直到商为0
   p(k)=rem(n,b);
   n=fix(n/b);
   k=k+1;
end
k=k-1;
strdec='';
while k>=1                       %形成某进制数的字符串
   kb=p(k);
   strdec=strcat(strdec,ch1(kb+1:kb+1));
   k=k-1;
end
dec=strdec;
```

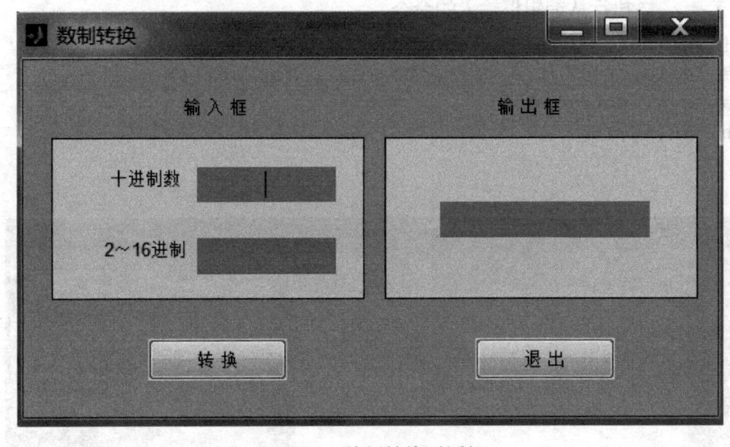

图7.12 数制转换对话框

【例7.4】建立图7.13所示的图形演示对话框。在编辑框中输入绘图命令，当单击“绘图”按钮时，能在左边坐标轴绘制所对应的图形，弹出框提供色图控制，列表框提供坐标网格线和坐标边框控制。

MATLAB程序

```
clf;
set(gcf,'Unit','normalized','Position',[0.2,0.3,0.55,0.36]);
set(gcf,'Menubar','none','Name','图形演示','NumberTitle','off');
axes('Position',[0.05,0.15,0.55,0.7]);
uicontrol(gcf,'Style','text', 'Unit','normalized',...
      'Posi',[0.63,0.85,0.2,0.1],'String',...
'输入绘图命令','Horizontal','center');
hedit=uicontrol(gcf,'Style','edit','Unit','normalized',...
'Posi',[0.63,0.15,0.2,0.68],...
      'Max',2);          %Max取2，使Max-Min>1，从而允许多行输入
hpopup=uicontrol(gcf,'Style','popup','Unit','normalized',...
'Posi',[0.85,0.8,0.15,0.15],'String',...
'Spring|Summer|Autumn|Winter','Call',...
```

```
'COMM(hedit,hpopup,hlist)');
hlist=uicontrol(gcf,'Style','list','Unit','normalized',...
'Posi',[0.85,0.55,0.15,0.25],'String',...
'Grid on|Grid off|Box on|Box off','Call',...
'COMM(hedit,hpopup,hlist)');
hpush1=uicontrol(gcf,'Style','push','Unit','normalized',...
     'Posi',[0.85,0.35,0.15,0.15],'String',...
'绘 图','Call','COMM(hedit,hpopup,hlist)');
uicontrol(gcf,'Style','push','Unit','normalized',...
     'Posi',[0.85,0.15,0.15,0.15],'String',...
'关 闭','Call','close all');
%COMM.m 函数文件:
function COMM(hedit,hpopup,hlist)
com=get(hedit,'String');
n1=get(hpopup,'Value');
n2=get(hlist,'Value');
if ~isempty(com)    %编辑框输入非空时
eval(com');       %执行从编辑框输入的命令
   chpop={'spring','summer','autumn','winter'};
   chlist={'grid on','grid off','box on','box off'};
   colormap(eval(chpop{n1}));
   eval(chlist{n2});
end
```

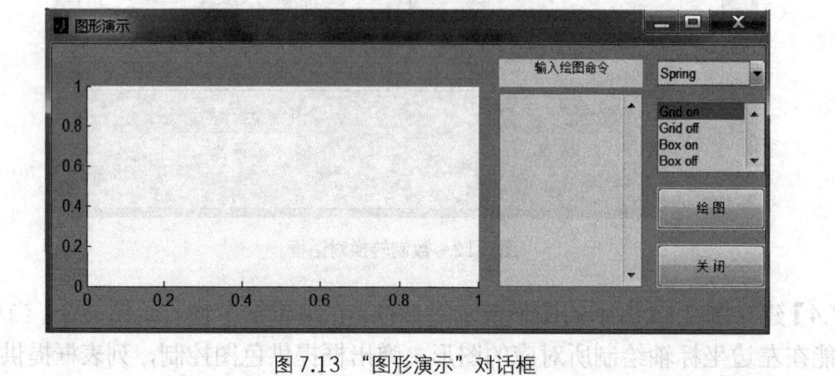

图 7.13 “图形演示”对话框

7.3 可视化用户界面设计

前面介绍了用于用户界面设计的有关函数，为了更方便地进行用户界面设计，MATLAB 提供了用户界面设计工具，利用这些工具使得界面设计过程变得简单和直接，实现“所见即所得”。

7.3.1 图形用户界面设计窗口

1. GUI 设计模板

在 MATLAB 主窗口中，打开 File 菜单中的 New 子菜单，再选择其中的 GUI 命令，就会显示图形用户界面的设计模板，如图 7.14 所示。

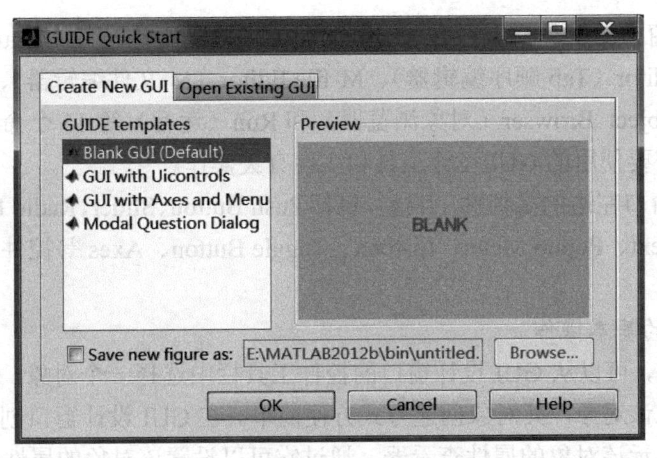

图 7.14 GUI 设计模板

MATLAB为GUI设计一共准备了4种模板，分别是Blank GUI(默认)、GUI with Uicontrols（带控件对象的GUI模板)、GUI with Axes and Menu（带坐标轴与菜单的GUI模版）与Modal Question Dialog（带模式问话对话框的GUI模板)。

当用户选择不同的模板时，在GUI设计模板界面的右边就会显示出与该模板对应的GUI图形。

2. GUI设计窗口

在GUI设计模板中选中一个模板，然后单击OK按钮，就会显示GUI设计窗口。选择不同的GUI设计模式时，在GUI设计窗口中显示的结果是不一样的，如图7.15所示。

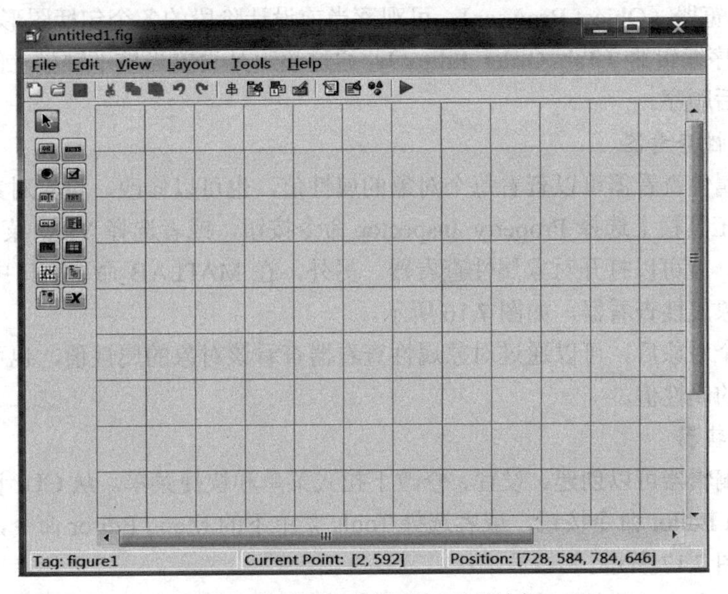

图 7.15 Blank GUI 模板下的 GUI 设计窗口

GUI设计窗口由菜单栏、工具栏、控件工具栏以及图形对象设计区组成。GUI设计窗口的菜单栏有File、Edit、View、Layout、Tools和Help共6个菜单项，使用其中的命令可以完成图形用户界面的设计操作。

在 GUI 设计窗口的工具栏上，有 Align Objects（位置调整器）、Menu Editor（菜单编辑器）、Tab Order Editor（Tab 顺序编辑器）、M-file Editor（M 文件编辑器）、Property Inspector（属性查看器）、Object Browser（对象浏览器）和 Run（运行）等 15 个命令按钮，通过它们可以方便地调用需要使用的 GUI 设计工具和实现有关操作。

在 GUI 设计窗口左边的是控件工具栏，包括 Push Button、Slider、Radio Button、Check Box、Edit Text、Static Text、Popup Menu、Listbox、Toggle Button、Axes 等控件对象，它们是构成 GUI 的基本元素。

3. GUI 设计的基本操作

为了添加控件，可以从 GUI 设计窗口的控件工具栏中选择一个对象，然后以拖曳的方式在对象设计区建立该对象，其对象创建方式方便简单。在 GUI 设计窗口创建对象后，通过双击该对象，就会显示该对象的属性查看器，通过它可以设置该对象的属性值。

在选中对象的前提下，单击鼠标右键，会弹出一个快捷菜单，可以从中选择某个子菜单进行相应的操作。在对象设计区右击鼠标，会显示与图形窗口有关的快捷菜单。

7.3.2 可视化设计工具

MATLAB 的用户界面设计工具有如下 5 个。

① 对象属性查看器（Property Inspector）：可查看每个对象的属性值，也可修改设置对象的属性值。

② 菜单编辑器（Menu Editor）：创建、设计、修改下拉式菜单和快捷菜单。

③ 位置调整工具（Align Tool）：可利用该工具左右、上下对多个对象的位置进行调整。

④ 对象浏览器（Object Browser）：可观察当前设计阶段的各个句柄图形对象。

⑤ Tab 顺序编辑器（Tab Order Editor）：通过该工具设置当按下键盘上的 Tab 键时，对象被选中的先后顺序。

1. 对象属性查看器

利用对象属性查看器可以查看每个对象的属性值，也可以修改、设置对象的属性值。从 GUI 设计窗口工具栏上选择 Property Inspector 命令按钮，或者选择 View 菜单下的 Property Inspector 命令，就可以打开对象属性查看器。另外，在 MATLAB 命令窗口中输入 inspect，也可以看到对象属性查看器，如图 7.16 所示。

在选中多个对象后，可以通过对象属性查看器查看该对象的属性值，也可以方便地进行修改对象属性的属性值。

2. 菜单编辑器

利用菜单编辑器可以创建、设置、修改下拉式菜单和快捷菜单。从 GUI 设计窗口的工具栏上选择 Menu Editor 命令按钮，或者选择 Tools 菜单下的 Menu Editor 命令，就可以打开菜单编辑器，如图 7.17 所示。

菜单编辑器左上角的第 1 个按钮用于创建一级菜单项。用户可以通过单击它来创建一级菜单，第 2 个按钮用于创建一级菜单的子菜单，在选中已经创建的一级菜单项后，可以单击该按钮来创建选中的一级菜单项的子菜单。选中创建的某个菜单项后，菜单编辑器的右边就显示该菜单的有关属性，用户可以在这里设置、修改菜单的属性。

菜单编辑器的左下角有两个按钮，单击第 1 个按钮，可以创建下拉式菜单。单击第 2 个按钮可以创建 Context Menu 菜单。选择它后，菜单编辑器左上角的第 3 个按钮就会变成可用，单击它就可以创建 Context Menu 主菜单。在选中已经创建的 Context Menu 主菜单后，可以单击第 2 个按钮创建选中的 Context Menu 主菜单的子菜单。与下拉式菜单一样，选中创建的某个 Context Menu 菜单，菜单编辑器的右边就会显示该菜单的有关属性，用户可以在这里设置、修改菜单的属性。

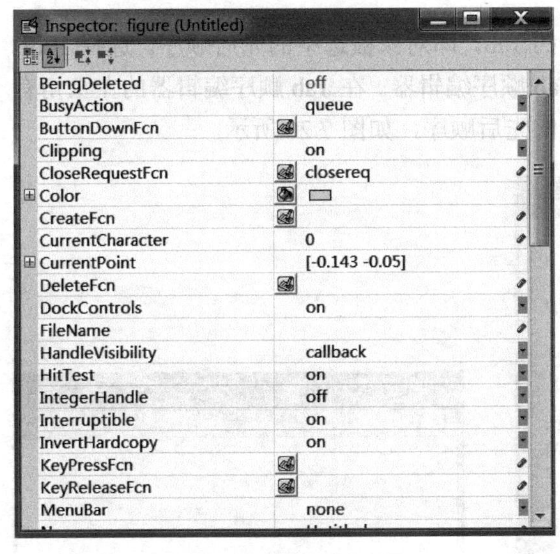

图 7.16　对象属性查看器

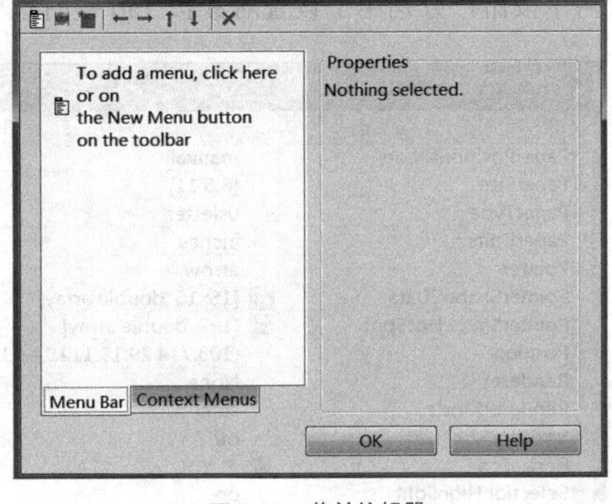

图 7.17　菜单编辑器

菜单编辑器左上角的第 4 个与第 5 个按钮用于对选中的菜单进行左移与右移，第 6 个与第 7 个按钮用于对选中的菜单进行上移与下移，最右边的按钮用于删除选中的菜单。

3. 位置调整工具

利用位置调整工具可以对 GUI 对象设计区的多个对象的位置进行调整。从 GUI 设计窗口的工具栏上选择 Align Tool 命令按钮，或者选择 Tools 菜单下的 Align Tool 命令，就可以打开对象位置调整器，如图 7.18 所示。

对象位置调整器中的第 1 栏是垂直方向的位置调整。其中，Align 表示对象间垂直对齐，Distribute 表示对象间的垂直距离。在单击 Distribute 中的某个按钮后，Set spacing 就变成可用。然后可以通过它来设计对象间的距离。注意，距离的单位是像素（Pixels）。

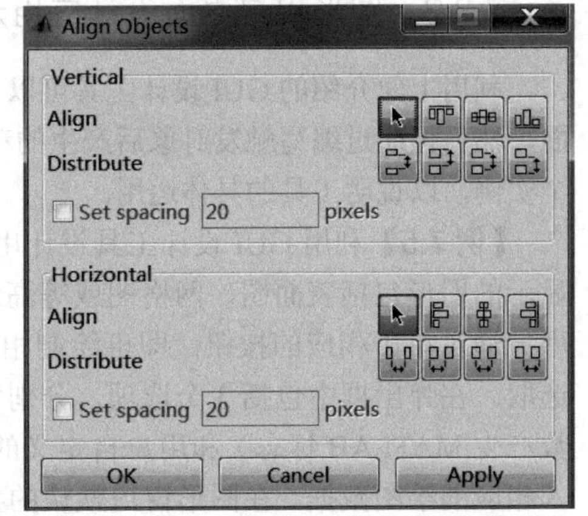

图 7.18　对象位置编辑器

对象位置调整器中的第 2 栏是水平方向的位置调整。与垂直方向的位置调整一样，Align 表示对象间水平对齐，Distribute 表示对象间的水平距离。在选中 Distribute 中的某个按钮后，Set spacing 就变成可用。然后可以通过它来设计对象间的距离。注意，距离的单位是像素（Pixels）。

在选中多个对象后，可以方便地通过对象位置调整器调整对象间的对齐方式和距离。

4. 对象浏览器

利用对象浏览器可以查看当前设计阶段的各个句柄图形对象。从 GUI 设计窗口的工具栏上单击 Object Browser 命令按钮，或者选择 View 菜单下的 Object Browser 命令，就可以打开对象浏览器。在对象浏览器中，可以看到已经创建的对象以及图形窗口对象 figure。双击图中的任何一个对象都可以进入对象的属性查看器界面，如图 7.19 所示。

5. Tab 顺序编辑器

利用 Tab 顺序编辑器可以设置用户键盘上的 Tab，即对象被选中的先后顺序。选择 Tools 菜单下的 Tab Order Editor 命令，就可以打开 Tab 顺序编辑器。在 Tab 顺序编辑器的左上角有两个按钮，分别用于设置对象按 Tab 键时选中的先后顺序，如图 7.20 所示。

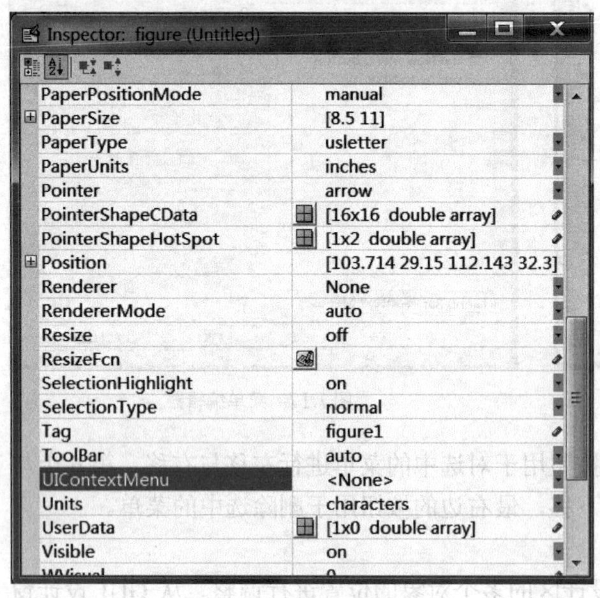

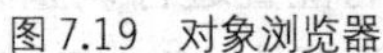
图 7.19 对象浏览器

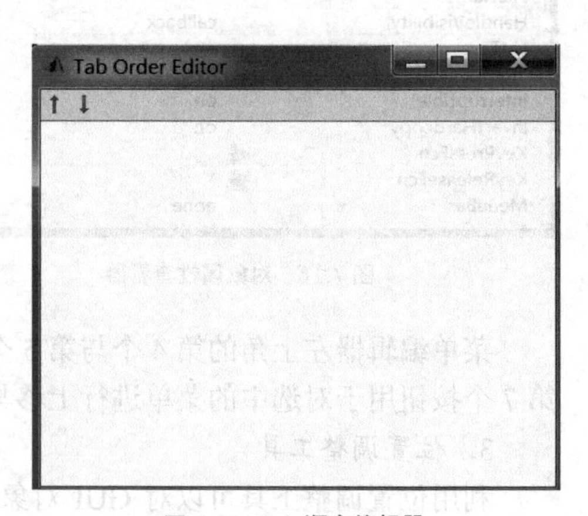

图 7.20 Tab 顺序编辑器

7.3.3 图形用户界面设计应用示例

利用上面介绍的 GUI 设计工具可以设计出界面友好、操作简便、功能强大的图形用户界面，然后再通过编写触发对象后产生的动作执行程序，就可以完成相应的任务。下面给出一个实例，以说明工具的具体运用。

【例 7.5】利用 GUI 设计工具设计用户界面。该界面包括一个用于显示图形的轴对象，显示的图形包括表面图、网格图或等高线图。绘制图形的功能通过 3 个命令按钮来实现，用户通过单击相应的按钮，即可绘制相应图形。绘制图形所需要的数据通过一个弹出框来选取。在弹出框中包括 3 个选项，分别对应 MATLAB 的数据函数 peaks、membrane（该函数产生 MATLAB 标志）和用户自定义的绘图数据 sinc，用户可以通过选择相应的选项来载入相应的绘图数据。在图形窗口默认的菜单条上添加一个菜单项 Select，Select 下又有 2 个子菜单项 Yellow 和 Red，选中 Yellow 项时，图形窗口将变成黄色；选中 Red 项时，图形窗口将变成红色。

解：操作步骤如下。

① 打开GUI设计窗口，添加有关控件对象。

在MATLAB命令窗口中输入命令guide，显示“GUIDE Quick Start”对话框。选择Blank GUI模板，单击OK按钮，在输出编辑器中显示空的GUI，如图7.21所示。要在工具箱中显示GUI控件名称，单击菜单File下面的选项Preferences,出现对话框后单击选项“Show names in components palette”，出现编辑器如图7.22所示。

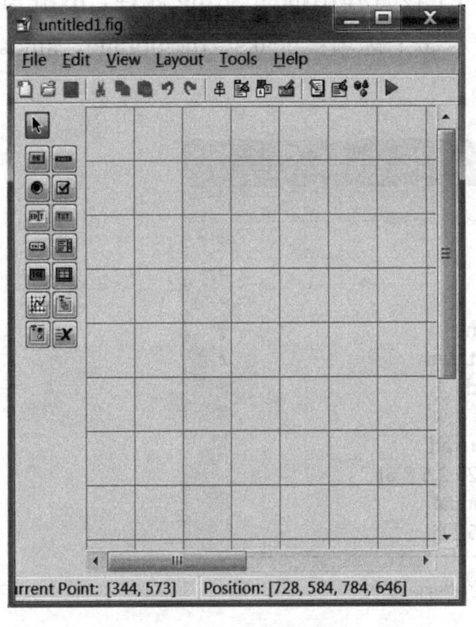

图7.21 创建空的GUI

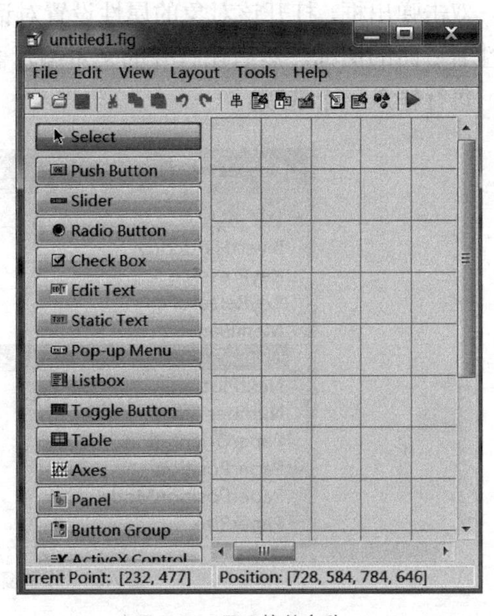

图7.22 显示控件名称

单击GUI设计窗口控件工具栏中的Axes按钮，并在图形窗口中拖出一个矩形框，调整好大小和位置。再添加3个按钮、1个弹出框和1个静态文本框，并调整好大小和位置。必要时可利用位置调整工具将图形对象对齐，如图7.23所示。

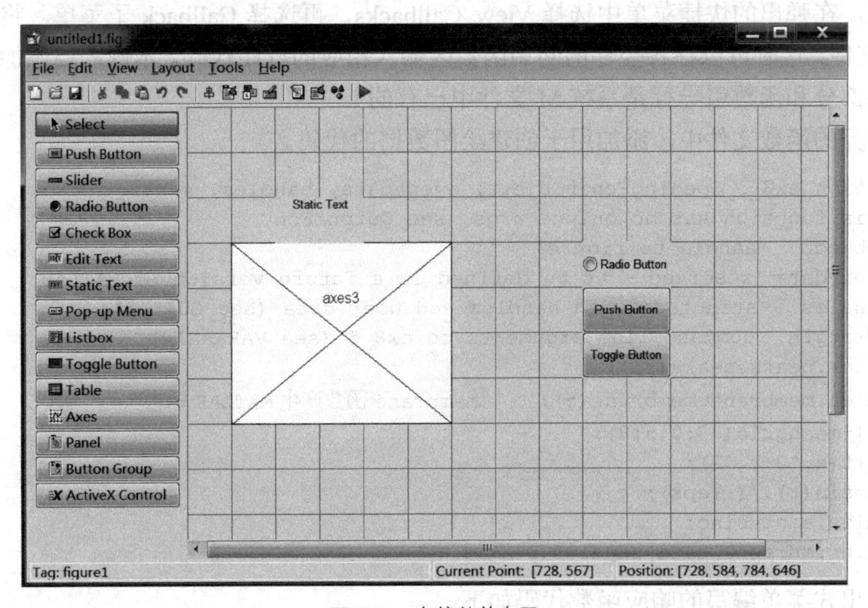

图7.23 各控件的布置

② 利用属性编辑器，设置图形对象的属性。

设置 GUI 图形窗口的 Name 属性。单击菜单 View 的选项 Property Inspector，显示“Property Inspector”对话框，设置 GUI 的 Name 属性值，如图 7.24 所示。利用属性编辑器把 3 个按钮的 Position 属性的第 3 个和第 4 个分量设为相同的值，以使 3 个按钮的宽和高都相等。3 个按钮的 String 属性分别是说明文字 Mesh、Surf 和 Contour3，FontSize 属性设为 10。

双击弹出框，打开该对象的属性设置对话框。为了设置弹出框的 String 属性，单击 String 属性名后面的图标，然后在打开的文本编辑器中输入 3 个选项：peaks、membrane、sinc。注意，每行输入一个选项。

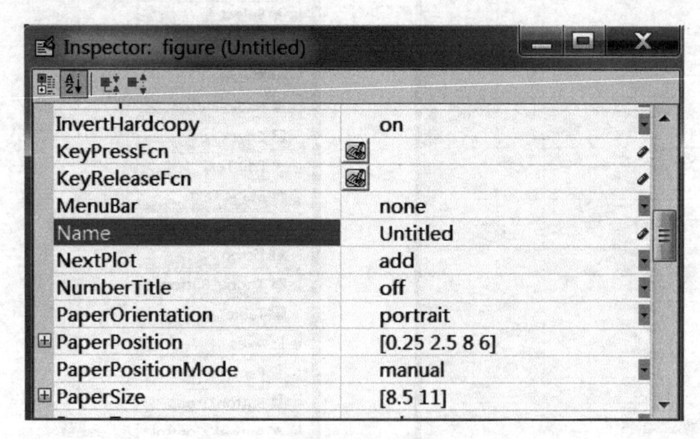

图 7.24　设置窗口图形的 Name 属性

将静态文本框的 String 属性设置为 Choose Data of Graphics。

③ 编写代码，实现控件功能。

为了实现控件的功能，需要编写相应的程序代码。如果实现代码较为简单，则可以直接修改控件的 Callback 属性。对于较为复杂的程序代码，最好还是编写 M 文件。右键单击任一图形对象，在弹出的快捷菜单中选择 View Callbacks，再选择 Callback 子菜单，将自动打开一个 M 文件，这时可以在各控件的回调函数区输入相应的程序代码。本例需要添加的代码如下（注释部分和函数引导行是系统 M 文件中已有的）。

在打开的函数文件中，添加用于创建绘图数据的代码。

```
function ex8_5_OpeningFcn(hObject, eventdata, handles, varargin)
% This function has no output args, see OutputFcn.
% hObject    handle to figure
% eventdata  reserved - to be defined in a future version of MATLAB
% handles    structure with handles and user data (see GUIDATA)
% varargin   command line arguments to ex8_5 (see VARARGIN)
handles.peaks=peaks(35);
handles.membrane=membrane(5);   % membrane 函数产生 MATLAB 标志
[x,y]=meshgrid(-8:0.5:8);
r=sqrt(x.^2+y.^2);
sinc=sin(r)./(r+eps);
handles.sinc=sinc;
handles.current_data=handles.peaks;
```

为弹出式菜单编写的响应函数代码如下。

```
% --- Executes on selection change in popupmenu1
function popupmenu1_Callback(hObject, eventdata, handles)
% hObject    handle to popupmenu1 (see GCBO)
% eventdata  reserved - to be defined in a future version of MATLAB
% handles    structure with handles and user data (see GUIDATA)
val=get(hObject,'Value')
str=get(hObject,'String');
switch str{val}
   case 'peaks'
      handles.current_data=handles.peaks;
   case 'membrane'
      handles.current_data=handles.membrane;
   case 'sinc'
      handles.current_data=handles.sinc;
end
guidata(hObject,handles)
% Hints: contents = get(hObject,'String') returns popupmenu1 contents as cell array
%        contents{get(hObject,'Value')} returns selected item from popupmenu1
```

为 Mesh 按钮编写的响应函数代码如下。

```
% --- Executes on button press in pushbutton1.
function pushbutton1_Callback(hObject, eventdata, handles)
% hObject    handle to pushbutton1 (see GCBO)
% eventdata  reserved - to be defined in a future version of MATLAB
% handles    structure with handles and user data (see GUIDATA)
mesh(handles.current_data)
```

为 Surf 按钮编写的响应函数代码如下。

```
% --- Executes on button press in pushbutton2.
function pushbutton2_Callback(hObject, eventdata, handles)
% hObject    handle to pushbutton2 (see GCBO)
% eventdata  reserved - to be defined in a future version of MATLAB
% handles    structure with handles and user data (see GUIDATA)
surf(handles.current_data)
```

为 Contour3 按钮编写的响应函数代码如下。

```
% --- Executes on button press in pushbutton3.
function pushbutton3_Callback(hObject, eventdata, handles)
% hObject    handle to pushbutton3 (see GCBO)
% eventdata  reserved - to be defined in a future version of MATLAB
% handles    structure with handles and user data (see GUIDATA)
contour3(handles.current_data)
```

可以看出，每个控件对象都有一个由 function 语句引导的函数，用户可以在相应的函数下添加程序代码来完成指定的任务。在运行图形用户界面文件时，如果单击其中的某个对象，则在 MATLAB 机制下自动调用该函数。

课后习题

1. GUIDE 中常用的控件有哪些？各有什么作用？

2. 设计一个下拉式菜单。一级菜单有 File 和 Edit 两个选项。File 的子菜单为 New、Open、

Save 和 Save As；Edit 的子菜单为 Copy、Cut 和 Paste。

3．设计一个快捷菜单。绘制一个正弦函数曲线，当在曲线上右击时，弹出快捷菜单，选项有 Red、Blue、Yellow 和 Gray，可以改变曲线的颜色。

4．设计一个图形用户界面，通过调节滑块可以画出不同频率的正弦波，并通过菜单可调节图形界面的坐标网络控制等简单操作。

5．对子传递函数 $G=1/s^2+2\xi s+1$）的归一化二阶系统，制作一个能绘制该系统单位阶跃响应的图形用户界面。要求：

（1）通过编辑框输入阻尼系数 ξ 后，可自动绘出响应的单位阶跃响应曲线；

（2）通过单击 grid on 按钮，可画出坐标网格；单击 grid off 按钮，取消坐标网格；

（3）在坐标绘图区右击，可以打开一个弹出菜单，分别为 Red、Blue、Black 和 Close。单击 Red、Blue、Black 将以相应颜色重新绘图，单击 Close 将退出弹出菜单。

第8章 MATLAB与外部接口

MATLAB是一个相当完整的系统，几乎可以胜任绝大多数工作，但MATLAB系统仍然存在缺点，如在MATLAB环境中，用户无法调用大量已经用C语言或FORTRAN语言编写完成的算法，而必须使用MATLAB语言进行重新编写，这无疑耗费了时间。MATLAB系统拥有自己的数据文件格式，介于不同硬件平台和操作系统、文件格式略有差异的原因，增加了MATLAB系统与其他环境进行数据交换的难度。在其他应用程序中，无法调用MATLAB系统提供的丰富的函数，造成资源的极度浪费。对于上述问题，MATLAB外部接口（External Interface）可以有效解决该类问题。

MATLAB和外部程序的编程接口总的来说有两大类：一是关于如何在MATLAB里调用其他语言编写的代码，二是如何在其他语言程序里调用MATLAB。这些技术拓宽了MATLAB在使用过程中的应用范围，给开发者提供了多种灵活多变的解决问题的途径，从而也提高了MATLAB在市场上的竞争力。本章简要介绍了外部接口的内容和基本使用方法，列举了一些应用程序实例，章节结尾提供了部分习题供读者练习，巩固知识点。

8.1 MATLAB数据接口

MATLAB接口技术包括以下8个方面的内容。

① 数据的导入和导出。这些技术主要包括在MATLAB环境里，利用mat文件技术来进行数据的导入和导出。

② 和普通的动态链接库（d11）文件的接口。

③ 在MATLAB环境中调用C/C++、FORTRAN等语言代码的接口。尽管MATLAB软件是一个完整的、独立的编程和处理数据的环境，但是同其他软件进行数据和程序的交互是非常有用的。MATLAB提供有C/C++、FORTRAN等语言代码的应用程序接口，可以通过接口函数将其编译为MEX文件，然后就可以在MATLAB命令行中调用相应的MEX文件了。

④ 在C/C++、FORTRAN中调用MATLAB引擎。MATLAB引擎库包括可以使用户在自己的C/C++、FORTRAN程序中调用MATLAB软件的程序，也就是说用户可以把MATLAB当作一个计算引擎来调用。MATLAB提供有可以开始和停止调用MATLAB进程、传递数据、传递命令的库函数。

⑤ 在MATLAB中调用Java。MATLAB包含一个Java虚拟机，所以用户可以通过

MATLAB 命令来使用 Java 语言解释器，从而实现对 Java 对象的应用。

⑥ MATLAB 软件对 COM 的支持。这是通过使用 MATLAB 的 COM 编译器来实现的。这个编译器是 MATLAB 编译器的一个扩展。MATLAB 的 COM 编译器能够把 MATLAB 函数转换、编译成 COM 对象。产生的 COM 对象能够在多种编程语言中使用。

⑦ 在 MATLAB 中使用网络服务。网络服务一般是指基于 XML，并且能够通过网络连接实现远程调用的技术。MATLAB 能够向提供网络服务的服务器发出申请，也能够在收到服务器的回应后处理接收到的信息。

⑧ 和串行口的通信接口。这个接口是和计算机硬件的接口。通过这个接口，MATLAB 可以和连接在计算机串行口的其他外围设备进行通信。

使用 MATLAB 接口技术的优点如下。

1. 代码重用

代码重用是每个软件开发人员都努力争取的目标之一。对于一个机构，甚至是科研人员个人来说，在长期的研究与开发的过程中，可能已经积累了相当数量的代码，这些代码大多已经在以往的课题研究试验中被证实能够正确地完成其设计的功能。能否在现在或者将来的开发过程中利用这些已有的成果，则显得非常重要。如果能够通过一定的技术，灵活地利用以往的开发成果，无疑会对我们的开发达到事半功倍的效果。反之，如果由于技术的限制无法利用已有的代码，而需要重新开发相同功能的代码时，这无疑是对人力资源的一种浪费。MATLAB 提供其他编程语言的接口技术，如 C/C++、FORTRAN 等在科学计算中被广泛使用的计算语言，这有助于开发过程的代码重用。

2. 合理使用开发组资源

软件开发的另外一个目标是快速地完成开发任务。对于一些复杂应用程序的开发，往往需要一个团队的高度合作。团队成员的专业背景以及技术长处可能各不相同，如果团队领导者在初期制定技术方案时能够考虑到各个开发人员的技术长处，根据实际问题以及各种编程语言的特点，合理地制订开发方案，无疑会加快整个开发过程，而且也更有可能开发出高效的软件。MATLAB 的接口技术给开发者提供了和多种其他编程语言交互的使用途径，将有助于人们制订和实施高效的开发方案。

3. 方便发布

传统的 MATLAB 应用软件多由一个或者多个 M 文件组成，客户必须先安装 MATLAB 软件才能够使用这些应用程序，这样并不是很方便。另外，考虑到 MATLAB 的价格，这样做也不经济。MATLAB 的接口技术给开发者提供了多种实用的应用软件发布手段。利用 MATLAB 的接口技术，这些应用软件可以通过动态链接库（*.d11）、可执行文件（*.exe）和 COM 对象（*.d11）等形式发布，这有助于缩短产品从开始开发到推向市场所需要的时间。

4. 提高程序运行效率

相对于其他的需要编译的编程语言，比如 C/C++或者 FORTRAN 来说，MATLAB 能够缩短开发时间。这主要得益于 MATLAB 所提供的丰富的矩阵运算功能，涵盖多个科技领域的工具箱，以及强大的图形显示功能等。MATLAB 特别适合开发小型应用问题，或者对算法的验证与开发。然而对于一些大型或者复杂的应用程序来说，完全使用 MATLAB 开发的程序可能在执行时显得太慢。对于这种情况，一种可行的办法是利用 MATLAB 的 MEX 技术，使用 C/C++或者 FORTRAN 来编写计算最繁重的部分，然后在 MATLAB 里直接调用 MEX 文件。

实践证明，这是一种有效的提高程序运行效率的办法。

8.2 MATLAB 调用 C/C++

C/C++是一般用户最常用的编程语言之一，用户经常需要在 MATLAB 中调用 C/C++程序以节省开发的时间。本节主要介绍如何在 MATLAB 中调用 C/C++程序。

8.2.1 MATLAB MEX 文件

MEX 代表 MATLAB Executables。MEX 文件是一种特殊的动态连接库函数，它能够在 MATLAB 里面像一般的 M 函数那样来执行。MEX 文件必须导出一个特殊的函数，以作为在 MATLAB 中使用的接口，另外也可以包含一个或多个用户自己定义的函数。

MEX 文件可以通过编译 C/C++或者 FORTRAN 源文件来产生。因此使用 MEX 文件，给用户提供了一种在 MATLAB 中使用其他编程语言的途径。

需要注意的是，并不是所有的情况都适合编写和使用 MEX 文件。MATLAB 作为一种高效的高级编程语言，其简单易学，同时提供有多种功能的函数命令，特别适合科学计算中的算法开发。C/C++或者 FORTRAN 则属于低级编程语言，使用这些语言作为开发工具进行算法开发可能需要更长的时间，而且程序的执行效率也并不一定比 MATLAB 函数高。因为 MATLAB 提供的内建函数都已经经过了高度优化，执行效率非常高。用户花很长的时间用其他语言来实现相同的功能，效率反而可能会低很多。所以如果应用程序不是必须要使用 MEX 文件的话，那么最好尽量避免使用 MEX 文件。

在各种操作系统平台上，MATLAB 能够自动监测到 MEX 文件的存在。和普通的 M 文件一样，只要 MEX 文件在 MATLAB 的搜索路径上，那么在 MATLAB 命令行键入某个 MEX 文件的文件名（不包括后缀），就能够执行相应的 MEX 文件。

MEX 文件是通过编译相应的 C/C++或者 FORTRAN 源程序而产生的。MATLAB 对 MEX 文件的支持是内置的，并不需要特殊的工具箱或者 MATLAB 编译器。不过 MATLAB 需要使用外部编译器来完成对源程序的编译。其他的编译 MEX 文件所需要的库函数等都由 MATLAB 来提供。MATLAB 软件本身就提供有一个 C 编译器和一个 LCC 编译器。当然用户也可以自己安装并选用其他的编译器。

1. MEX 编译环境的配置

在安装完 MATLAB 和所需要的编译器后，需要配置 MEX 编译环境。MATLAB 编译 MEX 文件的函数是 mex。在使用 MEX 函数编译前，需要先在 MATLAB 命令行用 mex 函数配置编译环境：

>>mex –setup。

此命令将会自动检测当前计算机已经安装的 MATLAB 所支持的编译器，并把它们罗列出来供用户选择。这个配置过程完成以后，mex 函数就能够读取相应的配置文件，并调用相应的编译器来编译 MEX 文件了。Visual C++是一种在 Windows 平台使用极为广泛的 C/C++编译器，这里以 Visual C++为例来说明应用程序接口如何使用。下面这段代码演示了在 MATLAB 中使用 mex-setup 函数来配置编译器环境的过程。

```
>>mex -setup
```

```
Please choose your compiler for building external interface (mex) files:
Would you like mex to locate installed compilers [Y]/n? Y %Y 为用户输入
Select a compiler:
[1] Lcc-win32 C 2.4.1 in D:\PROGRA~1\MATLAB\R2009a\sys\lcc\bin
[2] Microsoft Visual C++ 2005 in D:\Program Files\Microsoft Visual Studio
[0] None

Compiler:2     % 2 为用户输入

Please verify your choices:

Compiler: Microsoft Visual c++ 2005
Location:D:\Program Files\Microsoft Visual Studio
Are these correct [y]/n? y   % y 为用户输入

Trying to update options file: C:\Documents and Setting\ASUS\Application\
Data\MathWorks\MATLAB\R2009a\mexopts.bat
From template:
D:\PROGRA~1\MATLAB\R2009a\bin\win32\mexopts\msvc80opts.bat

Done…
**************************************************************************
Waring: The MATLAB C and Fortran API has changed to support MATLAB variables with
more than 2^32-1 elements.In the near future you will be required to update your code
to utilize the new API. You can find more information about this at:
http://www.mathworks.com/support/solutions/data/1-5C27B9.html?solution=1-5C27B9
Building with the largeArrayDims option enables the new API.
**************************************************************************
```

通过上面的代码中的以下内容，可以看出选择了 Microsoft Visual C++2005 作为编译器：

```
Please verify your choices:

Compiler:Microsoft Visual C++2005
Location:D:\Program Files\Microsoft Visual Studio
```

2. mex 函数

一旦使用 mex -setup 成功配置所用的编译器后，用户就可以使用 MATLAB 的 mex 联函数来编译 MEX 文件。虽然在不同的操作系统或者在同一系统上，不同的编译器相应的配置过程有所不同，但在配置所用的编译器之后，对 mex 函数的使用是相同的。

mex 函数相关项介绍如下。

.mex-help：显示 mex 命令 M 文件巾的帮助信息

.mex -setup：选择或者改变默认的编译器。

.mex filenames：编译或者连接一个或多个由 filenames 指定的 C/C++或 FORTRAN 源文件。

MATLAB 中的_进制 MEX 文件。

.mex options filenames:在一个或者多个指定的命令行选项下对源文件进行编译。

.mex[options…]file [files….]：内容表示是可选的，也就是说参数和文件名可以有一个或多个。

假设有一个 MEX 源文件是 myfun.c，如果要把它编译成一个 mex 函数，那么最简单的方法是：

>>mex myfun.c。

如果编译过程中需要用到另外一个二进制对象文件 myobj.obj，则可使用如下命令：

>>mex   myfun.c myobj.obj。

如果编译过程要用到另外一个库文件 mylib.lib，相应的命令为：

>>mex myfun.c myobj.obj mylib.lib。

3．C-MEX文件的使用

一个C/C++MEX源程序通常包括以下4个组成部分，其中，前面3个是必须包含的内容，至于第4个，则可根据所实现的功能灵活选用。

```
#include "mex.h"
.MEX文件的入口函数mexFunction
.mxArray
.API函数
```

mex.h 是一个 C/C++语言头文件,它给出了以 mx 和 mex 打头的 API 函数的定义。每个C/C++语言的 MEX 源程序必须包含它，否则编译过程无法顺利完成。

MEX 文件其实是个动态链接库文件。它只导出 mexFunction。在 MATLAB 命令行中调用 MEX 文件，就是像其他函数的使用方法一样来调用。如果用 C/C++语言， mexFunction函数的定义语法则为：

```
Void mexFuntion(int nlhs,mxArray *plhs[],
Int nrhs,const mxArray *prhs[])
```

其中，prhs 为一个 mxArray 结构体类型的指针数组，该数组的数组元素按顺序指向所有的输入参数；nrhs 为整数类型，它标明了输入参数的个数；plhs 同样为一个 mxArray 结构体类型的指针数组，该数组的数组元素按顺序指向所有的输出参数；nlhs 则表明了输出参数的个数，其为整数类型。

下面举例说明如何创建 MEX 文件。

【例 8.1】创建类似于其他编程语言中简单的"hello，world！"程序"hello，MEX!",在命令行中输入"hello，MEX！"语句。

解：首先要创建一个 C 语言程序 hellomex.c，内容如下：

```
    Hellomex.c
     #include "mex.h"
    Void mexFuntion(int nlhs,mxArray *plhs[],

                        Int nrhs,const mxArray *prhs[])
{
    mexPrintf ("hello,MEX!\n");
}
```

这个程序非常简单，没有输入输出语句，MEX 入口函数里只有一个 AP1 函数 mexPrintf，用来在 MATLAB 命令行中输出字符串"hello, MEX!"。

把上面的 hellomex.c 文件保存在 MATLAB 当前目录下，然后用如下的命令进行编译。

```
>>mex  -v hellomex.c
```

通过编译就可以在 MATLAB 当前目录下产生 hellomex.mexw32 文件，这就是编译好的

MEX 文件。在其他平台，MEX 文件的后缀将有所不同。在 MATLAB 命令行中输入 hellomex，就可以执行相应的MEX 文件。

```
>>hellomex
Hello,MEX!
```

【例 8.2】 在 MATLAB 中,在有输入输出参数的情况下创建 MEX 文件示例。

解：MATLAB 提供有一些 MEX 文件的实例，用来演示 MATLAB 应用程序接口的应用，这些实例在%matlab 目录%\R2009a\extern\examples\目录下面。下面以其中一个为例，来说明MEX 文件如何创建。

```
/*==========================================================
 * arrayProduct.c - example in MATLAB External Interfaces
 * Multiplies an input scalar (multiplier)
 * times a 1xN matrix (inMatrix)
 * and outputs a 1xN matrix (outMatrix)
 * The calling syntax is:
*outMatrix = arrayProduct(multiplier, inMatrix)
* This is a MEX-file for MATLAB.
 * Copyright 2008 The MathWorks, Inc.
 *==========================================================*/
/* $Revision: 1.1.10.1 $ */
/*必须包含的头文件*/
#include "mex.h"
/* 计算程序*/
void arrayProduct(double x, double *y, double *z, mwSize n)
{
 mwSize i;
  /* 将每一个 y 元素乘以 x*/
  for (i=0; i<n; i++)
    {
      z[i] = x * y[i];
    }
}
/* 接口函数*/
void mexFunction( int nlhs, mxArray *plhs[],int nrhs, const mxArray *prhs[])
{
    double multiplier;              /* 输入标量*/
    double *inMatrix;               /* 1×N 输入矩阵 */
    mwSize ncols;                   /* 矩阵的大小 */
    double *outMatrix;              /* 输出矩阵 */
    /* 输入输出变量检验*/
    if(nrhs!=2) {
        mexErrMsgIdAndTxt("MyToolbox:arrayProduct:nrhs","Two inputs required.");
    }
    if(nlhs!=1) {
        mexErrMsgIdAndTxt("MyToolbox:arrayProduct:nlhs","One output required.");
    }
    /* 检验第一个输入变量是否是标量 */
    if( !mxIsDouble(prhs[0]) ||
         mxIsComplex(prhs[0]) ||
```

```
        mxGetNumberOfElements(prhs[0])!=1 ) {
        mexErrMsgIdAndTxt("MyToolbox:arrayProduct:notScalar","Input multiplier
must be a scalar.");
        }
        /* 检验第二个输入变量的行数为 1*/
    if(mxGetM(prhs[1])!=1)
     {
        mexErrMsgIdAndTxt("MyToolbox:arrayProduct:notRowVector","Input must be a
row vector.");
        }
        /* 获取标量输入的值  */
        multiplier = mxGetScalar(prhs[0]);
        /* 创建指向输入矩阵数据的指针 */
        inMatrix = mxGetPr(prhs[1]);
        /* 获取输入矩阵的维数 */
        ncols = mxGetN(prhs[1]);
        /* 创建输出矩阵 */
        plhs[0] = mxCreateDoubleMatrix(1,ncols,mxREAL);
        /* 创建指向输出矩阵的指针 */
        outMatrix = mxGetPr(plhs[0]);
        /* 调用计算程序 */
        arrayProduct(multiplier,inMatrix,outMatrix,ncols);
    }
```

将以上文件保存为 arrayProduct.c，并且确定其在 MATLAB 当前目录下。然后运行以下命令，将 arrayProduct.c 编译成 MEX 文件。

```
>>mex arrayProduct.c
```

接下来可以对 MEX 文件进行测试。在命令行中输入：

```
>>s=5;                    %测试参数，标量
>>A=[1.5,2,9];            %测试参数，标量
>>B=arrayProduct(S,A)     %调用编译后的 MEX 文件
```

MATLAB 会返回如下结果，可以看出结果：B 就是数组 A，每个元素都成为了原来的 s 倍，也就是 5 倍。

```
B=7.5000   10.000   45.000
```

同时还可以测试输入错误的情况，在命令行中输入：

```
>>arrayProduct
```

在 MATLAB 命令窗口中就会显示如下错误信息：

```
???Error using - - >arrayProcduct
Two inputs required.
```

【例 8.3】将 C++程序 mexcpp.cpp 编译为 MEX 文件。文件 mexcpp.cpp 采用了 member funtion、cconstructors、destructors 和 iostream 等 C++常用内容。

解：具体的 mexcpp.cpp 文件内容如下：

```
Mexcpp.cpp
#include <iostream>
#include <math.h>
```

```
#include "mex.h"
using namespace std;
extern void _main();
/****************************/
class MyData {
public:
  void display();
  void set_data(double v1, double v2);
  MyData(double v1 = 0, double v2 = 0);
  ~MyData() { }
private:
  double val1, val2;
};
MyData::MyData(double v1, double v2)
{
  val1 = v1;
  val2 = v2;
}
void MyData::display()
{
#ifdef _WIN32
    mexPrintf("Value1 = %g\n", val1);
    mexPrintf("Value2 = %g\n\n", val2);
#else
  cout << "Value1 = " << val1 << "\n";
  cout << "Value2 = " << val2 << "\n\n";
#endif
}
void MyData::set_data(double v1, double v2) { val1 = v1; val2 = v2; }
/*********************/
static
void mexcpp(
        double num1,
        double num2
        )
{
#ifdef _WIN32
    mexPrintf("\nThe initialized data in object:\n");
#else
  cout << "\nThe initialized data in object:\n";
#endif
  MyData *d = new MyData;     // 创建一个 MyData 对象
  d->display();               // d 应该被初始化为 0
  d->set_data(num1,num2);     // 设置数据为输入值
#ifdef _WIN32
  mexPrintf("After setting the object's data to your input:\n");
#else
  cout << "After setting the object's data to your input:\n";
#endif
  d->display();               // 确认 set_data()有效
  delete(d);
  flush(cout);
  return;
}
```

```
void mexFunction(
        int nlhs,
        mxArray *[],
        int nrhs,
        const mxArray *prhs[]
        )
{
  double   *vin1, *vin2;
  /* 检查输入宗量的确切个数 */
  if (nrhs != 2) {
    mexErrMsgTxt("MEXCPP requires two input arguments.");
  } else if (nlhs >= 1) {
    mexErrMsgTxt("MEXCPP requires no output argument.");
  }
  vin1 = (double *) mxGetPr(prhs[0]);
  vin2 = (double *) mxGetPr(prhs[1]);
  mexcpp(*vin1, *vin2);
  return;
}
```

然后在MATLAB命令行中输入以下命令来创建MEX文件。

```
>>mex mexcpp.cpp
```

程序mexcpp.cpp定义了类MyData，其中包含成员函数display和set_ data.，还有变量v1和v2。该程序构造了MyData的类d，并显示v1和v2的初始值；然后将用户输入的参数传递给变量v1和v2，并显示其新的值：最后使用delete命令清除对象d。

在创建了MEX文件之后，它的调用方式和相应的结果为：

```
>>mexcpp(31,54)
The initialized data in object:
Value1=0
Value2=0
After setting the object's data to your input:
Value1=31
Value2=54
```

可见，原来v1和v2的值是[0;0]，程序将用户输入的参数[31;54]传递给了变量v1和v2，并显示其新的值。

8.2.2 MATLAB编译器

MATLAB编译器是一个运行于MATLAB环境的独立工具。MATLAB编译器的主要功能是编译M文件、MEX文件、MATLAB对象或者其他的MATLAB代码。通过使用MATLAB编译器，用户可以生成独立应用程序，还可以生成C/C++共享库（如动态链接库dll等）。

MATLAB编译器包括3个组件：经过优化的编译器（MCC）、MATLAB数学库，MATLAB图形库。它使得用户可以将包含MATLAB数学库、图形库和用户界面的MATLAB程序转换为不需要任何MATLAB支持的独立的程序，这些程序可以是独立（standalone）的可执行程序，可以是共享库，也可以以动态链接库的形式发布。

MATLAB编译器的优势在于，用户可以使用MATLAB环境提供的数值计算的强大功能，并且可以将这些代码有效地解释为高级语言代码，以供外部程序使用。与手工编码代换相比，使用 MATLAB 编译器的工作量要小得多。

同时 MATLAB 编译器编译出来的代码形式灵活，发布起来很方便。目前可以将 M 文件编译出来的形式包括：

.C/C++源代码；

.独立于 MATLAB 的可执行二进制代码；

.可以在 Simulink 模型执行的 C 语言代码；

.运行时连接的 MEX 文件。

另外一个优点是MATLAB编译器将很多工具箱的M文件编译成了应用程序可连接的库，这样就大大地方便了应用程序的开发。而且 MATLAB 编译器可以将代码编译成二进制形式，能够保护开发者的知识产权，同时也更容易维护。

将 MATLAB 编译器和 MS Visual Studio 集成开发环境相结合，能最大限度地发挥出 MATLAB 编译器的强大功能，减少开发人员的工作量。

MATLAB 编译器对语言特性的支持也很完全，包括：

- 多维数组；
- 结构数组；
- 元胞数组；
- 稀疏矩阵；
- 参数 varargin/varargout；
- Switch/case 流控制；
- Try/catch 流控制；
- Evel/evalin（MEX 形式）；
- Persistent 关键字。

1. MATLAB 编译器的安装和设置

MATLAB 编译器和其他的工具箱类似，也是一个独立的产品，可以额外购买及安装。

MATLAB 编译器只能根据 M 程序产生一些 C/C++代码，如果要把这些代码再编译、连接成可执行文件等格式，还需要安装外部 C/C++编译器。

在第 1 次使用之前，需要在 MATLAB 环境中配置外部 C/C++编译器。通过 MathWorks 公司技术支持文档，可以知道 MATLAB 软件和 MATLAB 编译器所支持的所有产品。

Windows 平台上 MATLAB 所支持的 ANSIC 和 C++编译器，可以使用下面列出的 32 位 C/C++编译器来创建 32 位 Windows 系统动态链接库或者其他的 Windows 应用程序。

Lcc-win32 C 2.4.1（MATLAB 自带的程序）。这只是个 C 语言编译器，它并不能编译 C++程序。

.Microsoft Visual C++ (MSVC) Versions 6.0, 7.1 和 8.0。

在 UNIX 平台上，MATLAB 所支持的 ANSIC 和 C++编译器如下。

① MATLAB 编译器在 Solaris 平台下支持其系统自带的编译器。

② 在 Linux、Linux x86-64 和 Mac OS X 平台上、MATLAB 编译器支持 gcc 和 g++。

在各种平台上配置所支持的 C/C++编译器的命令是相同的，它就是 MATLAB 的 mbuild 命令在 MATLAB 命令行环境执行 mbuild -setup 命令，即可开始设置将要用到的 C/C++编译器。下面是相应的 MATLAB 命令行配置过程：

```
>>mbuild -setup
Welcome to mbuild -setup.
Please choose your compiler for building shared libraries or COM components:
Would you like mbuild to locate installed compilers [y]/n? y    %y为用户输入
Select a compiler:
[1] Lcc-win32 C 2.4.1 in E:\MATLAB~1\sys\lcc
[2] Microsoft Software Development Kit (SDK) 7.1 in F:\Microsoft Visual Studio 10.0\
[3] Microsoft Visual C++ 2008 SP1 in F:\Microsoft Visual Studio 9.0
[4] Microsoft Visual C++ 2005 SP1 in C:\Program Files\Microsoft Visual Studio 8
[0] None

Compiler:4                     %4为用户输入
Please verify your choices:

Compiler: Microsoft Software Development Kit (SDK) 7.1
Location: F:\Microsoft Visual Studio 10.0\

Are these correct [y]/n? y   %y为用户输入
Trying to update options file:
C:\Users \AppData\Roaming\MathWorks\MATLAB\R2012b\compopts.bat
From template:              E:\MATLAB~1\bin\win32\mbuildopts\mssdk71compp.bat
Done . . .
```

这里的 mbuild 命令和 mex 命令一样，可以检测到计算机上所有可以使用的 C/C++编译器。通过 Compiler: Microsoft Visual C++ 2005 这一句可以看出，我们是选择 Microsoft Visual C++ 2005 配置为 MATLAB 编译器所对应的 C/C++编译器。

2. MATLAB 编译器的使用

mcc 函数是调用 MATLAB 编译器的命令。用户可以在 MATLAB 命令行、DOS 或者 UNIX 命令行(standalone 模式)中使用 mcc 指令，相应的语法为：

mcc [-options] mfile1 [mfile2…mfileN] [C/C++file1…C/C++fileN]。

使用时，选项可以分开，也可以合在一起。以下 2 个命令在 MATLAB 编译器中视为同一个命令。

```
>>mcc -m -g myfun
>>mcc -mg myfun
```

注意文件名可以不加后缀。

8.2.3 独立应用程序

如果用户想创建一个应用程序来计算魔方矩阵的秩，有 2 种方法可以考虑。其中一种方法是创建一个完全由 C/C++语言代码写成的应用程序，但这需要用户自己来编写创建魔方矩阵、计算秩等程序。另一种更为简便的方法是创建一个由一个或者多个 M 文件写成的应用程序，因为这样就可以利用 MATLAB 软件和它的工具箱的强大功能优势。

用户可以创建 MATLAB 应用程序，具有 MATLAB 数学函数的长处，但是并不要求末端用户安装 MATLAB 软件。独立应用程序是个将 MATLAB 的强大功能打包，并发布定制应用程序给用户的一种简便方法。

独立 C 语言应用程序的源代码可以全部是 M 文件，也可以是 M 文件、MEX 文件、C/C++

源代码的结合。

MATLAB 编译器使用 M 文件和产生 C 语言源代码的函数，使用户可以在 MATLAB 之外调用 M 文件。通过编译这个 C 语言源代码，结果中的目标文件是连接到 run-time 库的。产生 C++语言的独立应用程序的过程与此类似。

用户可以通过 MATLAB 编译器生成的独立应用程序来调用 MEX 文件，这样 MEX 文件就会被独立的代码加载并调用。

【例 8.4】使用 MATLAB 编译器编译生成魔方矩阵的函数 M 文件 magicsquare.m,并且创建独立 C 语言应用程序 magicsquare.m,最后发布给其他用户。

解：将以下程序保存为 magicsquare.m.并确保其保存目录为 MATLAB 当前目录。magicsquare 函数用于产生由 n 指定维数的魔方矩阵。

```
function m = magicsquare(n)
%MAGICSQUARE 可以产生由 n 指定维数的魔方矩阵.

if ischar(n)
   n=str2num(n);
end
m = magic1(n)
function M = magic1(n)

n = floor(real(double(n(1))));

% Odd order.
if mod(n,2) == 1
   [J,I] = meshgrid(1:n);
   A = mod(I+J-(n+3)/2,n);
   B = mod(I+2*J-2,n);
   M = n*A + B + 1;

% Doubly even order.
elseif mod(n,4) == 0
   [J,I] = meshgrid(1:n);
   K = fix(mod(I,4)/2) == fix(mod(J,4)/2);
   M = reshape(1:n*n,n,n)';
   M(K) = n*n+1 - M(K);

% Singly even order.
else
   p = n/2;
   M = magic(p);
   M = [M M+2*p^2; M+3*p^2 M+p^2];
   if n == 2, return, end
   i = (1:p)';
   k = (n-2)/4;
   j = [1:k (n-k+2):n];
   M([i; i+p],j) = M([i+p; i],j);
   i = k+1;
   j = [1 i];
   M([i; i+p],j) = M([i+p; i],j);
end
```

然后在 MATLAB 命令行中输入以下命令，对 magicsquare.m 进行翻译。

```
>>mcc -mv magicsquare.m
```

这个命令用于创建名为 magicsquare 的独介应用程序和附加的文件。在 Windows 平台会给应用程序加.exe 后缀。通过以上命令，可以产生 magicsquare.exe，magicsquare.prj，magicsqua_main.c、magicsquare_mcc_component_dara.c 和 readme.txt 等几个文件。其中，readme.txt 文件中包含了如何将用户所生成的应用程序、组件或者库成功地发布出去的程序。

用户可以将 MATLAB 编译器生成的应用程序、组件或者库发布到任何与用户开发这个应用程序使用相同的操作系统的计算机上。例如，用户要发布一个应用程序到 Windows 系统的计算机上，则必须使用 Windows 版本的 MATLAB 编译器在一个有 Windows 平台的计算机上来创建应用程序。这是因为各个平台的二进制格式是不相同的，由 MATLAB 编译器生成的组件并不能够跨平台移动。

如果需要将应用程序发布到与开发它的其有不同操作系统的计算机上，则必须在目标平台上重新创建应用程序。例如，用户需将之前在 Windows 平台上创建的应用程序发布到 Linux 平台上，则必须在 Linux 平台上使用 MATLAB 编译器完全重新创建应用程序。用户必须同时拥有在两个平台上的 MATLAB 编译器许可证，这样才能做到。

发布应用程序的步骤如下。

① 确认在目标计算机上安装了 MATLAB Compiler Runtime (MCR)，并确认自己也安装了正确的版本。可以通过下面的步骤来验证这一点。

.验证在用户计算机上安装了 MCR。

.MATLAB R2009a 使用的 MCR 版本是 7.10。可以在 MATLAB 命令行中输入以下命令来获得所安装的 MCR 版本信息。

```
>>{mcrmajor,mcrminor}-mcrversion
```

② 将下面所列的 3 个文件打包发送给目标计算机，具体的文件名与所使用的操作系统相关。以 Windows 为例，需要以下 3 个文件：magicsquare.ctf（MATLAB R2008a 之前版本需要）、MCRInstaller.exe 和 magicsquare.exe。其中的 magicsquare.ctf 在最新的几个 MATLAB 版本中并不是必需的，在其他版本中，可以在编译的过程中通过在命令行中加入-C 选项来获得。

在最新的几个版本中，如果不加-C 选项，则默认将 CTF 文件嵌入 C/C++语言、main/Winmain 共享库、二进制独立应用程序。另外，如果选用默认设置不加-C 选项，那么在发布独立应用程序的时候就可以不发送 CTF 文件，只需把 MCRlnstaller.exe 和 magicsquare.exe 两个文件打包发送给目标计算机即可。

对于 MCRlnstaller.exe，可以在 MATLAB 命令行中输入 mcrinstaller 来获取其所在位置。如在计算机中，在 MATLAB 命令行输入 mcrmstaller 命令，就可以得到以下信息。

```
mcrinstaller
The WIN32 MCR Installer, version 8.0, is:
    E:\MATLAB2012b\toolbox\compiler\deploy\win32\MCRInstaller.exe
MCR installers for other platforms are located in:
    E:\MATLAB2012b\toolbox\compiler\deploy\<ARCH>
 <ARCH> is the value of COMPUTER('arch') on the target machine.
Full list of available MCR installers:
E:\MATLAB2012b\toolbox\compiler\deploy\win32\MCRInstaller.exe
```

magicsquare.exe 就是编译过程中生成的独立应用程序。

【例 8.5】只由 M 文件作为源文件来进行编译。考虑这样一个简单的应用程序，它由两个 M 文件组成，即 mrank.m 和 main.m。这个例子可以由用户的 M 文件生成 C 代码。

mrank.m 返回一个整数向量 *r*。每一个元素代表一个魔方矩阵的秩。例如，执行该函数后，r(3)包含了 3-bY-3 魔方矩阵的秩。

```
mrank.m
function r = mrank(n)
```

%mrank.m 是一个计算大小从 1 到 *n* 魔方矩阵秩，并返回相应向量的函数。

```
r = zeros(n,1);
for k = 1:n
  r(k) = rank(magic(k));
end
```

在这个例子中，r=zeros(n,1)这一行命令预先将内存分配给 r，以提高 MATLAB 编译器的运行效率。

main.m 包括了一个调用 mrank 函数的"主程序"，并将结果显示出来。

```
main.m
Function main
R=mrank(5)
```

可以通过以下命令来调用 MATLAB 编译器对这两个函数进行编译，并创建独立应用程序。

```
mcc -m main mrank
```

选项-m 可使 MATLAB 编译器生成适合于独立应用程序的 C 代码。例如，MATLAB 编译器生成 C 代码文件 main_main.c 和 main_mcc_component_data.c.。main_ main.c 包含了一个名为 main 的 C 语言函数，main_mcc_component_ data.c 则包含了 MCR 执行该应用程序所需要的数据。

用户可以通过使用 mbuild 函数编译，并连接以上的文件来创建应用程序，或者也可以像上面那样自动地完成所有的创建过程。

如果用户需要将其他代码同应用程序结合在一起（例如 FORTRAN），或者想创建个编译应用程序的 makefile，则可使用下面的命令。

```
Mcc -mc main mrank
```

选项-mc 用来约束 mbuild 的使用。如果用户想查看 mbuild 的详细输出，以决定怎样设置 makefi1e 中的编译器选项，运行以下命令就可以查看 mbuild 函数在平台上的每一步转换和选项。

```
Mcc -mv main mrank
```

下面举例来说明如何用 M 文件和 C/C++源代码来混合编程。一种创建独立应用程序的方法是将其中的一些用一个或者多个 M 文件函数来编写，其他部分则直接用 C/C++语言直接编写代码。在用这种方法编写独立应用程序之前，需要了解以下两点：

.调用由 MATLAB 编译器生成的 C/C++语言外部函数；

.传递这些C/C++函数返回的结果。

【例8.6】举例说明混合调用M文件和C语言代码。考虑这样一个简单应用程序，它由mrank.m、mrankp.c和main_for_lib.h等几个代码文件组成。

解：mrank.m是一个计算大小从1到*n*魔方矩阵秩，并返回相应量的函数。

```
mrank.m
function r = mrank(n)
```

%mrank.m是一个计算大小从1到*n*魔方矩阵秩，并返回相应向量的函数。

```
r = zeros(n,1);
for k = 1:n
  r(k) = rank(magic(k));
end
```

文件用来显示矩阵*m*。

```
Printmatrix.m
function printmatrix(m)
%printmatrix.m 用来显示矩阵 m

disp(m);
```

mrankp.c是C语言主程序，调用mcc命令编译mrank.m文件生成的mlfMrank。

```
mrankp.c
/*
 * MRANKP.C
 * "Posix" C main program
 * Calls mlfMrank, obtained by using MCC to compile mrank.m.
 *
 */
#include <stdio.h>
#include <math.h>
#include "libPkg.h"
#include "main_for_lib.h"

int run_main(int ac, char **av)
{
    mxArray *N;    /* Matrix containing n. */
    mxArray *R = NULL;    /* Result matrix. */
    int     n;    /* Integer parameter from command line. */

    /* Get any command line parameter. */

    if (ac >= 2) {
       n = atoi(av[1]);
    } else {
       n = 12;
    }

    /* Call the mclInitializeApplication routine. Make sure that the application
     * was initialized properly by checking the return status. This initialization
     * has to be done before calling any MATLAB API's or MATLAB Compiler generated
     * shared library functions. */
```

```
    if( !mclInitializeApplication(NULL,0) )
    {
      fprintf(stderr, "Could not initialize the application.\n");
      return -2;
    }
    /* Call the library intialization routine and make sure that the
     * library was initialized properly */
    if (!libPkgInitialize())
    {
      fprintf(stderr,"Could not initialize the library.\n");
      return -3;
    }
    else
    {
    /* Create a 1-by-1 matrix containing n. */
       N = mxCreateDoubleScalar(n);

    /* Call mlfMrank, the compiled version of mrank.m. */
    mlfMrank(1, &R, N);

    /* Print the results. */
    mlfPrintmatrix(R);

    /* Free the matrices allocated during this computation. */
    mxDestroyArray(N);
    mxDestroyArray(R);

    libPkgTerminate();    /* Terminate the library of M-functions */
    }
/* Note that you should call mclTerminate application in the end of
 * your application. mclTerminateApplication terminates the entire
 * application.
 */
    mclTerminateApplication();
    return 0;
}
```

文件用来定义输入结构。

```
Main_for_lib.c
#include "main_for_lib.h" /* for the definition of the structure inputs */

int run_main(int ac, const char  *av[]);

int main(int ac, const char* av[])
{
    mclmcrInitialize();
    return mclRunMain((mclMainFcnType)run_main,ac,av);
}
```

Main_for_lib.h 为头文件。

```
Mian_for_lib.h
#ifndef _MAIN_H_
#define _MAIN_H_
#ifndef mclmcrrt_h
/* Defines the proxy layer. */
#include "mclmcrrt.h"
#endif
typedef struct
```

```
{
    int ac;
    const char** av;
    int err;
} inputs;

#endif
```

将以上的mrank.m、printmatrix.m,、mrankp.c、和main_ for_ lib.c等复制到MATLAB当前目录。以下为创建应用程序的过程：

.编译M代码；

.生成库封装文件；

.创建二进制文件。

运行下面的命令就可以执行以上步骤：

>>mcc –w lib:libpkg –T link:exe mrank:exe mrank printmatrix mrankp.c main_for_lib.c。

MATLAB编译器生成了如下的C语言代码:IibPkg _mcc_component_data.c、libpkg.c和libpkg.h。我们可以在MATLAB的当前目录下找到相应的文件。

前面运行的命令调用了mbuild来编译之前编译器生成的文件和编写的C语言代码，并连接到需要的库。

下面对mrankp.c做进一步的说明。

mrankp.c 的核心是调用 mlfMrank 函数。在这个调用之前的大部分代码都是用来创建mlfMrank函数输入变量的，之后的代码则是用来显示mlfMrank的返回结果。首先代码必须初始化MCR和IibPkg库。

```
mclInitializeApplication(NULL,0);
libpkgInitialize();/*初始化M函数库*/
```

为了了解怎样调用mlfMrank,可以查看其C语言函数代码：

```
Void mlfMrank(int nargout, mxArray** r,mxArray* n);
```

根据上面的命令，mlfMrank函数输入一个参数并返回一个值。所有的输入和输出参数都是指向mxArray数据类型的指针。

如果用户在C语言代码中想创建并操作mxArray变量，则可调用mx程序。例如，要创建[*]的名为N的mxArray变量，mrankp则调用了mxCreateDoubIeScelar:

```
N=mxCreateDoubIeScelar(n);
```

mrankp现在就可以调用mlfMrank函数了，传递初始化了的N作为唯一的输入变量。

```
R=mlfMrank(1,&R,N);
```

mlfMrank返回它的结果，名为R的mxArray*变量。变量R被初始化为NULL。还没有被赋值到有效 mxArray 的结果应该被设置为 NULLe。显示 R 内容的最简单的方法是调用mlfPrintmatrix函数。

```
mlfPintmatrix(R);
```

这个函数是由Printmatrix.m定义的。

最后，mrankp必须释放内存，并调用终止函数。

```
mxDestroyArray(N);
mxDestroyArray(R);
libpkgTerminate();/*终止M函数库*/
mclTerminateApplication();/*终止MCR*/
```

8.3 MATLAB计算引擎介绍

除了在 MATLAB 中调用 C/C++程序之外，很多情况下需要将这个程序反过来，即在C/C++中调用MATLAB引擎来进行计算。

8.3.1 MATLAB计算引擎概述

MATLAB的引擎库提供有一些接口函数，利用这些接口函数，用户可以在自己的程序中以计算引擎的方式调用MATLAB。在这种应用中，应用程序和MATLAB往往运行于各自独立的两个进程，两者通过相关的技术进行通信。在 UNIX/Linux 上，应用程序通过管道和MATLAB进行通信；在Windows上，两者则是通过COM接口相连。

MATLAB提供有分别对应于C和FORTRAN语言的有关引擎调用的函数库，通过调用其中的函数，可以在C/C++或者FORTRAN语言的程序中实现对MATLAB计算引擎的控制和操作，包括引擎的启动和关闭、数据传递以及待执行M代码的传递等。

下面是MATLAB计算引擎的一些典型应用。

① 在C/C++或者FORTRAN中调用MATLAB的数学计算功能。如计算矩阵的特征值，或者调用快速傅里叶变换等。

② 作为复杂系统的组成部分，提供有强大的计算和数据图形化功能。如在某些雷达信号分析系统中，图形界面由C语言开发，MATLAB计算引擎提供有强大的数据处理功能。

使用MATLAB计算引擎的优点之一，是在UNIX平台上可以通过网络连接调用能够运行于其他计算机上的MATLAB计算引擎。这样就有可能把界面显示和复杂的计算分开，其中显示在本机，而计算则可在别的计算机上进行。

在其他语言程序中调用MATLAB的功能的另外一种方法则是MATLAB编译器。也就是使用MATLAB编译器把M代码转换成C/C++语言代码，然后在自己的程序中使用。两种方法比较起来，使用MATLAB编译器只能把事先写好的M代码转换成C/C++，也就是只能使用这些M文件实现的功能，不利于扩展。使用MATLAB计算引擎，事实上可以实现任何复杂的计算功能，具有良好的灵活性。另外，MATLAB 编译器并不支持 FORTRAN 语言，而MATLAB计算引擎则有FORTRAN的函数库。

MATLAB计算引擎是MATLAB最早提供的外部接口技术的一种。早在MATLAB 4.x版本时，就有了对MATLAB引擎的支持。MATLAB的计算引擎的库函数封装了有关的技术细节，用户只需调用这些库含数，就可以实现调用MATLAB计算引擎的功能。

8.3.2 MATLAB计算引擎库函数

MATLAB引擎库包含有表8.1所示的控制计算机引擎的函数，各个函数都以eng这三个字母为前缀。

表8.1 控制计算机引擎的函数

函数	说明	函数	说明
engOpen	启动MATLAB计算引擎	engOutputBuffer	创建用于MATLAB计算引擎输出文本的缓冲区
engClose	关闭MATLAB计算引擎	engOpenSingleUse	启动一个非共享的MATLAB计算引擎
engGetVariable	从MATLAB计算引擎获得数据	engGetVisible	检测MATLAB命令窗口是否可视
engPutVarible	向MATLAB计算引擎发送数据	engSetVisible	设置MATLAB命令窗口是否可视
engEvalString	在MATLAB计算引擎中执行命令		

FORTRAN语言的MATLAB计算引擎函数库只提供表中的前6个函数，也就是说在FORTRAN语言中，无法实现后3个函数提供的功能。

关于这些函数的详细调用方式，可参阅MATLAB的帮助文档。一般来说，在程序中调用计算引擎有如下3个步骤。

.打开MATLAB计算引擎;

.在引擎中执行MATLAB命令，或者传递数据等;

.关闭MATLAB计算引擎。

打开MATLAB计算引擎需要调用engOpen函数。其在C语言中的调用语法为：

```
#include "engine.h"
/*MATLAB 引擎程序头文件，包括了引擎程序的函数原型*/
Engine *engOpen(const char *startcmd);
/*打开 MATLAB 计算引擎*/
```

其中，参数startcmd是字符串。在Windows平台上，startcmd必须是个空指针（NULL)。在UNIX/Linux平台上，startcmd可以是代表不同意义的字符串，如startcmd为空时，engOpen将启动本机的MATLAB计算引擎；当startcmd为一个主机名时，engOpen会利用这个主机名，以如下方式生成一个扩展的字符串，从而用这个字符串启动远程MATLAB计算引擎：

```
"rsh hostname\"/bin/csh -c 'setenv DISPLAY\hostname:0; matlab'\""
/*将 hostname 替换成用户需要远程登录的主机名即可*/
```

如果smrtcmd是其他字符串，如包含空格或者其他的特殊字符时，engOpen将以startcmd指定的方式启动MATLAB计算引擎。

在Windows平台，engOpen将会启动MATLAB服务，并打开一个COM通道与之连接。这个过程要求MATLAB已经被注册成COM服务器。一般来说，MATLAB的安装过程已经在系统中注册了MATLAB服务器。如果由于某种原因，MATLAB并不是在一个系统注册过的COM服务器，则可在Windows命令行执行如下的命令来手工注册:

```
MATLAB /regserver
```

成功打开MATLAB计算引擎后，将在程序中获得指向该引擎的指针，就可以调用引擎来执行MATLAB命令，这需要调用engEvalString函数。engEvalstring函数的C语言语法为：

```
#include"engine.h"
int engEvalString(Engine *ep,const char *string);
```

其中，参数 ep 为指向 MATLAB 计算引擎的指针，string 为需要执行的字符串。string 通常为一个有效的 MATLAB 命令，如 string="a=magic(4)"。

有时需要启动一个非共享的 MATLAB 计算引擎。相应的 C 语言调用语法为：

```
#include "engine.h"
Engine *engOpenStingleUse(const char *startcmd,void *dcom;
Int *retstatus);
```

这个函数与 engOpen 相似，不同之处在于它允许一个用户进程以独占的方式使用本地计算机上的 MATLAB Engine Server。

在 Windows 系统中使用这个函数时，前两个参数应该都设置为空，如果出错，第 3 个参数则返回一个可能的错误原因序号。

在调用 MATLAB 计算引擎的过程中，有 engGetVariable 和 engPutVariable 两个函数可以用来进行数据交换。相应的 C 语言语法为：

```
# include "engine.h"
mxArray *engGetVariable(Engine *ep,const char *name);
int engPutVariable(Engine *ep,const char *name,const mxArray *pm);
```

其中，ep 是指向 MATLAB 计算引擎的指针，name 就是需要传递的 mxArray 的名字，pm 则是指向 mxArray 的指针。

完成对 MATLAB 计算引擎的调用后，应该关闭引擎，这需要调用 engClose 函数。engClose 函数的 C 语言语法为：

```
#include "engine.h"
Int engClose(Engine *ep);
```

其中，ep 是指向 MATLAB 计算引擎的指针。

8.3.3 C/C++调用 MATLAB 引擎

本小节以 Microsoft Visual C++2005 为例，介绍如何在 C/C++中调用 MATLAB 计算引擎。

【例 8.7】在 C/C++中调用 MATLAB 计算引擎示例。

解：

1. 创建 C++程序 EngDemo.cpp

打开 Microsoft Visual C++2005，并创建一个 Win32 应用程序，命名为 EngDemo，然后将以下代码输入 EngDemo.cpp。

```
/*EngDemo.cpp*/
#include "stdafx.h"
#include <stdlib.h>
#include <stdio.h>
#include <string.h>
#include "engine.h"
#define  BUFSIZE 256
int main(){
    Engine *ep;
    mxArray *T = NULL, *result = NULL;
```

```
char buffer[BUFSIZE+1];
double time[10] = { 0.0, 1.0, 2.0, 3.0, 4.0, 5.0, 6.0, 7.0, 8.0, 9.0 };
/*
 * 启动MATLAB 计算引擎
 *
 * 如果需要远程调用MATLAB 计算引擎,
 *那么将语句中的\0 换作主机的名字
 *
 */
if (!(ep = engOpen("\0"))) {
    fprintf(stderr, "\nCan't start MATLAB engine\n");
    return EXIT_FAILURE;
}
/*
 * PART I
 *
 * 作为演示程序的第一部分，我们将向 MATLAB 发送数据
 * 分析数据并且绘制结果
 */
/*
 * 创建数据变量
 */
T = mxCreateDoubleMatrix(1, 10, mxREAL);
memcpy((void *)mxGetPr(T), (void *)time, sizeof(time));
/*
 * 将变量 T 输入 MATLAB workspace
 */
engPutVariable(ep, "T", T);
/*
 * 计算落体下落距离, distance = (1/2)g.*t.^2
 * (g 是重力加速度)
 */
engEvalString(ep, "D = .5.*(-9.8).*T.^2;");
/*
 * 绘制结果图
 */
engEvalString(ep, "plot(T,D);");
engEvalString(ep, "title('Position vs. Time for a falling object');");
engEvalString(ep, "xlabel('Time (seconds)');");
engEvalString(ep, "ylabel('Position (meters)');");
/*
 *使用 fgetc() 函数以确保暂停足够长时间,
 *我们可以看到绘制的结果图
 */
printf("Hit return to continue\n\n");
fgetc(stdin);
/*
 *完成第一部分，释放内存，关闭 MATLAB 引擎。
 */
printf("Done for Part I.\n");
mxDestroyArray(T);
```

```
engEvalString(ep, "close;");
/*
 * PART II
 *
 * 演示程序的第二部分，我们要求输入一个 MATLAB 命令字符串，
 * 来定义一个变量 X。
 * MATLAB 将会创建这个变量并返回数据的类型
 */

/*
 * 使用 engOutputBuffer 函数来获取 MATLAB 的输出，
 * 确认缓冲器总是 NULL 终止
 */
buffer[BUFSIZE] = '\0';
engOutputBuffer(ep, buffer, BUFSIZE);
while (result == NULL) {
    char str[BUFSIZE+1];
    /*
     * 从用户输入来获取一个字符串
     */
    printf("Enter a MATLAB command to evaluate.  This command should\n");
    printf("create a variable X.  This program will then determine\n");
    printf("what kind of variable you created.\n");
    printf("For example: X = 1:5\n");
    printf(">> ");
    fgets(str, BUFSIZE, stdin);
         /*
     * 使用 engEvalString 来执行命令
     */
    engEvalString(ep, str);

    /*
     * 禁止输出结果
     * 最开始 2 个字符总是命令提示符(>>).
     */
    printf("%s", buffer+2);

    /*
     * 获取计算结果
     */
    printf("\nRetrieving X...\n");
    if ((result = engGetVariable(ep,"X")) == NULL)
      printf("Oops! You didn't create a variable X.\n\n");
    else {
     printf("X is class %s\t\n", mxGetClassName(result));
    }
}
/*
 * 完成，释放内存，关闭 MATLAB 引擎并结束
 */
printf("Done!\n");
mxDestroyArray(result);
engClose(ep);

return EXIT_SUCCESS;
```

}

程序 EngDemo.cpp 的主要功能就是首先启动 MATLAB 计算引擎，演示程序的第 1 部分，计算自由落体运动下落距离和时间之间的关系，然后向 MATLAB 发送分析数据，并且绘制结果。演示程序的第 2 部分，要求输入一个 MATLAB 命令字符串来定义一个变量 *X*，MATLAB 会创建这个变量并返回数据的类型，完成之后释放内存，关闭 MATLAB 引擎并结束。

2. 设置 Microsoft Visual C++2005 环境

在调用 MATLAB 引擎之前，首先需要对 Microsoft Visual C++ 2005 环境进行设置，用户可以通过在工程中加入头文件和库文件路径来进行设置。

在 Visual Studio 中单击【工具】—【选项】菜单命令，在“选项”对话框中单击【项目和解决方案】—【VC++目录】栏，在【显示以下内容的目录】下拉菜单中选择【包含文件】菜单选项，然后添加头文件 engine.h 等所在目录，在本例中需要添加以下两个头文件目录：

```
D:\Program Files\MATLAB\R2009a\toolbox\matlab\winfun\mwsamp
D:\Program Files\MATLAB\R2009a\extern\include
```

然后需要用同样的方法在【库文件】下拉菜单选项中添加库文件目录。例如，在笔者计算机上，需要添加的是 D:\Program Files\MATLAB\R2009a\extem\lib\win32\microsoft。

接下来设定工程属性。单击【项目】—【属性】菜单命令，在弹出的属性页对话框中单击【配置属性】—【链接器】—【输入】栏目，在【附加依赖项】添加以下 3 个库文件。

libmx.lib、libmex.lib、libeng.lib。

添加库文件之后的设置如图 8.1 所示。

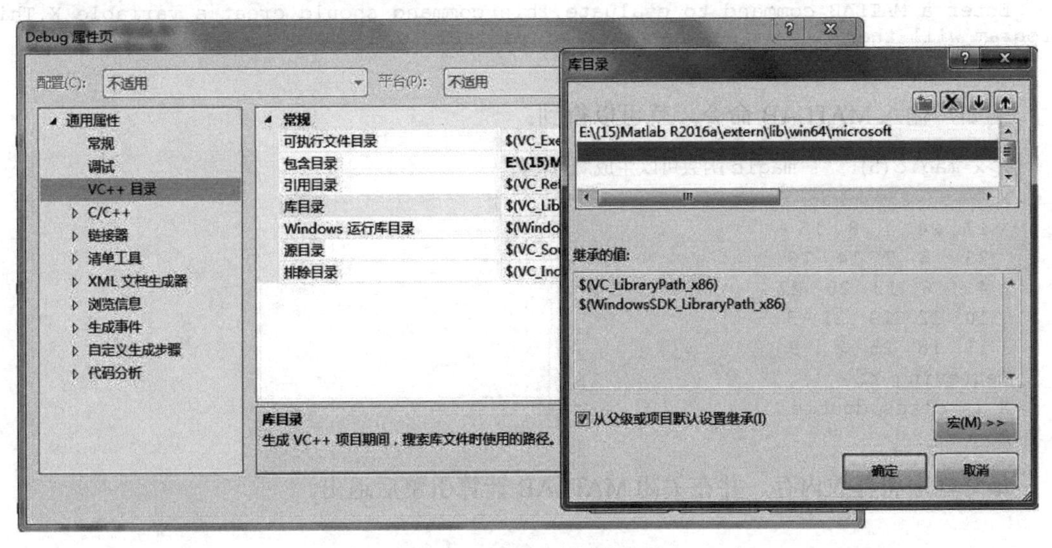

图 8.1　添加库文件后的设置

由于在上面的环境设置过程中指定了代码 EngDemo.cpp 中需要的 MATLAB 引擎的头文件与库文件，因此在之后的调试过程中就不会发生找不到相关文件的错误了。

3. 调试执行 EngDemo.cpp 文件

通过在 Microsoft Visual C++2005 中调试并运行 EngDemo.cpp,就可以得到图 8.2 所示的结

果。在这个执行过程中，Microsoft Visual C++2005 启动并调用了 MATLAB 计算引擎。

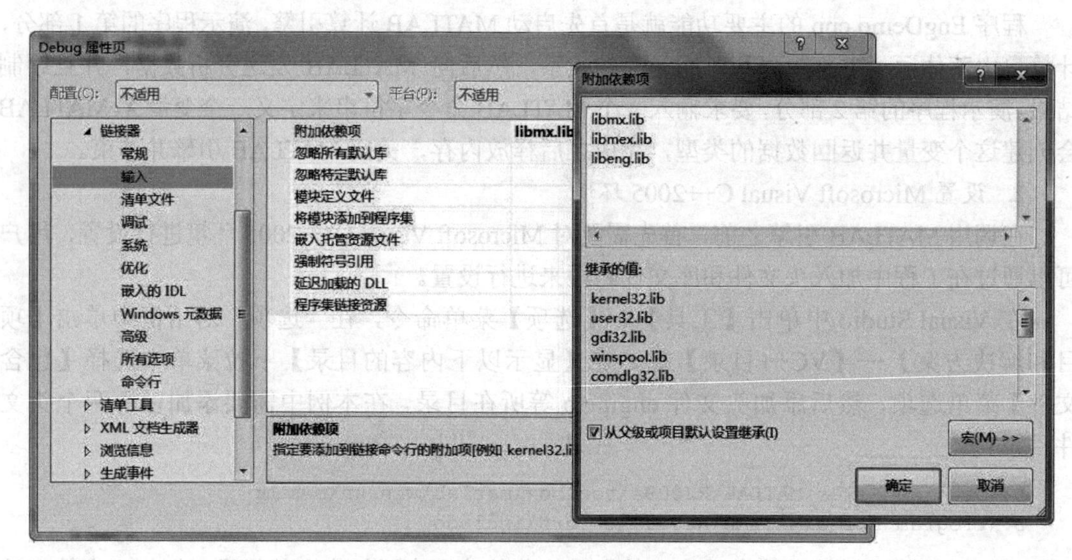

图 8.2　调试执行后的结果

可以在 cmd 窗口中看到如下提示。

```
Press Return to continue
```

按回车继续，会显示如下信息：

```
Done for Part I.
Enter a MATLAB command to evaluate.This command should creat a variable X.This program will then determine what kind of variable you created.
For example:X=1:5
```

例如，输入 MATLAB 命令，就可以得到：

```
>>x=magic(5)    % magic函数可以生成魔方矩阵
X=
  17  24   1   8  15
  23   5   7  14  16
  4    6  13  20  22
  10  12  19  21   3
  11  18  25   2   9
Retreving X…
X is class double
Done!
```

最终程序将释放内存，并在关闭 MATLAB 计算引擎后退出。

课后习题

1．假定文件 textdemo.txt 中有以下格式的数据：

[names, x, y, z] = textread ('textdemo.txt', '%s %d %d %d', 4, 'headerlines', 1)。

2．计算当 x=[0.0,0.1,0.2,…,1.0]时，$f(x)=e^x$ 的值，并将结果写入文件 demo1.txt。

```
x=[0:0,1:1];
y=[x;exp(x)];
fid=fopen('demo1.txt','w');
fprintf(fid,'%6.2f  %12.8f\n',y);
fclose(fid);
```

3．读出习题 2 生成的文件 demo1.txt 中的数据。

```
fid=fopen('demo1.txt','r');
while 1
    LINE=fgetl(fid);
    if LINE<0  break, end;
disp (LINE);
end
fclose(fid);
```

4．将习题 1 的文件读入到 grades 中。

```
 fid = fopen('textdemo.txt', 'r');
grades = textscan(fid, '%s %d %d %d', 3, 'headerlines', 1);
grades{:}
```

5．假设文件 alphabet.txt 的内容是按顺序排列的 26 个大写英文字母，读取前 5 个字母的 ASCII 码和这 5 个字符。

```
fid = fopen('alphabet.txt', 'r');
c = fread(fid, 5);
frewind(fid);
d = fread(fid, 5, '*char');
fclose(fid);
```

6．建立一数据文件 magic5.dat，用于存放 5 阶魔方矩阵。

```
fid=fopen('magic5.dat','w');
cnt=fwrite(fid,magic(5),'int32');
fclose(fid);
```

7．下列程序执行后，变量 four、position 和 three 的值是多少？

```
 a=1:5;
fid=fopen('fdat.bin','w');              % 以写方式打开文件 fdat.bin
fwrite(fid,a,'int16');                  % 将 a 的元素以双字节整型写入文件 fdat.bin
status=fclose(fid);
fid=fopen('fdat.bin','r');              % 以读数据方式打开文件 fdat.bin
status=fseek(fid,6,'bof');              % 将文件指针从开始位置向尾部移动 6 字节
four=fread(fid,1,'int16');              % 读取第 4 个数据，并移动指针到下一个数据
position=ftell(fid);                    % ftell 的返回值为 8
status=fseek(fid,-4,'cof');             % 将文件指针从当前位置往前移动 4 字节
 three=fread(fid,1,'int16');            % 读取第 3 个数据
status=fclose(fid);
```

8．创建 MAT 文件。

```
 #include <stdio.h>
#include <string.h> /* For strcmp() */
#include <stdlib.h> /* For EXIT_FAILURE, EXIT_SUCCESS */
#include "mat.h"
```

```
#define BUFSIZE 256
int main() {
 MATFile *pmat;  /*定义 MAT 文件指针*/
mxArray *pa1, *pa2, *pa3;
double data[9] = { 1.0, 4.0, 7.0, 2.0, 5.0, 8.0, 3.0, 6.0, 9.0 };
const char *file = "mattest.mat";
char str[BUFSIZE];
int status;  /*打开一个 MAT 文件，如果不存在则创建一个 MAT 文件，如果打开失败，则返回*/
printf("Creating file %s...\n\n", file);
pmat = matOpen(file, "w");
if (pmat == NULL) {
printf("Error creating file %s\n", file);
printf("(Do you have write permission in this directory?)\n");
return(EXIT_FAILURE);
}/*创建 3 个 mxArray 结构体对象，其中，pa1、pa2 分别为 3×3、2×2 的双精度实型矩阵*/
/*pa3 为字符串类型的阵列，如果创建失败则返回*/
pa1 = mxCreateDoubleMatrix(3,3,mxREAL);
if (pa1 == NULL) {

printf("%s : Out of memory on line %d\n", __FILE__, __LINE__);
printf("Unable to create mxArray.\n");
return(EXIT_FAILURE);
}
pa2 = mxCreateDoubleMatrix(3,3,mxREAL);
if (pa2 == NULL) {
 printf("%s : Out of memory on line %d\n", __FILE__, __LINE__);
printf("Unable to create mxArray.\n");
return(EXIT_FAILURE);
 }
memcpy((void *)(mxGetPr(pa2)), (void *)data, sizeof(data));
pa3 = mxCreateString("MATLAB: the language of technical computing");

    if (pa3 == NULL) {
printf("%s :  Out of memory on line %d\n", __FILE__, __LINE__);
printf("Unable to create string mxArray.\n");
return(EXIT_FAILURE); } /*向 MAT 文件中写数据，失败则返回*/
status = matPutVariable(pmat, "LocalDouble", pa1);
if (status != 0) {
 printf("%s :  Error using matPutVariable on line %d\n", & __FILE__,__LINE__);
return(EXIT_FAILURE);
}
status = matPutVariableAsGlobal(pmat, "GlobalDouble", pa2);
if (status != 0) {
 printf("Error using matPutVariableAsGlobal\n");
return(EXIT_FAILURE);
}
status = matPutVariable(pmat, "LocalString", pa3);
if (status != 0) {
printf("%s :  Error using matPutVariable on line %d\n", & __FILE__, __LINE__);
return(EXIT_FAILURE);
}/*清除矩阵*/
mxDestroyArray(pa1);
mxDestroyArray(pa2);
```

```
mxDestroyArray(pa3);
/* 关闭MAT文件*/
if (matClose(pmat) != 0) {
printf("Error closing file %s\n",file);
return(EXIT_FAILURE);
 }
printf("Done\n");
return(EXIT_SUCCESS);
}
```

第9章 MATLAB在电路分析中的应用

《电路》是电子类各专业的重要专业基础课，学生学好《电路分析》一课，对以后大部分以电路分析研究为基础的课程是至关重要的。而 MATLAB 是用于科学与工程计算的一种著名软件。其中，在电路分析理论中一般将关于时间的微分方程转化为复数方程求解，在一些电路比较复杂、方程数量较多的情况下，都可以运用 MATLAB 程序来解决。运用该程序不仅可以节约时间，还可以非常方便的调试电路参数，直观地观察电路中的电流、电压和功率波形。熟练掌握 MATLAB 并使用它进行电路分析，可以使我们从复杂的电路数学计算中解脱出来，从而有更多的精力进行电路模型的分析。本章介绍了 MATLAB 的计算、绘图、编程的基本知识，用它对电阻电路、动态电路、正弦稳态电路、耦合电感、拉普拉斯变换、频域分析等电路章节的具体实例进行了计算。对软件的具体应用做了进一步说明，可供在培养学生的实践能力和创新能力时参考，也为电工学课程的教学和实验改革提供了一些可行的具体经验和做法。

本章介绍一些计算电路问题的编程方法和常用技巧，使读者逐步熟悉 MATLAB 语言的使用方法。并提供了一些常用的例题，特此申明，其解法本身不一定最佳。另外，还有 Spice 等软件是专门用来求解电路问题的。而使用 MATLAB 的好处是用同一种语言来解决各门学科的问题，比较容易入门，并找到其共同点，方便读者的学习。

9.1 电阻电路

【例 9.1】 电阻电路的计算。

如图 9.1 所示的电路，已知：$R_1=2\Omega$，$R_2=4\Omega$，$R_3=12\Omega$，$R_4=4\Omega$，$R_5=12\Omega$，$R_6=4\Omega$，$R_7=2\Omega$。

如果 $u_s=10\text{V}$，求 i_3，u_4，u_7；

如果已知 $u_4=6\text{V}$，求 u_s，i_3，u_7。

解：（1）建模

用网孔法，按图 9.1 可列出网孔方程为

$$(R_1+R_2+R_3)i_a-R_3i_b=u_s$$

$$-R_3i_a+(R_3+R_4+R_5)i_b-R_5i_c=0$$

$$-R_5i_b+(R_5+R_6+R_7)i_c=0$$

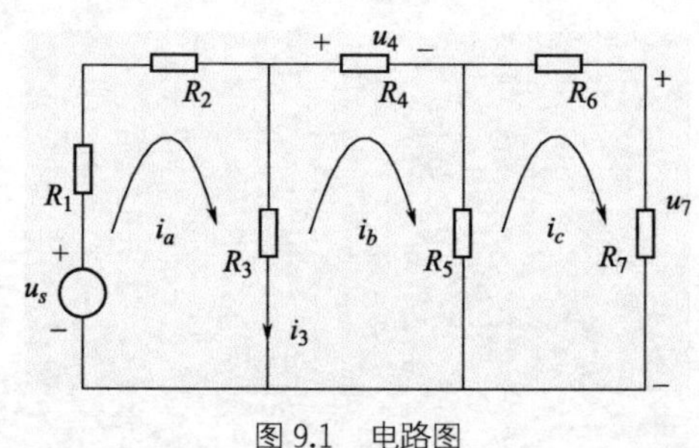

图 9.1 电路图

可写成如下所示的矩阵形式。

$$\begin{bmatrix} R_1+R_2+R_3 & -R_3 & 0 \\ -R_3 & R_3+R_4+R_5 & -R_5 \\ 0 & -R_5 & R_5+R_6+R_7 \end{bmatrix}\begin{bmatrix} i_a \\ i_b \\ i_c \end{bmatrix}=\begin{bmatrix} 1 \\ 0 \\ 0 \end{bmatrix}u_s$$

或直接列数字方程并简写为 $AI = Bu_s$。

$$\begin{bmatrix} 2+4+12 & -12 & 0 \\ -12 & 12+4+12 & -12 \\ 0 & -12 & 12+4+2 \end{bmatrix}\begin{bmatrix} i_a \\ i_b \\ i_c \end{bmatrix}=\begin{bmatrix} 1 \\ 0 \\ 0 \end{bmatrix}u_s$$

① 令 $u_s = 10\text{V}$，由 $i_3 = i_a - i_b$，$u_4 = R_4 i_b$，$u_7 = R_7 i_c$ 即可得到问题（1）的解。

② 由电路的线性性质，可令 $i_3 = k_1 u_s$，$u_4 = k_2 u_s$，$u_7 = k_3 u_s$。

由问题（1）的结果并根据如图 9.1 所示的电路可列出下式。

$$k_1 = \frac{i_3}{u_s},\quad k_2 = \frac{u_4}{u_s},\quad k_3 = \frac{u_7}{u_s}$$

于是，可通过下列式子求得问题（2）的解。

$$u_s = u_4 / k_2,\quad i_3 = k_1 u_s = \frac{k_1}{k_2} u_4$$

$$u_7 = k_3 u_s = \frac{k_3}{k_2} u_4$$

（2）MATLAB 程序

```
clear,close all,format compact
R1=2;R2=4;R3=12;R4=4;R5=12;R6=4;R7=2;         % 为给定元件赋值
display('求解问题（1）');
a11=R1+R2+R3;a12=-R3;a13=0;
a21=-R3;a22=R3+R4+R5;a23=-R5;
a31=0;a32=-R5;a33=R5+R6+R7;
b1=1;b2=0;b3=0;
us=input('us=');                               % 输入解（1）的已知条件
A=[a11,a12,a13;a21,a22,a23,a31,a32,a33];     % 列出系数矩阵 A
B=[b1;0;0];I=A\B*us;%I=[ia;ib;ic]
ia=I(1);ib=I(2);ic=I(3);
i3=ia-ib,u4=R4*ib,u7=R7*ic                     % 解出所需变量
display('解问题（2）');                  % 利用电路的线性性质及问题（1）的解求解问题（2）
u42=input('给定 u42=');
k1=i3/us;k2=u4/us;k3=u7/us;                    % 由问题（1）得出待求量与 us 的比例系数
us2=u42/k2,i32=k1/k2*u42,u72=k3/k2*u42         % 按比例方法求出所需变量
```

（3）程序运行结果

解问题（1）

给定 us=10

i3 = 0.3704，u4 =2.2222，u7 =0.7407

解问题（2）

给定 u42=6

us2 =27.0000，i32 =1.0000，u72 =2

答案

（1）i3 =0.3704，u4 =2.2222，u7 =0.7407

（2）us2 =27.0000，i32 =1.0000，u72 = 2

实际上，如果熟悉列方程的方法，那么在编写 MATLAB 程序时可直接写成

```
A=[2+4+12 -12 0; -12 12+4+12 -12; 0 -12 12+4+2]
B=[1   0   0]
```

从而可省去给元件和矩阵各元素赋值等语句。

【例 9.2】 含受控源的电阻电路。

如图 9.2 所示的电路，已知 $R_1 = R_2 = R_3 = 4\Omega$，$R_4 = 2\Omega$，控制常数 $k_1 = 0.5$，$k_2 = 4$，$i_s = 2\text{A}$，求 i_1，i_2。

解：（1）建模

按图 9.2 列出节点方程。

$$\left(\frac{1}{R_1}+\frac{1}{R_2}\right)u_a - \frac{1}{R_2}u_b = i_s + k_1 i_2$$

及

$$-\frac{1}{R_2}u_a + \left(\frac{1}{R_1}+\frac{1}{R_2}+\frac{1}{R_4}\right)u_b = -k_1 i_2 + \frac{k_2 i_1}{R_3}$$

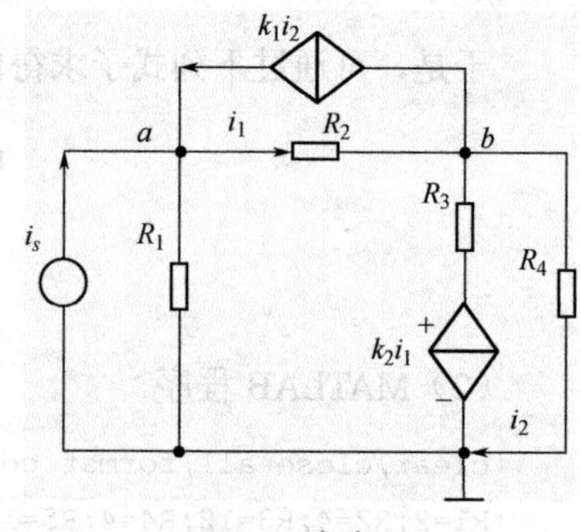

图 9.2　电路图

由图 9.2 可知，控制变量 i_1，i_2 与节点压力 u_a，u_b 的关系为：

$$i_1 = \frac{u_a - u_b}{R_2}，\quad i_2 = \frac{u_b}{R_4}$$

整理以上公式，将 i_1，i_2 也作为未知量移至等号左端，并写成矩阵形式为：

$$\begin{bmatrix} \frac{1}{R_1}+\frac{1}{R_2} & -\frac{1}{R_2} & 0 & -k_1 \\ -\frac{1}{R_2} & \frac{1}{R_2}+\frac{1}{R_3}+\frac{1}{R_4} & -\frac{k_2}{R_3} & k_1 \\ \frac{1}{R_2} & -\frac{1}{R_2} & -1 & 0 \\ 0 & \frac{1}{R_4} & 0 & -1 \end{bmatrix} \begin{bmatrix} u_a \\ u_b \\ i_1 \\ i_2 \end{bmatrix} = \begin{bmatrix} 1 \\ 0 \\ 0 \\ 0 \end{bmatrix} i_s$$

令 $i_s = 2\text{A}$，解上式即得 i_1，i_2。

（2）MATLAB 程序

```
clear,close all,format compact
R1=4;R2=4;R3=4;R4=2;                              % 设置元件参数
```

```
is=2;k1=0.5;k2=4;
%按 A * B = B * is 列出此电路的矩阵方程，其中 X = [ua; ub; i1; i2]
a11=1/R1+1/R2;a12=-1/R2;a13=0;a14=-k1;          % 设置系数 A
a21=-1/R2;a22=1/R2+1/R3+1/R4;a23=-k2/R3;a24=k1;
a31=1/R2;a32=-1/R2;a33=-1;a34=0;
a41=0;a42=1/R4;a43=0;a44=-1;
A=[a11,a12,a13,a14;a21,a22,a23,a24;a31,a32,a33,a34;a41,a42,a43,a44];
B=[1;0;0;0];                                      % 设置系数 B
X=A\B*is;                                         % 解出 X
i1=X(3),i2=X(4)                                   % 显示要求的 deep 分量
```

（3）程序运行结果

```
i1 =1, i2 =1
```

答案 i1 =1A，i2 =1A。

【例 9.3】戴维南定理。

如图 9.3 所示电路，已知：$R_1 = 4\Omega$，$R_2 = 2\Omega$，$R_3 = 4\Omega$，$R_4 = 8\Omega$；$i_{s1} = 2\text{A}$，$i_{s2} = 0.5\text{A}$。负载R_L为何值时能获得最大功率？

研究R_L在 0～10Ω 范围内变化时，其吸收功率的情况。

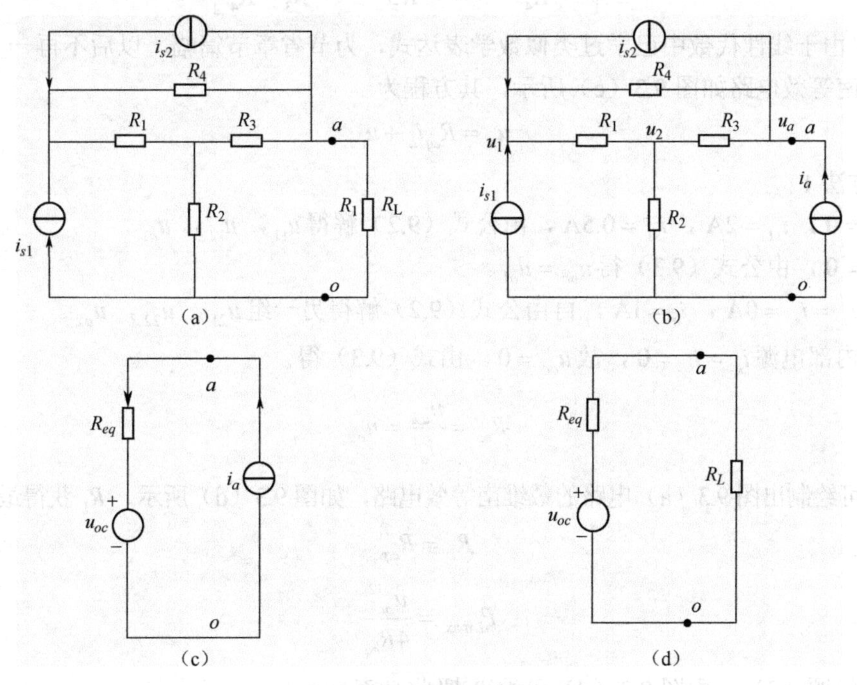

图 9.3　等效电路变换

解：（1）建模

先求图 9.3（a）中 ao 端以左的戴维南等效电路。断开 ao 端，并在 ao 端接入外电流源i_a，如图 9.3（b）所示。取 o 为参考点，可列出节点方程

$$
\begin{cases}
\left(\dfrac{1}{R_1}+\dfrac{1}{R_4}\right)u_1-\dfrac{1}{R_1}u_2-\dfrac{1}{R_4}u_a=i_{s1}+i_{s2} \\
-\dfrac{1}{R_1}u_1+\left(\dfrac{1}{R_1}+\dfrac{1}{R_2}+\dfrac{1}{R_3}\right)u_2-\dfrac{1}{R_3}u_a=0 \\
-\dfrac{1}{R_4}u_1-\dfrac{1}{R_3}u_2+\left(\dfrac{1}{R_3}+\dfrac{1}{R_4}\right)u_a=-i_{s2}+i_a
\end{cases}
\tag{9.1}
$$

写成矩阵为

$$
A\begin{bmatrix} u_1 \\ u_2 \\ u_3 \end{bmatrix}=\begin{bmatrix} 1 & 1 & 0 \\ 0 & 0 & 0 \\ 0 & -1 & 1 \end{bmatrix}\begin{bmatrix} i_{s1} \\ i_{s2} \\ i_a \end{bmatrix}
\tag{9.2}
$$

式中

$$
A=\begin{bmatrix}
\dfrac{1}{R_1}+\dfrac{1}{R_4} & -\dfrac{1}{R_1} & -\dfrac{1}{R_4} \\
-\dfrac{1}{R_1} & \dfrac{1}{R_1}+\dfrac{1}{R_2}+\dfrac{1}{R_3} & -\dfrac{1}{R_3} \\
-\dfrac{1}{R_4} & -\dfrac{1}{R3} & \dfrac{1}{R_3}+\dfrac{1}{R_4}
\end{bmatrix}
$$

（注：由于线性代数中已学过类似数学表达式，为节省章节篇幅，以后不再一一列举）

戴维南等效电路如图 9.3（c）所示，其方程为

$$
u_a=R_{eq}i_a+u_{oc}
\tag{9.3}
$$

① 方法 1

令$i_a=0$，$i_{s1}=2\text{A}$，$i_{s1}=0.5\text{A}$，由公式（9.2）解得u_{11}，u_{12}，u_{a1}。

因$i_a=0$，由公式（9.3）得$u_{oc}=u_{a1}$。

再令$i_{s_1}=i_{s_2}=0\text{A}$，$i_a=1\text{A}$，再由公式（9.2）解得另一组$u_{21}$，$u_{22}$，$u_{a2}$。

因为内部电源$i_{s_1}=i_{s_2}=0$，故$u_{oc}=0$。由式（9.3）得

$$
R_{eq}=\frac{u_{a2}}{i_a}=u_{a2}
$$

于是可绘制出图 9.3（a）电路的戴维南等效电路，如图 9.3（d）所示，R_L获得最大功率时

$$
R_L=R_{eq}
$$

$$
P_{L\max}=\frac{{u_{oc}}^2}{4R_{eq}}
$$

对于问题（2），由图 9.3（d）可得R_L吸收功率

$$
P_L=\frac{R_L{u_{oc}}^2}{\left(R_{eq}+R_L\right)^2}
$$

令$R_L=1\Omega$，2Ω，3Ω，…，10Ω，分别求的P_L，并画图。

② 方法 2

设i_a为一个序列，（例如$i_a = 0.1, 0.2, ..., 2$）计算相应的u_a序列，用线性拟合，得出直线方程（9.3），即

$$u_a = c(2) i_a + c(1)$$

从而求得　$u_{oc} = c(1)$，$R_{eq} = c(2)$。

（2）MATLAB 程序

```
clear,close all,format compact
R1=4;R2=2;R3=4;R4=8; %设置元件参数
is1=2;is2=0.5;
%按 A * X = B * is 列出此电路的矩阵方程，其中 X = [u1;u2;u3]; is = [is1;is2;ia]
a11=1/R1+1/R4;a12=-1/R1;a13=-1/R4; %设置系数 A
a21=-1/R1;a22=1/R1+1/R2+1/R3;a23=-1/R3;
a31=-1/R4;a32=-1/R3;a33=1/R3+1/R4;
A=[a11,a12,a13;a21,a22,a23;a31,a32,a33];
B=[1,1,0;0,0,0;0,-1,1]; %设置系数 B
%方法 1：令 ia = 0，求 uoc = x1(3)；再令 is1 = is2 = 0，设 ia = 1，求 Req = ua / ia = x2(3)
X1=A\B*[is1;is2;0];  uoc=X1(3)
X2=A\B*[0;0;1];  Req=X2(3)
RL=Req;P=uoc^2*RL/(Req+RL)^2 %求最大负载功率
%也可设 RL 为一数组，求出的负载功率也为一数组，画出曲线找极大值
RL=0:10,p=(RL*uoc./(Req+RL)).*uoc./(Req+RL),%设 RL 序列，求其功率
figure(1),plot(RL,p),grid %
%方法 2：设一个 ia 序列，计算一个 ua 序列，用线性拟合求出其等效开路电压和等效内阻
for k=1:21
    ia(k)=(k-1)*0.1;
    X=A\B*[is1;is2;ia(k)];               % 定义 X=[u1;u2;ua]
    u(k)=X(3);
end
figure(2),plot(ia,u,'x'),grid          % 线性拟合，见图 9.4（b）
c=polyfit(ia,u,1);                     % ua = c(2) * ia + c(1),用拟合函数求 c(1), c(2)
uoc=c(1),Req=c(2)
```

（3）程序运行结果

$uoc = 5.0000\text{V}$

$Req = 5.0000\Omega$

$P = 1.2500\text{W}$

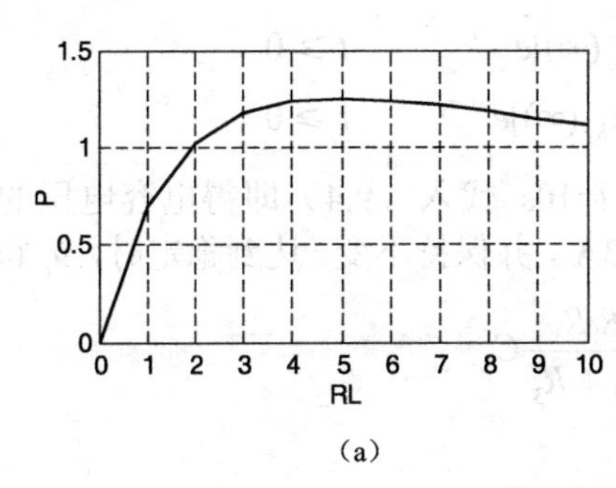

（a）

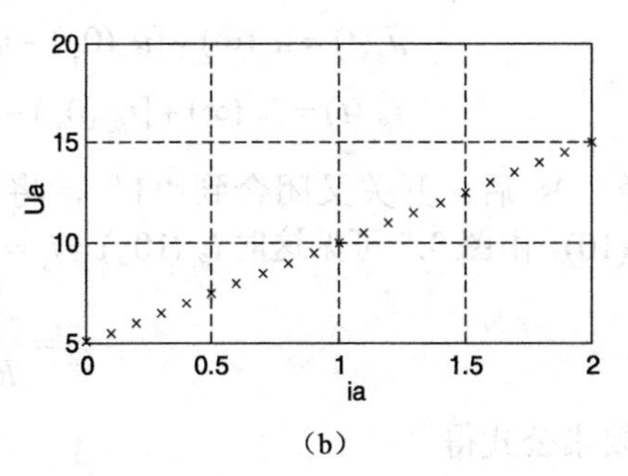

（b）

图 9.4　例 9.3 的解

9.2 动态电路

【例 9.4】一阶动态电路，三要素公式。

如图 9.5 所示电路，已知：$R_1=3\Omega$，$R_2=12\Omega$，$R_3=6\Omega$，$C=1\text{F}$；$u_s=18\text{V}$，$i_s=3\text{A}$，在$t<0$时，开关 S 位于“1”，电路已处于稳定状态。

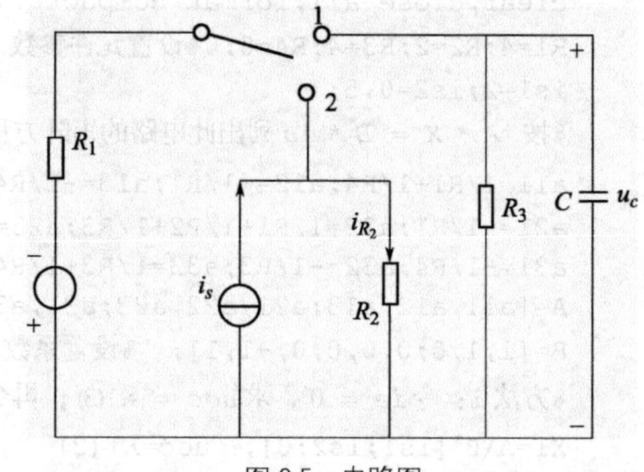

图 9.5 电路图

t=0 时，开关 S 闭合到“2”，求$u_c(t)$，$i_{R_2}(t)$，并画出波形；

若经过 10s，开关 S 又复位到“1”，求$u_c(t)$，$i_{R_2}(t)$，并画出波形。

解：（1）建模

这是一阶动态电路，可用三要素公式求解。

① 首先求初始值$u_c(0_+)$和$i_{R_2}(0_+)$，为此先求$u_c(0_-)$，在$t=0_-$时，开关位于“1”，电路已达到稳定。电容可看作开路，不难求的$u_c(0_-)=-12\text{V}$。根据换路时电容电压不变的定律，得电容初始电压

$$u_c(0_+)=u_c(0_-)=-12\text{V}$$

在 t=0 时，开关已闭合到“2”，可求得非独立初始值。

$$i_{R_2}(0_+)=\frac{u_c(0_+)}{R_2}=-1\text{A}$$

其次求稳定值。达到稳态时电容可看作开路，于是可得

$$u_c(\infty)=\frac{R_2R_3}{R_2+R_3}i_s$$

$$i_{R_2}(\infty)=\frac{R_3}{R_2+R_3}i_s$$

时间常数
$$\tau_1=\frac{R_2R_3}{R_2+R_3}C$$

用三要素公式得

$$u_c(t)=u_c(\infty)+[u_c(0_+)-u_c(\infty)]e^{-t/\tau_1} \qquad t\geqslant 0 \qquad (9.4)$$

$$i_{R_2}(t)=i_{R_2}(\infty)+[i_{R_2}(0_+)-i_{R_2}(\infty)]e^{-t/\tau_1} \qquad t\geqslant 0 \qquad (9.5)$$

② 经 10s 后，开关又闭合到“1”，将 t=10s 代入（9.4）即得电容电压的初始值为$u_c(10_+)=u_c(10)$。由图 9.5 可见这时$i_{R_2}(10_+)=i_s=3\text{A}$，并保持不变。达到稳定时，$u_c{}'(\infty)=-12\text{V}$

这时
$$\tau_2=\frac{R_1R_3}{R_1+R_3}C$$

用三要素公式得

$$u_c(t)=\begin{cases}12-24e^{-t/t_1}, & 0\leqslant t\leqslant 10\\ u_c'(\infty)+[u_c(10_+)-u_c'(\infty)]e^{\frac{t-10}{\tau_2}}, & t>10\end{cases}$$

$$i_{R_2}=\begin{cases}1-2e^{-t/\tau_1}, & 0\leqslant t\leqslant 10\\ 3, & t>10\end{cases}$$

（2）MATLAB 程序

```
clear,close all
R1=3;us=18;is=3;R2=12;R3=6;C=1;                         % 给出原始数据
%解问题（1）
uc0=-12;ir20=uc0/R2;ir30=uc0/R3;                        % 算出初值 ir20 及 uc0
ic0=is-ir20-ir30;
ir2f=is*R3/(R2+R3);                                     % 算出终值 ir2f 及 ucf
ir3f=is*R2/(R2+R3);
ucf=ir2f*R2;icf=0;
%注意时间数组的设置，在 t=0 及 10 附近设两个点，见图 9.6（a）
t=[-2,-1,0-eps,0+eps,1:9,10-eps,10+eps,11:20];
figure(1),plot(t),grid
%从图 9.6（a）中可以看出时间与时间数组下标的关系，t=10+eps 对应下表 15
uc(1:3)=-12;ir2(1:3)=3;                                 % t<0 时的值
T=R2*R3/(R2+R3)*C;                                      % 求充电时常数
uc(4:14)=ucf+(uc0-ucf)*exp(-t(4:14)/T);
ir2(4:14)=ir2f+(ir20-ir2f)*exp(-t(4:14)/T);             % 用三要素法求输出
%解问题（2）
uc(15)=uc(14);ir2(15)=is;                               % 求 t=10+eps 时的各初值
ucf2=-12;ir2f=is;                                       % 求 uc 和 ir2 在新区间终值 ucf2 和 ir2f
T2=R1*R3/(R1+R3)*C;                                     % t=10+eps 到 t=20 区间的时常数
%再用三要素法求输出
uc(15:25)=ucf2+(uc(15)-ucf2)*exp(-(t(15:25)-t(15))/T2);
ir2(15:25)=is;
figure(2)
subplot(2,1,1);h1=plot(t,uc);                           % 绘 uc 图
grid,set(h1,'linewidth',2)                              % 加大线宽
subplot(2,1,2);h2=plot(t,ir2);                          % 绘 ir2 图
grid,set(h2,'linewidth',2)
```

（3）程序运行结果

如图 9.6 所示。

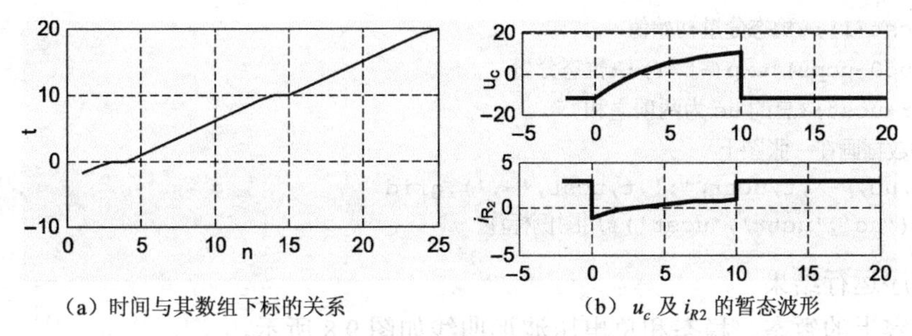

（a）时间与其数组下标的关系　　（b）u_c 及 i_{R2} 的暂态波形

图 9.6　例 9.4 的解

【例 9.5】正弦激励的一阶电路。

图 9.7 所示的一阶电路，已知 $R=2\Omega$，$C=0.5\text{F}$，电容初始电压 $u_c(0_+)=4\text{V}$，激励的正弦电压 $u_s(t)=u_m\cos\omega t$，其中 $u_m=10\text{V}$，$w=2\text{rad/s}$。当 $t=0$ 时，开关 S 闭合，求电容电压的全响应，区分其暂态响应与稳态响应，并画出波形。

解：（1）建模

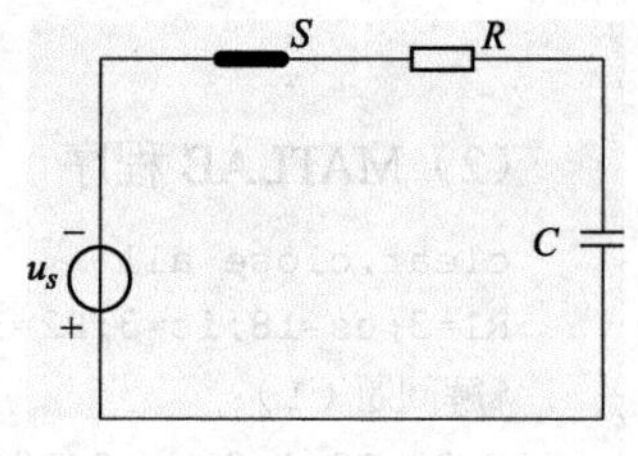

图 9.7　电路图

图 9.7 中电容电压的微分方程为

$$\frac{du_c}{dt}+\frac{1}{RC}u_c=\frac{1}{RC}u_s$$

其时间常数 $\tau=RC$。

若用三要素公式，其解为

$$u_c(t)=u_{cp}(t)+[u_c(0_+)-u_{cp}(0_+)]e^{-t/\tau}\text{，}t\geqslant 0$$

上式中，$u_c(t)$ 为电容初始电压，$u_{cp}(t)$ 为微分方程的特解，当正弦激励时，设 $u_{cp}(t)=u_{cm}\cos(\omega x+\varphi)$。

式中

$$u_{cm}=\frac{\frac{1}{\omega C}u_m}{\sqrt{R_2+\left(\frac{1}{\omega C}\right)^2}}$$

$$\varphi=90^\circ-\arctan\frac{1}{\omega CR}$$

$$u_{cp}(0_+)=u_{cm}\cos\varphi$$

最后得电容电压的全响应　$u_c(t)=[u_c(0_+)-u_{cp}(0_+)]e^{-t/\tau}+u_{cm}\cos(\omega t+\varphi)$

其暂态响应（固有响应）　$u_{ctr}(t)=[u_c(0_+)-u_{cp}(0_+)]e^{-t/\tau}$，$t\geqslant 0$

稳态响应　$u_{ctr}(t)=u_{cm}\cos(\omega t+\varphi)$

（2）MATLAB 程序

```
clear,close all
R=2;C=0.5;T=R*C;uc0=4;    % 输入元件参数
um=10;w=2;Zc=1/j/w/C;
%输入给定参数
t=0:0.1:10;%设定时间数组
us=um*cos(w*t);%设定激励信号
ucst=us*Zc/(R+Zc);%稳态分量计算
ucp0=ucst(1);%稳态分量初始值
uctr=(uc0-ucp0)*exp(-t/T);%暂态分量
uc=uctr+ucst;%总的 uc 为两项之和
%把 3 种数据画在一张图上
plot(t,uc,'-',t,uctr,':',t,ucst,'-.'),grid
legend('uc','uctr','ucst')%用图例标注
```

（3）程序运行结果

得出电容上的暂态、稳态和总电压波形曲线如图 9.8 所示。

【例 9.6】二阶过阻尼电路的零输入响应。

图 9.9 所示是典型的二阶动态电路，其零输入响应有过阻尼、临界阻尼和欠阻尼 3 种情况。本例讨论过阻尼情况（临界阻尼和欠阻尼见例 9.7）。如已知 $L=0.5\text{H}$，$C=0.02\text{F}$，$R=12.5\Omega$，初始值 $u_c(0)=1\text{V}$，$i_L(0)=0$，求 $t\geqslant 0$ 时刻的 $u_c(t)$、$i_L(t)$ 的零输入响应，并画出波形。

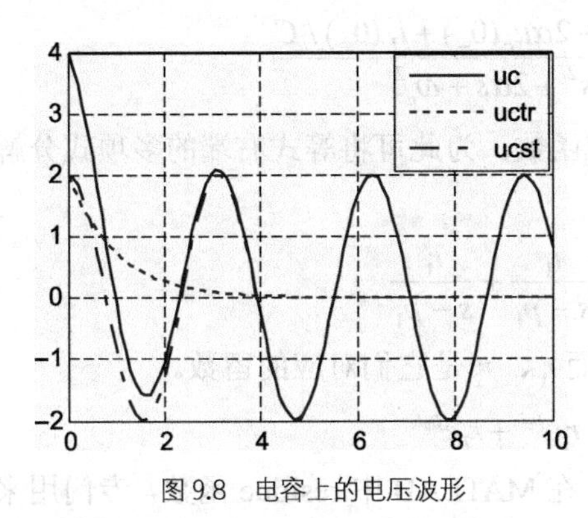

图 9.8 电容上的电压波形

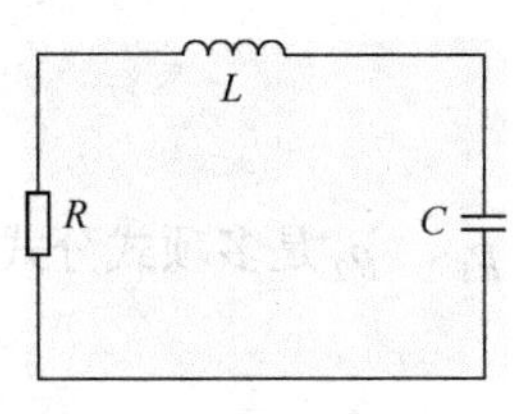

图 9.9 电路图

解：（1）建模

① 方法 1

按图 9.9，不难列出，u_c 的微分方程（i_L 的方程类似，略）为

$$\frac{d^2u_c(t)}{dt^2}+\frac{R}{L}\frac{du_c(t)}{dt}+\frac{1}{LC}u_c(t)=0$$

令衰减常数 $\alpha=\frac{R}{2L}$，谐振角频率 $\omega_n=\frac{1}{\sqrt{LC}}$，上式可写为二阶微分方程的典型形式。

$$\frac{d^2u_c}{dt^2}+2\alpha\frac{du_c}{dt}+\omega_n{}^2u_c=0$$

其初始值为 $u_c(0)$ 和 $\frac{du_c}{dt}\Big|_{t=0}=\frac{i_L(0)}{C}$

本例中

$$\alpha=\frac{R}{2L}=12.5\text{，}\quad \omega_n=\frac{1}{\sqrt{LC}}=10$$

即有 $\alpha>\omega_n$ 的过阻尼情况。其解为

$$u_c(t)=\frac{p_2u_c(0)-\frac{i_L(0)}{C}}{p_2-p_1}e^{p_1t}-\frac{p_1u_c(0)-\frac{i_L(0)}{C}}{p_2-p_1}e^{p_2t}$$

$$i_L(t)=\frac{p_1C\left[p_2u_c(0)-\frac{i_L(0)}{C}\right]}{p_2-p_1}e^{p_1t}-\frac{p_2C\left[p_1u_c(0)-\frac{i_L(0)}{C}\right]}{p_2-p_1}e^{p_2t}$$

式中，$p_1=-\alpha+\sqrt{\alpha^2-\omega_n{}^2}$，$p_2=-\alpha-\sqrt{\alpha^2-\omega_n{}^2}$

② 方法 2

对微分方程进行拉普拉斯变换，考虑到初始条件，可得

$$s^2U_c(s)-su_c(0_-)-\frac{du_c}{dt}(0_-)+2\alpha[sU_c(s)-u_c(0_-)]+\omega^2{}_nU_c(s)=0$$

整理后得

$$U_c(s)=\frac{su_c(0_-)+2\alpha u_c(0_-)+i_L(0_-)/C}{s^2+2\alpha s+\omega_n{}^2}$$

对它求拉普拉斯反变换，就可得到时域函数。为此可将等式右端的多项式分解为部分分式，得

$$U_c(s)=\frac{r_1}{s-p_1}+\frac{r_1}{s-p_1}$$

其中，p_1、p_2 是多项式分式的极点，而 r_1、r_2 是它们对应的留数。

$$u_c(t)=r_1e^{p_1t}+r_2e^{p_2t}$$

p_1、p_2、r_1 和 r_2 可以用代数方法求出，在 MATLAB 中 residue 函数，专门用来求多项式分式的极点和留数，其格式为

```
[r,p,k]=residue(num,den)
```

其中，num、den 分别为分子、分母多项式系数组成的数组，进而写出

$$u=r(1)+\exp(p(1)\times t)+r(2)\times\exp(p(2)\times t)+\cdots$$

这样就无需求出其显式，程序特别简明。

（2）MATLAB 程序

```
clear ,format compact
l=0.5;r=12.5;c=0.02;                              % 输入元件参数
uc0=1;il0=0;
alpha=r/2/l;wn=sqrt(1/(l*c));                     % 输入给定参数
p1=-alpha+sqrt(alpha^2-wn^2);                     % 方程的两个根
p2=-alpha-sqrt(alpha^2-wn^2);
dt=0.01;t=0:dt:1;%设定时间数组
%方法 1，公式法
uc1=(p2*uc0-il0/c)/(p2-p1)*exp(p1*t);             % uc 的第一个分量
uc2=(p1*uc0-il0/c)/(p2-p1)*exp(p2*t);
il1=p1*c*(p2*uc0-il0/c)/(p2-p1)*exp(p1*t);        % il 第一个分量
il2=p2*c*(p1*uc0-il0/c)/(p2-p1)*exp(p2*t);
uc=uc1+uc2;il=il1+il2;                            % 两个分量相加
%分别画出两种数据曲线
subplot(2,1,1),plot(t,uc),grid
subplot(2,1,2),plot(t,il),grid
%方法 2，拉普拉斯变换及留数法
num=[uc0,r/l*uc0+il0/c];%uc(s)的分子系数多项式
den=[1,r/l,1/l/c];                                % uc(s) 分母系数多项式
[r,p,k]=residue(num,den);                         % 求极点留数
%求时域函数 ucn，对 ucn 求导得到电路 iln
ucn=r(1)*exp(p(1)*t)+r(2)*exp(p(2)*t);
```

```
iln=c*diff(ucn)/dt;
%绘制曲线，注意求导后数据长度减少一个
figure(2)
subplot(2,1,1),plot(t,ucn),grid
subplot(2,1,2),plot(t(1:end-1),iln),grid
```

（3）程序运行结果

两种方法的曲线形状相同，如图 9.10 所示。

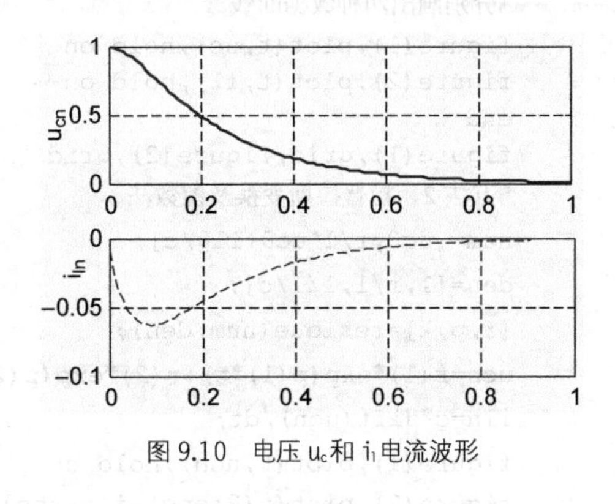

图 9.10　电压 u_c和 i_l电流波形

【例 9.7】二阶欠阻尼电路的零输入响应。

如图 9.9 所示的二阶电路，如 $L=0.5\text{H}$，$C=0.02\text{F}$。初始值 $u_c(0)=1\text{V}$、$i_L=0$，试研究 R 分别为$1\Omega,2\Omega,3\Omega,\ldots,10\Omega$的零输入响应，并画出波形图

解：（1）建模

本例电路的微分方程同例 9.6，不再重复。这里 $\omega=\dfrac{1}{\sqrt{LC}}=10$，当 $R=1\Omega$，2Ω，3Ω，…，10Ω时，$\alpha=1$，2，3，…，10。显然 $\alpha=\omega_n=10$ 为临界阻尼，其余为欠阻尼（衰减振荡）情况，这时方程的解为

$$u_c(t)=Ae^{-\alpha t}\sin(\beta t+\varphi)$$

$$i_L(t)=-t\omega_n CAe^{at}\sin(\beta t-\vartheta)$$

式中
$$A=\sqrt{\frac{\left[\beta u_c(0)\right]^2+\left[\dfrac{i_L(0)}{C}+\alpha u_c(0)^2\right]}{\beta^2}}$$

$$\varphi=\arctan\frac{\beta u_c(0)}{\dfrac{i_L(0)}{C}+\alpha u_c(0)},\quad \vartheta=\arctan\frac{\beta\dfrac{i_L(0)}{C}}{\alpha\dfrac{i_L(0)}{C}+\omega_n{}^2u_c(0)}$$

式中各公共参数
$$\alpha=\frac{R}{2L},\omega_n=\frac{1}{\sqrt{LC}},\beta=\sqrt{\omega_n{}^2-\alpha^2}$$

（2）MATLAB 程序

```
clear ,format compact
l=0.5;c=0.02;                              % 输入元件参数
uc0=1;il0=0;
for r=1:10
    alpha=r/2/l;wn=sqrt(1/(l*c));          % 输入给定参数
    p1=-alpha-sqrt(alpha^2-wn^2);          % 方程的两个根
    p2=-alpha+sqrt(alpha^2-wn^2);
    dt=0.01;t=0:dt:1;                      % 设定时间数组
    %方法 1，公式法
    beta=sqrt(wn^2-alpha^2);
    A=sqrt((beta*uc0)^2+(il0/c+alpha*uc0)^2)/beta;
    phi=atan(beta*uc0/(il0/c+alpha*uc0));
    theta=atan(beta*il0/c/(alpha*il0/c+wn^2*uc0));
    uc=A*exp(-alpha*t).*sin(beta*t+phi);
```

```
    il=-wn*c*exp(-alpha*t).*sin(beta*t+theta);
    %分别画出两种数据曲线
    figure(1),plot(t,uc),hold on
    figure(2),plot(t,il),hold on
    end
    figure(1),grid,figure(2),grid
    %方法 2，拉普拉斯变换及留数法
    num=[uc0,r/l*uc0+il0/c];                % uc(s)的分子系数多项式
    den=[1,r/l,1/l/c];                      % uc(s)的分母系数多项式
    [r,p,k]=residue(num,den);               % 求极点留数
    ucn=r(1)*exp(p(1)*t)+r(2)*exp(p(2)*t);  % 求时域函数
    iln=c*diff(ucn)/dt;                     % 对 ucn 求导得电流 iln
    figure(1),plot(t,ucn),hold on           % 绘制曲线
    figure(2),plot(t(2:end),iln),hold on
```

（3）程序运行结果

设 $R=1\sim10\Omega$，可以得出图 9.11 所示的曲线族。用方法 2 时，应该将该段程序放到 for 循环内部，两种方法所得曲线形状相同，因此只画出一组。只有当 $R=10\Omega$ 时，用方法 2 得出的结果有很大的差异，这是因为 residue 程序在遇到重根时会出现奇异解，导致结果不正确。

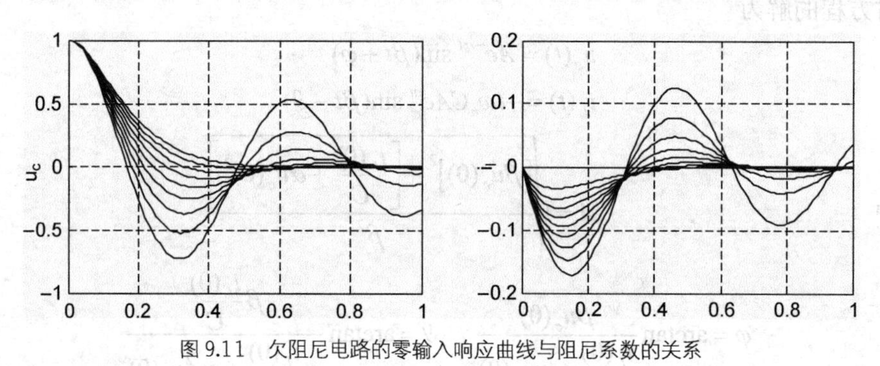

图 9.11　欠阻尼电路的零输入响应曲线与阻尼系数的关系

9.3　正弦稳态电路

【例 9.8】简单的正弦稳态电路。

如图 9.12 所示电路，已知 $R=5\Omega$，$\omega L=3\Omega$，$1/\omega C=2\Omega$，$U_c=10\angle30^\circ\text{V}$，求 I_r、I_c、I 及 U_L、U_s，并画出其相量图（注：由于 MATLAB 程序中，变量都看成复数，并且不能在变量上方加点，所以本书在文本和图中都省略了电相量上的点）。

解：（1）建模

这是普通的正弦稳态电路问题，设 $Z_1=j\omega L$，$Z_2=R$，$Z_3=1/j\omega C$，R 与 C 并联后的阻抗为 $Z_{23}=\dfrac{Z_2Z_3}{Z_2+Z_3}$，总阻抗为 $Z=Z_1+Z_{23}$。

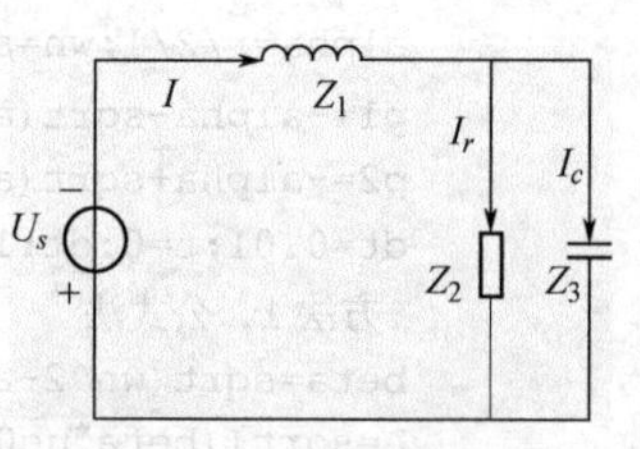

图 9.12　电路图

由图可得

$$\dot{I}_r=\dot{U}_c/Z_2,\quad \dot{I}_c=\dot{U}_c/Z_3,\quad \dot{I}=\dot{I}_r+\dot{I}_c$$

$$\dot{U}_L - Z_1\dot{I}，\ \dot{U}_s = Z\dot{I}$$

$\dot{I}_r, \dot{I}_c$ 可由 U_c 分别除以 Z_2, Z_3 得到 $I_r = U_c / Z_2$，$I_c = U_c / Z_3$

（2）MATLAB 程序

```
clear ,format compact
z1=3*j;z2=5;z3=-2*j;uc=10*exp(30j*pi/180);%给定输入参数
z23=z2*z3/(z2+z3);z=z1+z23;%列出交流电路方程
ic=uc/z3,ir=uc/z2,ul=i*z1,us=i*z
disp('uc ir ic i ul us')
disp('幅值'),disp(abs([uc,ir,ic,i,ul,us]))
disp('相角'),disp(angle([uc,ir,ic,i,ul,us])*180/pi)
%compass 是 matlab 中绘制复数相量图的命令，用它画相量图特别方便
ha=compass([uc,ir,ic,i,ul,us]);
set(ha,'linewidth',3)
```

（3）程序运行结果

```
uc        ir        ic        i         ul        us
幅值
  10.0000    2.0000    5.0000    1.0000    3.0000    1.4503
相角
 572.9578  114.5916  286.4789   57.2958  171.8873   83.0976
```

通常给题时都设已知信号的初相角为零，本题故意将它设为30°，此时的 U_c 为复数，将它写为指数形式为 $U_{cm}\exp(j\varphi)$，如图 9.13 所示。

【例 9.9】 正弦稳态电路：戴维南定理。

如图 9.14 所示电路，已知 $C_1 = 0.5\text{F}$，$R_2 = R_3 = 2\Omega$，$L_4 = 1\text{H}$；$U_s = 10 + 10\cos t$，$I_s(t) = 5 + 5\cos 2t$，求 b、d 两点之间的电压 $U(t)$。

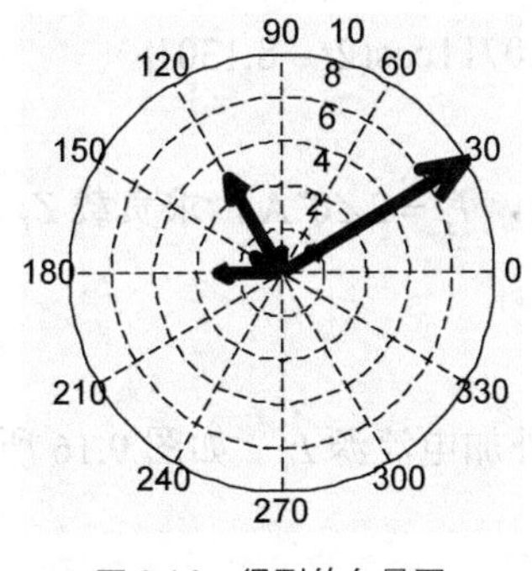

图 9.13 得到的向量图

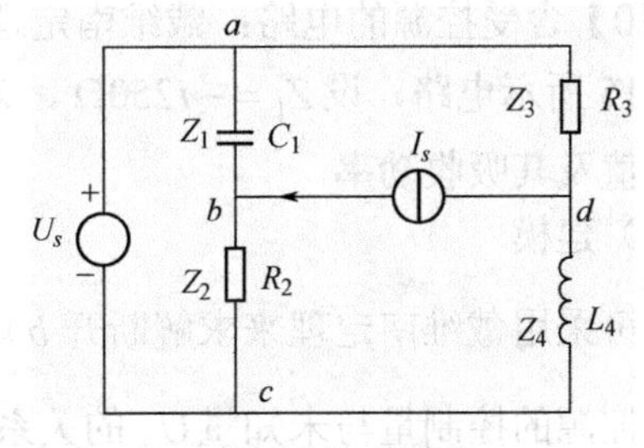

图 9.14 电路图

解（1）：建模

该题是一种含有 3 个频率分量的正弦稳态电路问题，可以对每个频率成分分别计算，然后再叠加起来。但是，最有效的方法是利用 MATLAB 的元素群计算特性，把多个频率分量及相应的电压、电流、阻抗等都看成多元素的行数组，每一元素对应于一种频率分量的值。因为它们服从同样的方程，该程序结构简洁明了。

① 先看 $\dot{U}_s$ 对 b、d 点产生的等效电压 $\dot{U}_{oc}$，令电流源开路，即 $I_s = 0$，由电桥电路可得

$$\dot{U}_{oc}=\left[\frac{Z_2}{Z_1+Z_2}-\frac{Z_4}{Z_3+Z_4}\right]\dot{U}_s$$

其相应的等效内阻抗为

$$Z=\frac{Z_1Z_2}{Z_1+Z_2}+\frac{Z_3Z_4}{Z_3+Z_4}$$

② 令 $\dot{U}_s=0$，则电流源在 b、d 之间产生的电压为 I_sZ_{eq}

③ 根据叠加原理 $\dot{U}=I_sZ_{eq}+\dot{U}_{oc}$

（2）MTALAB 程序

```
clear ,format compact
w=[eps,1,2];us=[10,10,0];is=[5,0,5];        % 按频率依次设定输入信号数组
z1=1./(0.5*w*j);z4=1*w*j;
%阻抗分量是频率的函数，故自动成为数组
z2=[2,2,2];z3=[2,2,2];                       % 电阻分量转换成常数数组
uoc=(z2./(z1+z2)-z4./(z3+z4)).*us;           % 列出电路的复数方程
zeq=z3.*z4./(z3+z4)+z1.*z2./(z1+z2);         % 求解
u=is.*zeq+uoc;
disp('. w    um    phi  ')%显示
disp([w', abs(u'),angle(u')*180/pi])
```

（3）程序运行结果

```
w         um       phi
    0.0000   10.0000         0
    1.0000    3.1623  -18.4349
    2.0000    7.0711   -8.1301
```

由此，可以写出 $U(t)$ 的表达式为

$$U(t)=10+3.1623\cos(t-18.4349)+7.0711\cos(2t-8.1301)$$

【例 9.10】 含受控源的电路：戴维南定理。

如图 9.15 所示电路，设 $Z_1=-j250\Omega$，$Z_2=250\Omega$，$I_s=2\angle 0^\circ \text{A}$，求负载 Z_L 获得最大功率时的阻抗值及其吸收功率。

解：（1）建模

本例题可采用戴维南定理来求解断开 b 端并接入外加电流源 $\dot{I}_b$，如图 9.16 所示。列出节点方程和受控源的控制量与未知量 $\dot{U}_a$ 的关系为

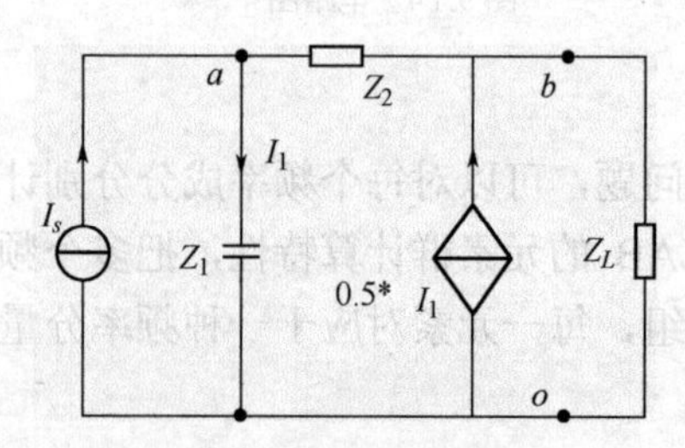

图 9.15　求戴维南等效电路

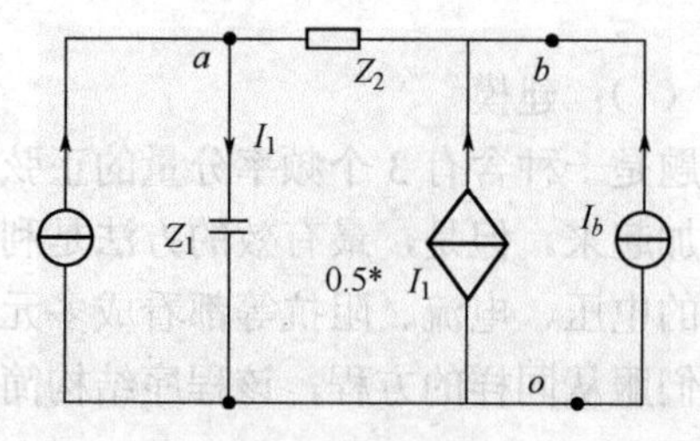

图 9.16　原电路

$$\left(\frac{1}{Z_1}+\frac{1}{Z_2}\right)\dot{U}_a-\frac{1}{Z_2}\dot{U}_b=\dot{I}_s$$

$$-\frac{1}{Z_2}\dot{U}_a+\frac{1}{Z_2}\dot{U}_b=\dot{I}_b+0.5\dot{I}_1$$

$$\frac{1}{Z_1}\dot{U}_a=\dot{I}_1$$

整理以上方程，将未知量 $\dot{U}_a$，$\dot{U}_b$，$\dot{I}_1$ 均移到等号左端，得

$$\begin{bmatrix}\frac{1}{Z_1}+\frac{1}{Z_2} & -\frac{1}{Z_2} & 0\\ -\frac{1}{Z_2} & \frac{1}{Z_2} & -0.5\\ \frac{1}{Z_1} & 0 & -1\end{bmatrix}\begin{bmatrix}\dot{U}_a\\ \dot{U}_b\\ \dot{I}_b\end{bmatrix}=\begin{bmatrix}1 & 0\\ 0 & 1\\ 0 & 0\end{bmatrix}\begin{bmatrix}\dot{I}_a\\ \dot{I}_b\end{bmatrix}$$

令 $\dot{I}_b=0$，$\dot{I}_s=2\angle 0^\circ\,\mathrm{A}$，得开路电压 $\dot{U}_{oc}=\dot{U}_b$。

令 $\dot{I}_s=0$，$\dot{I}_b=1\angle 0^\circ$ 得等效内阻抗 $Z_{eq}=\dfrac{\dot{U}_b}{\dot{I}_b}=\dfrac{\dot{U}_b}{1}$。

于是负载获取最大功率时 $Z_L=Z_{eq}$。

最大功率为 $P_{L\max}=\dfrac{\left|U_{oc}\right|^2}{4R_L}$。

也可采用下述更简便的方法，如图 9.16 所示，由 b 经 Z_2、Z_1 列方程得

$$\dot{U}_b=Z_2\left(\dot{I}_b+0.5\dot{I}_1\right)+Z_1\dot{I}_1=Z_2\dot{I}_b+(Z_1+0.5Z_2)\dot{I}_1 \tag{9.6}$$

$$\dot{I}_1=\dot{I}_s+\dot{I}_b+0.5\dot{I}_1 \text{ 即 } \dot{I}_1=2\dot{I}_s+2\dot{I}_b \tag{9.7}$$

代入（9.6）得

$$\dot{U}_b=Z_2\dot{I}_b+(Z_1+0.5Z_2)(2\dot{I}_s+2\dot{I}_b)=\left(2Z_1+2Z_2\right)\dot{I}_b+\left(2Z_1+Z_2\right)\dot{I}_s$$

令 $\dot{I}_b=0,\dot{I}_s=2\angle 0^\circ$，$\dot{U}_{oc}=\dot{U}_b=(2Z_1+Z_2)\dot{I}_s$，令 $\dot{I}_s=0$，$\dot{I}_b=1\angle 0^\circ$，得等效内阻抗 $Z_{eq}=\dfrac{\dot{U}_b}{\dot{I}_b}=\dfrac{\dot{U}_b}{1}$，$Z_L=Z_{eq}$。

于是

$$P_{L\max}=\frac{\left|U_{oc}\right|^2}{4R_L}$$

（2）MATLAB 程序

```
clear ,format compact
z1=-j*250;z2=250;ki=0.5;is=2;          % 设定元件参数
a11=1/z1+1/z2;a12=-1/z2;a13=0;         % 设定系数矩阵 A
```

```
a21=-1/z2;a22=1/z2;a23=-ki;
a31=1/z1;a32=0;a33=-1;
A=[a11,a12,a13;a21,a22,a23;a31,a32,a33];
B=[1,0;0,1;0,0];                              % 设定系数矩阵 B
%求方程解 X=[ua;ub;I1]=A\B*[is;ib]
x0=A\B*[is;0];
%uoc 等于 İb = 0，İs = 2∠0°A 时的 ub
uoc=x0(2),
%zeq 等于 is=0,ib=1 时 ub
x1=A\B*[0;1];zeq=x1(2),
%最大负载功率发生在 zl=zep'时
plmax=(abs(uoc))^2/4/real(zeq)
```

（3）程序运行结果

```
uoc =5.0000e+02 - 1.0000e+03i
zeq =5.0000e+02 - 5.0000e+02i
plmax =625.0000
```

最大负载功率产生于 $Z_{L\max}=Z_{ep}'=500+500i$，$P_{L\max}=625\text{W}$。

【例 9.11】含互感的电路：复功率。

如图 9.17 所示的电路，已知 $R_1=4\Omega$，$R_2=R_3=2\Omega$，$X_{L1}=10\Omega$，$X_{L2}=8\Omega$，$X_M=4\Omega$，$X_C=4\Omega$，$\dot{U}_s=10\angle 0^\circ V$，$\dot{I}_s=10\angle 0^\circ\text{A}$。求电压源、电流源发生的复功率。

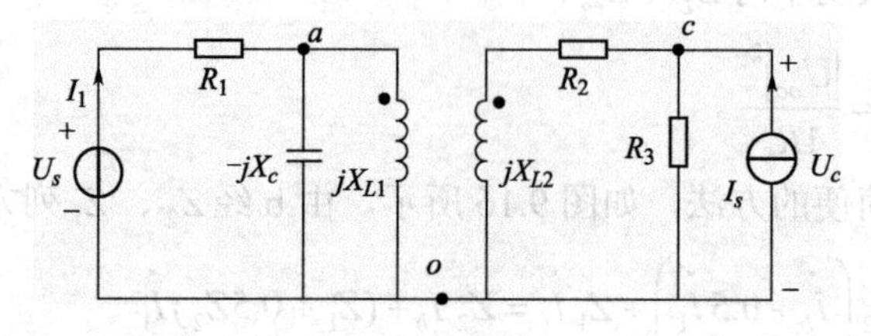

（a）原始电路图

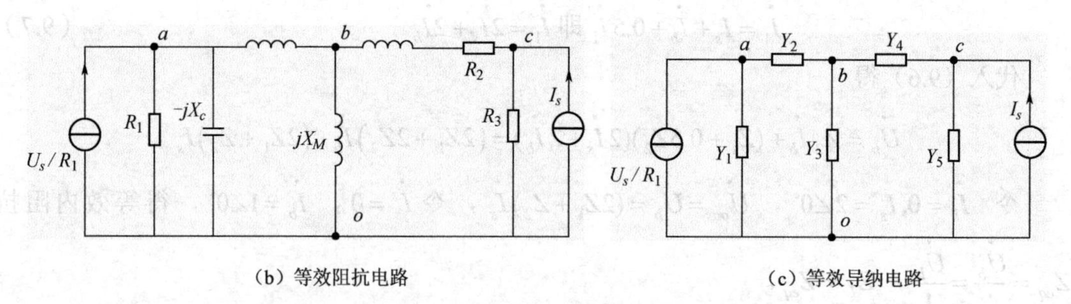

（b）等效阻抗电路　　　　（c）等效导纳电路

图 9.17　等效电路变换

解：（1）建模

要求电源发出的功率，需先求得图 9.17（a）中的电流 I_1 和电流源端电压 U_c。

如利用节点法求解，可将互感电路变换为去耦等效电路，同时将电压源变换为电流源，如图 9.17（b）所示。按图 9.17（b）的简化电路得图 9.17（c），并列出节点方程。

$$\begin{bmatrix} Y_1+Y_2 & -Y_2 & 0 \\ -Y_2 & Y_2+Y_3+Y_4 & -Y_4 \\ 0 & -Y_4 & Y_4+Y_5 \end{bmatrix} \begin{bmatrix} \dot{U}_a \\ \dot{U}_b \\ \dot{U}_c \end{bmatrix} = \begin{bmatrix} \dfrac{\dot{U}_s}{R_1} \\ 0 \\ \dot{I}_s \end{bmatrix} \tag{9.8}$$

式中

$$Y_1 = \frac{1}{R_1} + \frac{1}{(-jX_c)}, \quad Y_2 = \frac{1}{j(X_{L1} - X_M)}$$

$$Y_3 = \frac{1}{jX_M}, \quad Y_4 = \frac{1}{R_2 + j(X_{L2} - X_M)}$$

$$Y_5 = \frac{1}{R_3}$$

由式（9.8）解得$\dot{U}_a$、$\dot{U}_c$。

由图 9.17（a）可见$\dot{I}_s = \dfrac{\dot{U}_s - \dot{U}_a}{R_1}$。

于是得，电压源发出复功率$S_{u_1} = \dot{U}_s \dot{I}^*$，电流源发出复功率$S_{I_s} = \dot{U}_c \dot{I}_s^*$。

（2）MATLAB 程序

```
clear ,format compact
r1=4;r2=2;r3=2;%设定元件参数
x11=10;x12=8;xm=4;xc=8;
us=10;is=10;%设定信号源参数
y1=1/r1+1/(-j*xc);y2=1/(j*(x11-xm));y3=1/(j*xm);
y4=1/(r2+j*(x12-xm));y5=1/r3;
a11=y1+y2;a12=-y2;a13=0;%设定系数矩阵 A
a21=-y2;a22=y2+y3+y4;a23=-y4;
a31=0;a32=-y4;a33=y4+y5;
A=[a11,a12,a13;a21,a22,a23;a31,a32,a33];
B=[us/r1;0;is];%设定 B
x=A\B
% x=[ua;ub;uc]=A\B;
i1=(us-x(1))/r1;
pus=us*i1',pis=x(3)*is'
%求 Us 和 Is 产生的复功率
```

（3）程序运行结果

```
x =11.6195 - 3.7532i
   8.5347 + 1.4910i
  17.5064 + 3.2391i
pus =-4.0488 - 9.3830i
pis =1.7506e+02 + 3.2391e+01i
```

【例 9.12】如图 9.18 所示的电路，知 U_s=100V，I_1=100mA，电路吸收功率 $P=6$W，

$X_{L1}=1250\Omega$，$X_{c2}=750\Omega$，电路成感性，求R_3，X_{L3}。

解：（1）建模

设电源端的总阻抗$Z=R+jX$

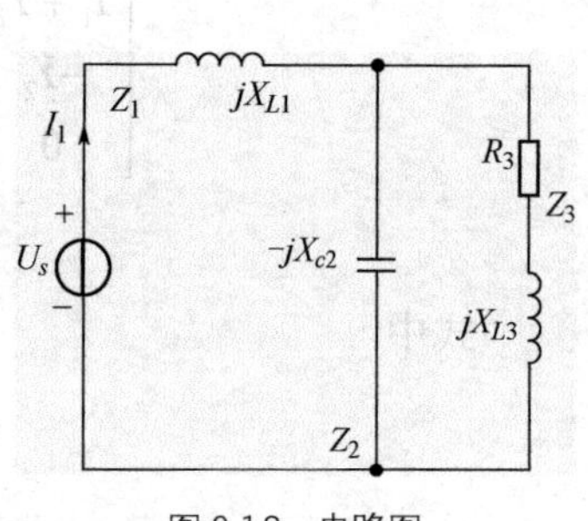

图 9.18 电路图

由图 9.18 知$Z=Z_1+\dfrac{1}{Y_2+Y_3}$，$Y_2=\dfrac{1}{Z_2}$，$Y_3=\dfrac{1}{Z_3}$

总阻抗的模$|Z|=\dfrac{U_s}{I}$。

由于Z_1、Z_2为纯电抗元件，不吸收有功功率，故$R=\dfrac{P}{I^2}$。

由于$Z=\sqrt{R^2+X^2}$，$X=\pm\sqrt{|Z|^2-R^2}$

得知电路成感性，取“+”号，即$Z=R+jX$

Z_2，Z_3的并联阻抗$Z_{23}=Z-Z_1=Z-jX_{L_1}$其倒数$\dfrac{1}{Z_{23}}=Y_2+Y_3$

得

$$R_3=\mathrm{Re}[Z_3]$$

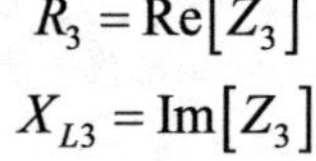

$$X_{L3}=\mathrm{Im}[Z_3]$$

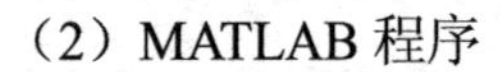

（2）MATLAB 程序

```
clear ,format compact
xl1=1250;xc2=750;                    % 设定元件参数
us=100;i=100;p=6;                    % 设定信号源参数
z1=j*xl1;z2=-j*xc2;                  % 求两已知支路的阻抗
r=p/i^2;absz=us/i;                   % 求电路的总阻抗
absx=sqrt(absz^2-r^2);               % 求电路的总电抗
z=r+j*absx;                          % 求电路的总阻抗
z23=z-z1;                            % 求 2，3 支路的并联阻抗
y3=1/z23-1/z2;z3=1/y3                % 求 3 支路的阻抗
r3=real(z3),xl3=imag(z3)             % 求 2，3 支路的电抗
```

（3）程序运行结果

```
z3 = 1.3554e-03 + 1.8773e+03i
r3 =0.0014
xl3 =1.8773e+03
```

【例 9.13】 正弦稳态电路：利用模值求解。图 9.19 所示电路，知$I_R=10\text{A}$，$X_c=10\Omega$，并且$U_1=U_2=200\text{V}$，求X_L。

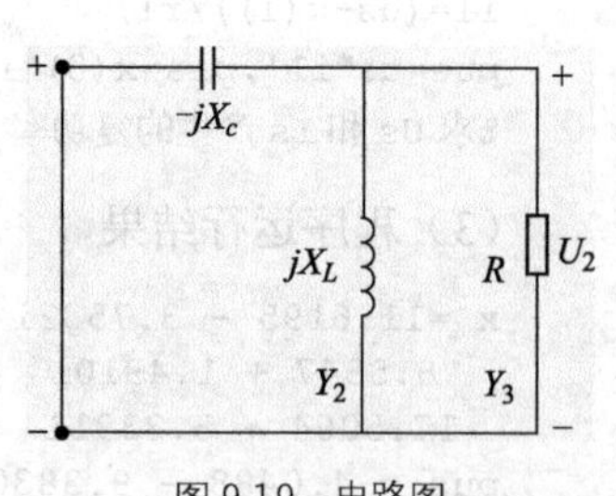

图 9.19 电路图

解：（1）建模

本例中的U_1、U_2，只知道有效值、初相位置，故用模值求解较为方便。列出U_2的节点方程

$$(Y_1+Y_2+Y_3)U_2=Y_1U_1$$

式中 $Y_1=j\dfrac{1}{X_c}$，$Y_2=-j\dfrac{1}{X_1}$，$Y_3=\dfrac{1}{R}=\dfrac{I_1}{U_2}=\dfrac{1}{20}$

等号两端同时除以U_2并取模得

$$|Y_1+Y_2+Y_3|=\left|Y_1\frac{\dot{U}_1}{\dot{U}_2}\right|$$

$$|Y_1+Y_2+Y_3|=\sqrt{\left(\frac{1}{R}\right)^2+\left(\frac{1}{X_L}-\frac{1}{X_c}\right)^2}=\left|Y_1\frac{\dot{U}_1}{\dot{U}_2}\right|=\frac{1}{X_c}$$

可解得

$$Y_1=\frac{1}{X_L}=\frac{1}{X_c}\pm\sqrt{\left(\frac{1}{X_c}\right)^2-\left(\frac{1}{R}\right)^2}$$

$$X_L=\frac{1}{Y_1}$$

（2）MATLAB程序

```
clear ,format compact
ir=10;xc=10;      % 设定元件值
u1=200;u2=200;  % 设定已知变量
r=u2/ir%求R
yl(1)=1/xc+sqrt((1/xc)^2-(1/r)^2);
yl(2)=1/xc-sqrt((1/xc)^2-(1/r)^2)
xl=1./yl
```

（3）程序运行结果

```
r =
   20
yl =
   0.1866    0.0134
xl =
   5.3590   74.6410
```

9.4 频率响应

频率响应函数即为响应向量（输出）$\dot{Y}$与激励向量（输入）$\dot{F}$之比，即$H(j\omega)=|H(j\omega)|e^{j\theta(\omega)}=\frac{\dot{Y}}{\dot{F}}$。

MATLAB中的abs(H)和angle(H)语句可直接计算幅频响应和相频响应，并且其绘制的图形的频率坐标（横坐标）可以采用线性的（plot），也可以采用半对数的（semilogx），这给计算和绘制幅、相特性带来了很大的方便。

【例9.14】一阶低通电路的频率响应。

图9.20是一阶RC低通电路，若以$\dot{U}_c$为响应，求频率响应函数，画出其幅频响应$|H(j\omega)|$和相频响应$\theta(\omega)$。

解：（1）建模

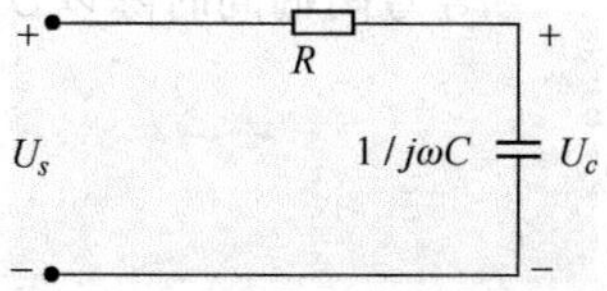

由图 9.20 用分压公式，得频率响应函数为

$$H(j\omega)=\frac{\dot{U}_c}{\dot{U}_s}=\frac{-j\dfrac{1}{\omega C}}{R-j\dfrac{1}{\omega C}}=\frac{1}{1+j\omega C}=\frac{1}{1+j\dfrac{\omega}{\omega_c}}$$

图 9.20　电路图

式中，$\omega_c=\dfrac{1}{RC}$ 为截止角频率。

设无量纲频率 $\omega_w=\dfrac{\omega}{\omega_c}=0$，0.2，0.4，…，4，画出幅频响应以及相频响应。

（2）MATLAB 程序

```
clear ,format compact
ww=0:0.2:4;                                          % 设定频率数组 ww=w/wc
H=1./(1+j*ww);                                       % 求复频率响应
figure(1)
subplot(2,1,1),plot(ww,abs(H));                      % 绘制幅频特性
grid,xlabel('ww'),ylabel('abs(H)')
subplot(2,1,2),plot(ww,angle(H));                    % 绘制相频特性
grid,xlabel('ww'),ylabel('angle(H)')
figure(2)
subplot(2,1,1),semilogx(ww,20*log10(abs(H)));        % 纵坐标为分贝
grid,xlabel('ww'),ylabel('分贝')
subplot(2,1,2),plot(ww,angle(H));                    % 绘制相频特性
grid,xlabel('ww'),ylabel('angle(H)')
```

（3）程序运行结果

如图 9.21 所示。

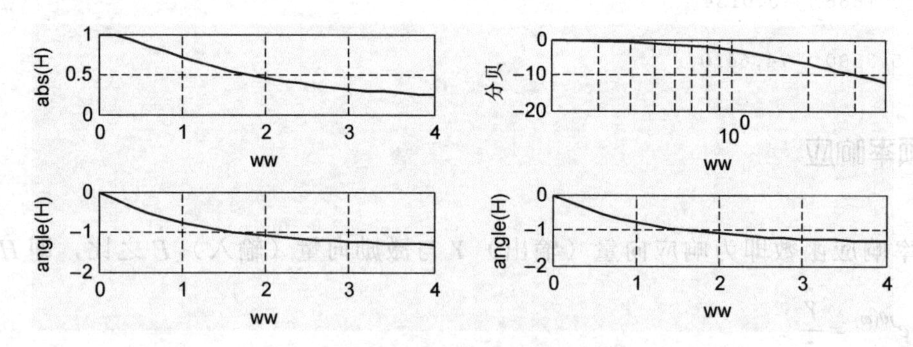

图 9.21　例 9.14 的频率特性

【例 9.15】 频率响应：二阶低通电路。

二阶低通函数的典型形式为

$$H(j\omega)=\frac{\dot{U}_2}{\dot{U}_1}=H_0\frac{\omega_n^{\,2}}{s^2+\dfrac{\omega_n}{Q}s+\omega_n^{\,2}} \tag{9.9}$$

其中 $s = j\omega$ 。

令 $H_0 = 1$，画出 $Q = \frac{1}{3}$，$\frac{1}{2}$，$\frac{1}{\sqrt{2}}$，1，2，5 的幅频响应、相频响应。当 $Q = \frac{1}{\sqrt{2}}$ 时，称为最平幅频特性（即 Butterworth 特性），即在通带内其幅值特性最平坦。

解：（1）建模

令 $H_0 = 1$，$s = j\omega$，式（9.9）可简化为 $H(j\omega) = \dfrac{1}{1 - \left(\dfrac{\omega}{\omega_n}\right)^2 + j\dfrac{1}{Q}\dfrac{\omega}{\omega_n}}$

幅频响应若用增益表示，为 $G = 20\log\left|H(j\omega)\right|$ 。

相频特性 $\theta(\omega) = \angle H(j\omega)$ 。

横坐标用对数无量纲频率，取 $\omega_w = \dfrac{\omega}{\omega_n} = 0.1, \cdots, 1, \cdots, 10$。

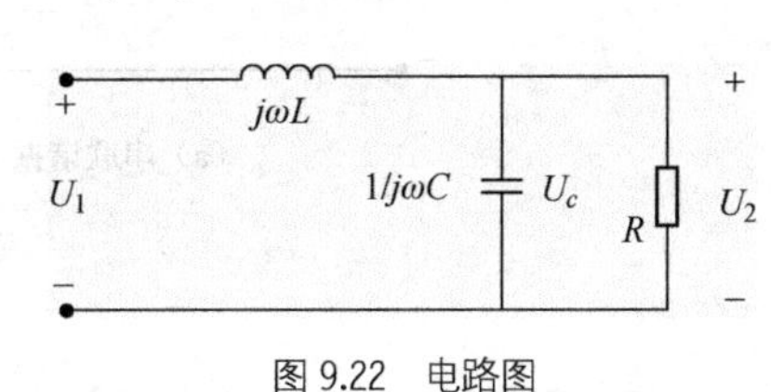

图 9.22 电路图

令 $Q = \frac{1}{3}$，$\frac{1}{2}$，$\frac{1}{\sqrt{2}}$，1，2，5 画图，如图 9.22 所示。

（2）MATLAB 程序

```
clear ,format compact
for q=[1/3,1/2,1/sqrt(2),1,2,5]
    ww=logspace(-1,1,50);                          % 设定频率数组 ww=w/wc
    H=1./(1+j*ww/q+(j*ww).^2);                     % 求复频率响应
    figure(1)
    subplot(2,1,1),plot(ww,abs(H)),hold on         % 绘制幅频特性
    subplot(2,1,2),plot(ww,angle(H)),hold on       %% 绘制相频特性
     figure(2)
    subplot(2,1,1),semilogx(ww,20*log10(abs(H))),hold on   % 纵坐标为分贝
    subplot(2,1,2),semilogx(ww,angle(H)),hold on   % 绘制相频特性
end
figure(1),subplot(2,1,1),grid,xlabel('w'),ylabel('abs(H)')
subplot(2,1,2),grid,xlabel('w'),ylabel('angle(H)')
figure(2),subplot(2,1,1),grid,xlabel('w'),ylabel('fenbei')
subplot(2,1,2),grid,xlabel('w'),ylabel('angle(H)')
```

（3）程序运行结果

结果如图 9.23 所示。

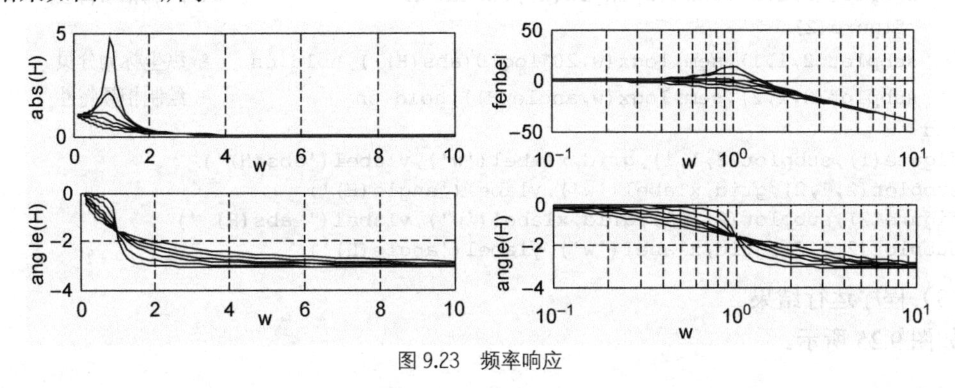

图 9.23 频率响应

【例 9.16】频率响应：二阶带通电路。

图 9.24 所示是互相对偶的串联与并联谐振电路，其频率响应函数为

$$H(j\omega)=\frac{H_0}{1+jQ\left(\frac{\omega}{\omega_n}-\frac{\omega_n}{\omega}\right)}$$

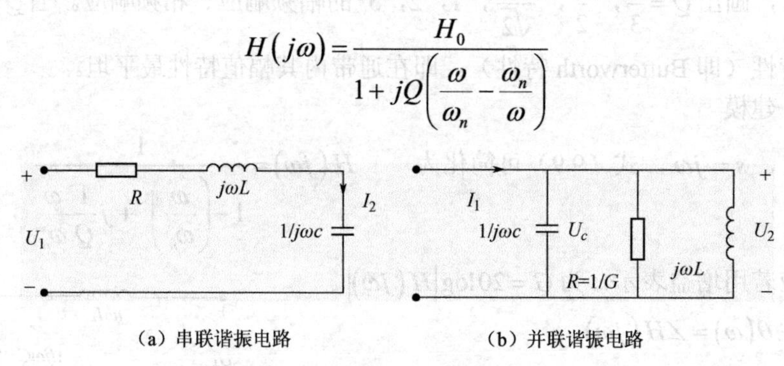

（a）串联谐振电路　　（b）并联谐振电路

图 9.24　谐振电路

各电路的参数分别为：（a）$H(j\omega)=\frac{\dot{I}_2}{\dot{U}_1},\omega_n^2=\frac{1}{LC},Q=\frac{\omega_n L}{R},H_0=\frac{1}{R}$

（b）$H(j\omega)=\frac{U_2}{I_1},\omega_n^2=\frac{1}{LC},Q=\frac{\omega_n C}{G}=\omega_n CR,H_0=\frac{1}{G}=R$

解：（1）建模

由题知，幅频响应为$G(j\omega)=20\log|H(j\omega)|$

相频响应为$\theta(\omega)=angle(H(j\omega))$

横坐标用对数坐标取　　$\frac{\omega}{\omega_n}=0.1$，…，1，…，10

取$Q=5$，10，20，50，100，作图。

（2）MATLAB 程序

```
clear ,format compact
H0=1;wn=1;
for q=[5,10,20,50,100]
    w=logspace(-1,1,50);                                 % 定频率数组 w
    H=H0./(1+j*q*(w/wn-wn./w));                          % 求复频率响应
    figure(1)
    subplot(2,1,1),plot(w,abs(H)),hold on                % 绘制幅频特性
    subplot(2,1,2),plot(w,angle(H)),hold on              % 绘制相频特性
     figure(2)
    subplot(2,1,1),semilogx(w,20*log10(abs(H))),hold on  % 纵坐标为分贝
    subplot(2,1,2),semilogx(w,angle(H)),hold on          % 绘制相频特性
end
figure(1),subplot(2,1,1),grid,xlabel('w'),ylabel('abs(H)')
subplot(2,1,2),grid,xlabel('w'),ylabel('angle(H)')
figure(2),subplot(2,1,1),grid,xlabel('w'),ylabel(' abs(H) ')
subplot(2,1,2),grid,xlabel('w'),ylabel('angle(H)')
```

（3）程序运行结果

如图 9.25 所示。

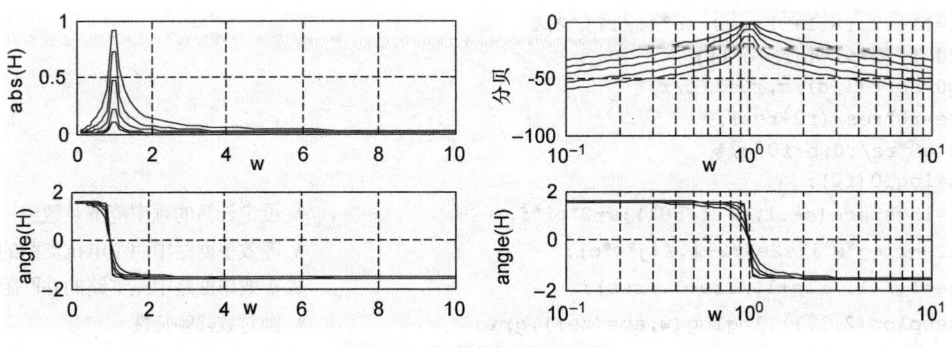

图 9.25 谐振回路的频率特性

【例 9.17】复杂谐振电路的计算。

图 9.26 所示为一双电感并联电路，已知，$R_s = 28.2\text{k}\Omega$，$R_1 = 2\Omega$，$R_2 = 3\Omega$，$L_1 = 0.75\text{mH}$，$L_2 = 0.25\text{mH}$，求回路的通频带 b 及满足回路阻抗大于 50kΩ 的频带范围。

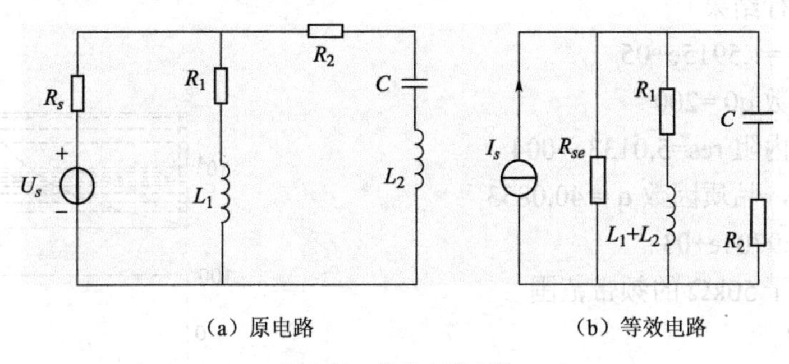

图 9.26 等效电路变换

解：(1) 建模

首先，把回路变换成为一个等效单电感谐振电路，把信号源的内阻 R_s 变为并接在该单电感回路上的等效内阻 R_{se}，如图 9.26（b）所示。按照等效电路写成的方程如下。

设 $m = \dfrac{L_1}{L_1 + L_2}$，则

$$R_{se} = \frac{R_s}{m^2}，I_s = m\frac{U_s}{R_s}$$

其他两支路的等效阻抗分别为

$$Z_{1e} = R_1 + j\omega(L_1 + L_2), Z_{2e} = R_2 + \frac{1}{j\omega C}$$

总阻抗是三支路阻抗的并联

$$Z_e = \left(\frac{1}{R_{se}} + \frac{1}{Z_{1e}} + \frac{1}{Z_{2e}}\right)^{-1}$$

其谐振曲线可按绝对值直接求得。

(2) MATLAB 程序

```
clear ,format compact
r1=2;r2=3;l1=0.75e-3;l2=0.25e-3;c=1000e-12;rs=28200;
```

```
l=l1+l2;r=r1+r2;res=rs*(l/l1)^2;%
f0=1/(2*pi*sqrt(c*l))
q0=sqrt(l/c)/r,r0=l/c/r;%
re=r0*res/(r0+res);%
q=q0*re/r0,b=f0/q,%
s=log10(f0);
f=logspace(s-.1,s+.1,501);w=2*pi*f;              % 设定计算的频率范围及数组
z1e=r1+j*w*l;z2e=r2+1./(j*w*c);                 % 等效单回路中两个电抗支路的阻抗
ze=1./(1./z1e+1./z2e+1./res);                   % 等效单回路中三支路的并联阻抗
subplot(2,1,1),loglog(w,abs(ze)),grid           % 画对数幅频特性
axis([min(w),max(w),0.9*min(abs(ze)),1.1*max(abs(ze))])
subplot(2,1,2),semilogx(w,abs(ze)*180/pi),grid  % 画相频特性
axis([min(w),max(w),-100,100]),grid
fh=w(find(abs(1./(1./z1e-1./z2e))>50000))/2/pi;  % 求幅频特性大于 50kΩ 的频带
fhmin=min(fh),fhmax=max(fh),
```

（3）程序运行结果

谐振频率 f0 =1.5915e+05

空载品质因数 q0 =200

等效信号源内阻 res=5.0133e+004

考虑内阻后，品质因数 q = 40.0853

通频带 b =3.9704e+03

回路阻抗大于 50kΩ 的频带范围

fhmin=157.7

Fhmax=160.63

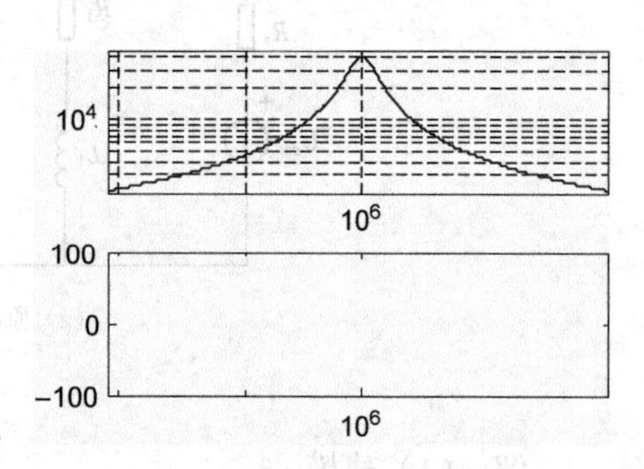

图 9.27 谐振频率处的幅频相频特性

谐振频率附近的幅频特性、相频特性曲线如图 9.27 所示。

9.5 二端口电路

二端口电路参数（见图 9.28）的互相转换和网络函数的计算较为繁杂，且易出错，尤其是当参数为复数时。而在 MATLAB 中，复数矩阵运算也较为方便，可将公式列出，以便编程时调用。

9.5.1 Z、Y、H、G、A、B6 种参数间关系的 MATLAB 语句

（1）Z 与 Y、H 与 G、A 与 B 的关系

$$Z = \mathrm{inv}(Y), Y = \mathrm{inv}(Z)$$
$$H = \mathrm{inv}(G), G = \mathrm{inv}(H)$$
$$A = [B(2,2), B(1,2); B(2,1), B(1,1)] / \det(B)$$
$$B = [A(2,2), A(1,2); A(2,1), A(1,1)] / \det(A)$$

（2）由 Z 求 A 或 H

$$A = [Z(1,1), \det(z); 1, Z(2,2)] / Z(2,1)$$
$$H = [\det(Z), Z(1,2); -Z(2,1), 1] / Z(2,2)$$

（3）由 H 求 Z 或 A

$$Z = [\det(H), H(1,2); -H(2,1), 1] / H(2,2)$$
$$A = [\det(H), H(1,1); -H(2,2), 1] / H(2,1)$$

9.5.2 网络函数及其 MATLAB 语句

已知，$Z_L\left(=\dfrac{1}{Y_L}\right)$为负载阻抗，$Z_s\left(=\dfrac{1}{Y_s}\right)$为输入端接阻抗，$\Delta_z = z_{11}z_{22} - z_{12}z_{21}$，如图 9.28 所示。

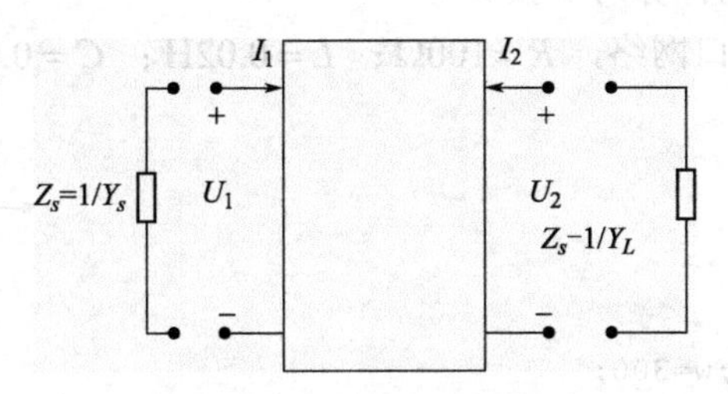

图 9.28　二端口电路的参数

（1）输入阻抗，负载端接 Z_L，既有 $U_2 = -Z_L I_2$

$$Z_{in} = \frac{U_1}{I_1} = \frac{\Delta_z + z_{11}Z_L}{z_{22} + Z_L} = \frac{a_{11}Z_L + a_{12}}{a_{21}Z_L + a_{22}}$$

（2）输出阻抗，输入端接 Z_s，既有 $U_1 = -Z_s I_1$

$$Z_{out} = \frac{U_2}{I_1} = \frac{\Delta_z + z_{22}Z_s}{z_{11} + Z_s} = \frac{a_{22}Z_s + a_{12}}{a_{21}Z_s + a_{11}}$$

（3）电压比（负载端接 Z_L）

$$A_u = \frac{U_2}{U_1} = \frac{z_{21}Z_L}{\Delta_z + z_{11}Z_L} = \frac{Z_L}{a_{11}Z_L + a_{12}}$$

（4）电流比（负载端接 Z_L）

$$A_i = \frac{I_2}{I_1} = \frac{-z_{21}}{z_{22} + Z_L} = \frac{-1}{a_{21}Z_L + a_{22}}$$

（5）转移阻抗（负载端接 Z_L）

$$Z_T = \frac{U_2}{I_1} = \frac{z_{21}Z_L}{z_{22} + Z_L} = \frac{Z_L}{a_{21}Z_L + a_{22}}$$

（6）转移导纳（负载端接 Z_L）

$$Y_T = \frac{I_2}{U_1} = \frac{-z_{21}}{\Delta_z + z_{11}Z_L} = \frac{-1}{a_{11}Z_L + a_{12}}$$

（7）MATLAB 程序

```
%以下公式中，zL=1/yl 为负载阻抗，zs=1/ys 为输入端信号源阻抗
%（1）输入阻抗
zin=u1/i1=(a(1,1)*zL+a(1,2))/((a(2,1))*zL+a(2,2));
%（2）输出阻抗
```

```
zout=u2/i2=(a(2,2)*zs+a(1,2))/((a(2,1))*zs+a(1,1));
%电压比
au=u2/u1=z(2,1)*zL/(det(z)+z(1,1)*zL)=zL/(a(1,1)*zL+a(1,2));
%电流比
ai=i2/i1=-z(2,1) /(z(2,2)+zL)=-1/(a(2,1)*zL+a(2,2));
%转移阻抗
zt=u2/i1=z(2,1)*zL/(z(2,2)+zL)=zL/(a(2,1)*zL+a(2,2);)
%转移导纳
yt=i2/u1=-z(2,1)/(det(z)+z(1,1)*zL)=-1/(a(1,1)*zL+a(1,2));
```

【例 9.18】 网络参数的计算与变换。

如图 9.29 所示的二端口网络，$R=100\Omega$；$L=0.02\text{H}$；$C=0.01\text{F}$，频率 $\omega=300\text{rad/s}$，求其 Y 参数及 H 参数。

解：

（1）MATLAB 程序

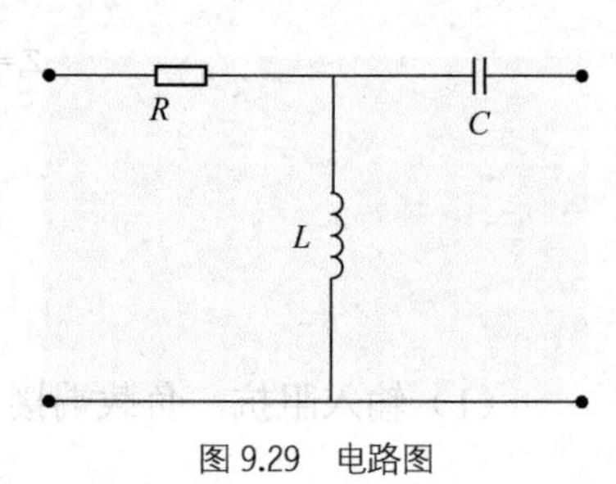

图 9.29　电路图

```
format long
r=100;l=0.02;c=0.01;w=300;
z1=r;z2=j*w*l;z3=1/(j*w*c);
z(1,1)=z1+z2;z(1,2)=z2;z(2,1)=z2;z(2,2)=z2+z3;
y=inv(z),
h=[det(z),z(1,2);-z(2,1),1]/z(2,2)
```

（2）程序运行结果

```
y =
  Column 1
  0.009999875434078 + 0.000035293678003i
 -0.010588103400788 - 0.000037369776709i
  Column 2
 -0.010588103400788 - 0.000037369776709i
  0.011210933012599 - 0.176431020236426i
h =
   1.0e+02 *
  Column 1
  1.000000000000000 - 0.003529411764706i
 -0.010588235294118              0i

  Column 2
  0.010588235294118              0i
                0 - 0.001764705882353i
```

【例 9.19】 阻抗匹配网络计算。

为了使信号源（内阻 $R_s=12\Omega$）与负载（$R_L=3\Omega$）相匹配，在其中间插入阻抗匹配网络，如图 9.30 所示，已知 $Z_1=-j6\Omega$，$Z_2=-j10\Omega$，$Z_3=j6\Omega$。若 $U_s=24\angle 0^\circ$，求负载吸收功率。

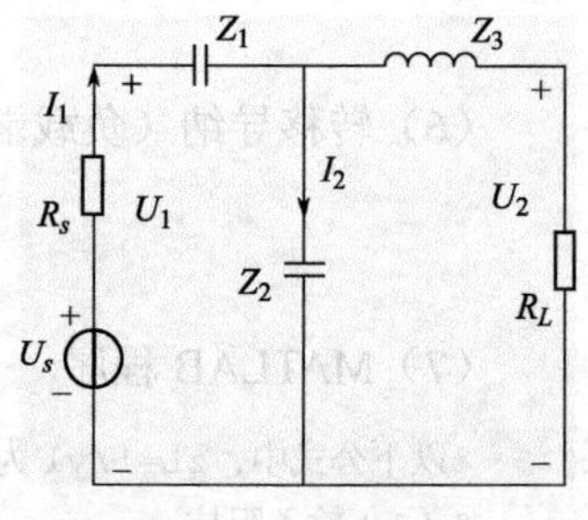

图 9.30　电路图

解：（1）建模

① 方法 1

用 Z 方程求解，对于二端口电路有

$$\dot{U}_1 = z_{11}\dot{I}_1 + z_{12}\dot{I}_2 \qquad 即 \ \dot{U}_1 - z_{11}\dot{I}_1 - z_{12}\dot{I}_2 = 0$$

$$\dot{U}_2 = z_{21}\dot{I}_1 + z_{22}\dot{I}_2 \qquad 即 \ \dot{U}_2 - z_{21}\dot{I}_1 - z_{22}\dot{I}_2 = 0$$

对电源端有 $\dot{U}_s = R_s\dot{I}_1 + \dot{U}_1$ 即 $R_s\dot{I}_1 + \dot{U}_1 = \dot{U}_s$

对负载端有 $\dot{U}_2 = -R_2\dot{I}_2$ 即 $\dot{U}_2 + R_2\dot{I}_2 = 0$

将上述四式写成矩阵形式，有

$$\begin{bmatrix} 1 & 0 & -z_{11} & -z_{12} \\ 0 & 1 & -z_{21} & -z_{22} \\ 1 & 0 & R_s & 0 \\ 0 & 1 & 0 & R_s \end{bmatrix} \begin{bmatrix} \dot{U}_1 \\ \dot{U}_2 \\ \dot{I}_1 \\ \dot{I}_2 \end{bmatrix} = \begin{bmatrix} 0 \\ 0 \\ \dot{U}_s \\ 0 \end{bmatrix} \tag{9.10}$$

其中

$$z_{11} = Z_1 + Z_2 = -j16, z_{12} = -j10$$
$$z_{22} = Z_2 + Z_3 = -j4, z_{21} = -j10$$
$$R_s = 12\Omega, R_L = 3\Omega, \dot{U}_s = 24\angle 0^\circ \mathrm{V}$$

解出 U_2，则负载吸收功率为 $P = \frac{\left|\dot{U}_2\right|^2}{R_L}$

② 方法 2

应用戴维南定理求解。方程（9.10）中 $\dot{I}_2 = 0$，可得开路电压 $\dot{U}_{oc} = \dot{U}_2\big|_{i_2=0}$，当 $\dot{U}_s = 0$ 时，负载端的输出阻抗即为等效内阻抗。

$$Z_{eq} = Z_{out} = z_3 + \frac{(z_1 + R_s)z_2}{z_{11} + R_s}$$

按戴维南等效电路，得负载吸收功率为

$$P = \left|\frac{\dot{U}_{oc}}{Z_{out} + R_L}\right|^2 R_L$$

（2）MATLAB 程序

```
clear ,format                              % 调出画线路图函数
rs=12;rl=3;
z1=-6j;z2=-10j;z3=6j;us=24;
%方法 1 用 z 方程求解
z(1,1)=z1+z2;z(1,2)=-10j;                 % 列出 z 矩阵各分量
z(2,1)=z(1,2);z(2,2)=z2+z3;
%系数矩阵 A、B
A=[1,0,-z(1,1),-z(1,2);0,1,-z(2,1),-z(2,2);1,0,rs,0;0,1,0,rl];
B=[0;0;us;0];
```

```
x=A\B                                        % 求方程解
u1=x(1);u2=x(2);u3=x(3);u4=x(4);             % 列出各未知数的解
p=abs(u2)^2/rl                               % 求负载功率
%方法 2 用戴维南定理求解
uoc=us*z2/(z2+rs+z1)                         % 等效电压源开路电压
zout=z3+(((rs+z1)*z2)/(rs+z1+z2))            % 等效电压源内阻
p1=abs((uoc/(zout+rl))^2*rl)                 % 求负载功率
```

（3）程序运行结果

① 方法 1

```
x =12.0000
   4.8000 - 3.6000i
   1.0000 - 0.0000i
  -1.6000 + 1.2000i
p =12.0000
```

② 方法 2

```
uoc =9.6000 - 7.2000i
zout =37.9200 - 1.4400i
p1 =12.000
```

【例 9.20】 桥梯形全通网络计算。

图 9.31 中的二端口网络是定阻全通网络（定阻是指接以电阻性质负载时，在所有频率下，输入阻抗为常数，全通是指幅频响应为常数，其相频响应可按要求进行设计），将它插入级联网络中只改变相频响应而不影响幅频响应。

已知 $C_1 = C_3 = 2\text{F}$，$L_2 = 1\text{H}$，$C_2 = 4/3\text{F}$，$L_4 = 1\text{H}$，$R_L = 1\Omega$。求其网络函数 $H(j\omega) = \dfrac{U_2}{U_1}$ 和输入阻抗 Z_{in}，并画出幅频响应、相频响应和输入阻抗。

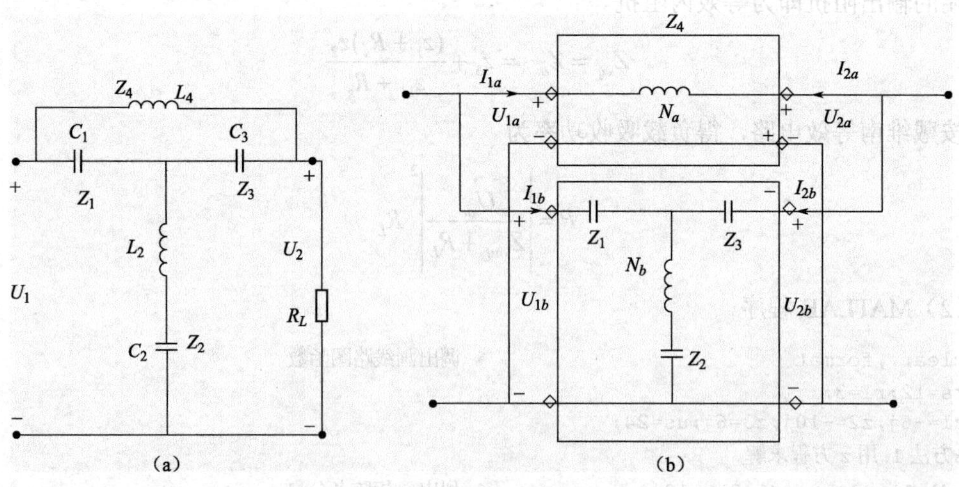

图 9.31　原始桥 T 型网络

解：（1）建模

如图 9.31（a）所示的桥 T 形网络可看作两个子网络 N_a、N_b 相并联，如图 9.31（b）所示，设 Y 参数分别为 Y_a、Y_b，则桥 T 形网络的 Y 矩阵为两者之和。

对图 9.31（b）中的子电路 N_a 有

$$I_{1a}=\frac{U_1-U_2}{Z_4}=\frac{1}{Z_4}U_1-\frac{1}{Z_4}U_2$$

电路是对称的，故 N_a 的 Y 矩阵为

$$Y_a=\begin{bmatrix}\frac{1}{Z_4} & -\frac{1}{Z_4}\\ -\frac{1}{Z_4} & \frac{1}{Z_4}\end{bmatrix}$$

对图 9.31（b）中的子电路 N_b，求得 Z 矩阵为

$$Z_b=\begin{bmatrix}Z_1+Z_2 & Z_2\\ Z_2 & Z_3+Z_2\end{bmatrix}$$

故

$$Y_b=Z_b{}'$$

其中

$$Z_1=Z_3=-j\frac{1}{2\omega},\ Z_2=j\left(\omega-\frac{3}{4\omega}\right)$$

$$Z_4=j\omega,\ Z_L=R_L=1\Omega$$

于是得到桥 T 形电路的 $Y=Y_a+Y_b$，其 Z 矩阵为 $Z=Y^{-1}$。

由前知网络函数（本例为电压比函数）为

$$H(j\omega)=\frac{\dot{U}_2}{\dot{U}_1}=\frac{z_{21}Z_L}{\Delta_z+z_{11}Z_L}$$

而输入阻抗为

$$Z_{in}=\frac{\Delta_z+z_{11}Z_L}{z_{22}+Z_L}$$

由此可画出幅频、相频特性及输入阻抗随频率变化的曲线。

（2）MATLAB 程序

```
clear
for k=1:101                                  % 对各个频点分别计算其频率特性
 w=0.02*(k-1)+1e-8;                          % 为避免奇异值，加一个微量
  C1=2;C3=2;C2=4/3;L2=1;L4=1;                % 元件赋值
  Z1=1./(w*C1*j);Z3=1./(w*C3*j);             % 阻抗计算
  Z2=L2*j*w+1./(j*w*C2);
  Z4=L4*j*w;ZL=1;
  Ya=[1./Z4,-1./Z4;-1./Z4,1./Z4];            % a 网络参数 Y 计算
  Zb=[Z1+Z2,Z2;Z2,Z3+Z2];  Yb=inv(Zb);       % b 网络参数 Y 计算
  Y=Ya+Yb; Z=inv(Y);
  H(k)=Z(2,1)*ZL./(det(Z)+Z(1,1).*ZL);       % 求 U2/U1
  Zin(k)=(det(Z)+Z(1,1)*ZL)./(Z(2,2)+ZL);    % 求输入阻抗
end
w1=[0:100]*0.02;                             % 设定绘图横坐标数组 w1，注意 w 是一个标量
figure(1)
```

```
subplot(2,1,1),plot(w1,abs(H))                  % 画幅频特性
axis([0 2 0 2])     %因 abs(h)处处相同，系统无法自动取纵坐标，要认为设定
subplot(2,1,2),plot(w1,unwrap(angle(H)))  %画相频特性，unwrap 函数用以避免因取主角使
得小于-pi 的值跳到+pi
figure(2)                                       % 画网络函数实频特性、虚频特性
subplot(2,1,1),plot(w1,real(H))%
subplot(2,1,2),plot(w1,imag(H))%
figure(3)                                       % 画输入阻抗的实频特性、虚频特性
subplot(2,1,1),plot(w1,real(Zin))%
axis([0 2 0 2])%
subplot(2,1,2),plot(w1,imag(Zin),'linewidth',2)
axis([0 2 2 -0.1 0.2])
```

（3）程序运行结果

如图 9.32 和图 9.33 所示。图 9.33 中的尖角是因为舍入误差引起的。

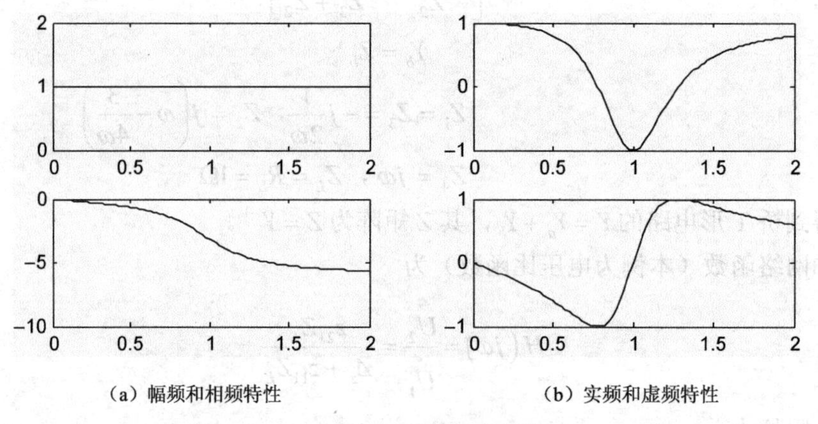

（a）幅频和相频特性　　（b）实频和虚频特性

图 9.32　网络函数的频率特性

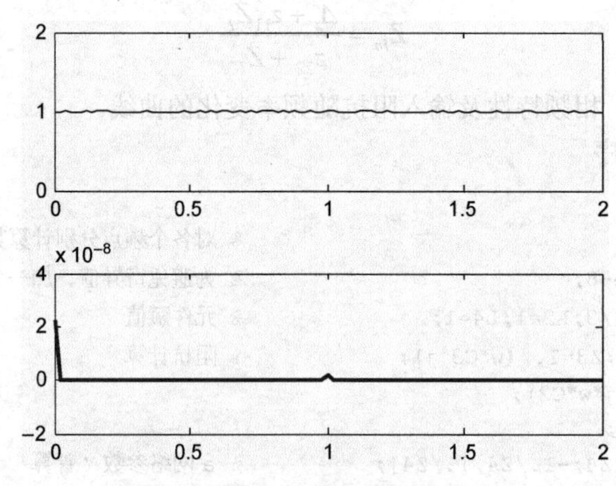

图 9.33　输入阻抗的实频和虚频特性

课后习题

1．如图 9.34 所示的电路，已知：$R_1 = 2\Omega$，$R_2 = 6\Omega$，$R_3 = 8\Omega$，$R_4 = 4\Omega$，$R_5 = 10\Omega$，

$R_6 = 4\Omega$，$R_7 = 6\Omega$。

（1）如果 $u_s = 16\text{V}$，求 i_3，u_4，u_7；

（2）如果已知 $u_4 = 8\text{V}$，求 u_s，i_3，u_7。

2．列写如图 9.35 所示电路的电路方程，并用 MATLAB 求解。该电路实际上就是双极晶体管的 h 参数模型。电路参数为 $i_s = 500\mu\text{A}$，$R_1 = 100\Omega$，$R_2 = 1310\Omega$，$R_3 = 2\text{k}\Omega$，$\mu = 4\times10^5$，$\alpha = 80$。

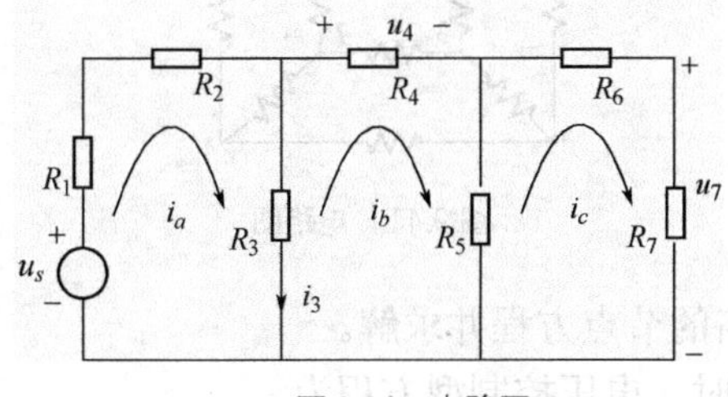

图 9.34　电路图

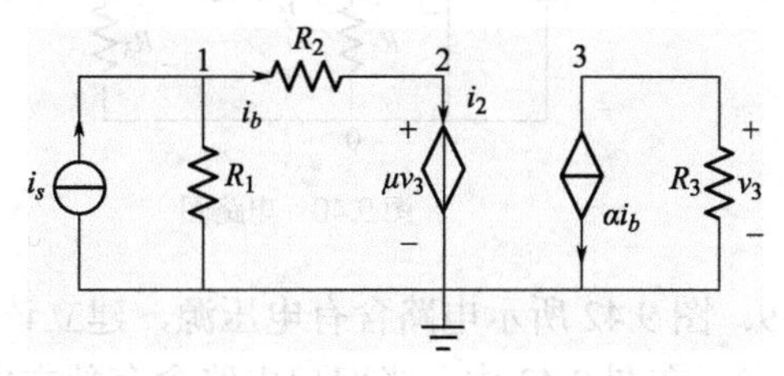

图 9.35　电路图

3．如图 9.36 所示电路的有关参数为 $v_s = 60\text{V}$，$R_1 = 2\Omega$，$R_2 = 5\Omega$，$R_3 = 4\Omega$，$r_m = 4\Omega$，$g_m = 2\text{S}$，负载电阻 R_L 可调。列写电路方程，并用 MATLAB 求解，得出输出电压增益 $G_v = \dfrac{v_0}{v_s}$ 与 R_L，输出功率 $P_{out} = \dfrac{v_o^2}{R_L}$ 与 R_L 的关系曲线，并由此得到最大输出功率 P_{out} 时的负载 $R_{L\max}$。

4．电路如图 9.37 所示，已知 $R_1 = 6\Omega$，$R_2 = 4\Omega$，$R_3 = 3\Omega$，$v_{s1} = 42\text{V}$，$v_{s2} = -10\text{V}$，写出电路的网孔方程，并求电流 i_1 和 i_2。

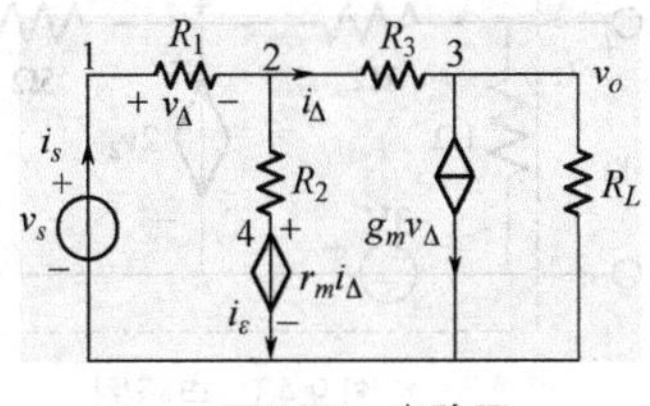

图 9.36　电路图

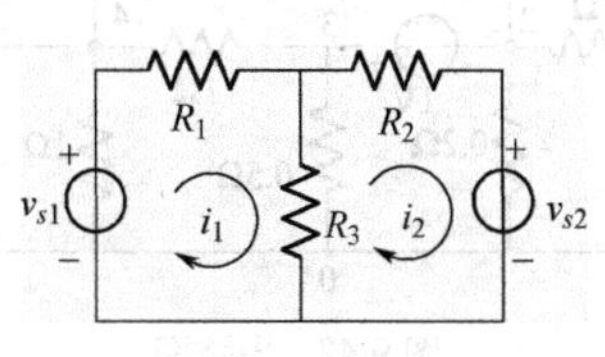

图 9.37　电路图

5．图 9.38 所示的电路中，$R_1 = 1\Omega$，$R_2 = 2\Omega$，$R_3 = 3\Omega$，$R_4 = 4\Omega$，$i_s = 1\text{A}$，电压控制电流源的控制系数 $g = 2\text{S}$，写出电路的节点方程，并求出节点电压，电流 i_3 和独立电流源发出的功率。

6．图 9.39 所示电路含有电压源，已知 $v_A = 10\text{V}$，$R_1 = 2\Omega$，$R_2 = 5\Omega$，$R_3 = 2\Omega$，$v_0 = 2\text{V}$，$r = 3\Omega$，$R_4 = 4\Omega$，$i_c = 1\text{A}$，$g = -1\text{S}$，用节点法求解电路的节点电压。

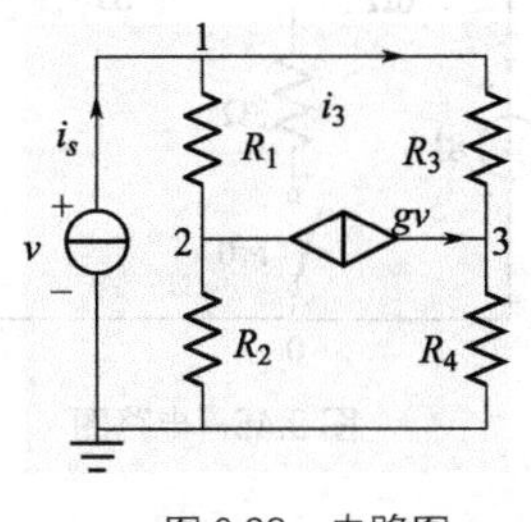

图 9.38　电路图

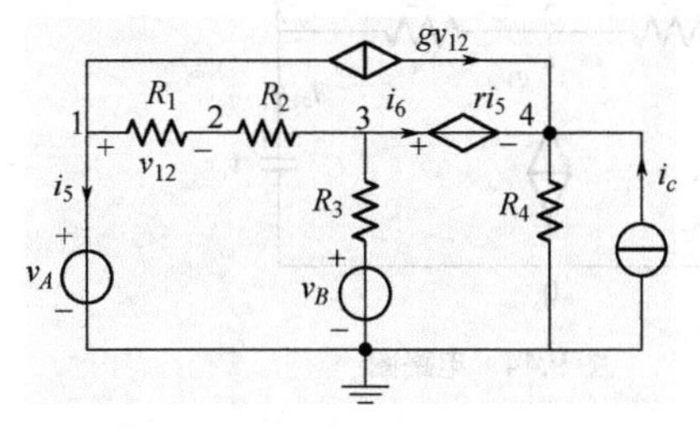

图 9.39　电路图

7. 电路如图 9.40 所示，已知 $i_s = 2.5\text{A}$，$R_1 = 2\Omega$，$R_2 = 0.4\Omega$，$R_3 = 1\Omega$，$R_4 = 3\Omega$，$v_a = 0.5v_1$，$i_b = 1\times v_1$，求节点 3 与节点 2 之间的电压。

8. 在图 9.41 所示电路中，设各电阻的电阻值均为 R，求节点 1 与节点 0 之间的等效电阻。

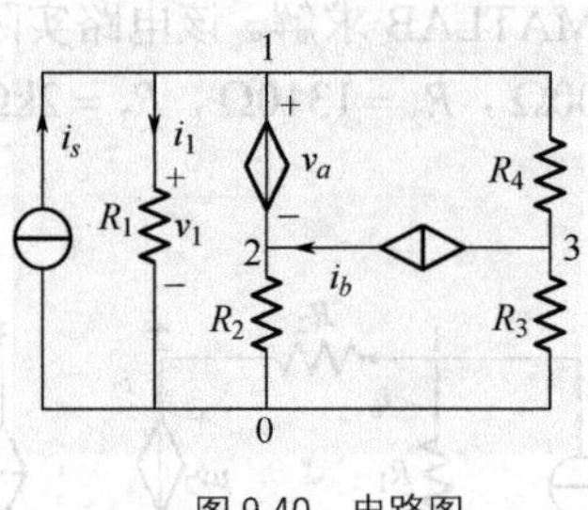

图 9.40 电路图

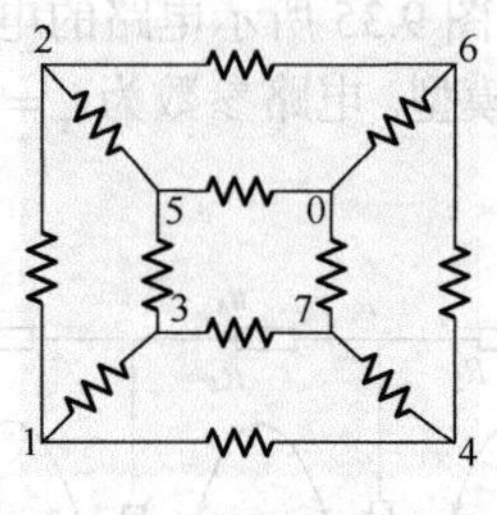

图 9.41 电路图

9. 图 9.42 所示电路含有电压源，建立该电路的节点方程并求解。

10. 在图 9.43 中，当双口电路含有独立电源时，电压控制型方程为

$$i_1 = g_{11}v_1 + g_{12}v_2 + i_{S1}$$
$$i_2 = g_{21}v_1 + g_{22}v_2 + i_{S2}$$

为了求得方程中的各个参数，可给二个端口分别施加电压源 v_1 和 v_2，然后再求解端口电流 i_1 和 i_2，根据 i_1 和 i_2 的表达式可确定出各个参数。对图 9.43 所示的双口电路，求电压控制型方程和参数。

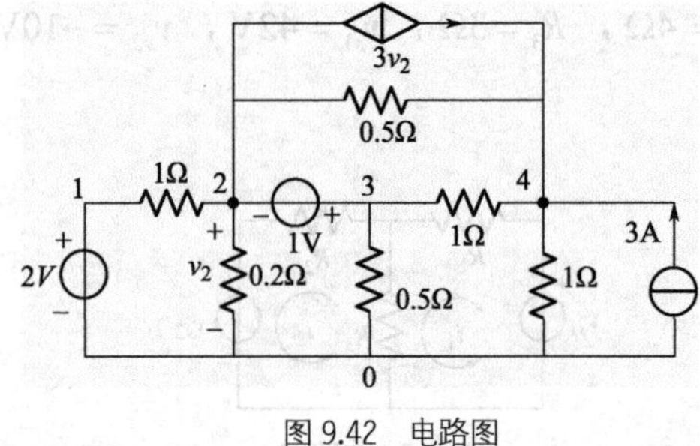

图 9.42 电路图

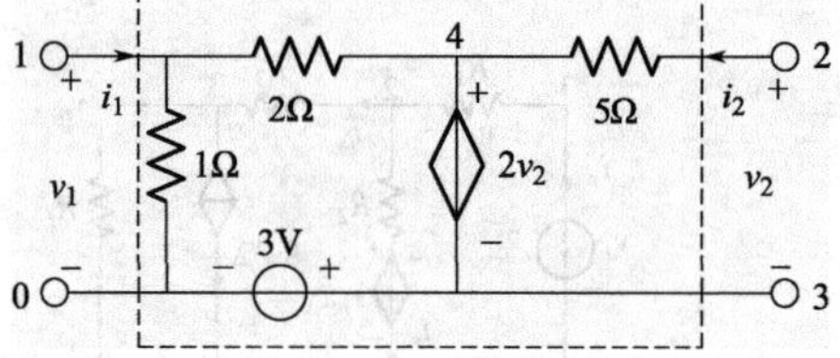

图 9.43 电路图

11. 在图 9.44 所示的电路中，$R_1 = 1\Omega$，$R_2 = 2\Omega$，$v_S = 2\text{V}$，$g = 0.5\text{S}$，$C = 0.5\text{F}$，电容电压的初始值 $v_c(0) = 1\text{V}$，求电容电压 v_c 和电压 v_A。

12. 题 11 中若 $v_s = 2e^{-t}\text{V}$，电容电压的初始值 $v_c(0) = 1\text{V}$，求电容电压 v_c 和电压 v_A。

13. 图 9.45 所示电路在 t=0 时开关闭合，求 $t > 0$ 时的电感电流 $i(t)$ 和电压源的电流 $i_s(t)$。

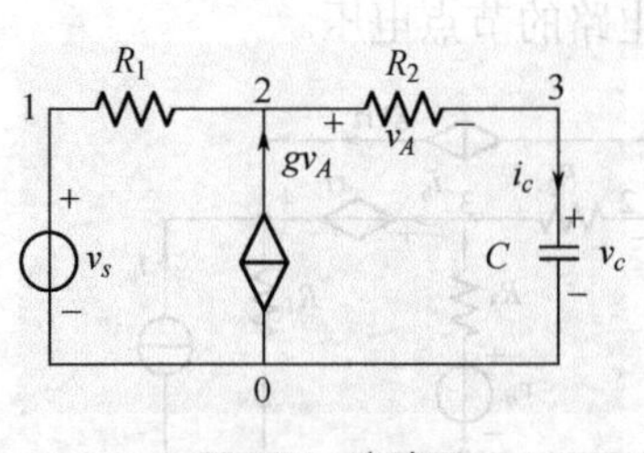

图 9.44 电路图

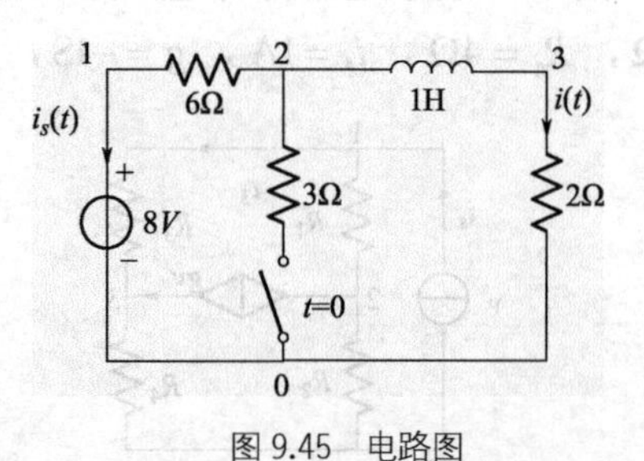

图 9.45 电路图

14．电路如图 9.46 所示，已知 $v_c(0)=0\text{V}$，$i_L(0)=1\text{A}$，求节点电压和电容电流。

15．电路如图 9.47 所示，已知 $U=6\text{V}$，$R_1=2\Omega$，$R_2=6\Omega$，$L_1=1\text{H}$，$L_2=4\text{H}$，开关在 t=0 时闭合，求电感电流和电阻 R_1 的电压。

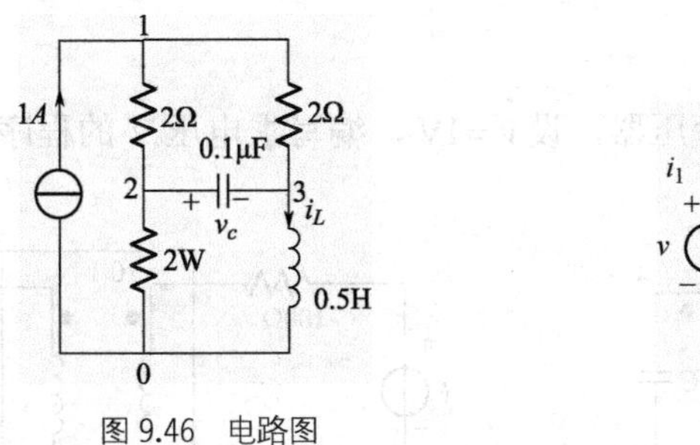

图 9.46 电路图

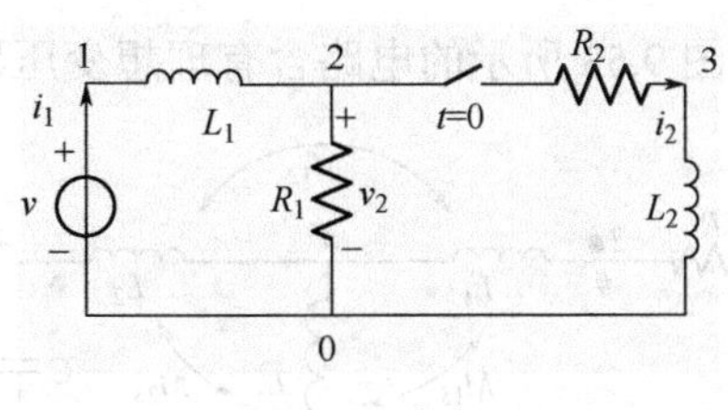

图 9.47 电路图

16．电路如图 9.48 所示，已知：

$$R_1=100\Omega，R_2=2\Omega，R_3=30\Omega，C=0.1\mu\text{F}，L=0.1\text{H}，v_S=\cos(1000t)\varepsilon(t)\text{V}$$

求节点电压 v_1。

17．如图 9.49 所示的电路含有耦合电感，已知：

$$V=5\text{V}，R_1=R_2=1\Omega，L_1=4\text{H}，L_2=1\text{H}，M=2\text{H}，i_1(0\_)=i_2(0\_)=0\text{A}，$$

求 t>0 时的电流 $i_1(t)$ 和电压 $v_2(t)$。

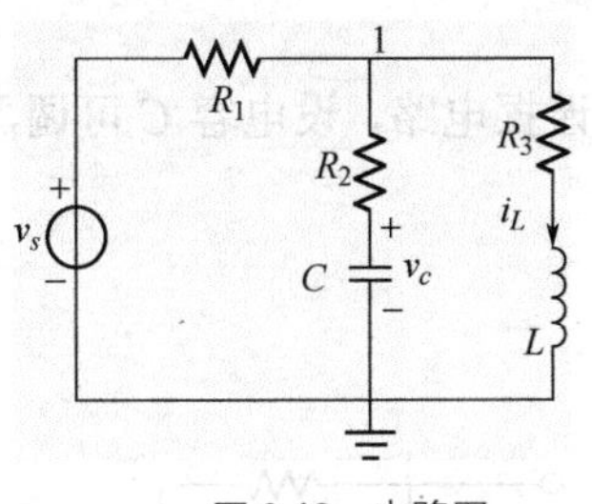

图 9.48 电路图

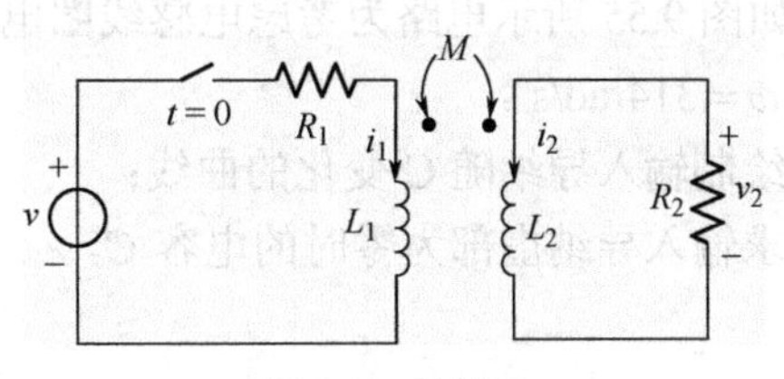

图 9.49 电路图

18．如图 9.50 所示的电路中：

$$R_1=10\Omega，L=0.5\text{H}，R_2=1000\Omega，C=10\mu\text{F}，\dot{V}=100\angle 0^\circ\text{V}，\omega=314\text{rad/s}，$$

求解支路电流和节点电压。

19．图 9.51 所示 RLC 串联电路：

$$v(t)=100\sqrt{2}\cos(5000t+30^\circ)\text{V}，R=15\Omega，L=12\text{mH}，C=5\mu\text{F}$$

求电容电压和电感电流，并计算电源发出的复功率。

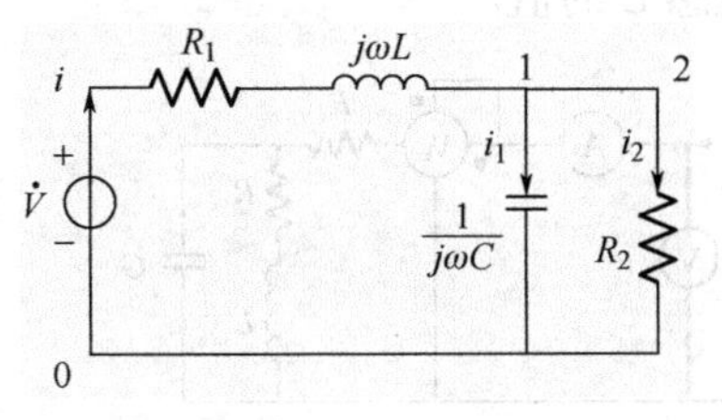

图 9.50 电路图

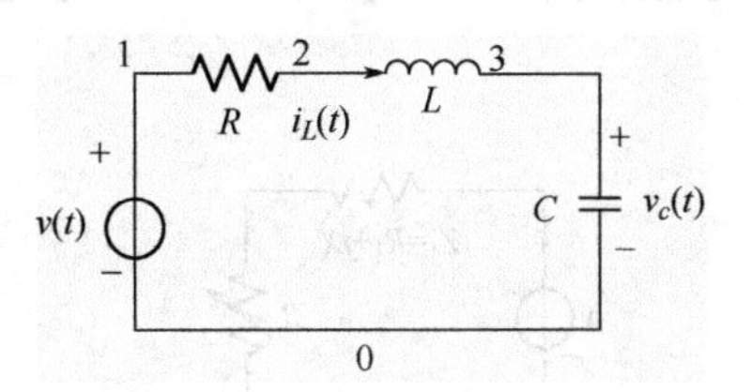

图 9.51 电路图

20．如图 9.52 所示的电路中，

$$L_1 = 1\text{H}，L_2 = 2\text{H}，L_3 = 3\text{H}，M_{12} = M_{13} = M_{23} = 1\text{H}，R = 100\Omega，C = 0.1\mu\text{F}，$$

$$v(t) = 220\sqrt{2}\cos(2\pi ft + 30^\circ)\text{V}，f = 50\text{Hz}$$

求电感电流。

21．如图 9.53 所示的电路含有理想变压器，设 $\dot{v} = 1\text{V}$，编写求电压 $\dot{\text{V}}$ 的程序。

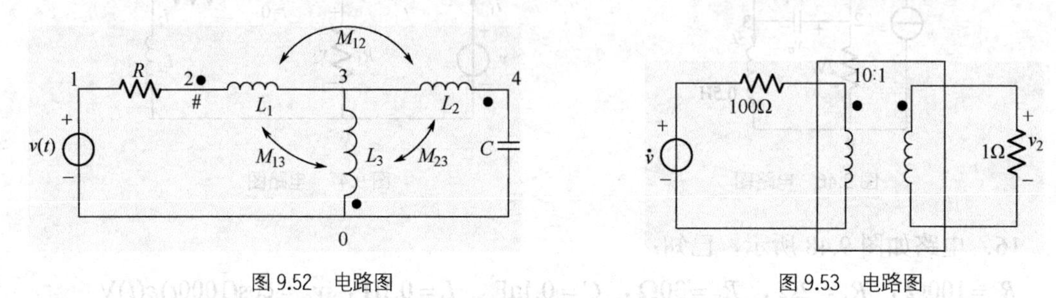

图 9.52 电路图　　图 9.53 电路图

22．如图 9.54 所示 RLC 串联电路中，已知 $R = 1\Omega$，$L = 2\text{H}$，$C = 0.5\text{F}$，求电流 $i(t)$ 的电路函数，并在 $0.02\text{rad/s} \leqslant \omega \leqslant 3\text{rad/s}$ 的频率范围内绘制幅频响应曲线和相频响应曲线以及电容电压和电感电流的幅频响应曲线。

23．设如图 9.54 所示电路的输入为 $v(t) = 4\cos(0.5t + 30^\circ) + 3\cos t + 2\cos(1.5t + 15^\circ)\text{V}$，求 $i(t)$ 和 $v_c(t)$。

24．如图 9.55 所示电路为考虑电感线圈电阻的并联谐振电路，设电容 C 可调，正弦电源的角频率 $\omega = 314\text{rad/s}$。

（1）绘制输入导纳随 C 变化的曲线；

（2）求输入导纳虚部为零时的电容 C。

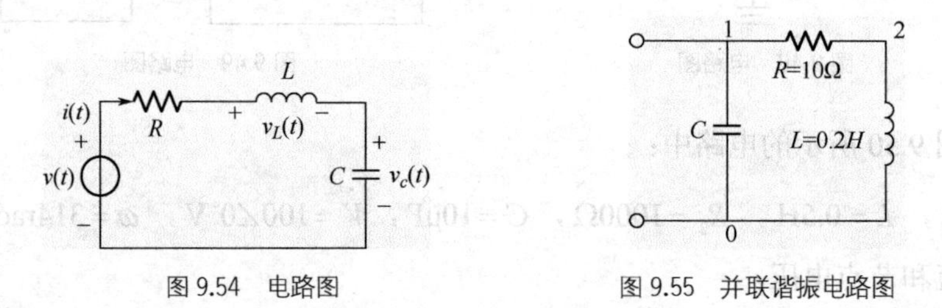

图 9.54 电路图　　图 9.55 并联谐振电路图

25．在图 9.56 所示的电路中，负载电阻 R 可调，求它为何值时可获得最大功率。

26．在图 9.57 所示电路中，$R_1 = 10\Omega$，$C = 50\mu\text{F}$，$\omega = 200\text{rad/s}$，电压表、电流表、功率表的度数分别为 30V、1A、15W，求电阻 R 和电感 L 的值。

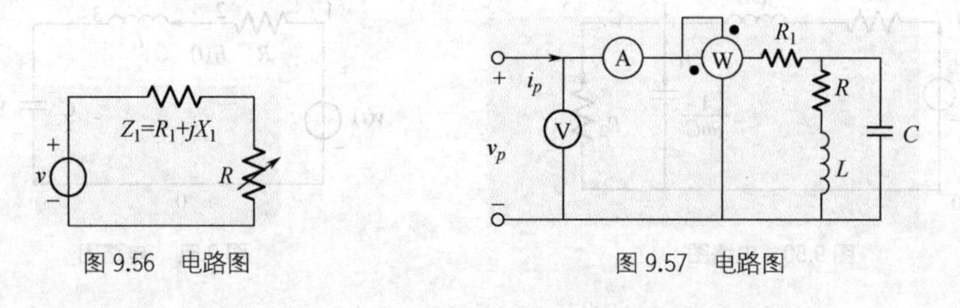

图 9.56 电路图　　图 9.57 电路图

27．电路如图 9.58 所示，已知$R_1 = 6\Omega$，$R_2 = 2\Omega$，$I = 1\text{A}$，$I_2 = 3\text{A}$，$\dot{I}$与$\dot{V}$的相位差为36.87°，求ωL和$1/(\omega C)$。

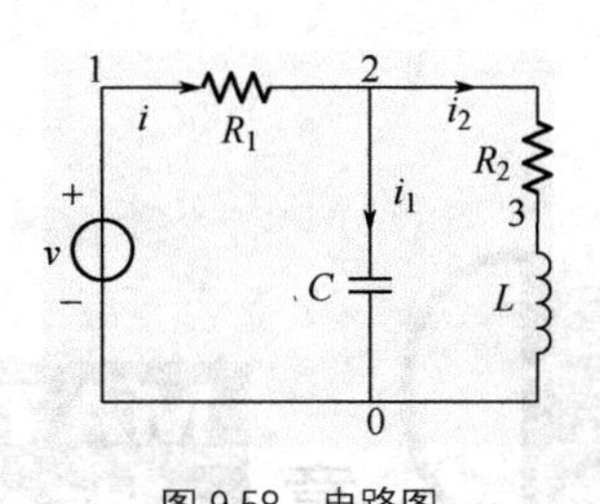

图 9.58　电路图

第10章 MATLAB 在信号与系统分析中的应用

随着软件的发展，为仿真实验提供了另一思路，MATLAB 软件具有强大的数值计算和矩阵处理功能。针对不同的问题设计了不同的工具箱，编程语言简单方便，无需花太多的时间去学习编程。同时，它还有友好的图形界面，对需要绘图的任务只需要简单的两句程序就可完成。因此，广泛用于工程计算、图像处理、系统仿真等领域，也培养了学生主动获取知识和独立解决问题的能力，使学习由抽象的纯理论演变成理论与应用紧密结合的方式，MATLAB 软件的这种优势也为其今后的发展打下了坚实的基础。

信号与系统是通信和电子信号类专业的核心基础课，其中的概念和分析方法广泛应用于通信、自动控制、信号与信息处理、电路与系统等领域。我们现在从两个大方向去分析信号与系统中的相关问题，即连续时间系统和离散时间系统。从卷积、变换域切入，再单独分析连续时间系统的响应及离散时间响应。从多个层次去分析和对比，并用 MATLAB 进行仿真。

本章只介绍一些基本的分析计算方法，较深入的内容将在第 11 章、第 12 章讨论。

10.1 连续信号和系统

本节讨论用 MATLAB 表示和分析连续信号和线性时不变（LTI）连续系统的问题。严格说来，只有用符号推理的方法才能分析连续系统。用数值方法是不能表示连续信号的，因为它给出的是各个样本点的数据。只有当样本点取的很密时才可看成连续信号。所谓密，是相对于信号变化的快慢而言。以下均假定相对于采样点密度而言，信号变化足够慢。

【例 10.1】连续信号的 MATLAB 描述。

列出单位冲激函数、单位阶跃、复指数函数等连续信号的 MATLAB 表达式。

解：（1）建模

① 单位冲激函数 $\delta(t)$ 无法直接用 MATLAB 描述，可以把它看作是宽度为 Δ（程序中用 dt 表示），幅度为 $1/\Delta$ 的矩形脉冲，即

$$X_1(t)=\delta_\Delta(t-t_1)=\begin{cases}\dfrac{1}{\Delta}, & t_1<t<t_1+\Delta\\ 0, & \text{其余}\end{cases}$$

表示在 $t=t_1$ 处的冲激。

② 单位阶跃函数：在$t=t_1$处跃升的阶跃可写为$u(t-t_1)$。定义为

$$X_2(t)=u(t-t_1)=\begin{cases}1 & t_1\leqslant t\\0 & t<t_1\end{cases}$$

③ 复指数函数

$$X_3(t)=e^{(u+j\omega)t}$$

若$\omega=0$，它是实指数函数，如$u=0$，则为虚指数函数，其实部为余弦函数，虚部为正弦函数。本例$u=-0.5$，$\omega=10$。

（2）MATLAB程序

```
clear,t0=0;tf=5;dt=0.05;t1=1;
t=[t0:dt:tf];st=length(t);
%（1）单位冲激信号，
%在t1(t0<t1<tf)处有一持续时间为dt，面积为1的脉冲信号，其余时间均为零。
n1=floor((t1-t0)/dt);                    % 求t1对应的样本序号
x1=zeros(1,st);                          % 把全部信号先初始化为零
x1(n1)=1/dt;                             % 给出t1处的脉冲信号
subplot(2,2,1),stairs(t,x1),grid on      % 绘图，注意为何用Stairs而不用plot命令
axis([0,5,0,22])                         % 为了使脉冲顶部避开图框，改变图框坐标
%（2）单位阶跃信号，
%信号从t0到tf，在t1（t0<t1<tf）前为0，到t1处有一跃变，以后为1
%程序前几句，即求t，st，n1的语句与上同，只把x1处改为x2
x2=[zeros(1,n1-1),ones(1,st-n1+1)];      % 产生阶跃信号
subplot(2,2,3),stairs(t,x2),grid on      % 绘图
axis([0,5,0,1.1])                        % 为了使方波顶部都避开图框，改变图框坐标
%（3）复数指数信号
alpha=-0.5;w=10;x3=exp((alpha+j*w)*t);
subplot(2,2,2),plot(t,real(x3)),grid on  % 绘图
subplot(2,2,4),plot(t,imag(x3)),grid on  % 绘图
```

（3）程序运行结果

x1，x2，x3的波形如图10.1所示。由于程序中取的dt为0.5s，故在t=1，$\delta_\Delta(t-1)=\dfrac{1}{\Delta}=20$处，如果把dt设定得更小，脉冲的幅度也将更大。dt趋近于零时，幅度就趋于无穷大。注意，若要显示连续信号波形中的不连续点，用stairs命令：而要使波形光滑些，则用plot命令较好。复数指数信号可以分解为余弦和正弦信号，它们分别是复数信号的实部和虚部。图10.1右图中的两个衰减振荡信号就代表了这两个相位差90°的分量。

【例10.2】LTI系统的零输入响应。

描述n阶线性时不变（LTI）连续系统的微分方程为

$$a_1\frac{d^ny}{dt^n}+a_2\frac{d^{n-1}y}{dt^{n-1}}+\cdots+a_n\frac{dy}{dt}+a_{n+1}y=b_1\frac{d^mu}{dt^m}+\cdots+b_m\frac{du}{dt}+b_{m+1}u\text{，}\quad n\geqslant m$$

已知y及其各阶导数的初始值为$y(0),y^{(1)}(0),\ldots,y^{(n-1)}(0)$，求系统的零输入响应。

解：（1）建模

当LTI系统的输入为零时，其零输入响应为微分方程的齐次解（即令微分方程等号右端

为 0)，其形式为（设特征根均为单根）

$$y(t)=C_1e^{p_1t}+C_2e^{p_2t}+...+C_ne^{p_nt}$$

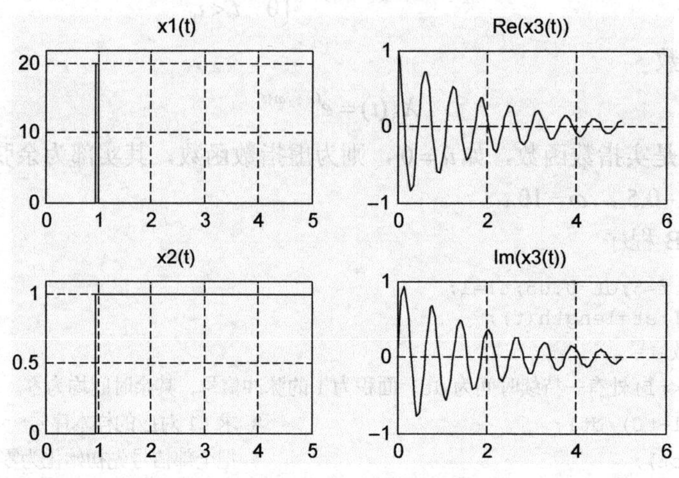

图 10.1　产生的四种波形

其中，$p_1,p_2,...,p_n$ 是特征方程 $a_1\lambda^n+a_2\lambda^{n-1}+...+a_n\lambda+a_{n+1}=0$ 的根，它们可用 roots(a)语句求得，各系数 $C_1,...,C_n$ 由 y 及其各阶导数的初始值来确定。

$$C_1+C_2+...+C_n=y_0 \qquad y_0=y(0)$$

$$p_1C_1+p_2C_2+...+p_nC_n=Dy_0 \quad (Dy_0 \text{ 表示 } y \text{ 的导数的初始值 } y^{(1)}(0))$$

$$p_1^{n-1}C_1+p_2^{n-1}C_2+...+p_n^{n-1}C_n=D^{n-1}y_0$$

写成矩阵形式为

$$\begin{bmatrix}1 & 1 & \cdots & 1\\ p_1 & p_2 & \cdots & p_n\\ \vdots & \vdots & \ddots & \vdots\\ p_1^{n-1} & p_2^{n-1} & \cdots & p_n^{n-1}\end{bmatrix}\begin{bmatrix}C_1\\ C_2\\ \vdots\\ C_n\end{bmatrix}=\begin{bmatrix}y_0\\ Dy_0\\ \vdots\\ D^{n-1}y_0\end{bmatrix}$$

即 $$VC=Y_0$$

其解为 $$C=V/Y_0$$

式中 $$C=[C_1,C_2,...,C_n]^T;\quad Y_0=[y_0,Dy_0,...,D^{n-1}y_0]^T$$

$$v=\begin{bmatrix}1 & 1 & \cdots & 1\\ p_1 & p_2 & \cdots & p_n\\ \vdots & \vdots & \ddots & \vdots\\ p_1^{n-1} & p_2^{n-1} & \cdots & p_n^{n-1}\end{bmatrix}$$

V 为范德蒙矩阵，在 MATLAB 的特殊矩阵库中有 vander。

（2）MATLAB 程序

```
a=input('输入分母系数向量 a=[a1,a2,...]=');
n=length(a);
Y0=input('输入初始条件向量 Y0=[y0,Dy0,D2y0,...]=');
p=roots(a);V=rot90(vander(p));c=V\Y0';
dt=input('dt=');tf=input('tf=')
```

```
t=0:dt:tf;y=zeros(1,lenght(t));
for k=1:n y=y+c(k)*exp(p(k)*t);end
plot(t,y),grid
```

（3）程序运行结果

用这个通用程序来解一个三阶系统，运行此程序并输入

```
a=[3,5,7,1];
dt=0.2;tf=8;
```

而 Y0 取

```
[1,0,0];[0,1,0];[0,0,1]
```

三种情况，用 hold on 语句使三次运行生成的图形画在一幅图上，得到图 10.2。

【例 10.3】 n 阶 LTI 系统的冲激响应。

解：（1）建模

n 阶微分方程如例 10.2 所示，其系统函数为

$$H(s)=\frac{Y(s)}{U(s)}=\frac{b_1s^m+b_2s^{m-1}+\cdots+b_ms+b_{m+1}}{a_1s^n+a_2s^{n-1}+\cdots+a_ns+a_{n+1}}\qquad n\geqslant m$$

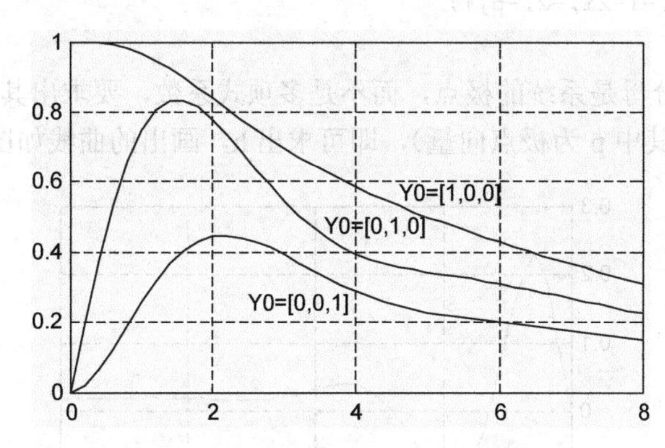

图 10.2　三阶系统零状态分量的解

其特性可用系统函数分子，分母系数向量 b 和 a 来表示。

对于物理可实现系统，$n\geqslant m$，即 $length(a)\geqslant length(b)$。$length(a)-1$ 就是系统的阶次。

冲激函数的拉普拉斯变换为 $U(s)=1$，则系统对冲激函数的响应的拉普拉斯变换为

$$Y(s)=H(s)U(s)=H(s)$$

冲激响应就是 $H(s)$ 的拉普拉斯反变换，可以把 $H(s)$ 展开为极点留数式。如果 $H(s)$ 的分母多项式没有重根，则

$$H(s)=\sum_{k=1}^{n}\frac{r_k}{s-p_k}$$

故有

$$h(t)=\sum_{k=1}^{n}r_ke^{p_kt}$$

（2）MATLAB 程序

```
a=input('多项式分母系数向量 a=')
b=input('多项式分子系数向量 b=')
[r,p]=residue(b,a),                    % 求极点和留数
disp('解析式 h(t)=Σr(i)*exp(p(i)*t)')
disp('给出时间组数 t=[0:dt:tf]')
dt=input('dt=');tf=input('tf=');       % 输入 dt 及终点 tf
t=0:dt:tf;                             % 给定时间数组
h=zeros(1,length(t));                  % h 的初始化
for i=1:length(a)-1                    % 根数为 a 的长度减 1
h=h+r(i)*exp(p(i)*t);                  % 叠加各根分量
end
plot(t,h),grid
```

（3）程序运行结果

用通用程序求一个五阶系统的冲激响应，按提示输入分子分母系数向量和时间组数。

```
b=[8,3,1];
a=poly([0,-1+2i,-1-2i,-2,-5]);
t=0:0.2:8;
```

因为题中给出的分母是系统的极点，而不是多项式系数，要求出其系数可用 poly 函数，其格式为 a=poly(p)（其中 p 为极点向量），即可求出 h，画出的曲线如图 10.3 所示。

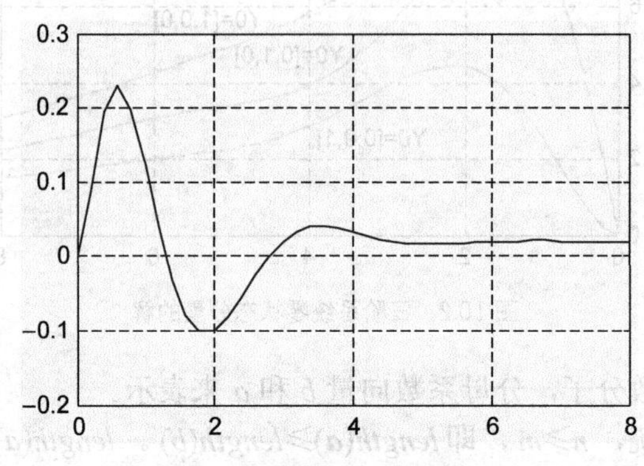

图 10.3 高阶系统的冲激响应

【例 10.4】卷积的计算。

某 LTI 系数的冲激响应 $h(t)=e^{-0.1t}$，输入 u(t)如图 10.4 所示，初始条件为零，求系统的响应 y(t)。

解：（1）建模

根据卷积公式

$$y(t)=\int_0^t u(\tau)h(t-\tau)d\tau$$

MATLAB 的基本函数中，有卷积函数 conv，可以直接调用它。因此编程的过程为：

① 写出 $h(t)$ 的 MATLAB 表达式；

② 写出 $u(t)$ 的 MATLAB 表达式；

③ 利用 MATLAB 的卷积语句 $y=conv(u,h)$ 求解并画曲线。

（2）MATLAB 程序 cc.m 及 qb.m

```
%cc.m,调用conv函数的简单程序
u=input('输入u数组 u=');                    % 输入u数组 u=ones(1,10);
h=input('输入h数组 h=');                    % 输入h数组 h=exp(-0.1*[1:15]);
dt=input('输入时间间隔dt=');                % 输入时间间隔dt=0.5
y=conv(u,h);                                % 调用conv函数
%在下面的语句中，注意不知t的长度而要用它绘图时，t数组的设定方法
plot(dt*([1:length(y)]-1),y),grid

%qb.m,自编卷积函数并做动态演示的复杂程序
%本程序为读者深入理解和教师讲解卷积过程提供了演示工具
clear
uls=input('输入u数组 u=');                  % 输入u数组 u=ones(1,10);
lu=length(uls);
hls=input('输入h数组 h=');                  % 输入h数组 h=exp(-0.1*[1:15]);
lh=length(hls);
lmax=max(lu,lh);
if lu>lh nu=0;nh=lu-lh;                     % 若u比h长，对h补nh个零
elseif lu<lh nh=0;nu=lh-lu;                 % 若h比u长，对u补nu个零
else nu=0;lh=0;                             % 若h与u同长，不补零
end
dt=input('输入时间间隔dt=');                % 输入时间间隔dt=0.5
lt=lmax;                                    % 取长者为补零长度基准
%将u先补得与h同长，再两边补以同长度的零
u=[zeros(1,lt),uls,zeros(1,nu),zeros(1,lt)];
tl=(-lt+1:2*lt)*dt;
%将h先补得与u同长，再两边补以同长度的零
h=[zeros(1,2*lt),hls,zeros(1,nh)];
hf=fliplr(h);                               % 将h的左右翻转，称为hf
y=zeros(1,3*lt);                            % y长度初始化
for k=0:2*lt
p=[zeros(1,k),hf(1:end-k)];                 % 使hf向右循环移位
y1=u.*p*dt;                                 % 使输入和翻转移位的脉冲过度函数逐项相乘，再乘dt
yk=sum(y1);                                 % 相加，相当于积分
y(k+lt+1)=yk;                               % 将结果放入数组y
%绘图，注意如何用axis命令把各子图的横坐标统一起来，纵坐标随数据自动调整
subplot(4,1,1);stairs(tl,u)
%用stairs是为了避免plot函数在突跳点形成的斜边
axis([-lt*dt,2*lt*dt,min(u),max(u)]),hold on
ylabel('u(t)')
subplot(4,1,2);stairs(tl,p)
axis([-lt*dt,2*lt*dt,min(p),max(p)])
ylabel('h(k-t)')
subplot(4,1,3);stairs(tl,yl)
axis([-lt*dt,2*lt*dt,min(yl),max(yl)+eps])
```

```
ylabel('s=u*h(k-t)')
subplot(4,1,4);stem(k*dt,yk)            % 用stem函数表示每一次卷积求和的结果
axis([-lt*dt,2*lt*dt,floor(min(y)+eps),ceil(max(y+eps))])
hold on,ylabel('y(k)=sum(s)*dt')
if k==round(0.8*lt) disp('暂停，按任意键继续'),pause
else pause(1),
end
end
```

（3）程序运行结果

分别运行这两个程序，按提示输入数据

u 数组：u=ones(1,10)

h 数组：h=exp(−0.1*[1:15])

时间间隔：dt=0.5

得到的图形如图 10.4 所示。这个图形是在卷积进行到一多半时的记录。

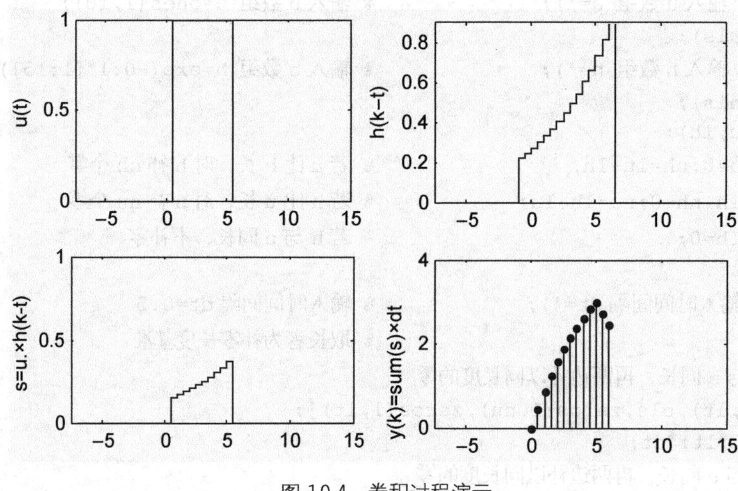

图 10.4 卷积过程演示

程序 cc.m 只能得到最下面的输出图，因为 u、h、y 三个变量的长度不同，而且时间基准在每一次卷积时不同，很难把它们对照起来画图。要描述卷积过程和它们的时间关系，就要像 qb.m 那样自己编程。

【例 10.5】LTI 系统的零状态响应。

设二阶连续系统，其特性可用常微分方程表示。

$$\frac{d^2y}{dt^2}+2\frac{dy}{dt}+8y=u$$

求其冲激响应。若输入为 $u=3t+\cos(0.1t)$，求其零状态响应 $y(t)$。

解：（1）建模

先求系统的冲激响应，写出其特征方程为

$$\lambda^2+2\lambda+8=0$$

按例 10.3 写出其特征根 p_1、p_2，及相应的留数 r_1、r_2，则冲激响应为

$$h(t)=r_1e^{p_1t}+r_2e^{p_2t}$$

输出可用输入 $u(t)$ 与冲激响应 $h(t)$ 的卷积求得。

（2）MATLAB 程序

```
clf,clear
a=input('多项式分母系数向量 a=');
b=input('多项式分子系数 b=');
t=input('输入时间序列 t=[0:dt:tf]=');
u=input('输入序列 u=');
tf=t(end);
dt=tf/(length(t)-1);
[r,p,k]=residue(b,a);
h=r(1)*exp(p(1)*t)+r(2)*exp(p(2)*t);
subplot(2,1,1),plot(t,h);grid
y=conv(u,h)*dt;
subplot(2,1,2),
plot(t,y(1:length(t)));grid
```

（3）程序运行结果

执行这个程序，取 a=[1,2,8]，b=1，t=[0:0.1:5]及 u=3t+cos(0.1t)，所得的结果如图 10.5 所示。图 10.5（a）显示冲激响应 h。

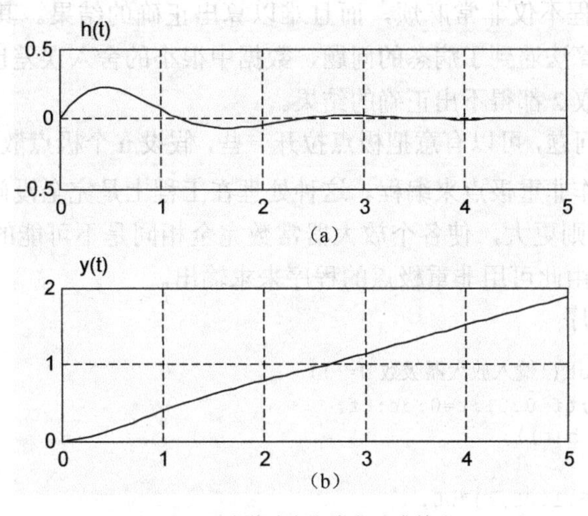

图 10.5　冲激响应和卷积法求输出

最后两行程序用来求给定输入下的输出，用卷积函数来求，即线性系统的输出等于输入信号和系统冲激响应的卷积。注意卷积求得的输出序列长度为 u 和 h 长度之和减 1。在程序执行后用 whos 命令检查，可知 y 的长度为 101，而 t 的长度为 51，故最后一句绘图命令必须限定 y 中的前面 51 个点。读者可自行分析 y 的后 50 个点具有何种意义。

【例 10.6】 系统中有重极点时的计算。

n 级放大器，每级的传递函数均为 $\omega_0/(s+\omega_0)$，求阶跃响应，画出 n 不同时的波形和频率特性。

解：（1）建模

系统的传递函数为 $H(s)=\omega_0^n/(s+\omega_0)^n$，阶跃信号的拉普拉斯变换为 $1/s$，因此，输出为两者的乘积，即

$$Y(s)=\frac{\omega_0^n}{s(s+\omega_0)^n}$$

求 $Y(s)$ 的拉普拉斯反变换，即可得到阶跃响应 $y(t)$ 。

这里遇到了有多重极点 $-\omega_0$ 的 $H(s)$ ，求其拉普拉斯反变换的问题。也可以用留数极点分解法来求，不过在有 n 重根时分解出的部分分式的分母将是重极点，有 $(s+\omega_0)$ ，…， $(s+\omega_0)^{n-1}$ ， $(s+\omega_0)^n$ 等项， $(s+\omega_0)^{-q}$ 的反变换可用如下解析式表示。

$$L^{-1}[(\frac{1}{s+\omega_0})^q]=\frac{1}{(q-1)!}t^{q-1}e^{-\omega_0 t}$$

按照这个思路，应该先用下列语句求 $Y(s)$ 的极点留数，注意分母中除了有 n 个重极点外还有一个零极点（即 $1/s$ ），故共有 n+1 个极点。先用 poly 函数求 $Y(s)$ 分母多项式的系数向量

$$by=w0\wedge n;ay=[poly(-ones(1,n)*w0),0]$$

放在 residue 的输入参数中，即 $[r,p]=residue(by,ay)$ ；然后，检查其中的重极点的个数，对非重极点用公式 $r(k)*\exp(p(k)*t)$ ，而对重极点则用公式 $r(k)*t.\wedge(k-1).*\exp\ (p(k)*t)/prod(1:k-1)$ 。求出其分量，再把各个分量叠加起来。

实际上，这样编程不仅非常麻烦，而且难以算出正确的结果。其原因是在重极点处，MATLAB 的 residue 算法遇到了病态的问题，数据中很小的舍入误差也可能会造成结果出现很大的误差。即使 n 取 2 都得不出正确的结果。

为了避开重极点问题，可以有意把极点拉开一些，假设 n 个极点散布在 $-0.95\omega_0\sim1.05\omega_0$ 之间，那样也就可当作非重极点来编程。这种处理在工程上是完全没问题的，一般电阻的标准误差为 $\pm5\%$ ，电容则更大，使各个放大器常数完全相同是不可能的，要把其误差控制到 $\pm2\%$ 以内也非易事。由此可用非重极点的程序来求输出。

（2）MATLAB 程序

```
clear,clf,N=input('输入放大器级数 N=');
w0=1000;dt=1e-4;tf=0.01;t=0:dt:tf;
 y=zeros(N,length(t));
for n=1:N
p0=-linspace(.95,1.05,n)*w0;
ay=poly([p0,0]);
by=prod(abs(p0));
[r,p]=residue(by,ay);
for k=1:n+1
y(n,:)=y(n,:)+r(k)*exp(p(k)*t);
end
figure(1),plot(t,y(n,:));grid on,hold on
figure(2),bode(prod(abs(p0)),poly(p0));hold on
bh=by;ah=poly(p0);
w=logspace(2,4);
H=polyval(bh,j*w)./polyval(ah,j*w);
aH=unwrap(angle(H))*180/pi;
fH=20*log10(abs(H));
figure(2),
subplot(2,1,1),semilogx(w,fH),grid on,hold on
```

```
subplot(2,1,2),semilogx(w,aH),grid on,hold on
end,hold off
```

（3）程序运行结果

设 N=4，可得到过渡过程如图 10.6 所示，从中看出输出信号到达 0.6 处所需的时间约为单级时间常数乘以级数。此程序在 $N>4$ 时又会出现很大的误差。

为了画波德图，要把坐标设置得符合它的要求。下面是画波德图的 4 项说明。

① 求频率特性，用多项式求值函数 polyval，并且用了元素群运算，把频率数组作为自变量，一次就求出全部的频率特性。注意它们是复数，要同时关心它们的振幅和相角。

② 振幅和相位特性横坐标都要用对数坐标并且上下对齐。

③ 振幅纵坐标单位应为分贝，这里用了 20log10(*abs*(*H*))。

④ 相角纵坐标单位为度，并且应连续变化，所以这里加了 unwrap 命令。

在控制系统工具箱中只要一个 bode 命令就可以完成这些功能，但这里不用工具箱，以便让读者知道工具箱是怎么编程的，今后调用时，不但知其然，而且知其所以然。

图 10.7 绘出了多级放大器的频率特性，其中幅特性（图上为分贝数）显示了低通特性，随级数的增加，通带减小；从相特性看出，随级数的增加，负相移成比例地增加。

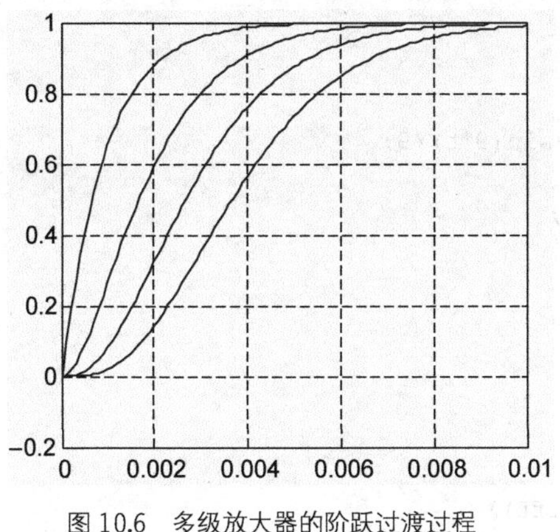

图 10.6 多级放大器的阶跃过渡过程

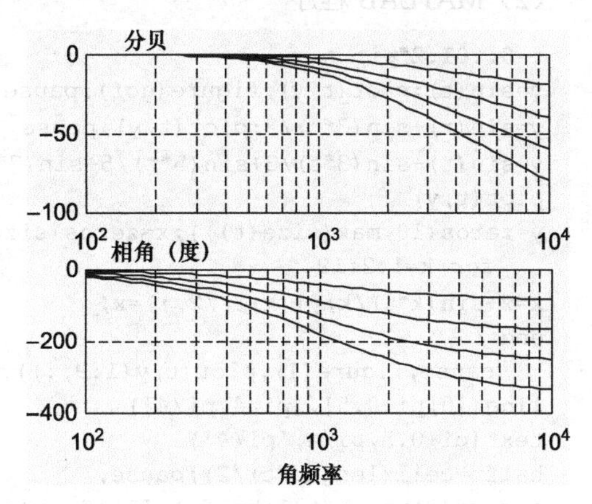

图 10.7 多级放大器的频率特性

10.2 傅里叶分析

【例 10.7】方波分解为多次正弦波之和。

如图 10.8 所示的周期性方波，其傅里叶级数为

$$f(t)=\frac{4}{\pi}\left[\sin t+\frac{1}{3}\sin 3t+\ldots+\frac{1}{2k-1}\sin(2k-1)t+\ldots\right] \qquad k=1，2，\ldots$$

用 MATLAB 演示谐波合成的情况。

解：（1）建模

方波 $f(t)$ 的周期 $T=2\pi$，由于该方波是奇对称的，在 $t=0-\pi$ 间演示即可，分别计算

$$f_1(t)=\frac{4}{\pi}\sin t$$

$$f_3(t)=\frac{4}{\pi}\left(\sin t+\frac{1}{3}\sin 3t\right)$$

......

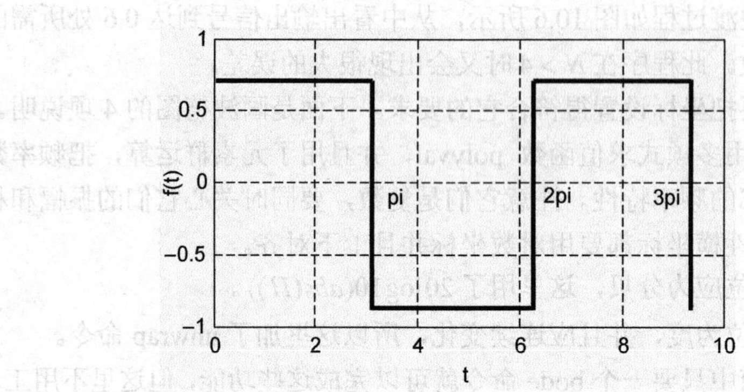

图 10.8　输入周期性方波

直到 9 次谐波，并做图。

（2）MATLAB 程序

```
t=0:.01:2*pi;
y=sin(t);plot(t,y),figure(gcf),pause
y=sin(t)+sin(3*t)/3;plot(t,y),pause
y=sin(t)+sin(3*t)/3+sin(5*t)/5+sin(7*t)/7+sin(9*t)/9;
plot(t,y)
y=zeros(10,max(size(t)));x=zeros(size(t));
   for k=1:2:19
x=x+sin(k*t)/k;y((k+1)/2,:)=x;
end
    pause,figure(1),plot(t,y(1:9,:)),grid
line([0,pi+0.5],[pi/4,pi/4])
text(pi+0.5,pi/4,'pi/4')
halft=ceil(length(t)/2);pause,
figure(2),mesh(t(1:halft),[1:10],y(:,1:halft))
```

（3）程序运行结果

如图 10.9 所示。

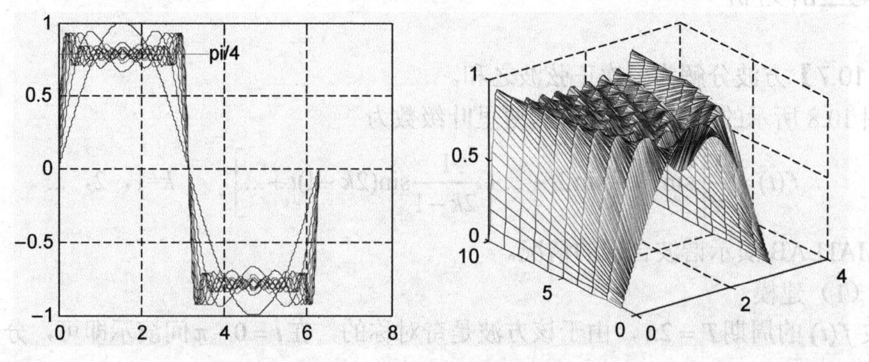

图 10.9　方波分解为正弦波

【例10.8】周期信号的频谱。

周期电流、电压（统称其为信号）$f(t)$ 可展开为直流与各次谐波之和，即

$$f(t)=\frac{A_0}{2}+\sum_{k=1}^{\infty}A_{km}\cos(k\Omega t+\varphi_k)$$

式中 $\Omega=\frac{2\pi}{T}$ 是基波角频率，T 为周期。

$$\begin{aligned}A_{km}&=\sqrt{a_k^{\ 2}+b_k^{\ 2}}\\a_k&=\frac{2}{T}\int_{-T/2}^{T/2}f(t)\cos(k\Omega t)dt,k=0,1,2...\\b_k&=\frac{2}{T}\int_{-T/2}^{T/2}f(t)\sin(k\Omega t)dt,k=0,1,2...\end{aligned}\tag{10.1}$$

周期信号的有效值定义为

$$A=\sqrt{\frac{1}{T}\int_0^T[f(t)]^2dt}\tag{10.2}$$

若用各谐波有效值 $\left(\frac{1}{\sqrt{2}}A_{km}\right)$，则表示为

$$A=\sqrt{A_0^{\ 2}+\sum_{k=1}^{\infty}\left(\frac{1}{\sqrt{2}}A_{km}\right)^2}\tag{10.3}$$

全波整流电压 $U_s(t)$ 的波形如图10.10所示，各谐波分量如图10.11所示。用傅里叶级数可求得

$$A_0=\frac{4U_m}{\pi}，A_{km}=\frac{1}{k^2-1}\frac{4U_m}{\pi}，\quad k=2，4，6，\dots$$

$$A_{km}=0，\quad k=1，3，5，\dots$$

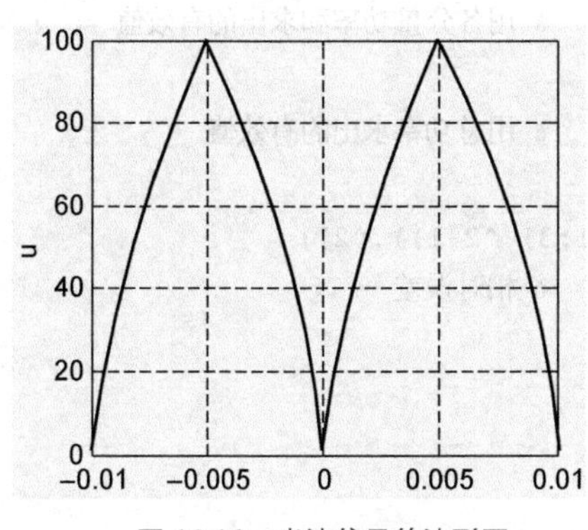

图10.10 半波信号的波形图

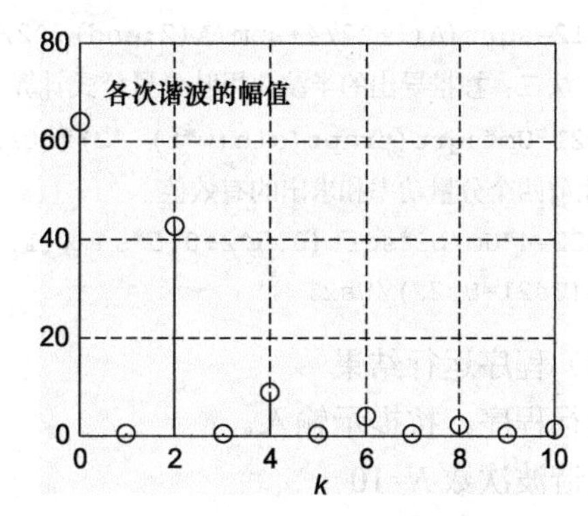

图10.11 半波信号的各谐波分量

可写出其展开式为（它只含直流和偶次谐波，令 $k=2n$ ）

$$u_s(t)=\frac{4U_m}{\pi}\left[\frac{1}{2}-\sum_{n=1}^{\infty}\frac{1}{4n^2-1}\cos 2n\Omega t\right]$$

若$U_m=100\text{V}$，频率$f=50\text{Hz}$（相应的$T=0.02\text{s}$，$\omega_1=100\pi\text{rad/s}$），分别用式（10.1）和式（10.2）计算其有效值U_{s1}和U_{s2}（取至 6 次谐波），并求U_{s2}的误差。

解：（1）建模

令$\theta=\Omega t$，$u_s(t)=|U_m\sin\Omega t|=|U_m\sin\theta|$，则

$$U_{s1}=\sqrt{\frac{1}{T}\int_0^T[U_m\sin\Omega t]^2dt}=U_m\sqrt{\frac{1}{2\pi}\int_0^{2\pi}\sin^2\theta d\theta}=U_m\sqrt{\frac{1}{\pi}\int_0^{\pi}\sin^2\theta d\theta} \tag{10.4}$$

由前n项分量的功率求出的有效值为

$$U_{s1}=\frac{4U_m}{\pi}\sqrt{\left(\frac{1}{2}\right)^2+\frac{1}{2}\sum_{n=1}^{3}\left(\frac{1}{4n^2-1}\right)^2}$$

U_{s2}的误差为$\varepsilon=\dfrac{U_{s2}-U_{s1}}{U_{s1}}$。

（2）MATLAB 程序

```
clear,format compact
Um=100;T=0.02;w=2*pi*50;
%方法一：按傅里叶分析定义计算
N=input('取得谐波次数N=');                    % 取得谐波次数越高，分段数得越多
t=linspace(-T/2,T/2);dt=T/99;                 % 列出t数组，取100点，有99个间隔dt
u=Um*abs(sin(w*t));                           % 在一个周期内生成两个半波的简便方法
for k=0:N                                     % 循环求系数a(k),b(k),A(k)
a(k+1)=trapz(u.*cos(k*w*t))*dt/T*2;           % 变量下标不得取0，故将k加1
b(k+1)=trapz(u.*sin(k*w*t))*dt/T*2;
A(k+1)=sqrt(a(k+1)^2+b(k+1)^2);
end
[[0:N]',[A(1)/2,A(2:end)]']                   % 显示各傅里叶分量，恢复与k的对应关系
stem(0:N,[A(1)/2,A(2:end)])                   % 画出傅里叶分量与k的对应关系
Usl1=sqrt(trapz(u.^2)*dt/T)                   % 用总功率求出的有效值
Usl2=sqrt(A(1)^2/4+sum(A(2:end).^2/2))        % 用各分量功率和求出的有效值
%方法二：按推导出的半波傅里叶分量公式计算
Us21=Um*sqrt(trapz(sin(w*t).^2)*dt/T)         % 用总功率求出的有效值
%用前四个分量功率和求出的有效值
Us22=4*Um/pi*sqrt(0.5^2+0.5*sum((1./(4*[1:3].^2-1)).^2))
e=(Us21-Us22)/Us21                            % 相对误差
```

（3）程序运行结果

运行程序，按提示输入。

取谐波次数 N=10

```
ans =
        0   63.6566
   1.0000    0.0321
   2.0000   42.4520
   3.0000    0.0321
   4.0000    8.4990
```

```
   5.0000    0.0323
   6.0000    3.6485
   7.0000    0.0325
   8.0000    2.0317
   9.0000    0.0327
  10.0000    1.2968
```

① 方法1的计算结果

Usl1 =70.7107（由总功率求出的有效值）

Usl2 =70.7031（这是取10次谐波（也即前6个分量）的功率求出的有效值）

② 方法2的计算结果

Us21 =70.7107（由总功率求出的有效值）

Us22 = 70.6833（这是取6次谐波（也即前6个分量）的功率求出的有效值）

e=3.8785e-004

可以看到计算结果中的奇次谐波虽然很小，但不为零。这是由于数值积分误差造成的。如果把步长减小，将$-T/2$与$T/2$之间分为1000点。即修改程序中的语句为：

t=linspace(-T/2,T/2,1000);dt=T/999;

运行得出的一次谐波就为0.000314，减小了100倍。其他奇次谐波也相仿。

【例10.9】周期信号的滤波。

如图10.12所示的滤波电路，已知$L=400\text{mH}$，$C=10\mu\text{F}$，$R=200\Omega$。如激励电压$u_s(t)$为全波整流信号，$U_m=100\text{V}$，$\omega_1=100\pi\text{rad/s}$，求负载$R$两端的直流和各次谐波（它只含偶次谐波）分量。

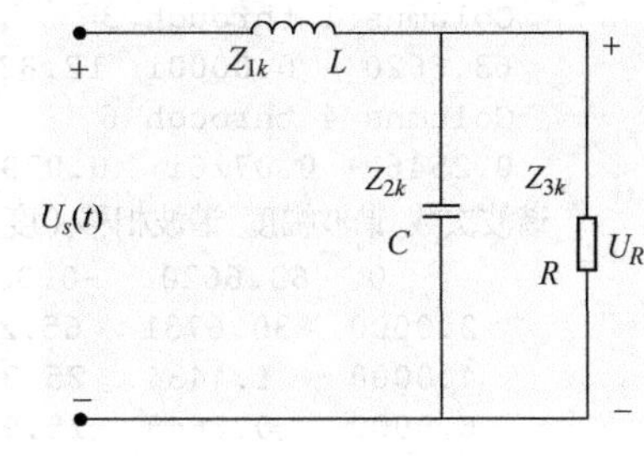

图10.12 滤波电路

解：（1）建模

$$u_s(t)=\frac{4U_m}{\pi}\left[\frac{1}{2}-\sum_{n=1}^{\infty}\frac{1}{4n^2-1}\cos 2n\omega_1 t\right]$$

由于直流电感阻抗为0，电容开路，故

$$U_{R_0}=\frac{2U_m}{\pi}$$

对于第k次谐波电压向量

$$\dot{U}_{R_k}=\frac{\dfrac{Z_{2k}Z_{3k}}{Z_{2k}+Z_{3k}}}{Z_{1k}+\dfrac{Z_{2k}Z_{3k}}{Z_{2k}+Z_{3k}}}\dot{U}_{S_R}=\frac{Z_{2k}Z_{3k}}{Z_{1k}Z_{2k}+Z_{2k}Z_{3k}+Z_{1k}Z_{3k}}U_{S_R}$$

式中
$$\dot{U}_{R_K}=\frac{1}{k^2-1}=\frac{1}{4n^2-1}(k=2n,n=1,2,3)$$

为电源k次谐波向量。

$$Z_{1k}=jk\omega_1 L=j2n\omega_1 L$$

$$Z_{2k}=-j\frac{1}{k\omega_1 C}=-j\frac{1}{2n\omega_1 C}$$

$$Z_{3k}=R$$

$$\dot{U}_{R_k}=\frac{-j\dfrac{R}{k\omega_1 C}.\dot{U}_{S_k}}{\dfrac{L}{C}+j\left(k\omega_1 LR-\dfrac{R}{k\omega_1 C}\right)}$$

由此可求得 U_R 的各次谐波。

（2）MATLAB 程序

```
clear,format compact
L=0.4;C=10e-6;R=200;
Um=100;w1=100*pi;
N=input('需分析的谐波次数 2N=（键入偶数）');
    n=1:N/2;w=[eps,2*n*w1];
Us=4*Um/pi*[0.5,-1./(4*n.^2-1)];
Z1=j*w*L;z2=1./(j*w*C);z3=R;
z23=z2.*z3./(z2+z3);
Ur=Us.*z23./(Z1+z23)
disp('谐波次数 谐波幅度 谐波相移（度）')
disp([2*[0,n]',abs(Ur)',angle(Ur)'*180/pi])
```

（3）程序运行结果

根据程序提示：需分析的谐波次数 2N=（键入偶数）

键入 10 后，得到

```
Ur =
  Columns 1 through 3
  63.6620 - 0.0000i  12.8383 +27.8571i   1.3050 + 0.6169i
  Columns 4 through 6
  0.2546 + 0.0726i   0.0799 + 0.0165i   0.0326 + 0.0053i
谐波次数 谐波幅度 谐波相移（度）
         0   63.6620   -0.0000
    2.0000   30.6731   65.2568
    4.0000    1.4434   25.3014
    6.0000    0.2648   15.9253
    8.0000    0.0816   11.7029
   10.0000    0.0330    9.2740
```

【例 10.10】调幅信号通过带通滤波器

已知带通滤波器的系统函数为

$$H(s)=\frac{U_2(s)}{U_1(s)}=\frac{2s}{(s+1)^2+100^2}$$

激励电压 $u_1(t)=(1+\cos t)\cos(100t)$，求

（1）带通滤波的频率响应;

（2）输出的稳态响应 $u_2(t)$ 并画出波形。

解：（1）建模

用傅里叶级数激励信号 $u_1(t)$ 可展开为

$$u_1(t)=\frac{1}{2}\cos(99t)+\cos(100t)+\frac{1}{2}\cos(101t)$$

即各向量为 $\dot{U}_1(99)=\frac{1}{2}\angle 0^\circ$，$\dot{U}_1(100)=1\angle 0^\circ$，$\dot{U}_1(101)=\frac{1}{2}\angle 0^\circ$

带通滤波器的响应分别为 $absH(j\omega)$、$angleH(j\omega)$，如图 10.13 所示。

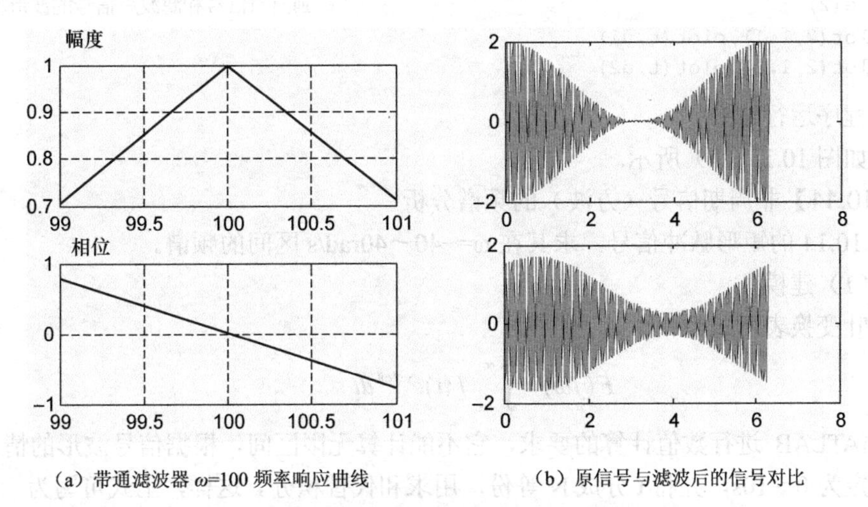

（a）带通滤波器 ω=100 频率响应曲线　（b）原信号与滤波后的信号对比

图 10.13　调幅信号通过带通滤波器的图

输入的向量为

$$\dot{U}_2(j\omega)=\dot{U}_1(j\omega).H(j\omega)=\left|\dot{U}_2(\omega)\right|e^{j\varphi(\omega)}$$

稳态响应为

$$u_2(t)=\left|U_2(99)\right|\cos(99t+\varphi(99))+\left|U_2(100)\right|\cos(100t+\varphi(100))+\left|U_2(101)\right|\cos(101t+\varphi(101))$$

（2）MATLAB 程序

```
clear
N=1000;
t=linspace(0,2*pi,N);dt=2*pi/(N+1);              % 信号周期为 2*pi,分成 1000 份
w=[99,100,101];                                   % 输入信号的三个频率分量
U=[0.5,1,0.5];                                    % 3 个频率分量对应的向量（虚部为零）
b=[2,0];a=[1,2,10001];                            % 滤波器分子分母系数向量
u1=U*cos(w'*t+angle(U')*ones(1,N));               % 输入信号的时间曲线
H=polyval(b,j*w)./polyval(a,j*w);                 % 求滤波器在 3 个频点上的频率响应，也可用
H=freqs(b,a,w);
% 画出滤波器的频率响应曲线，只用 3 个频点，图形不好看，读者可修改程序得到其完整的频率响应
figure(1)
subplot(2,1,1),plot(w,abs(H)),grid                % 幅度
subplot(2,1,2),plot(w,angle(H)),grid              % 相位
%U2=U.*H;
%ewn=exp(w'*t*i);u2=U2*ewn;                        % 求 u2=idtft(U2,w,t);
u21=abs(U(1)*H(1))*cos(99*t+angle(U(1)*H(1)));       % 角频率为 99 的分量
u22=abs(U(2)*H(2))*cos(100*t+angle(U(2)*H(2)));      % 角频率为 100 的分量
u23=abs(U(3)*H(3))*cos(101*t+angle(U(3)*H(3)));      % 角频率为 101 的分量
u2=u21+u22+u23;                                   % 求和
```

```
% 巧妙地利用元素群运算和矩阵运算相结合可把四条语句合成一条语句如下
% u2=abs(U.*H)*cos(w'*t+angle((U.*H).')*ones(1,1001));
% 注意对复数矩阵(U.*H),(U.*H)'为其共轭转置,(U.*H).'为转置而不共轭
figure(2)                                     % 画出原信号和滤波后信号的波形作比较
subplot(2,1,1),plot(t,u1)
subplot(2,1,2),plot(t,u2)
```

（3）程序运行结果

结果如图 10.13（b）所示。

【例 10.11】非周期信号（方波）的频谱分析

如图 10.14 的矩形脉冲信号，求其在 ω=−40～40rad/s 区间的频谱。

解：（1）建模

傅里叶变换表示式为

$$F(j\omega)=\int_{-\infty}^{\infty} f(t)e^{-j\omega t}dt \tag{10.5}$$

按 MATLAB 进行数值计算的要求，它不能计算无限区间，根据信号波形的情况，将积分上下限定为 0～10s，并将 t 分成 N 等份，用求和代替积分。这样，上式可写为

$$\begin{aligned}F(j\omega)&=\sum_{i=1}^{N} f(t_i)e^{-j\omega t_i}\Delta t\\&=[f(t_1),f(t_2),\cdots,f(t_n)][e^{-j\omega t_1},e^{-j\omega t_2},\cdots e^{-j\omega t_n}]'\Delta t\end{aligned} \tag{10.6}$$

这说明求和的问题可以用 $f(t)$ 行向量乘以 $e^{-j\omega t_n}$ 列向量来实现式中 Δt 是 t 的增量，在程序中，用 dt 表示。由于求一系列不同 ω 处的 F 值，都用同一公式，这就可以利用 MATLAB 中的元素群运算能力。将 ω 设为一个行数组，代入式（10.6），则可写为（程序中 ω 用 w 表示）

$$F=f\times\exp(-j\times t'\times w)\times dt \tag{10.7}$$

其中，F 是与 ω 等长的行向量，t' 是列向量，w 是行向量，$t\times w$ 是一矩阵，其行数与 t 相同，列数与 w 相同，这样式（10.7）就完成了傅里叶变换，类似地也可得到傅里叶逆变换表示式为

$$f=F\times\exp(j\times w'\times t)\times dw/pi$$

$$f(t)=\frac{1}{\pi}\int_{0}^{\infty} F(j\omega)e^{j\omega t}d\omega$$

（2）MATLAB 程序

```
clear,tf=10;
N = input('取时间分隔的点数N= ');
dt = 10/N;t = [1:N]*dt;                       % 给出时间分割
f =[ones(1,N/2),zeros(1,N/2)];                % 给出信号（此处是方波）
wf = input('需求的频谱宽度wf= ');
Nf = input('需求的频谱点数Nf= ');
w1 =linspace(0,wf,Nf);dw=wf/(Nf-1);
F1 = f*exp(-j*t'*w1)*dt;                      % 求傅里叶变换
w = [-fliplr(w1),w1(2:Nf)];                   % 补上负频率
F = [fliplr(F1),F1(2:Nf)];                    % 补上负频率区的频谱
subplot(1,2,1),plot(t,f,'linewidth',1.5),grid
```

```
axis([0,10,0,1.1])
subplot(1,2,2),plot(w,abs(F),'linewidth',1.5),grid
```

（3）程序运行结果

取时间分隔的点数 N = 256，需求的频谱宽度 wf == 40，需求的频谱点数 Nf= 64，得到图 10.14 所示频谱图。若取时间分隔的点数 N = 64，频谱宽度 wf = 40，频谱点数 Nf=256，则得到图 10.15 所示频谱图。此时采样周期为 dt= 10/64，对应的采样频率为 6.4Hz 或 ω_s=40rad/s。从图中可看出高频频谱以 $\omega_s/2$ 处为基准线的转迭，称为频率泄漏。

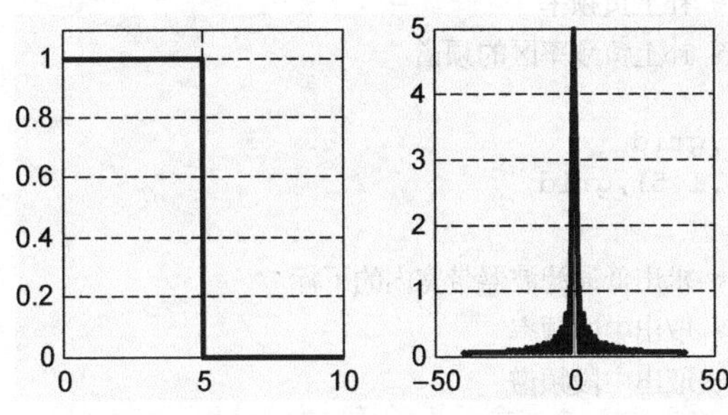

图 10.14 时域信号及其频谱图（采样密）

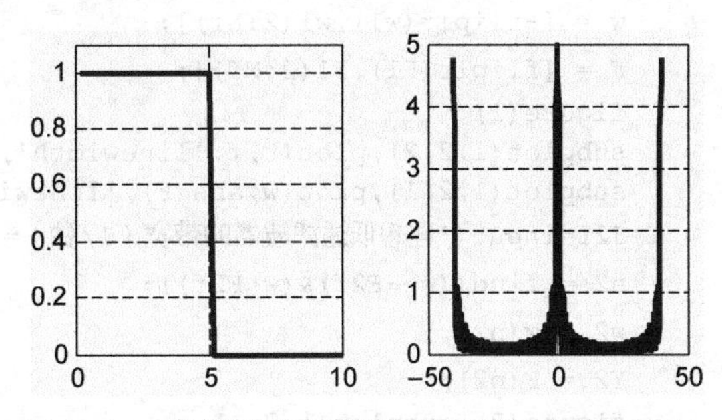

图 10.15 时域信号及其频谱图（采样稀，有频率泄漏）

【例 10.12】用傅里叶变换计算滤波器的响应。

计算幅度为 1，宽度为 5s 的矩形脉冲（同例 10.11）通过下列滤波器的响应。

（1）理想低通滤波器，其频率的响应

$$H(j\omega)=\begin{cases} t & -10<\omega<10 \\ 0 & \omega<-10，\omega>10 \end{cases}$$

（2）三阶巴特沃斯低通滤波器（截止角频率 $\omega_s=10rad/s$）转移函数

$$H(s)=\frac{500}{s^3+20s^2+200s+1000}$$

解：（1）建模

滤波器输出的频谱 $Y(j\omega)=F(j\omega)\cdot H(j\omega)$

其时间响应 $y(t)$ 是 $y(j\omega)$ 的傅里叶反变换。

① 理想的低通滤波器的截止角频率 $\omega_c=10$，故只取 $F(j\omega)$ 中 $\omega=0\sim10$ 的部分，用 MATLAB 语言表述，在这个区域内的频率分量对应的 ω 的下标数组为 $n2=find((w>=wc)\&(w<=wc))$

其对应的频率数组为 $w2=w(n2)$

频段内的频谱数组为 $F2=F(n2:)$，它就是滤波后的频谱数组 y2，其逆变换即

$$y2=F2\times\exp(j\times n2'\times t)/pi\times dw$$

② 三阶低通滤波器的频率响应

$$H(j\omega)=H(s)\big|_{s=j\omega}=\frac{500}{(j\omega)^3+20(j\omega)^2+200(j\omega)+1000}=\frac{500}{(1000-20\omega^2)+j(200\omega-\omega^3)}$$

滤波器的输出为 $y_2(t)=F^{-1}[H(j\omega)F(j\omega)]$

（2）MATLAB 程序

```
%q1012a.m
clear,tf=10;
N = 256;
dt = 10/N;t = [1:N]*dt;                        % 给出时间分割
f =[ones(1,N/2),zeros(1,N/2)];                 % 给出信号(此处是方波)
wf = 20;
Nf = 128;
w1 =linspace(0,wf,Nf);dw=wf/(Nf-1);
F1 = f*exp(-j*t'*w1)*dt;                       % 求傅里叶变换
w = [-fliplr(w1),w1(2:Nf)];                    % 补上负频率
F = [fliplr(F1),F1(2:Nf)];                     % 补上负频率区的频谱
figure(1)
subplot(1,2,2),plot(t,f,'linewidth',1.5),grid
subplot(1,2,1),plot(w,abs(F),'linewidth',1.5),grid
F2f=input('理想低通滤波器的带宽(1/秒)= ');
n2 = find((w>-F2f)&(w<F2f));                   % 求出低通滤波器带宽内的下标
w2 = w(n2);                                    % 取出中段频率
Y2 = F(n2);                                    % 取出中段频谱
figure(2),subplot(1,2,1),
plot(w2,abs(Y2),'linewidth',1.5),grid          % 画出滤波后的频谱
y2=Y2*exp(j*w2'*t)/pi*dw;                      % 对中段频谱求傅里叶逆变换
subplot(1,2,2)
plot(t,f,t,y2,'linewidth',1.5),grid            % 画出原波形及滤波后的波形

%q1012b.m
clear,tf=10;
N = 256;
dt = 10/N;t = [1:N]*dt;                        % 给出时间分割
f =[ones(1,N/2),zeros(1,N/2)];                 % 给出信号(此处是方波)
wf = 20;
Nf = 128;
w1 =linspace(0,wf,Nf);dw=wf/(Nf-1);
F1 = f*exp(-j*t'*w1)*dt;                       % 求傅里叶变换
w = [-fliplr(w1),w1(2:Nf)];                    % 补上负频率
F = [fliplr(F1),F1(2:Nf)];                     % 补上负频率区的频谱
figure(1)
subplot(1,2,2),plot(t,f,'linewidth',1.5),grid
subplot(1,2,1),plot(w,abs(F),'linewidth',1.5),grid
% 截止频率为 wc=10 的三阶巴特沃斯低通滤波器转移函数为
% H(s)=500/(s^3+20s^2+200s+1000
H = freqs(1000,[1,20,200,1000],w);
% 如用信号处理工具箱,语句为
% [b,a]==butter(wn,阶数;H=freqs(b,a,w),
Y = H.*F;
figure(3),subplot(1,2,1),
plot(w,abs(Y),'linewidth',1.5),grid            % 画出滤波后的频谱
y = Y*exp(j*w'*t)/pi*dw;                       % 对中段频谱求傅里叶逆变换
subplot(1,2,2)
plot(t,f,t,y,'linewidth',1.5),grid             % 画出原波形及滤波后的波形
```

（3）程序运行结果

运行 q1012a.m，设定理想滤波器带宽为 10 时所得结果如图 10.16 所示。

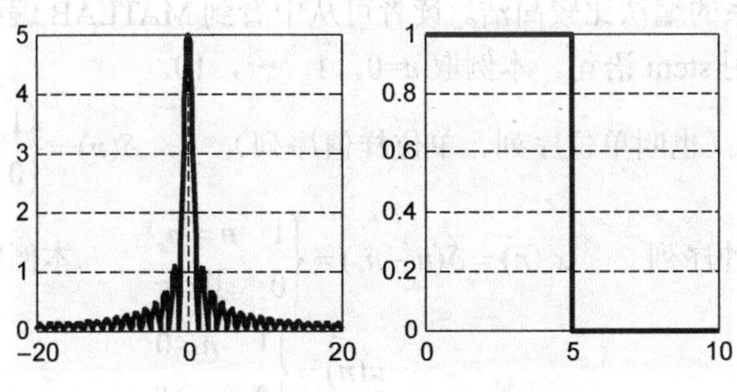

图 10.16 理想滤波后频谱和波形

运行 q1012b.m，通过三阶巴特沃斯低通滤波器后所得结果如图 10.17 所示。

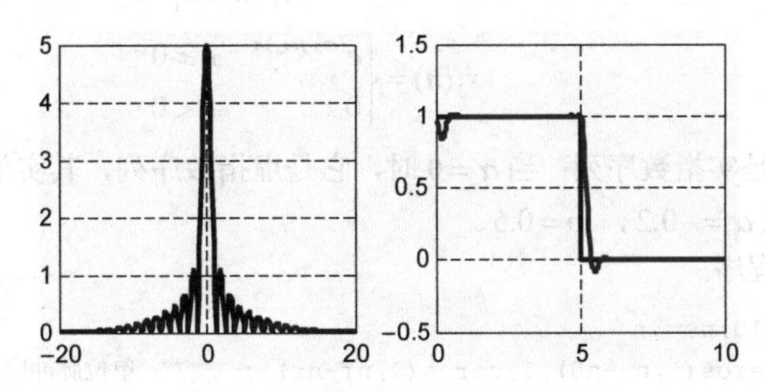

图 10.17 巴特沃斯滤波后的频谱和波形

10.3 离散信号和系统

本节讨论用 MATLAB 表示离散信号（序列）和线性时不变（LTI）离散系统的问题。由于 MATLAB 数值计算的特点，用它来分析离散的信号与系统是很方便的。在 MATLAB 中，可以用一个列向量来表示一个有限长度的序列。然而，这样一个向量并没有包含采样位置的信息。因此，完全地表示 $x(n)$ 要用 x 和 n 两个向量，例如序列

$x(n)=\{2,1,1,\underset{\uparrow}{3},1,4,3,7\}$（下面的箭头为第 0 个采样点）。

在 MATLAB 中表示为：

```
n = [-3,-2,-1,0,1,2,3,4]; x=[2,1,-1,3,1,4,3,7];
```

当不需要采样位置信息或这个信息是多余的时候（例如该序列从 n=0 开始），可以只用向量来表示。由于内存有限，MATLAB 无法表示无限序列。

【例 10.13】离散信号的 MATLAB 表述。

编写 MATLAB 程序来产生下列基本脉冲序列：

（1）单位脉冲序列，起点 n_0，终点 n_f，在 n_s 处有一单位脉冲（$n_0 \leqslant n_s \leqslant n_f$）；

（2）单位阶跃序列，起点 n_0，终点 n_f，在 n_s 前为 0，在 n_s 后为 1（$n_0 \leqslant n_s \leqslant n_f$）。

（3）复数指数序列。

解：（1）建模

这些基本序列的表达式比较简明，编写程序也不难。对单位脉冲序列，此处提供了两种方法，其中用逻辑关系的编法比较简洁。读者可从中看到 MATLAB 编程的灵活性和技巧性，绘制脉冲序列，通常用 stem 语句。本例取 n=0，1，…，10。

① 单位脉冲序列（也叫单位序列、单位样值序列） $\delta(n)=\begin{cases}1 & n=0\\0 & 其余\end{cases}$

迟延 n_s 的单位脉冲序列 $x_1(n)=\delta(n-n_s)=\begin{cases}1 & n=n_s\\0 & 其余\end{cases}$ 本例取 $n_s=3$。

② 单位阶跃序列 $u(n)=\begin{cases}1 & n\geqslant 0\\0 & n<0\end{cases}$

迟延 n_s 的单位阶跃序列 $x_2(n)=u(n-n_s)=\begin{cases}1 & n\geqslant n_s\\0 & n<n_s\end{cases}$ 本例取 $n_s=3$。

③ 复指数序列 $x_3(n)=\begin{cases}e^{(\alpha+j\omega_w)n} & n\geqslant 0\\0 & n<0\end{cases}$

当 $\omega=0$ 时，它是实指数序列；当 $\alpha=0$ 时，它是虚指数序列，其实部为余弦序列，虚部为正弦序列。本例取 $\alpha=-0.2$，$\omega=0.5$。

（2）MATLAB 程序

```
clear,n0=0;nf=10;ns=3;
n1=n0:nf;x1=[zeros(1,ns-n0),1,zeros(1,nf-ns)];        % 单位脉冲序列的产生
% n1 = n0:nf; x1=[(n1-ns)==0];                         % 显然,用逻辑式是比较高明的方法
n2=n0:nf;x2=[zeros(1,ns-n0),ones(1,nf-ns+1)];         % 单位阶跃序列的产生
% 也有类似的用逻辑比较语句的方法,留给读者思考
n3 = n0:nf; x3=exp((-0.2+0.5j)*n3);                   % 复数指数序列
subplot(2,2,1),stem(n1,x1,'.');title('单位脉冲序列')
subplot(2,2,3),stem(n2,x2);title('单位阶跃序列')
subplot(2,2,2),stem(n3,real(x3));line([0,10],[0,0])
title('复指数序列'),ylabel('实部')
subplot(2,2,4),stem(n3,imag(x3));line([0,10],[0,0]), %画横坐标
ylabel('虚部')
```

（3）程序运行结果

如图 10.18 所示。读者可与例 10.1 连续系统的结果图 10.1 相比较，观察两者在处理方法和图形表示上的不同。

【例 10.14】 差分方程的通用递推程序。

描述线性时不变离散系统的差分方程为

$$a_1y(n)+a_2y(n-1)+\cdots+a_{na}y(n-n_a+1)=b_1u(n)+b_2n(n-1)+\cdots+b_{nb}u(n-n_b+1) \quad (10.8)$$

编写解上述方程的通用程序。

解：（1）建模

MATLAB 用递推法解差分方程是很方便的，因而通常不再用经典法或 z 变换法。将方程左端都移到等号右端可得（用 MATLAB 程序语言表示）

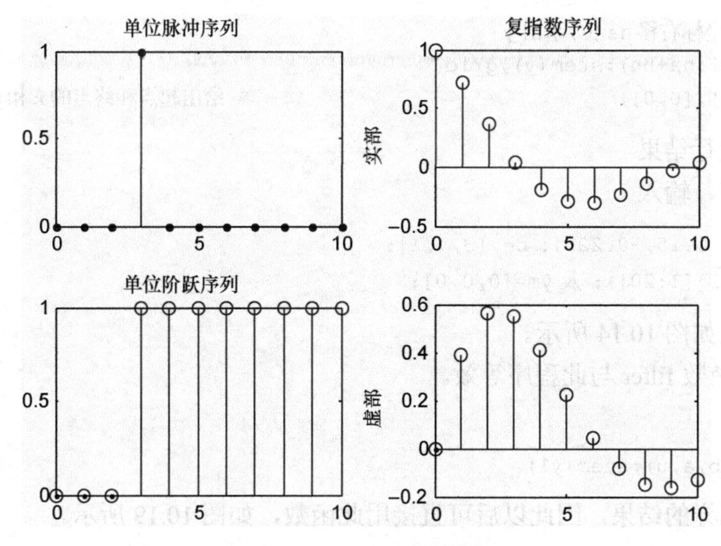

图 10.18 4 种基本的离散信号

$$a(1)*y(n)=b(1)*u(n)+\cdots+b(nb)*u(n-nb+1)-a(2)*y(n-1)-\cdots-a(na)*y(n-na+1)$$

令 $us=[u(n),\cdots,u(n-nb+1)]$； $ys=[y(n-1),\cdots,y(n-na+1)]$；

则上式可写为

$$a(1)*y(n)=b*us'-a(2:na)*ya'$$

于是得 $y(n)=(b*us'-a(2:na)*ys')/a(1)$

这个方程是可以递推计算的。

这里遇到了一个困难，MATLAB的变量下标不允许取负数，而这个公式需要知道n = 0之前的y和u，本例中的处理方法是另设两个变量ym和um，使ym(k) = ys(k-na+l)，um(k)= us(k−na+l)，这相当于把y和u右移na−1个序号，故ym和um的第1～na−1位相当于y和u在起点之前的初值。注意在程序中，随着计算点的右移，要随时更新相应子公式中的向量us和ys。

（2）MATLAB 程序

```
clear
disp('输入方程左端的系数向量 a=[a(1),...a(na)]')
a = input('a = (书上取[1,0.1,0.15,-0.225])');
disp('输入方程右端的系数向量 b=[b(1),...b(nb)]= ')
b = input('b=  (书上取[3,7,1])  ');
disp('输入信号序列 u(1:lu)(注意 lu 也就是计算长度,书上取 exp(0.1*[1:20]))')
u = input('u =  ');
na=length(a);nb=length(b);nu=length(u);
s=['起算点前',int2str(na-1),'点 y 的值 =[y(',int2str(na-2),'),..,y(0)]= 书上取
[0,0,0]'];
ym=zeros(1,na+nu);ym(1:na-1) = input(s);              % 建立 ym 序列并赋予初值
um = [zeros(1,na),u];                                 % 建立 um 序列并赋予初值
for n=na:na+nu                                        % 这个 n 以 ym 的起点为准
ys = ym(n-1:-1:n-na+1); us = um(n:-1:n-nb+1); % 生成 us 及 ys
ym(n) = (b*us'-a(2:na)*ys')/a(1);                     % 差分方程递推求 ym
end
```

```
% 把 ym 时间坐标右移 na 位,求出 y
y = ym(na+1:na+nu);stem(y),grid
line([0,nu],[0,0])                              % 给出起点和终点的 x 和 y 数组,画横坐标轴
```

（3）程序运行结果

执行此程序，输入

```
a = [1,0.1,0.15,-0.225]; b= [3,7,1];
u = exp(0.1*[1:20]); 及 ym=[0,0,0];
```

得出的结果如图 10.14 所示。

MATLAB 函数 filter 与此程序等效。

键入

```
y1=filter(b,a,u);stem(y1)
```

可以得到同样的结果，因此以后可直接用此函数，如图 10.19 所示。

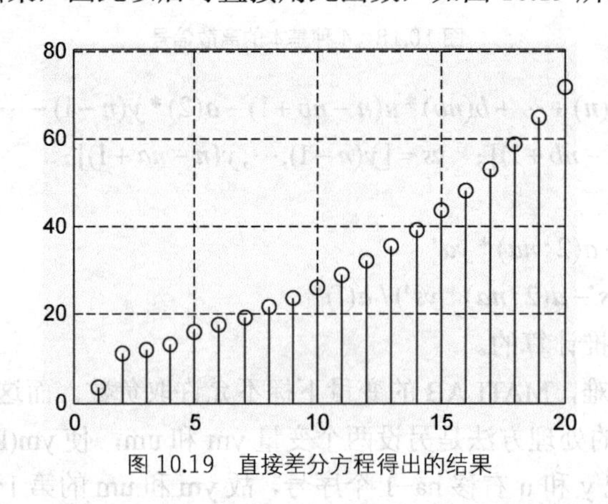

图 10.19　直接差分方程得出的结果

【例 10.15】求离散系统在各种输入下的响应。

描述 LTI 系统的差分方程为

$$y(n)-y(n-1)+0.9y(n-2)-0.5y(n-3)=5u(n)-2u(n-1)+2u(n-2)$$

如已知 $y(0)=-2, y(-1)=2, y(-2)=-\dfrac{1}{2}$，求零输入响应，计算 20 步。

求单位脉冲的响应 h（n），计算 20 步。

求单位阶跃的响应 g（n），计算 20 步。

解：（1）建模（利用例 10.14 的通用程序）

① 求零输入响应，即输入为零时，仅由初始状态产生的响应。

令 a = [l,−1,0.9,−0,5]; b= [5,−2,2];

则 us = zeros(l,20);（输入信号长度决定要求的输出长度，此处取 20）。

ym = [l/2, 2, −2]；（ym 长度应为系数 a 的长度减 1）。

② 单位脉冲响应 h(n)是输入为单位脉冲序列 $\delta(n)$ 时的零状态响应。

令 y(0) =y(−l) = y(−2)=0,则 ym = [0,0,0]

$u(n)=\delta(n)$ 则 us=[l,zeros(l,19)]

③ 阶跃响应是输入为单位阶跃序列时的零状态响应。

令 y(0) = y(−l) = y(−2)=0, u(n) = $\varepsilon(n)$

则 ym = [0, 0,0]: um = ones(l, 20)

在信号处理工具箱中 filter 函数与此程序有同样功能。

（2）MATLAB 程序

```
disp('分题（1）,初始条件响应'),pause
figure(1),q1014a
% 按提示键入 a=[1,-1,0.9,-0.5];b=[5,-2,2];
%  u=zeros(1,20);ym=[-1/2, 2,-2];
disp('分题（2）,单位脉冲响应'),pause
figure(2),q1014a
% 按提示键入 a=[1,-1,0.9,-0.5];b=[5,-2,2];
% u=[1,zeros(1,19)];ym=[0,0,0];
disp('分题（3）,单位阶跃响应'),pause
figure(3),q1014a
% 按提示键入 a=[1,-1,0.9,-0.5];b=[5,-2,2];
% u=ones(1,20);ym=[0,0,0];
```

离散系统的时域解如图 10.20 所示。

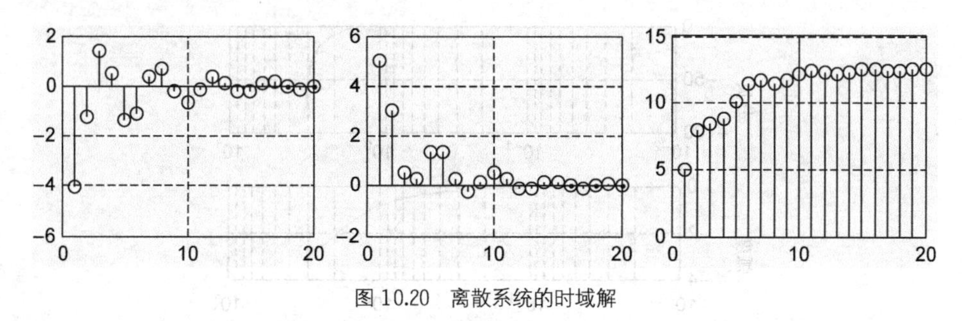

图 10.20　离散系统的时域解

【例 10.16】二阶巴特沃斯低通数字滤波器的频率响应。

二阶巴特沃斯低通数字滤波器的系统函数（传递函数）为

$$H(z) = -\frac{z^2 + 2z + 1}{(2+\sqrt{2})z^2 + (2-\sqrt{2})}$$

求其频率响应并做图（0～π）。

解：（1）建模

离散系统的频率响应函数为（这里 $\theta = \omega t_s$，t_s 为抽样周期）

$$H(e^{j\theta}) = H(z)\big|_{z=e^{j\theta}}$$

其幅频特性为 $\left|H(e^{j\theta})\right|$，相频特性为 $\angle H(e^{j\theta})$，下面按定义编程。信号处理工具箱中的 freqz 函数与此程序有同样功能。

（2）MATLAB 程序

```
b=[1,2,1]; a=[2+sqrt(2),0,2-sqrt(2)];           % 给出滤波器分子分母系数
N=input('取频率数组的点数 N= ');
w=[0:N-1]*2*pi/N;                               % 给出 0 到 pi 之间的频率数组
H=polyval(b,exp(i*w))./polyval(a,exp(i*w));  % 求频率响应
```

```
figure(1)                                              % 在线性坐标内画频率特性
subplot(2,1,1),plot(w,abs(H)),grid
subplot(2,1,2),plot(w,unwrap(angle(H))),grid
figure(2)                                              % 在对数坐标内画频率特性
subplot(2,1,1),semilogx(w,20*log10(abs(H))),grid
subplot(2,1,2),semilogx(w,unwrap(angle(H))),grid
```

（3）程序运行结果

按提示输入点数（例如 100），可得到如图 10.21 所示的频率特性曲线。

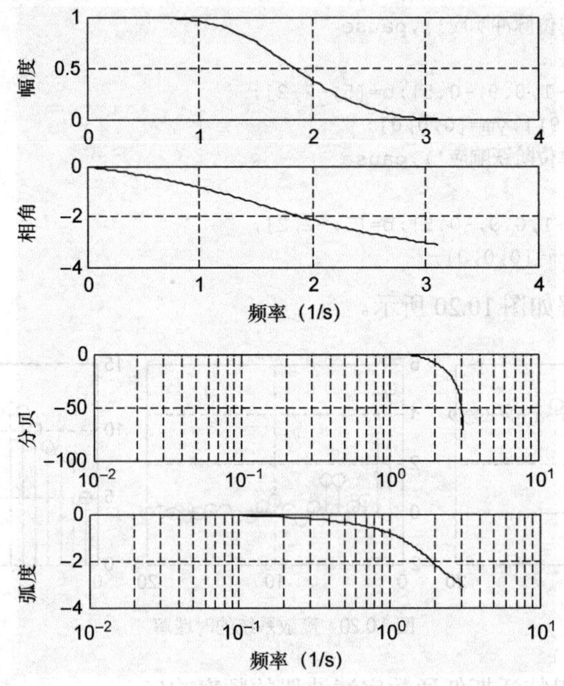

图 10.21　二阶巴特沃斯低通滤波数字滤波器的频率响应

10.4　线性时不变系统的模型

10.4.1　模型的典型表达式

LTI 系统模型的典型表达式有状态空间型、传递函数型、零极点增益型等，它们都能描述系统的特性，但各有不同的应用场合。熟悉各表达式的互相转换是非常重要的。

1. 连续系统

（1）状态空间型

设 x 为状态变量，u 为输入，y 为输出，系统的状态方程为（为免混淆，此处分子、分母多项式用 f 和 g）

$$\dot{x} = Ax + Bu$$

$$y = Cx + Du$$

如果系统是 n 阶的，输入有 n_u 个，输出有 n_y 个，则 A 为 $n \times n$ 阶，B 为 $n \times n_u$ 阶，C 为 $n_y \times n$

阶，而 D 为 $n_y \times n_u$ 阶矩阵，对单输入单输出（SISO）系统，$n_y = n_u = 1$，已知 A、B、C、D 四个矩阵，即可建立系统模型。

（2）传递函数型

单输入单输出 n 阶系统的传递函数为

$$H(s)=\frac{f(1)s^m+f(2)s^{m-1}+\cdots+f(m)s+f(m+1)}{g(1)s^n+g(2)s^{n-1}+\cdots+g(n)s+g(n+1)}=\frac{f(s)}{g(s)}$$

对于 SISO 系统，$f(s)$ 是 s 的 m 次多项式，$g(s)$ 是 s 的 n 次多项式。对于多输入单输出（MISO）系统，设有 n_u 个输入，$H(s)$ 将是由 n_u 个多项式分式构成的单列矩阵；对于多输入多输出（MIMO）系统，$H(s)$ 将是由 $n_y \times n_u$ 个多项式分式构成的多项式矩阵。在通常的 SISO 系统中，考虑到分子分母可以对 $g(1)$ 约分，使分母上的系数 $g(1)=1$，于是有

$$f(s)=f(1)s^m+f(2)s^{m-1}+\cdots+f(m)s+f(m+1) \tag{10.9}$$

$$g(s)=s^n+g(2)s^{n-1}+\cdots+g(n)s+g(n+1) \tag{10.10}$$

因此，知道分子系数矢量 $f=[f(1),f(2),\cdots,f(m+1)]$ 和分母系数矢量 $g=[g(1),g(2),\cdots,g(n+1)]$，就唯一地确定了系统的模型（注意系统的阶次 n）。而对物理可实现的系统，必有 $n \geqslant m$。

（3）零级点增益型

对式（10.9）及式（10.10）进行因式分解，可得

$$H(s)=\frac{k(s-z(1))(s-z(2))\cdots(s-z(m))}{(s-p(1))(s-p(2))\cdots(s-p(n))} \tag{10.11}$$

令 $z=[z(1),z(2),\cdots,z(m)]$ 为系统的零点矢量，$p=[p(1),p(2),\cdots,p(n)]$ 为系统的极点矢量，k 为系统增益，它是一个标量。可以看出，$H(s)$ 有 m 个零点，n 个极点。物理可实现系统的 $n \geqslant m$，系统的模型将由矢量 z，p 及增益 k 唯一确定，故称为零级点增益模型。零级点增益模型通常用于描述 SISO 系统，并可以推广到 MISO 系统。

（4）极点留数模型

如果式（10.11)中的极点都是单极点，将零极点增益模型分解为部分分式，可得

$$H(s)=\frac{r(1)}{s-p(1)}+\frac{r(2)}{s-p(2)}+\cdots+\frac{r(n)}{s-p(n)}+h \tag{10.12}$$

其中，$p=[p(1),p(2),\cdots,p(n)]$ 仍为极点矢量，而 $r=[r(1),r(2),\cdots,r(n)]$ 为对应于各极点的留数矢量，p、r 两个矢量及常数 h 唯一地决定了系统的模型。

下面来比较一下这四种情况下模型系数的总个数。假定都是 SISO 系统，阶数为 n，则状态空间型有 n^2+2n+1 个系数；传递函数型为 $m+n+1$ 个（不含 $g(1)$）（注意，由于 $m \leqslant n$ 时系数的数目小于等于 $2n+1$）；零极点增益型的系数个数为 $n+m+1$；而极点留数型为 $2n+1$。因此，传递函数法的待定系数最少，而状态空间法的待定系数最多。这说明了状态空间法中有许多冗余的系数。事实上，同一个系统可以有无数个状态空间矩阵 A、B、C、D 的组合来描述，其他描述方法则都是唯一的。下面在讨论这几种模型相互变换时将进一步论及这个问题。

2. 离散系统

以上 4 种表示模型的方法可以全部推广至离散系统。为了区别，将所有的系数矩阵后面加小写字母 d，便有如下模型。

（1）状态空间型

$$x[n+1]=Adx[n]+Bdu[n] \tag{10.13}$$

$$y[n]=Cdx[n]+Ddu[n] \tag{10.14}$$

（2）传递函数型

$$H(z)=\frac{fd(1)z^m+fd(2)z^{m-1}+\cdots+fd(m)z+fd(m+1)}{z^n+gd(2)z^{n-1}+\cdots+gd(n)z+gd(n+1)} \tag{10.15}$$

（3）零级点增益型

$$H(z)=\frac{kd(z-zd(1))(z-zd(2))\cdots(z-zd(m))}{(z-pd(1))(z-pd(2))\cdots(z-pd(n))} \tag{10.16}$$

（4）极点留数型

$$H(z)=\frac{rd(1)}{z-pd(1)}+\frac{rd(2)}{z-pd(2)}+\cdots+\frac{rd(n)}{z-pd(n)}+hd \tag{10.17}$$

各种表述方法中参数阵的阶数和参数个数的讨论都与连续系统相同。

（5）数字信号处理模型

在数字信号处理中，常常会用到按 s^{-1} 的降幂排列的传递函数，将（10.15）式的分子分母同除以 s^n，可得

$$H(s^{-1})=\frac{fd(1)s^{m-n}+fd(2)s^{m-n+1}+\cdots+fd(m)s^{1-n}+fd(m+1)s^{-n}}{1+gd(2)s^{-1}+\cdots+gd(n)s^{1-n}+gd(n+1)s^{-n}} \tag{10.18}$$

这可看作是传递函数法的一种变型。

（6）二阶环节型

系统中经常会包含复数的零极点，这时用零极点增益法表示就非常烦琐。对于实系数多项式，其复数的零极点必定是共轭的，把每一对共轭极点或零点多项式合并，就可得出多个二阶环节。

$$H(s^{-1})=\frac{(b_{01}+b_{11}s^{-1}+b_{21}s^{-2})\cdots(b_{0L}+b_{1L}s^{-1}+b_{2L}s^{-2})}{(a_{01}+a_{11}s^{-1}+a_{21}s^{-2})\cdots(a_{0L}+a_{1L}s^{-1}+a_{2L}s^{-2})} \tag{10.19}$$

这可看作是零极点增益法的一种变型。

表 10.1 列出了连续和离散线性系统的各种模型表达式。

表 10.1　线性系统模型及其表述矩阵

表述方法	连续系统	表述矩阵	离散系统	表述矩阵
状态空间型	$\dot{x}=Ax+Bu$ $y=Cx+Du$	A,B,C,D	$x[n+1]=Adx[n]+Bdu[n]$ $y[n]=Cdx[n]+Ddu[n]$	$Ad,Bd,$ Cd,Dd
传递函数型	$\frac{f(1)s^m+\cdots+f(m)s+f(m+1)}{s^n+\cdots+g(n)s+g(n+1)}$	f,g	$\frac{fd(1)z^m+\cdots+fd(m+1)}{z^n+\cdots+gd(n+1)}$	fd,gd
零极点增益型	$\frac{k(s-z(1))\cdots(s-z(m))}{(s-p(1))\cdots(s-p(n))}$	z,p,k	$\frac{kd(z-zd(1))\cdots(z-zd(m))}{(z-pd(1))\cdots(z-pd(n))}$	zd,pd,kd
极点留数型	$\frac{r(1)}{s-p(1)}+\cdots+\frac{r(n)}{s-p(n)}+h$	r,p,h	$\frac{rd(1)}{z-pd(1)}+\cdots+\frac{rd(n)}{z-pd(n)}+hd$	rd,pd,hd

10.4.2 模型转换

在连续系统的四种表达式之间可以任意进行转换。也就是说，知道其中任意的一组系数表述矩阵，就可以求出该系统在另一种表述法中的系数矩阵。这种变换如果用手算来进行，是非常繁杂和费时的，并且极易出错，因而计算机辅助是十分有益的。

可以把零极点增益型和极点留数型都当成一类，即模域的表示法，这里主要研究时域、频域和模域这三者之间的变换，如图 10.22 所示。这种转换的运算在 MATLAB 语言中的函数名称也在图中标出。名称中出现的“2”字，应按英文谐音读作“to”，则 ss2tf 就表示由状态空间型转换为传递函数型，这样，在三个域之间的转换函数共有 6 个。再加上模域中的两种表述方法之间的转换函数 residue，通常有 8 种转换函数。此外，状态空间的表述不是唯一的，它可以有许多种形式，例如可控标准型、可观标准型、约当标准型等，可以用 ss2ss 来转换。图 10.22 表示了这 8 种转换函数，其中 residue 具有双向变换功能。

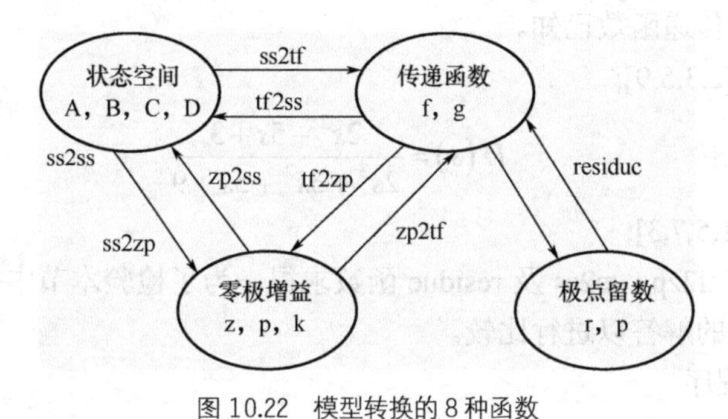

图 10.22 模型转换的 8 种函数

这些函数的输入变量是变换源的参数阵，输出变量则是变换后的参数阵。例如

```
[f, g] =ss2tf(A, B, C, D)
```

就实现了状态空间表示的模型矩阵转变为传递函数的分子、分母系数矢量。此处对这些变换的原理略做一点说明。

（1）零极点增益型到传递函数型

已知 z，p，k，求 f，g，即知道多项式求根。可用 MATLAB 内部函数 poly，它是 roots 的逆运算，即有 f=poly(z)×k，g=poly(p)，这样就完成了[f,g] = zp2tf(z,p,k)的运算。

（2）传递函数型到极点留数型

知道传递函数的系数 g 求其极点 p，方法同上，而求其中某极点处留数的公式为（对单极点而言）

$$r_i = H(s)(s-P_i)\big|_{s=P_i} = \frac{f(P_i)}{(P_i-P_1)(P_i-P_2)\cdots(P_i-P_n)}$$

其中，$f(p)=f(1)p^m+f(2)p^{m-1}+\cdots+f(m)p+f(m+1)$。

MATLAB 已把这个复杂的运算过程编成专用函数 residue，格式为

```
[r,p,h]=residue(f,g)
```

可直接由 f、g 求出 r、p、h。由极点留数型到传递函数型仍可用同一函数。

```
[f,g] = residue(r, p, h)
```

residue 函数根据输入变元的数目为二或三个，决定变换的方向。

从状态空间型到传递函数型及零极点增益型之间的相互转换，推导起来要麻烦一些（本书把从状态空间型到传递函数型的推导放在例 10.18 中，有兴趣的读者可参阅该例）。一般读者可以直接承认和调用 ss2tf、tf2ss、ss2zp、zp2ss 等函数（这些函数都在多项式函数库中），这些函数也适用于各种离散线性模型之间的变换。

【例 10.17】由传递函数模型转换为零极点增益和状态空间模型。

已知描述系统的微分方程为

（1） $2\dddot{y}+3\ddot{y}+5\dot{y}+9y=2\ddot{u}-5\dot{u}+3u$

（2） $\dddot{y}+5\ddot{y}+7\dot{y}+3y=\ddot{u}+3\dot{u}+2u$

求它的传递函数模型、零极点增益模型，极点留数模型和状态空间模型。

解：（1）建模

由题可知，本题传递函数已知。

① f=[2,-5,3];g=[2,3,5,9];

即
$$H(s)=\frac{2s^2-5s+3}{2s^3+3s^2+5s+9}$$

② f=[1,3,2];g=[1,5,7,3];

其他模型均可用 tf2zp、ts2ss 及 residue 函数求得。为了检验本节中提供的变换程序，这里也列出了自编程序的解答以进行比较。

（2）MATLAB 程序

```
% 由传递函数模型转为其他模型
format compact
f=input('传递函数分子系数数组=[f(1),...,f(nf)]=');
g=input('传递函数分母系数数组=[g(1),g(2),...,g(ng)]=');
printsys(f,g,'s')
disp('转为零级增益模型')
z=roots(f)
p=roots(g)
k=f(min(find(f(:)~=0)))/g(1)
[z1,p1,k1]=tf2zp(f,g)
disp('转为零级留数模型: ')
[r,p,h]=residue(f,g)
disp('转为状态空间模型')
[A,B,C,D]=tf2ss(f,g);
printsys(A,B,C,D)
```

（3）程序运行结果

输入第（1）组 f、g 参数，得

传递函数分子系数数组 f= [f(1),..., f(nf)] =[2,−5,3]

传递函数分母系数数组 g= [g(1), g(2),..., g(ng)] =[2,3,5,9]

```
num/den =
      2 s^2 - 5 s + 3
   ------------------------
```

```
   2 s^3 + 3 s^2 + 5 s + 9
```

转为零极增益模型

```
z =1.5000
   1.0000
p =-1.6441
   0.0721 + 1.6528i
   0.0721 - 1.6528i
k =1
z1 =1.5000
   1.0000
p1 =-1.6441
   0.0721 + 1.6528i
   0.0721 - 1.6528i
k1 =1
```

转为零极留数模型

```
r =-0.2322 + 0.4716i
  -0.2322 - 0.4716i
  1.4644
p =0.0721 + 1.6528i
   0.0721 - 1.6528i
  -1.6441
h = []
```

转为状态空间模型

```
a =              x1          x2          x3
         x1  -1.50000    -2.50000    -4.50000
         x2   1.00000           0           0
         x3         0     1.00000           0
b =             u1
         x1   1.00000
         x2         0
         x3         0
c =             x1          x2          x3
         y1   1.00000    -2.50000     1.50000
d =             u1
         y1         0
```

写成便于阅读的形式

$$\begin{bmatrix} \dot{x}_1 \\ \dot{x}_2 \\ \dot{x}_3 \end{bmatrix} = \begin{bmatrix} -1.5 & -2.5 & -4.5 \\ 1 & 0 & 0 \\ 0 & 1 & 0 \end{bmatrix} \begin{bmatrix} x_1 \\ x_2 \\ x_3 \end{bmatrix} + \begin{bmatrix} 1 \\ 0 \\ 0 \end{bmatrix} u_1$$

$$y = \begin{bmatrix} 1 & -2.5 & 1.5 \end{bmatrix} \begin{bmatrix} x_1 \\ x_2 \\ x_3 \end{bmatrix}$$

输入第（2）组f、g参数，得

零级点增益模型$Z=[-2,-1]$，$p=[-3.0000;-1.0000;-1.0000]$，$k=1$，其他模型不再列出。

本题参数（2）的零极点中都有−1，写成多项式时，分子分母中相同因式本应该相消，但 MATLAB 做数值运算时，它看的是根的值，而并非是 s 的因子，不可能自行进行因式相消运算，因此需要人的参与、帮助、推理。本系统的零极点增益模型的正确结果为：

```
z=-1, p=[-3,-1], k=1
```

在符号运算（symbolic）工具箱中，MATLAB 已增加了这项功能。

【例 10.18】由状态空间型转换为传递函数型。

设单输入单输出线性时不变系统的状态空间表达式为

$$\dot{x} = Ax + Bu$$
$$y = Cx + Du$$

如果系统是 n 阶，则 A 为 $n\times n$ 阶，B 为 $n\times 1$ 阶，C 为 $1\times n$ 阶，D 为 1×1 阶。给定 A、B、C、D，建立系统模型。又设系统传递函数分子分母多项式的系数向量为 f 和 g，现在的问题是已知 A、B、C、D，如何求出 f、g。反之，已知 f、g，如果求出 A、B、C、D。由于状态空间表示法中有冗余参数，因此 f，g 是唯一的，反之，则有无穷多解。

解：（1）建模

由 A、B、C、D 求传递函数分子、分母矢量 f，g。

对状态方程取拉普拉斯变换，解出 $H(s)=f(s)/g(s)$，得

$$H(s)=\frac{f(s)}{g(s)}=C(sI-A)^{-1}B+D=\frac{Cadj(sI-A)B}{\det(sI-A)}+D \qquad (10.20)$$

式中
$$(sI-A)^{-1}=\frac{adj(sI-A)}{\det(sI-A)} \qquad (10.21)$$

利用等式（10.20）可以确定状态空间矩阵与传递函数系数之间的关系。令等式两端分母相等，有 $g(s)=\det(sI-A)$，令等式两端分子相等，有 $f(s)=Cadj(sI-A)B+Dg(s)$。

传递函数的分母 $g(s)$ 可分解为其特征根 λ 的因式的乘积，即其多项式系数向量 $g=poly(\lambda)$，而特征根又可由 $\lambda=eig(A)$ 求得。于是有

$$g=ploy(eig(A))=\det(sI-A) \qquad (10.22)$$

由此式可求出系数向量 g，它的首项系数为 1。

令 $(sI-A)$ 的伴随矩阵 $P(s)$，即

$$P(s)=adj(sI-A)=P_1s^{n-1}+P_2s^{n-2}+\cdots+P_{n-1}s+P \qquad (10.23)$$

它是按 s 的降幂来列的以 $n\times n$ 阶方阵 P_1，P_2，⋯，P_n 为系数的多项式，s 的最高幂为 $(n-1)$，即它比 $\det(sI-A)$ 低一阶。

将（10.21）式两端左乘 $(sI-A)$ 得

$$I=(sI-A)\frac{adj(sI-A)}{\det(sI-A)}=(sI-A)\frac{P(s)}{g(s)} \qquad (10.24)$$

由此得

$$sP(s)-AP(s)=g(s) \tag{10.25}$$

使等式两端 s 同次幂系数相等，可得递推方程

$$s^n: P_1 = I$$

$$s^{n-1}: P_2 = AP_1 + g_2 I$$

$$\cdots \quad \cdots\cdots\cdots\cdots\cdots\cdots$$

$$s^{n-k}: P_{k+1} = AP_k + g_{k+1} I$$

$$\cdots \quad \cdots\cdots\cdots\cdots\cdots\cdots$$

由这些递推方程确定 P，注意 P 本身是一个方阵，还要赋予下标，表示有 n 个系数方阵，这就需要三维的矩阵表示方法。求出 P 后，再由等式两端分子各对应项系数相等求出

$$f = C\times P\times B + D\times g$$

在这个式子中，f 和 g 的长度为 n+1，而 $C\times P\times B$ 长度为 n，所以第一个等式为 $f(1)=D\times g(1)$，以后的递推关系为 $f(i+1)=C\times P(:,:,i)\times B + D\times g(i+1)$。

（2）MATLAB 程序

```
clear,
disp('输入状态方程系数矩阵 A,B,C,D')
A=input('A= ')
B=input('B=')
C=input('C= '),
D=input('D= ')
g=poly(eig(A)); n=length(A);        % 分母分子多项式系数由特征根求得
P(:,:,1)=eye(n);
f(1)=D*g(1);                        % 分子多项式系数由递推求得
f(2)=C*P(:,:,1 )*B+D*g(2);
for i=2:n
  P(:,:,i )=A*P(:,:,i-1 )+g(i)*eye(n);
  f(i+1)=C*P(:,:,i )*B+D*g(i+1);
end
f, g
```

在这个程序中使用了三维矩阵 P(:,:,i)，这种多维矩阵只能在 MATLAB5.x 或更高环境下运行

（3）程序运行结果

输入状态方程系数矩阵 A,B,C,D

```
A =
    0.2844    0.5828    0.4329    0.5298
    0.4692    0.4235    0.2259    0.6405
    0.0648    0.5155    0.5798    0.2091
    0.9883    0.3340    0.7604    0.3798
B =
    0.7833
    0.6808
    0.4611
    0.5678
C =
    0.7942    0.0592    0.6029    0.0503
D =0
```

得到

```
f =
         0    0.9690   -0.1059    0.0305   -0.0009
g =
    1.0000   -1.6675   -0.2945   -0.0340    0.0055
```

在控制系统工具箱中有状态空间模型转换为传递函数模型的专门函数 ss2tf，运行

```
[f1,g1]=ss2tf(A,B,C,D)
```

可以得到同样的结果。在了解它的原理后，可不必自编，直接调用即可。

【例 10.19】系统串联、并联及反馈。

设 A、B 为两个单输入单输出的子系统，其传递函数为

$$W_A = \frac{10(0.5s+1)}{5s^2+2s+1}, \quad W_B = \frac{4}{(s+1)s}$$

求将此两个系统串联、并联和反馈后系统的传递函数。

解：（1）建模

多个子系统组成复合模型的系数矩阵的求法。

① 系统的串联

如图 10.23 所示，$Y_B = W_B U_B = W_B W_A U_A = WU$

复合系统的传递函数为 A、B，两系统传递函数的乘积

$$W_s = W_B(s) W_A(s)$$

即

$$H(s) = \frac{f(s)}{g(s)} = \frac{f_A(s) f_B(s)}{g_A(s) g_B(s)}$$

在 MATLAB 中，多项式的相乘由卷积函数 conv 来实现（参看本书 8.3 节），因此，其表达式为

```
f=conv(fA,fB)
g=conv(gA,gB)
```

② 系统的并联

如图 10.24 所示，可得

$$Y = W_s = W_B U + W_A U = (W_A + W_B)U = WU$$

复合系统的传递函数为 A、B，两系统传递函数的和为

$$W_s = W_B(s) + W_A(s)$$

即

$$W(s) = \frac{f(s)}{g(s)} = \frac{f_A(s) g_B(s) + f_B(s) g_A(s)}{g_A(s) g_B(s)}$$

在 MATLAB 中多项式乘法用卷积函数 conv 实现，而多项式相加必须将短的系数向量前面补零，使两个多项式长度相同。在 8.3 节中，提供了完成多项式相加的函数 polyadd，因此可得

```
f=polyadd(conv(fA,fB),conv(fB,gA))
g=conv(gA,gB)
```

③ 系统的反馈

如图10.25所示，可得复合系统的传递函数

$$H(s)=\frac{W_A(s)}{1+W_A(s)W_B(s)}=\frac{f_A(s)g_B(s)}{f_A(s)g_B(s)+g_B(s)g_A(s)}$$

故MATLAB表达式为

```
f=conv(fA,fB)
g=polyadd(conv(fA,fB),conv(gA,gB))
```

可以按照这些关系进行编程。

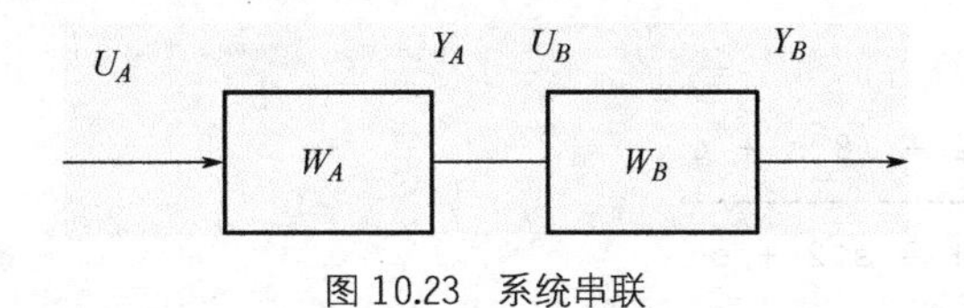

图10.23 系统串联

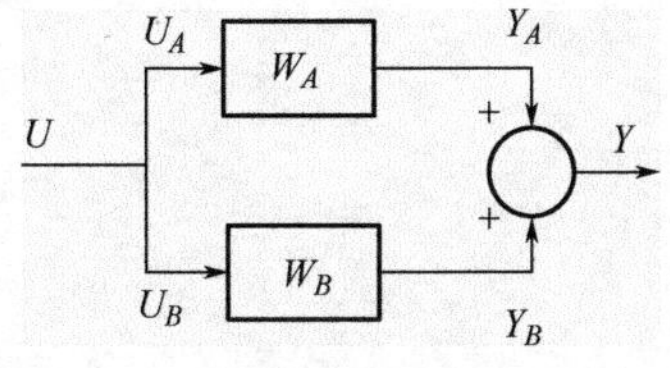

图10.24 系统并联

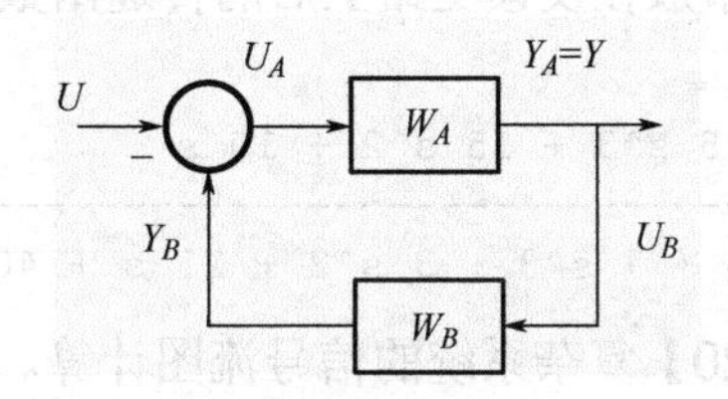

图10.25 系统反馈

（2）MATLAB程序

```
% 用传递函数法写出这两个系统的描述参数:
fA=[5,10]; gA=[5,2,1];
fB=4; gB=[1,1,0];
% 两环节串联后合成的传递函数 fh1,gh1 为
fh1=conv(fA,fB);
gh1=conv(gA,gB);
disp('串联后的传递函数')
printsys(fh1,gh1,'s')
%两环节并联后合成的传递函数 fh2,gh2 为
fh2=polyadd(conv(fA,gB),conv(gA,fB));
gh2=conv(gA,gB);
disp('并联后的传递函数')
printsys(fh2,gh2,'s')
% 将B环节放在负反馈支路上后合成的传递函数 fh3,gh3
fh3=conv(fA,gB);
gh3=polyadd(conv(fA,fB),conv(gA,gB));
disp('将B环节放在负反馈支路上后的传递函数')
printsys(fh3,gh3,'s')
```

另外要存一个多项式相加函数程序polyadd.m共此程序调用，其内容为:

```
funciton r = polyadd(p,q)
% r=polyadd(p,q)  执行 r=p+q
```

```
lp=length(p);lq=length(q);
if k>=0
    r=p+[zeros(1,k),q];
else
    r=[zeros(1,-k),p]+q
end
```

（3）程序运行结果

串联后的传递函数

```
num/den =
            20 s + 40
   --------------------------
   5 s^4 + 7 s^3 + 3 s^2 + s
```

并联后的传递函数

```
num/den =
    5 s^3 + 35 s^2 + 18 s + 4
   --------------------------
   5 s^4 + 7 s^3 + 3 s^2 + s
```

将 B 环节放在反馈支路上后的传递函数

```
num/den =
         5 s^3 + 15 s^2 + 10 s
   ----------------------------------
   5 s^4 + 7 s^3 + 3 s^2 + 21 s + 40
```

【例 10.20】复杂系统的信号流图计算。

遇到由大量环节交叉连接的系统，计算方法之一是靠综合点和交叉点的移动把系统归结为串联、并联和反馈；第二种是把任何复杂的结构，画出信号流图，用梅森公式来求解，但梅森公式的计算仍然很麻烦。如用 MATLAB 来辅助，就不宜直接用梅森公式，要采用另外规范的易于编程的方法，以便得出更简明的公式。

设信号流图中有 k_i 个输入节点，k 个中间和输出节点，它们分别代表输入信号 $u_i\left(i=1,2,\cdots,k_i\right)$ 和系统状态 $x_j\left(j=1,2,\cdots,k\right)$。信号流图代表它们之间的连接关系。用拉普拉斯算子表示后，任意状态 x_j 可以表示为 u_i 和 x_j 的线性结合。

$$x_j=\sum_{k=1}^{k}q_{jk}x_k+\sum_{i=1}^{k_i}p_{ji}u_i$$

用矩阵表示，可写成

$$X=QX+PU$$

其中，$X=\left[x_1,x_2,\cdots,x_k\right]$ 为 k 维状态列向量，$U=\left[u_1,u_2,\cdots,u_{k_i}\right]$ 为 k_i 维输入列向量，Q 为 $k\times k$ 阶的传输矩阵，P 为 $k\times k_i$ 阶的输入矩阵，Q 和 P 的元素 q_{ji}、p_{ij} 是各环节的传递函数。上式可写为

$$(I-Q)X=PU$$

由此得

$$X=\left(I-Q\right)^{-1}PU$$

因此，系统的传递函数矩阵为 $H=(I-Q)^{-1}P$，这个简明的公式就等于梅森公式。只要写出 P、Q，任何复杂系统的传递函数都可用这个简单的公式求出。

存在的困难为传递函数是用常数与拉普拉斯算子组成的，可以用两个多项式系数向量来表示，但这个公式中用到的普通的矩阵乘法和加法，无法应用于传递函数。

MATLAB 的工具箱解决了这个问题。它有两个途径：（1）利用符号运算工具箱；（2）利用控制系统工具箱为线性系统建立对象类，将普通的矩阵乘法与加法扩展到这个数据类中。先在本例中介绍第 1 条途径，第 2 条途经在后续章节中介绍。设系统的信息流图如图 10.26 所示，求以 u 为输入，x_8 为输出的传递函数。

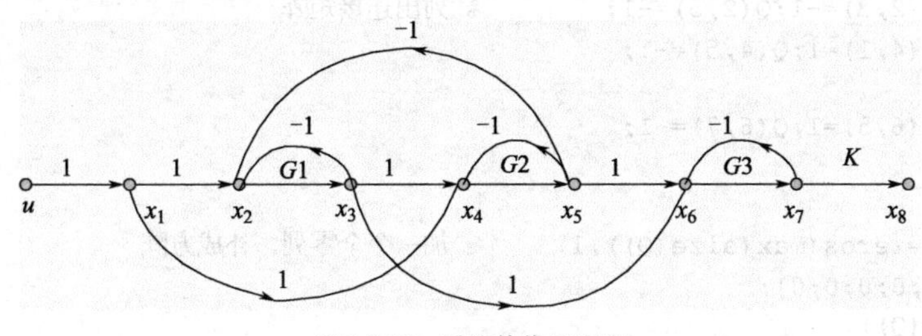

图 10.26 系统的信号流图

解：（1）建模

由图 10.20 列出方程为

$$
\begin{aligned}
x_1 &= u \\
x_2 &= x_1 - x_3 - x_5 \\
x_3 &= G_1 x_2 \\
x_4 &= x_1 + x_3 - x_5 \\
x_5 &= G_2 x_4 \\
x_6 &= x_3 + x_5 - x_7 \\
x_7 &= G_3 x_6 \\
x_8 &= K x_7
\end{aligned}
$$

矩阵表示，可写成

$$X = QX + PU$$

因 x_8 未出现在右端，Q 为 8 行 7 列，应在最后补上一个全零列，即为

$$
Q=\begin{bmatrix}
0 & 0 & 0 & 0 & 0 & 0 & 0 & 0 \\
1 & 0 & -1 & 0 & -1 & 0 & 0 & 0 \\
0 & G_1 & 0 & 0 & 0 & 0 & 0 & 0 \\
1 & 0 & 1 & 0 & -1 & 0 & 0 & 0 \\
0 & 0 & 0 & G_2 & 0 & 0 & 0 & 0 \\
0 & 0 & 1 & 0 & 1 & 0 & -1 & 0 \\
0 & 0 & 0 & 0 & 0 & G_3 & 0 & 0 \\
0 & 0 & 0 & 0 & 0 & 0 & K & 0
\end{bmatrix}
$$

$$P = [1;0;0;0;0;0;0;0]$$

以 u 为输入，$X = [x_1;x_2;x_3;x_4;x_5;x_6;x_7;x_8]$。输入的系统传递函数为

$$X = (I - Q)^{-1} P$$

它有 8 行，最后一行是求出的答案

（2）MATLAB 程序

```
clear
syms G1 G2 G3 K s                          % 定义字符变量
Q(3,2)=G1;                                 % 采用字符矩阵，第一条赋值语句右端必须是字符变量
Q(2,1)=1;Q(2,3)=-1;Q(2,5)=-1;              % 列出连接矩阵
Q(4,3)=1;Q(4,1)=1;Q(4,5)=-1;
Q(5,4)=G2;
Q(6,3)=1;Q(6,5)=1;Q(6,7)=-1;
Q(7,6)=G3;
Q(8,7)=K;
Q(:,end+1)=zeros(max(size(Q)),1)           % 加一个全零列，补成方阵
B=[1;0;0;0;0;0;0;0];
I=eye(size(Q));
W=(I-Q)\B                                  % 求出完整的传递矩阵
W8 = W(8)                                  % x8 为输出的传递函数为其第八项 W(8)
pretty(W8)                                 % 给出便于阅读的形式
```

（3）程序运行结果

```
W8 =(G3*K*(G1 + G2 + 2*G1*G2))/((G3 + 1)*(G1 + G2 + 2*G1*G2 + 1))
```

不难看出，它和梅森公式的结果完全相同。

如果把 G1、G2、G3 作为自变量 s 的因变量，不让它们出现在程序中，则把其中的三条语句改为

```
Q(3,2)=s/(s+1); Q(5,4)=3/(s+4); Q(7,6)=(s^2+5*s+6);
```

运行此程序的结果为

$$W_8 = \frac{K\left(s^4 + 18s^3 + 74s^2 + 93s + 18\right)}{2s^4 + 161s^3 + 28s^2 + 111s + 49}$$

这是系统的传递函数。可以看到，幂次排列还是有些乱。

【例 10.21】线性连续状态方程的零输入响应。

线性连续系统在输入信号为零时的状态方程表达式为

$$\dot{x} = Ax$$

其中 x 为 $n\times1$ 的列向量，而 A 为一个 $n\times n$ 阶的常系数方阵，求零输入响应。

解：（1）建模

按线性方程理论，此齐次方程的解为

$$x(t) = e^{A(t-t_0)} x(t_0)，\quad t \geqslant t_0$$

其中，指数矩阵 $e^{A(t-t_0)}$ 是 $n\times n$ 阶的，称为状态转移矩阵 $\phi(t-t_0)$，它把 t_0 时的状态变量

$x(t_0)$，变换为 t 时刻的状态变量 $x(t)$。对定常系统，$\phi(t-t_0)=e^{A(t-t_0)}$。

为了与MATLAB的符号衔接，后面将把 ϕ 改成F，初始条件 $x(0)$ 改为 $x0$，它是n维列向量。从上式可以看出，求状态方程解的问题，主要是求指数矩阵。它有很多种计算方法，但通常都较为繁琐，用手工计算，三阶以上就很难了，按矩阵指数函数的定义有

$$e^{At}=1+At+\frac{1}{2!}A^2t^2+\frac{1}{3!}A^3t^3+\cdots+\frac{1}{k!}A^kt^k+\cdots$$

前面多次用到MATLAB的指数函数exp，那是对标量的，即使涉及矩阵，也是对矩阵的各个元素进行运算，即元素群运算。此处要把方阵 At 作为一个整体求指数函数，就需要调用MATLAB矩阵指数函数expm。注意它与exp函数不同，表示矩阵指数函数，其同类的函数为expm1、expm2、epxm3，都是用来计算矩阵指数函数的，只是用的方法不同而已。

如果 A 是 $n\times n$ 阶，则 expm(At)也是 $n\times n$ 阶，这时如果要算一系列的 t 值所对应的expm(At)，就不可能像标量指数那样用元素群运算方法，必须用for循环。不仅如此，如果t的长度为nt，则状态矩阵F(t)=expm(At)将是一个 $n\times n\times nt$ 的三维矩阵，需要用MATLAB中高维矩阵的概念来解决问题。举以下例题来说明。

设A=[−2,1;−17,−4]，x0=[3;4]；求上述线性方程的状态转移矩阵F(t)、x的解。

（2）MATLAB程序

```
A=[-2,1;-17,-4];                           % 输入状态方程系数矩阵
x0=[3;4];                                  % 输出初始条件
t=0:.02:3; Nt=length(t);                   % 设定自变量数组并确定其长度
F=zeros(2,2,Nt);x=zeros(2,Nt);             % 状态转移矩阵F及状态变量初始化
for k=1:Nt                                 % 对时间循环
  F(:,:,k)=expm(A*t(k));                   % 计算各时刻的状态转移矩阵F
end
z=reshape(F,[4,Nt]);                       % 把F变为二维矩阵以便绘图
%第一张图是系统状态转移矩阵，plot语句只接受二维变量
z(1,:)=F(1,1,:),z(2,:)=F(2,1,:),z(3,:)=F(1,2,:),z(2,:)=F(2,2,:)
subplot(2,1,1),plot(t,z(1,:),'-.',t,z(2,:),':',t,z(3,:),'-',t,z(4,:),'--'),
grid,
legend('F(1,1)','F(2,1)','F(1,2)','F(2,2)')
title('系统的状态转移矩阵')
for k=1:Nt                                 % 对时间循环，求各点状态变量
  % 矩阵乘法只能用于二维，因此对每一刻的F，用squeeze函数索去长度为1的第三维
  x(:,k)=squeeze(F(:,:,k))*x0;
end
% 第二张图是在给定初始条件下的输出
subplot(2,1,2),plot(t,x(1,:),'-',t,x(2,:),'--'),grid
legend('x(1,:)','x(2,:)')
title('系统输出状态变量')
```

（3）程序运行结果

输出的数据此处予以省略，只把输出的曲线表示在图10.27中。曲线的标注用了legend命令。在这个过程中，为了弄清各条曲线所代表的变量，还必须查看各变量的数据。

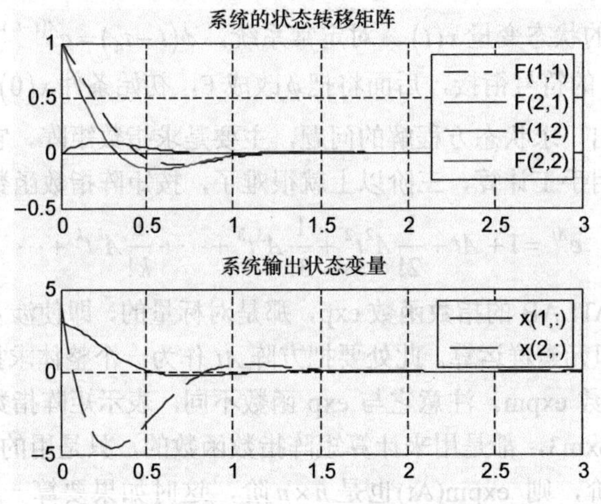

图 10.27　状态转移矩阵和状态变量的数值解曲线

【例 10.22】离散系统状态方程的响应

设线性离散系统的状态方程为

$$x(k+1)=Ax(k)+Bu(k)$$

其中，x 为 2×1 阶的列向量，A、B 分别为 2×2 阶和 2×1 阶的常系数阵，$A=\begin{bmatrix}0.5 & 0\\0.25 & 0.25\end{bmatrix}$，$B=\begin{bmatrix}1\\0\end{bmatrix}$，初始条件 $x(0)=\begin{bmatrix}-1\\0.5\end{bmatrix}$，输入信号为幅度为 0.5 的阶跃函数（从 k=1 时刻作用），求前 10 步的解 x。

解：（1）建模

此离散方程的矩阵形式为

$$\begin{bmatrix}x_1(k+1)\\x_2(k+1)\end{bmatrix}=\begin{bmatrix}0.5 & 0\\0.25 & 0.25\end{bmatrix}\begin{bmatrix}x_1(k)\\x_2(k)\end{bmatrix}+\begin{bmatrix}1\\0\end{bmatrix}u(k)$$

已知 $x(0)$ 和 $u(0)$ 就可以求得 k=1 时的 $x(1)$，再依次递推 $x(1)$，…，$x(10)$。在程序中可用循环语句来完成。总的来说，离散系统的计算比连续系统简单得多，只要做四则运算即可。当然矩阵阶数较大和计算步数较多时，算起来也很容易出错，用计算机辅助很有必要。

编程时要注意 MATLAB 中变量下标不允许为零，初始点下标只能取 1。

另外要注意 x 数组的方向。x 是一个二维数组，它的各行表示不同的状态，而各列则表示是不同的时间。在绘制命令时，要注意如何把时间原点调整到以零为起点。另外，本程序有一定的通用性，对任何单输入的 n 阶离散状态方程的系统都能应用。

（2）MATLAB 程序

```
clear
A = input('离散状态方程系数 A=(N*N 方阵 ');
B = input('离散系统状态方程系数 B=(N*1 列阵 ');
x0 = input('初始状态变量 x0=(N*1 数组 ');
n = input('要计算的步数 n= ');
u = input('输入信号 u=(长度为 n 的数组)');
```

```
x(:,1)= x0;                % 因 MATLAB 下标不能取 0，x(1)对应于 k=0'处的 x
for i=1:n                  % 递推计算 n 次
   x(:,i+1)= A*x(:,i)+B*u(i);
end
% 画出前两个状态变量的曲线，注意如何使下标还原至 k=0 为起点
subplot(2,1,1),stem([0:n],x(1,:)),
line([0,10],[0,0])
subplot(2,1,2),stem([0:n],x(2,:)),
line([0,10],[0,0])
```

（3）程序运行结果

离散状态方程系数 A=[0.5,0;0.25,0.25]

离散系统状态方程系数 B= [1;0]

初始状态变量 x0= [−1;0.5]

要计算的步数 n=10

输入信号 u= [0,0.5*ones(1,n−1)]

得到的曲线如图 10.28 所示。

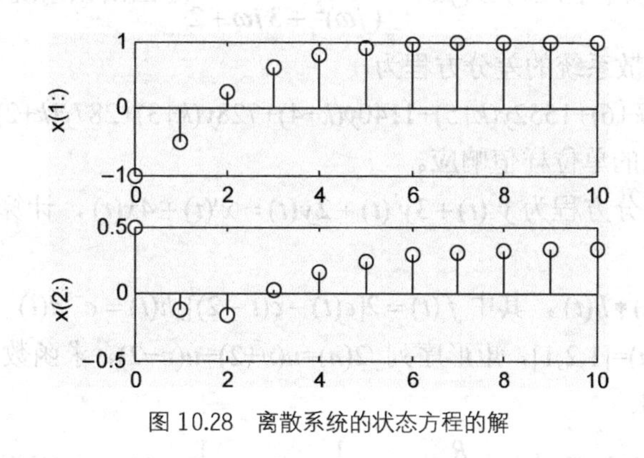

图 10.28　离散系统的状态方程的解

课后习题

1．已知周期三角信号如图 10.29 所示，试求出该信号的傅里叶级数，利用 MATLAB 编程实现其各次谐波的叠加，并验证其收敛性。

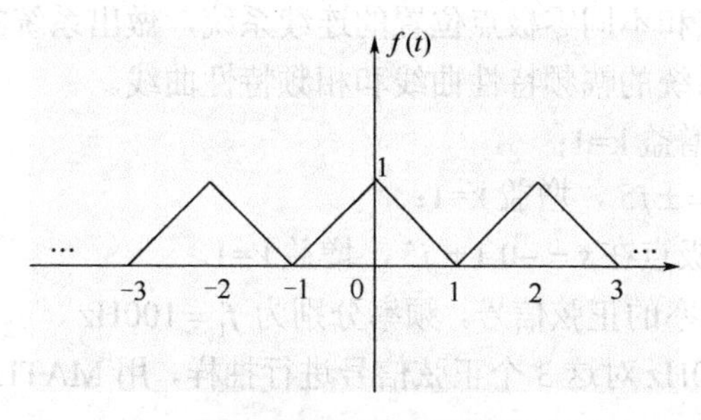

图 10.29　连续三角信号

2．试用 MATLAB 分析上题中图 10.29 所示的周期三角信号的频谱。当周期三角信号的

周期和三角信号的宽度变化时，试观察其频谱的变化。

3．使用 MATLAB 命令求下列信号的傅里叶变换，并绘出其幅度谱和相位谱。

（1） $f_1(t)=\dfrac{\sin 2\pi(t-1)}{\pi(t-1)}$ （2） $f_2(t)=\left[\dfrac{\sin(\pi t)}{\pi t}\right]^2$

4．试用 MATLAB 命令求下列信号的傅里叶反变换，并绘出其时域信号图。

（1） $F_1(\omega)=\dfrac{10}{3+j\omega}-\dfrac{4}{5+j\omega}$ （2） $F_2(\omega)=e^{-4\omega^2}$

5．试用 MATLAB 数值计算方法求门信号的傅里叶变换，并画出其频谱图，门信号为

$g_\tau(t)=\begin{cases}1, & |t|\leqslant\tau/2\\ 0, & |t|\geqslant\tau/2\end{cases}$，其中 $\tau=1$。

6．设周期矩形脉冲信号 x(t)的脉冲宽度为 τ，脉冲幅度为 A，周期为 T，画出该信号的频谱图。

7. 低通滤波器的频率响应为 $H(j\omega)=\dfrac{1}{(j\omega)^2+3j\omega+2}$，画出该系统频域特性和相频特性。

8．已知描述某离散系统的差分方程为

$640y(k+7)+1440y(k+6)+1552y(k+5)+1140y(k+4)+728y(k+3)+287y(k+2)+51y(k+1)+4.5y(k)=2f(k+2)+2f(k)$，试求系统的单位样值响应。

9．已知系统的微分方程为 $y''(t)+3y'(t)+2y(t)=x'(t)+4x(t)$，计算该系统的单位冲激响应和单位阶跃响应。

10．计算卷积 $f(t)*h(t)$，其中 $f(t)=2[e(t)-e(t-2)],h(t)=e^{-t}\varepsilon(t)$

11．一般序列 $f1(n)$=[1,2,1]，矩形序列 $f2(n)=u(n+2)-u(n-2)$，求函数 $f1$ 和 $f2$ 的卷积。注：$u(k)$等为单位阶跃序列。

12．已知二阶系统方程 $u_c''(t)+\dfrac{R}{L}u'(t)+\dfrac{1}{LC}u_c(t)=\dfrac{1}{LC}\delta(t)$，对下列情况分别求单位冲激响应 $h(t)$，并画出其波形。

13．求下列系统的零极点。

（1） $F(s)=\dfrac{s^2-4}{s^4+2s^3-3s^2+2s+1}$ （2） $F(s)=\dfrac{5s(s^2+4s+5)}{s^3+5s^2+16s+30}$

14．对于更多零极点和不同零极点位置的连续系统，做出系统的零极点图；分析系统是否稳定？若稳定，做出系统的幅频特性曲线和相频特性曲线。

（1）1 个极点 s=0，增益 k=1；

（2）2 个共轭极点 $s=\pm j5$，增益 k=1；

（3）零点在 s=0.5，极点在 $s=-0.1\pm j5$，增益 k=1。

15．设有 3 个不同频率的正弦信号，频率分别为 $f_1=100\text{Hz}$、$f_2=200\text{Hz}$、$f_3=3800\text{Hz}$。现在用抽样频率 $f_3=3800\text{Hz}$ 对这 3 个正弦信号进行抽样，用 MATLAB 命令画出各抽样信号的波形及频谱，并分析频率混叠现象。

16．结合抽样定理，用 MATLAB 编程实现 $Sa(t)$ 信号经冲激脉冲抽样后得到的抽样信号

$f_s(t)$ 及其频谱，并利用 $f_s(t)$ 重构 $Sa(t)$ 信号。

17．试用MATLAB命令求解以下离散时间系统的单位冲激响应。

（1）$3y(n)+4y(n-1)+y(n-2)=x(n)+x(n-1)$

（2）$\frac{5}{2}y(n)+6y(n-1)+10y(n-2)=x(n)$

18．已知某系统的单位冲激响应为 $h(n)=\left(\frac{7}{8}\right)^n\left[u(n)-u(n-10)\right]$，试用MATLAB求当激励信号为 $x(n)=u(n)-u(n-5)$ 时，系统的零状态响应。

19．试用MATLAB画出下列因果系统的系统函数零极点分布图，并判断系统的稳定性。

（1）$H(z)=\frac{2z^2-1.6z-0.9}{z^3-2.5z^2+1.96z-0.48}$　（2）$H(z)=\frac{z-1}{z^4-0.9z^3-0.65z^2+0.873z}$

20．试用MATLAB绘制系统 $H(z)=\frac{z^2}{z^2-\frac{3}{4}z+\frac{1}{8}}$ 的频率响应曲线。

21．自行设计系统函数，验证系统函数零极点分布与其时域特性的关系。

第 11 章 MATLAB 在数字信号处理中的应用

数字信号（digital signal）：时间和幅度上都是离散（量化）的信号。数字信号处理（Digital Signal Processing，DSP）是一门涉及许多学科而又广泛应用于许多领域的新兴学科。20 世纪 60 年代以来，随着计算机和信息技术的飞速发展，数字信号处理技术应运而生并得到迅速的发展。数字信号处理主要是研究有关数字滤波技术、离散变换快速算法和频谱分析方法，是将信号以数字方式表示并处理的理论和技术，是研究用数字方法对信号进行分析、变换、滤波、检测、调制、解调以及快速计算的一门技术学科。数字信号处理的目的是对真实世界的连续模拟信号进行测量或滤波。

当今，数字信号处理技术正飞速发展，它不但自成一门学科，更是以不同形式影响和渗透到其他学科；它与国民经济息息相关，与国防建设紧密相连；它影响或改变着我们的生产、生活方式，因此受到人们的普遍关注。数字化、智能化和网络化是当代信息技术发展的大趋势，而数字化是智能化和网络化的基础，实际生活中遇到的信号多种多样，例如广播信号、电视信号、雷达信号、通信信号、导航信号、射电天文信号、控制信号、气象信号、遥感遥测信号等。上述信号大部分是模拟信号，也有小部分是数字信号。模拟信号是自变量的连续函数，自变量可以是一维的，也可以是二维或多维的。大多数情况下一维模拟信号的自变量是时间，经过时间上的离散化（采样）和幅度上的离散化（量化），这类模拟信号便成为一维数字信号。因此，数字信号实际上是用数字序列表示的信号，语音信号经采样和量化，得到的数字信号是一个一维离散的时间序列；而图像信号经采样和量化后，得到的数字信号是一个二维离散空间序列。数字信号处理，就是用数值计算的方法对数字序列进行各种处理，把信号变换成符合需要的某种形式。例如，对数字信号经过滤波以限制它的频带或滤除噪声和干扰，或将它们与其他信号进行分离；对信号进行频谱分析或功率谱分析以了解信号的频谱组成，进而对信号进行识别；对信号进行某种变换，使之更适合传输、存储和应用；对信号进行编码以达到数据压缩的目的等。

在第 10 章中已经分析了线性时不变系统的一般数学模型和求解方法。读者在学习本章之前，必须先阅读这些内容。本章是它的深化，主要讨论离散线性时不变系统的分析理论和方法。在本书前面各章节中，几乎不用 MATLAB 的工具箱，其目的是：（1）避免读者对原理的忽视；（2）提高读者的 MATLAB 编程能力。随着研究问题的日益复杂，再拒绝工具箱就不合适了。

本章前3节为数字信号处理的基础理论，为了后面编写程序方便，先介绍本章常用的几个工具箱函数。然后，在各节中结合例题介绍其他函数。为了便于读者查阅，将MATLAB信号处理工具箱函数分类列于第11.7节中。

11.1 时域离散信号的产生及时域处理

时域离散信号用$x(n)$表示，时间变量$\boldsymbol{n}$（表示采样位置）只能取整数。因此，$x(n)$是一个离散序列，以后简称序列。序列适合计算机存储与处理。在本书10.3节中已做了初步介绍，本节将深入讨论用MATLAB对序列的运算。

由10.3节可知，在MATLAB中，向量x的下标只能从1开始，不能取零或负值，而x(n)中的时间变量n则完全不受限制。因此，向量x的下标不能简单地看作时间变量n，用一个向量x不足以表示序列值x(n)。必须再用另一个等长的定位时间变量n，x和n同时使用才能完整地表示一个序列，只有当序列的时间变量正好从1开始时才可省去n。

由于n序列是按整数递增的，可简单地用其初值ns决定，因为它的终值nf取决于ns和x的长度length(x)，故可写成：n=[ns:nf]或 n=[ns:ns+length(x)−1]

在10.3节中已经介绍了常用的离散序列的生成，这里列出了几个常用的离散序列的子程序，以便调用。

（1）单位脉冲序列$\delta(n-n_0)$的生成函数impseq

```
function[x, n]=impseq(n0, ns, nf)
n=[ns:nf];x=[(n-n0)==0];
```

序列的起点为ns，终点为nf，在n=n0点处生成一个单位脉冲。

（2）单位阶跃序列$u(n-n_0)$的生成函数stepseq

```
function[x, n]=stepseq(n0, ns, nf)
n=[ns:nf];x=[(n-n0)>=0];
```

序列的起点为ns，终点为nf，在n=n0点处生成单位阶跃。

本节着重讨论序列的运算，通过这些运算，可以产生更复杂的序列。表11.1给出了一些常用的运算规则，请读者结合例题思考。

表11.1　　一些常用的序列运算及其MATLAB表述

运算	数学形式	MATLAB表述
两序列相加	$y(n)=x_1(n)+x_2(n)$	将两序列时间变量延拓至同长，x1和x2变成x1a和x2a，然后逐点相加求y=x1a+ x2a
两序列相乘（加窗）	$y(n)=x_1(n)x_2(n)$	将两序列时间变量延拓至同长，x1和x2变成x1a和x2a，然后逐点相乘求y=x1a×x2a
序列累加（与积分类似）	$y(n)=\sum_{i=ns}^{n}x(i)$	y=cumsum(x)
右移位m	$y(n)=x(n-m)$	y=x; ny=nx−m
对n=m点折叠	$y(n)=x(-(n-m))$	y=fliplr(x);ny=fliplr(−(nx−m)) fliplr为左右翻转函数

续表

运算	数学形式	MATLAB 表述
长 M 的周期延拓	$y(n)=x((n))_M$	ny=nsy:nfy; y=x(mod(ny,M)+1)
两序列的卷积	$y(n)=x_1(n)\otimes h_1(n)$	$y=conv(x1,x2)$
序列的能量	$E=\sum_{n=ns}^{nf}x(n)x\times(n)$	E=x×conj(x)' 或 E=sum(abs(x).^2)
两序列的相关	$y(m)=\sum_{n=ns}^{nf}x_1(n)x_2(n-m)$	y=xcorr(x1,x2)
序列的傅里叶变换		X=fft(x,N)
序列通过线性系统	差分方程求解	y=filter(B,A,x)

表 11.1 中所用的大部分函数都是 MATLAB 基本部分的函数，只有 filter 函数是信号处理工具箱函数，其用法如下。

filter 一维数字滤波函数。

y=filter(B,A,x) 对向量 x 中的数据进行滤波处理，即差分方程求解，产生输出序列向量 y。B 和 A 分别为数字滤波器系统函数 $H(z)$的分子和分母多项式系数向量。

$$H(z)=\frac{B(z)}{A(z)}=\frac{B(1)+B(2)z^{-1}+\cdots+B(N)z^{-(N-1)}+B(N+1)z^{-N}}{A(1)+A(2)z^{-1}+\cdots+A(N)z^{-(N-1)}+A(N+1)z^{-N}}$$

filter 函数还有多种调用方式，请用 help 语句查询。

【例 11.1】序列的相加和相乘。

为了说明表中前两项的算法，给出两个序列 $x_1(n)$ 和 $x_2(n)$。

```
x1=[0,1,2,3,4,3,2,1,0];   n1=[-2:6];
x2=[2,2,0,0,0,-2,-2],  n2=[2:8];
```

现在要求它们的和 ya 及乘积 yp。

解：MATLAB 程序如下。

```
x1=[0,1,2,3,4,3,2,1,0];ns1=-2;
x2=[2,2,0,0,0,-2,-2]; ns2=2;
nf1=ns1+length(x1)-1; nf2=ns2+length(x2)-1;
ny= min(ns1,ns2):max(nf1,nf2);
xa1 = zeros(1,length(ny)); xa2 = xa1;
xa1(find((ny>=ns1)&(ny<=nf1)==1))=x1;
xa2(find((ny>=ns2)&(ny<=nf2)==1))=x2;
ya = xa1 + xa2
yp = xa1.* xa2
subplot(4,1,1), stem(ny,xa1,'.')
subplot(4,1,2), stem(ny,xa2,'.')
line([ny(1),ny(end)],[0,0])
subplot(4,1,3), stem(ny,ya,'.')
line([ny(1),ny(end)],[0,0])
subplot(4,1,4), stem(ny,yp,'.')
line([ny(1),ny(end)],[0,0])
```

程序运行结果见图 11.1，其中

```
ya =  0    1    2    3    6    5    2    1    0   -2   -2
yp =  0    0    0    0    8    6    0    0    0    0    0
```

序列的合成如图 11.1 所示。

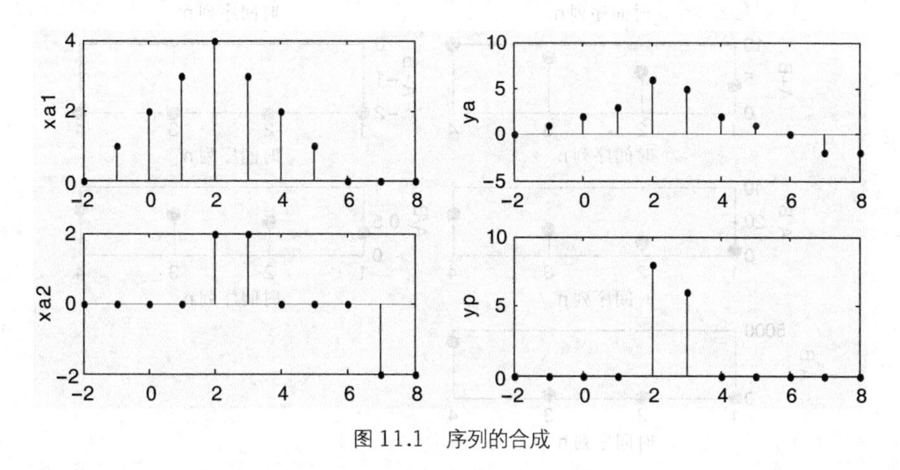

图 11.1　序列的合成

由图 11.1 可以看出，延拓的序列长度覆盖了 n1 和 n2 的范围， 这样才能把两时间序列的时间变量对应起来，然后进行对应元素的运算。

【例 11.2】 数组的加、减、乘、除和乘方运算。

输入 A=[1 2 3 4]，B=[3 4 5 6]，求 C=A+B，D=A−B，E=A*B，F=A/B，G=A^B 并用 stem 语句画出 A、B、C、D、E、F、G。

解：MATLAB 程序如下。

```
A=[1 2 3 4];
B=[3 4 5 6];
n=1:4;
C=A+B;D=A-B;E=A.*B;F=A./B;G=A.^B;
subplot(4,2,1);stem(n,A,'fill');xlabel ('时间序列n');ylabel('A');
subplot(4,2,2);stem(n,B,'fill');xlabel ('时间序列n ');ylabel('B');
subplot(4,2,3);stem(n,C,'fill');xlabel ('时间序列n ');ylabel('A+B');
subplot(4,2,4);stem(n,D,'fill');xlabel ('时间序列n ');ylabel('A-B');
subplot(4,2,5);stem(n,E,'fill');xlabel ('时间序列n ');ylabel('A×B');
subplot(4,2,6);stem(n,F,'fill');xlabel ('时间序列n ');ylabel('A/B');
subplot(4,2,7);stem(n,G,'fill');xlabel ('时间序列n ');ylabel('A^B');
```

运行结果如图11.2所示。

【例 11.3】 序列的合成和截取。

用例 10.13 的结果编写产生矩形序列 $R_N(n)$ 的程序。序列起点为 n_0，矩形序列起点为 n_1，长度为 N（n_0, n_1, N 由键盘输入）。并用它截取一个复正弦序列 $e^{j\frac{\pi}{8}n}$，且画出波形。

解：（1）建模

一个矩形序列可看成两个阶跃序列之差。即

$$x_1(n) = R_N(n) = U(n-n_1) - U(n-n_1-N)$$

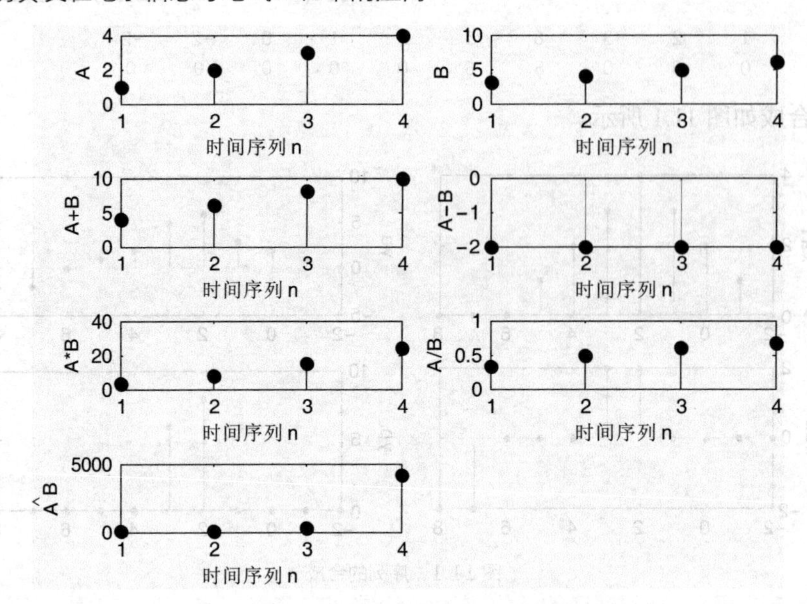

图 11.2　序列的加、减、乘、除和乘方运算

本程序中巧妙地利用 MATLAB 逻辑关系运算产生了矩形序列 $x_2(n)$。而用矩形序列截取任何序列相当于两序列的元素群相乘 xl.*x，也称为加窗运算。序列的合成和截取实际上就是相加和相乘。由于本题两序列时间变量本来就一致，所以程序可以简单些。

（2）MATLAB 程序

```
clear;close all
n0=input('输入序列起点:n0=');
N=input('输入序列长度:N=');
n1=input('输入位移:n1=');
n=n0:n1+N+5;
u=[(n-n1)>=0];
x1=[(n-n1)>=0]-[(n-n1-N)>=0]
x2=[(n>=n1)&(n<(N+n1))];
x3=exp(j*n*pi/8).*x2;
subplot(2,2,1);stem(n,x1,'.');
xlabel('n');ylabel('x1(n)');
axis([n0,max(n),0,1]);
subplot(2,2,3);stem(n,x2,'.');
xlabel('n');ylabel('x2(n)');
axis([n0,max(n),0,1]);
subplot(2,2,2);stem(n,real(x3),'.');
xlabel('n');ylabel('x3(n)的实部');
line([n0,max(n)],[0,0]);
axis([n0,max(n),-1,1]);
subplot(2,2,4);stem(n,imag(x3),'.');
xlabel('n');ylabel('x3(n)的虚部');
line([n0,max(n)],[0,0]);
axis([n0,max(n),-1,1]);
```

（3）程序运行结果

按提示输入 n0=−5，N=16 及 n1=4，结果如图 11.3 所示。

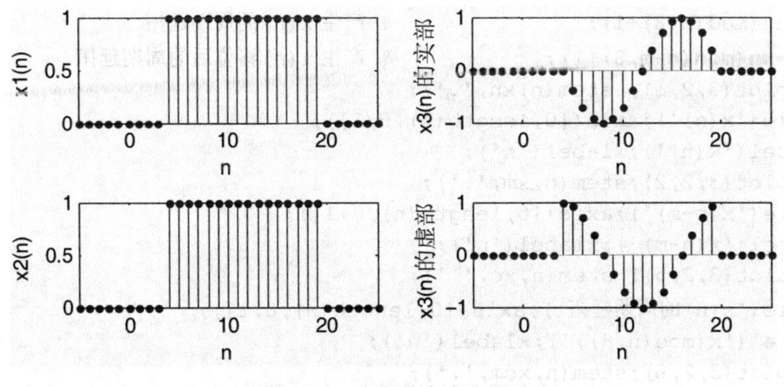

图11.3　序列的合成和截取

【例11.4】序列的移位和周期延拓运算。

已知 $x(n)=0.8^n R_8(n)$，利用 MATLAB 生成 $x(n)$、$x(n-m)$、$x((n))_8 R_N(n)$ 和 $x((n-m))_8 R_N(n)$，（$x((n))_8$ 表示 $x(n)$ 以8为周期的延拓），其中 $n=24$，m 为一个整常数，$0<m<n$。

解：（1）建模

取序列的观察区间为24。利用MATLAB的矩阵运算和冒号运算可使周期延拓程序简单明了。假如取三个延拓周期，则

```
x=[1 2 3 4]
y=x'*ones(1,3);
y1=(y(:))'
则 y= 1  1  1           y1=[1 2 3 4 1 2 3 4 1 2 3 4]
     2  2  2
     3  3  3
     4  4  4
```

另一种更好的方法是采用MATLAB求余函数mod，y = x(mod(n, M)+1)可实现对x(n)以M为周期的周期延拓，其中求余后加1是因为MATLAB向量下标从1开始，这样使程序更为简洁。

（2）MATLAB程序

```
% N: 观察窗口长度
% M: 序列 x（n）长度
% m: 移位样点数
clear;close all
N=24;M=8;
m=input('输入移位值: m=');
if  (m<1|m>=N-M+1)                          % 检查输入参数 m 是否合理
    fprintf('输入数据不在规定范围内！');
    break
  end
    n=0:N-1;
    x1=(0.8).^n; x2=[(n>=0)&(n<M)]; % 产生 x(n)
    xn=x1.*x2;
    xm=zeros(1,N);                          % 设定 xm 长度
    for k=m+1:m+M
      xm(k)=xn(k-m);
    end
```

```
xc=xn(mod(n,8)+1);                          % 产生x(n)的周期延拓
xcm=xn(mod(n-m,8)+1);                       % 产生x(n)移位后的周期延拓
subplot(3,2,1); stem(n,xn,'.');
title('x(n)');axis([0,length(n),0,1]);
ylabel('x(n)');xlabel('n');
subplot(3,2,2);stem(n,xm,'.');
title('x(n-m)');axis([0,length(n),0,1]);
ylabel('x(n-m)');xlabel('n');
subplot(3,2,5); stem(n,xc,'.');
title('x(n)的周期延拓');axis([0,length(n),0,1]);
ylabel('x(mod(n,8))');xlabel('n');
subplot(3,2,6);stem(n,xcm,'.');
title('x(n)的循环移位');axis([0,length(n),0,1]);
ylabel('x(mod(n-m,8))');xlabel('n');
```

（3）程序运行结果

用 stem(n,xn,'.'),stem(n,xm,'.'),stem(n,xc,'.'),stem(n,xcm,'.')四条绘图语句画出四个图形，坐标范围均取 axis{[0,length(n),0,1]},程序运行结果如图 11.4 所示。

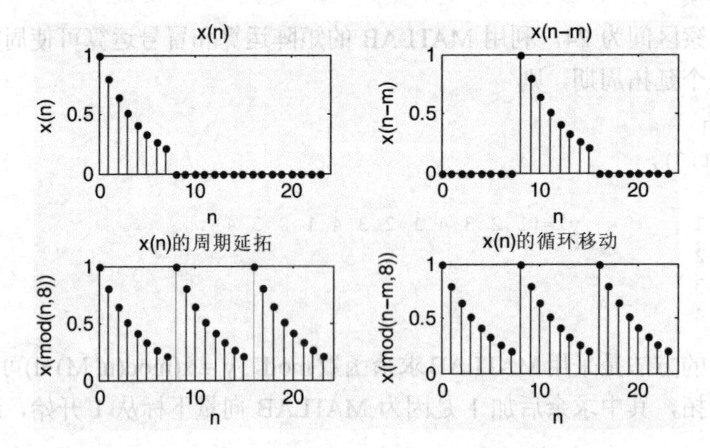

图 11.4　$x(n)=0.8^n R_8(n)$ 及其移位，周期延拓和循环移位序列

【例 11.5】离散系统对几种常用信号的响应。

给定因果稳定线性时不变系统的差分方程

$$\sum_{k=0}^{N} a_k y(n-k)=\sum_{k=0}^{M} b_k x(n-k)$$

对下列输入序列 $x(n)$，求出系统的输出序列 $y(n)$。

（1）$x(n)=\delta(n)$

（2）$x(n)=\delta(n-10)$

（3）$x(n)=u(n)$

（4）$x(n)=R_{32}(n)$

（5）$x(n)=e^{j\frac{\pi}{8}n}R_{32}(n)$

解：（1）建模

本题采用 filter 函数来求解。如果已知系统函数 $H(z)=B(z)/A(z)$，则 filter 函数可求出

系统对输入信号 $x(n)$ 的响应 $y(n)$ 。

```
y=filter(B,A,x)
```

由差分方程可得到H(z)的分子和分母多项式系数向量。

$$B=[b_0,\ b_1,\ b_2,\ b_3,\cdots,\ b_m];$$

$$A=[a_0,\ a_1,\ a_2,\ a_3,\cdots,\ a_m];$$

x为输入信号向量，B和A为6阶低通数字滤波器的差分方程系数矩阵。该滤波器3dB截止频率为 0.2π ，本题中五种输入信号的响应 $y_1(n)$，$y_2(n)$，$y_3(n)$，$y_4(n)$，$y_5(n)$，如图11.5所示。从图中可以看出低通滤波器对各种信号的暂态响应过程和稳态响应趋势。由 $y_1(n)$ 和 $y_2(n)$ 可看出系统的时不变性。

（2）MATLAB程序

```
%N: 输入数据长度
%B: 差分方程系数
%A: 差分方程系数
clear;close all;
N=64;n=0:N-1;m=10;
% 设定系统参数A,B
B=0.0003738* conv([1,1],conv([1,1],conv([1,1],conv([1,1],conv([1,1],[1,1])))))
A=conv([1,-1.2686,0.7051],conv([1,-1.0106,0.3583],[1,-0.9044,0.2155]))
x1=[n==0];                    % 产生输入信号x1(n)
y1=filter(B,A,x1);            % 对x1(n)的响应
x2=[(n-m)==0];                % 产生输入信号x2(n)
y2=filter(B,A,x2);            % 对x2(n)的响应
x3=[n>=0];                    % 产生输入信号x3(n)
y3=filter(B,A,x3);            % 对x3(n)的响应
x4=[(n>=0)&(n<32)];           % 产生输入信号x4(n)
y4=filter(B,A,x4);            % 对x4(n)的响应
x5=exp(j*pi*n/8);             % 产生输入信号x5(n)
y5=filter(B,A,x5);            % 对x5(n)的响应
subplot(3,2,1);stem(n,y1,'.');line([0,N],[0,0])
axis([0,N,min(y1),max(y1)]);ylabel('y1(n)')
subplot(3,2,2);stem(n,y2,'.');line([0,N],[0,0])
axis([0,N,min(y2),max(y2)]);ylabel('y2(n)')
subplot(3,2,3);stem(n,y3,'.');line([0,N],[0,0])
axis([0,N,min(y3),max(y3)]);ylabel('y3(n)')
subplot(3,2,4);stem(n,y4,'.');line([0,N],[0,0])
axis([0,N,min(y4),max(y4)]);ylabel('y4(n)')
subplot(3,2,5);stem(n,real(y5),'.');line([0,N],[0,0])
axis([0,N,-1,1]);ylabel('Re[y5(n)]')
subplot(3,2,6);stem(n,imag(y5),'.');line([0,N],[0,0])
axis([0,N,-1,1]);ylabel('Im[y5(n)]')
set(gcf,'color','w')
```

（3）程序运行结果

如图11.5所示。

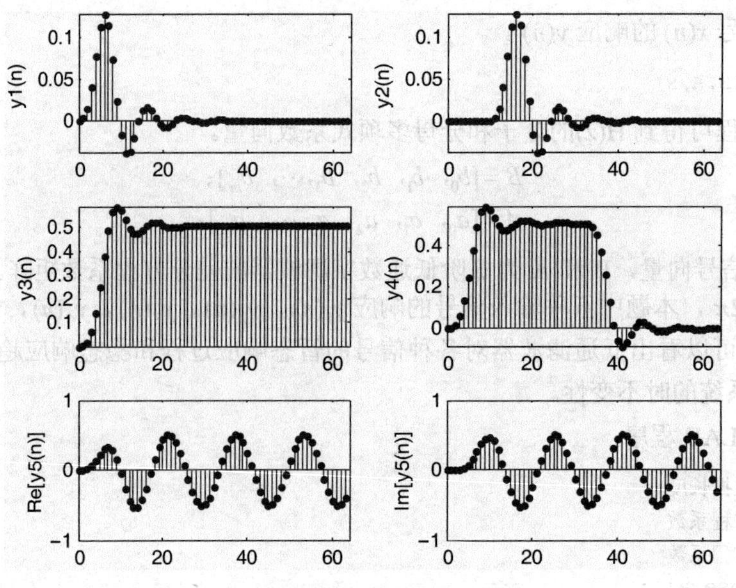

图 11.5　六阶低通数字滤波器对应的五种信号响应

用 stem(n,y1,'.'), stem(n,y2,'.'), stem(n,y3,'.'), stem(n,y4,'.'), stem(n,real(y5),'.'), stem(n,image(y5),'.') 6 条绘图语句画出 6 个图形。坐标范围均取 axis([0,N,−1,−1])。

【例 11.6】系统线性性质验证。

设系统差分方程为

$$y(n)=x(n)+0.8y(n-1)$$

要求用程序验证系统的线性性质。

解：（1）模建

分别产生输入序列 $x_1(n)=0.8^n R_{32}(n)$，$x_2(n)=\delta(n-20)$，$x_3(n)=5x_1(n)+3x_2(n)$。

计算并画出系统对 $x_1(n)$、$x_2(n)$、$x_3(n)$ 的响应序列 $y_1(n)$、$y_2(n)$、$y_3(n)$。

计算并画出 $y(n)=5y_1(n)+3y_2(n)$，观察 $y(n)$ 与 $y_3(n)$ 的波形。判断其正确性，并用线性系统理论解释。

本题编程的重点是从输出波形上验证线性系统的性质（齐次性和可加性）。

$$T_1[k_1x_1(n)+k_2x_2(n)]=k_1T[x_1(n)]+k_2T[x_2(n)]$$

其中，$T[x(n)]$ 表示线性系统对输入信号 $x(n)$ 的变换，即系统响应 $y(n)=T[x(n)]$。

（2）MATLAB 程序

```
% N: 输入信号长度
% B: 差分方程系数
% A: 差分方程系数
clear; close all;
N=64;n=0:N-1;m=20;
B=1;
A=[1,-0.8];
x1=0.8.^n;                  % 产生输入信号 x1()
x=[(n>=0)&(n<32)];
x1=x1.*x;
y1=filter(B,A,x1);          % 对 x1(n)的响应 y1(n)
```

```
x2=[(n-m)==0];
y2=filter(B,A,x2);          % 对x2(n)的响应y2(n)
x3=5*x1+3*x2;
y3=filter(B,A,x3);          % 对5x1(n)+3x2(n)的响应y3(n)
y=5*y1+3*y2;                % y(n)=5y1(n)+3y2(n)
subplot(3,2,1);stem(n,y1,'.');line([0,N],[0,0])
axis([0,N,min(y1),max(y1)]);ylabel('y1(n)]')
subplot(3,2,2);stem(n,y2,'.');line([0,N],[0,0])
axis([0,N,min(y2),max(y2)]);ylabel('y2(n)]')
subplot(3,2,3);stem(n,y3,'.');line([0,N],[0,0])
axis([0,N,min(y3),max(y3)]);xlabel('n');ylabel('y3(n)]')
subplot(3,2,4);stem(n,y,'.');line([0,N],[0,0])
axis([0,N,min(y),max(y)]);xlabel('n');ylabel('y(n))')
```

（3）程序运行结果

用stem(n,y1,'.'),stem(n,y2,'.'),stem(n,y3,'.'),stem(n,y,'.') 4条绘图语句画出4个图形。

程序运行结果如图11.6所示。从图中可以看出y(n)=y3(n)，也可以在命令窗口中输入y和y3，使之显示出y(n)和y3(n)的全部数据，证明它们相同从而满足线性性质。

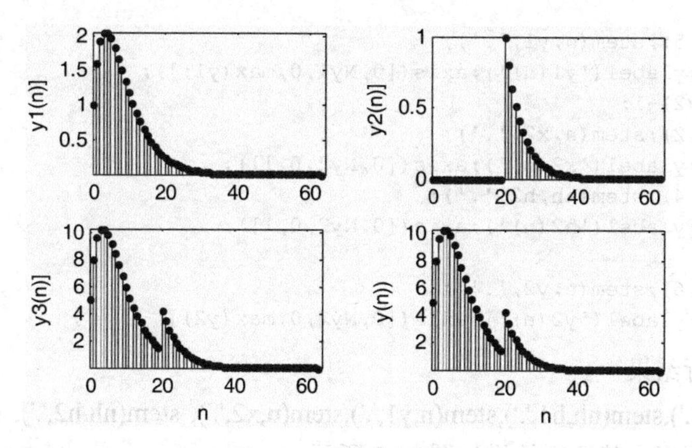

图11.6　系统执行结果

【例11.7】离散序列的卷积计算。

计算下列卷积，并画出各序列及其卷积结果。

（1）$y_1(n)=x_1(n)*h_1(n)$，$x_1(n)=0.9^n R_{20}(n)$，$h_1(n)=R_{10}(n)$

（2）$y_2(n)=x_2(n)*h_2(n)$，$x_2(n)=0.9^{n-5} R_{20}(n-5)$，$h_2(n)=R_{10}(n)$

解：（1）建模

在例10.4中，已经给出了直接调用MATLAB的卷积函数conv的方法，也给出了自编卷积计算程序的方法，要注意的是本例时间变量的设定和移位方法。例10.4中的时间变量n默认地取为xn和hn的下标，故从1开始。而在本例中，设定n为从零开始，向量xn和hn的长度分别为Nx=20和Nh=10；结果向量y的长度为length(y)=Nx+Nh−1。

（2）MATLAB程序

```
% Nx: 输入序列x(n)的长度
% Nh: h(n)长度
% m: x(n)的移位样点数
clear; close all
```

```
Nx=20;Nh=10;m=5;
n=0:Nx-1;
x1=(0.9).^n;   %x1(n)
% 产生 x2(n)=x1(n-m)
x2=zeros(1,Nx+m);
for k=m+1:m+Nx
x2(k)=x1(k-m);
end
nh=0:Nh-1;
h1=ones(1,Nh);      % h1(n)
h2=h1;              % h2(n)
y1=conv(x1,h1);     % y1(n)
y2=conv(x2,h2);     % y2(n)
Ny1=length(y1);     % y1(n)长度
Ny2=length(y2);     % y2(n)长度
subplot(3,2,1);stem(n,x1,'.');
xlabel('n');ylabel('x1(n)');axis([0,Ny1,0,1]);
subplot(3,2,3);stem(nh,h1,'.');
xlabel('n');ylabel('h1(n)');axis([0,Ny1,0,1]);
n=0:Ny1-1;
subplot(3,2,5);stem(n,y1,'.');
xlabel('n');ylabel('y1(n)');axis([0,Ny1,0,max(y1)]);
n=0:length(x2)-1;
subplot(3,2,2);stem(n,x2,'.');
xlabel('n');ylabel('x2(n)');axis([0,Ny2,0,1]);
subplot(3,2,4);stem(nh,h2,'.');
xlabel('n');ylabel('h2(n)');axis([0,Ny2,0,1]);
n=0:Ny2-1;
subplot(3,2,6);stem(n,y2,'.');
xlabel('n');ylabel('y2(n)');axis([0,Ny2,0,max(y2)])
```

（3）程序运行结果

用 stem(n,x1,'.'),stem(nh,h1,'.'),stem(n,y1,'.'),stem(n,x2,'.'), stem(nh,h2,'.'), stem(n,y2,'.')6 条绘图语句画出 6 个图形，其运行结果如图 11.7 所示。

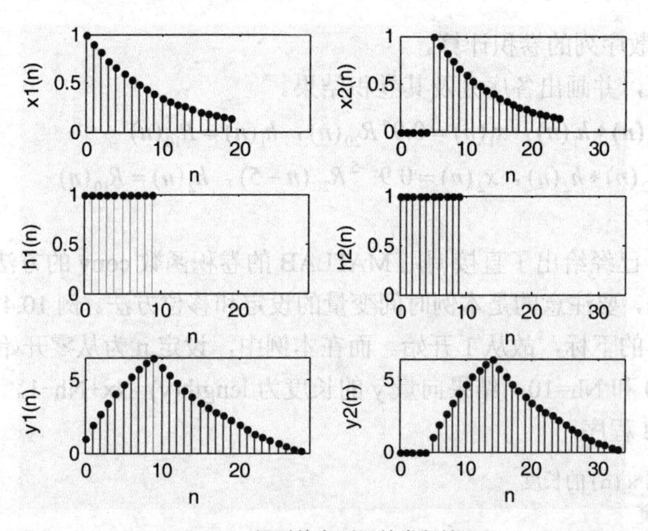

图 11.7　得到的序列及其卷积结果

11.2 z变换和傅里叶变换

z 变换是时域离散信号和系统分析及设计的重要数学工具。对于一个序列 x(n)，其 z 变换定义为

$$X(z)=\sum_{n=-\infty}^{\infty}x(n)z^{n}$$

这是个无穷级数，它存在着是否收敛和收敛条件的问题。MATLAB 进行数值分析时，是无法求无限长度序列的 z 变换的，这个问题要靠 MATLAB 中的符号运算（Symbolic）工具箱才能解决。

如果 z 变换是 z 的有理分式，虽然其逆 z 变换是无限序列，但求它的系数和指数都是数值计算的范畴，可以用 MATLAB 解决。

如果序列 x 的长度，即 length(x)有限，其 n=ns:nf，则其 z 变换为

$$X(z)=\sum_{n=ns}^{nf}x(n)z^{-n}$$

这是一个 z 的多项式，不存在收敛问题。用 MATLAB 的表达式可写成

X(z)=x(1)*z^−n(1)+x(2)*z^−n(2)+…+x(end)*z^−n(end)

这是 MATLAB 中信号序列 z 变换的典型形式。它的逆 z 变换一目了然，就是其系数向量 X 和指数向量 n。这也是和连续系统拉氏变换的不同之处。在 s 域，纯粹分子上的 s 多项式属丁非物理系统，分母上的 s 的次数必定高于分子。在 z 域，有限长信号序列的 z 变换必定是（纯粹分子上的）z 的多项式，无限长信号序列的 z 变换则是 z 的有理分式，而且其分母上的 z 的次数可以低于分子。

用 z 变换很容易求离散信号 X(z)，并通过线性离散系统 H(z)求出输出 Y(z)。

$$Y(z)=X(z)H(z)=\frac{B(z)}{A(z)}$$

它必然是 z 的有理分式。

$$Y(z)=\frac{B(z)}{A(z)}=\frac{B(1)+B(2)z^{-1}+\cdots+B(N)z^{-(M-1)}+B(N+1)z^{-M}}{A(1)+A(2)z^{-1}+\cdots+A(N)z^{-(N-1)}+A(N+1)z^{-N}} \quad (11.1)$$

通过长除或逆 z 变换可求出其对应的时域序列。用工具箱函数 residuez 可以求出它的极点留数分解

$$\frac{B(z)}{A(z)}=\frac{r(1)}{1-p(1)z^{-1}}+\frac{r(2)}{1-p(2)z^{-1}}+\cdots+\frac{r(N)}{1-p(N)z^{-1}}+k(1)+k(2)z^{-1}+\cdots$$

其中的 r、p、k 向量可由下列 MATLAB 语句求出。

```
[r,p,k]=residuez(B,A)
```

从而求出其逆 z 变换，即时域信号

$$y(n)=r(1)p(1)^{n}u(n)+r(2)p(2)^{n}u(n)+\cdots+r(N)p(N)^{n}u(n)+k(1)\delta(n)+k(2)\delta(n-1)+\cdots$$

其中 k 是当 $M\geqslant N$ 时的直接项，也即有限序列，而其余的则是无限序列。例 11.7 和例 11.8

将说明其应用。

函数 residuez(B,A)要求 A 的首项 A(1)不为零，满足这个条件的有理分式（11.1）应为

$$Y(z)=z^{-L}\frac{B(z)}{A(z)}=z^{-L}\frac{B(1)+B(2)z^{-1}+\cdots+B(N)z^{-(M-1)}+B(N+1)z^{-M}}{A(1)+A(2)z^{-1}+\cdots+A(N)z^{-(N-1)}+A(N+1)z^{-N}} \tag{11.2}$$

这时不管 z^{-L}，按留数定理反变换分式部分，再把反变换的结果延迟 L 拍。

实际运用时，很少需要去算 z 变换和逆 z 变换，MATLAB 工具箱提供的 impz 函数就可以用来求出式（11.1）的逆 z 变换，即其单位脉冲响应。其调用方式为

```
[h,T]=impz(B,A,N)
```

计算 h(n)=IZT[H(z)]。h 为存放 h(n)的列向量，时间变量 N 存放在列向量 T 中。当 N 为标量时，表示 T=[0:N−1]'，计算 h(n)，n=0,1,2,…,N−1；当 N 为向量时，T=N，仅计算 N 指定的整数点上的 h(n)。

有限长离散序列的傅里叶变换称为离散时间傅里叶变换，它的正逆变换的形式如下。

$$F(\omega)=\sum_{n=-\infty}^{\infty}f(n)e^{-jwn}$$

$$f(n)=\frac{1}{2\pi}\int_{-\infty}^{\infty}F(\omega)e^{j\omega n}d\omega$$

可见它在时域上是离散序列，而在频域上是连续函数，即具有连线的频谱。如果时域序列是有限长的，并把它进行周期延拓，它的频谱就向一些等间隔的点靠拢。随着延拓周期数的无限增加，其连续频谱就收敛于周期性的离散点，此时就要用离散傅里叶变换来处理。其一般规则如表 11.2 所示。

表 11.2　　傅里叶变换一般规则

时域信号（傅里叶反变换）	频谱曲线（傅里叶变换）	变换名称
连续信号	连续频谱	傅里叶变换
离散信号（有限样本点）	周期性连续频谱	离散时间傅里叶变换
多周期离散信号	连续频谱向离散点集中	离散时间傅里叶变换
周期性离散信号	周期性离散频谱	离散傅里叶变换
周期性连续信号	离散频谱	傅里叶级数

MATLAB 信号处理工具箱提供了求连续和离散系统频率响应的两个函数。

（1）freqs　求模拟滤波器 Ha(s)的频率响应函数。

```
H=freqs(B,A,w)
```

计算由向量 w（rad/s）指定的频率点上模拟滤波器 Ha(s)的频率响应 Ha(jw)，结果存于 H 向量中。向量 B 和 A 分别为模拟滤波器系统函数 Ha(s)的分子和分母多项式系数。

[H,w]= freqs(B,A, M)　计算出 M 个频率点上的频率响应存于 H 向量中，M 个频率存放在向量 w 中。freqs 函数自动将这 M 个频点设置在适当的频率范围。缺省 w 和 M 时 freqs 自动选取 200 个频率点计算。不带左端输出向量时，freqs 函数将自动绘出幅频和相频曲线。

例如，四阶 Butterworth 模拟滤波器归一化低通原型系统函数为

$$H_a(s)=\frac{1}{s^4+2.6131s^3+3.4142s^2+2.6131s+1}$$

用如下程序：

```
B=1;A=[1 2.6131 3.4142 2.6131 1];
w=0:0.1:2*pi*5;
freqs(B,A,w)
```

即可绘出其幅频和相频曲线，如图 11.8 所示。

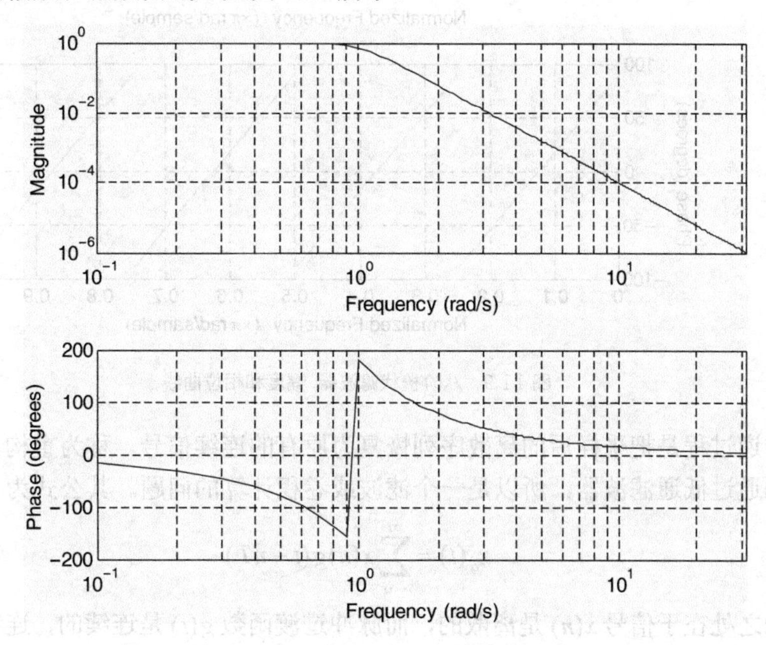

图 11.8 四阶 Butterworth 模拟滤波器的频率响应

（2）freqz 求数字滤波器 H(z)的频率响应函数。

```
H=freqz(B,A,w)
```

计算由向量 w 指定的数字频率点上数字滤波器 H(z)的频率响应 $H(e^{j\omega})$，结果存于 H 向量中。向量 B 和 A 分别为数字滤波器系统函数 H(z)的分子和分母多项式系数。

```
[H,w]=freqz(B,A,M)
```

计算出 M 个频率点上的频率响应存放在 H 向量中，M 个频率存放在向量 w 中。Freqz 自动选取 512 个频率点计算。不带输出向量的 freqz 函数将自动绘出幅频和相频曲线。其他几种调用格式可用命令 help 查阅。

例如，八阶梳状滤波器系统函数为

$$H(z)=B(z)=1-z^{-8}$$

用下面的简单程序绘出 H(z)的幅频和相频特性曲线，结果如图 11.9 所示。

```
B=[1 0 0 0 0 0 0 0 -1];
A=1;
freqz(B,A)
```

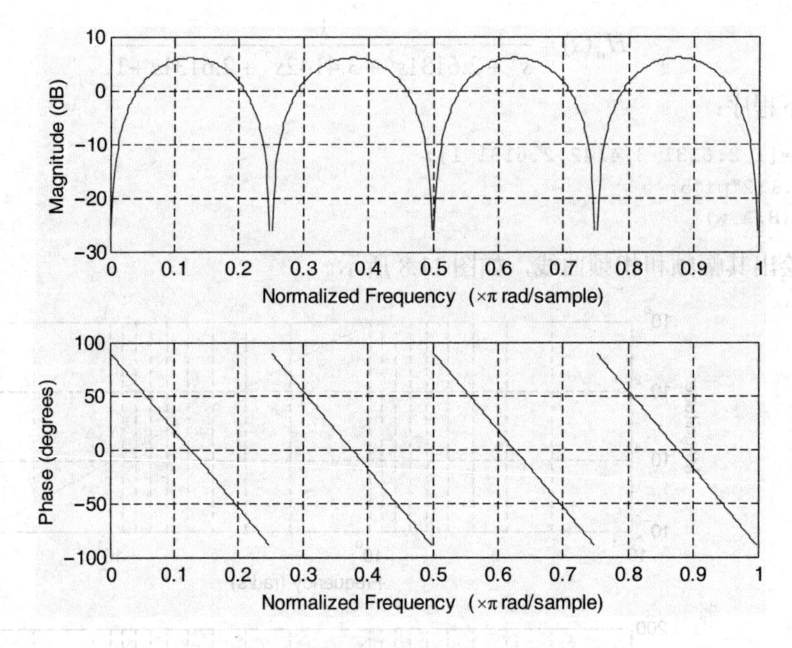

图 11.9 八阶梳状滤波器 幅度和相位曲线

采样的逆过程是把采样后的离散序列恢复为原有的连续信号，称为重构。其基本原理是让离散序列通过低通滤波器，所以是一个滤波或卷积计算的问题。其公式为

$$x_a(t)=\sum_{-\infty}^{\infty}x(n)g(t-nT)$$

其特殊之处在于信号 $x(n)$ 是离散的，而脉冲过渡函数 $g(t)$ 是连续的，连续滤波器有两种选择。

（1）物理上可实现的方案，那就是让该信号通过低通滤波器。工程实际中常用的是 D/A 变换加后置平滑滤波器，其中 D/A 变换实际上就是硬件实现的零阶保持器。为了得出连续的输出信号，滤波器采用连续系统的传递函数，也可求出低通滤波器的脉冲响应函数 h 与 x 的卷积 conv(h,x)，不过这时应把 h，特别是输入信号 x 重新表达为时间连续的（即将时间 t 分割得更密）函数。

$$x(t)=\sum_{-\infty}^{\infty}x(n)\delta(t-nT_s)=\cdots+x(-1)\delta(t+T_s)+x(0)\delta(t)+x(1)\delta(t-T_s)+\cdots$$

（2）数学上的仿真，即不考虑因果性限制，允许使用双边脉冲过渡函数的滤波器，例如脉冲过渡函数取 sinc(t)，这时的卷积计算不能用 conv 函数，因为它只适用于有单边脉冲响应的因果系统，所以采用矩阵乘法来完成，详见例 11.12。

【例 11.8】有限长度序列的 z 变换和逆 z 变换。

已知两序列 x_1=[1,2,3]，n_1=[−1:1]及 x_2=[2,4,3,5]，n_2=[−2:1]，求出 x_1 与 x_2 及其卷积 x 的 z 变换。

解：（1）建模

给定有限离散序列 x 及其时间变量向量 n=[ns:nf]，其中 ns 和 nf 分别表示 x 的时间变量

的起点和终点，则其 z 变换可写成

$$X(z)=\sum_{n=-\infty}^{\infty}x(n)z^{-n}=\sum_{n=ns}^{nf}x(n)z^{-n}$$

用 MATLAB 的表达式可写成

X=x(1)*z^-n(1)+x(2)*z^-n(2)+…+x(end)*z^-n(end)

因此，本例中 x_1 与 x_2 的 z 变换为

$$X_1(z)=z+2+3z^{-1}，X_2(z)=2z^2+4z+3+5z^{-1}$$

根据 z 变换的时域卷积定理，只要求出 $X(z)=X_1(z)X_2(z)$ 即可。这是两个多项式相乘，可用 conv 函数来求得序列 x(n)，x(n)应该也是 x 和 n 两个数组。conv 函数只能给出 x 数组，n 数组要自己判别。n 的起点 ns=nsl+ns2=–3，终点 nf=nfl+nf2=2。由 x 和 n 即可得出 $X(z)_a$ 因此可得，计算 x(n)的程序如下。

（2）MATLAB 程序

```
x1=[1,2,3];        ns1=-1;       % 设定 X1 和 ns1
nf1=ns1+length(x1)-1;            % 计算 nf1
x2=[2,4,3,5];ns2=-2;             % 设定 x2 和 ns2
nf2=ns1+length(x1)-1;            % 计算 nf2
x=conv(x1,x2)                    % 求出 x
n=(ns1+ns2):(nf1+nf2)            % 求出 n
```

（3）程序运行结果

```
x =2     8    17    23    19    15
n =-3    -2    -1     0     1     2
```

由此可得

$$X(z)=2z^3+8z^2+17z+23+19z^{-1}+15z^{-2}$$

X(z)是 z 的多项式形式，它的逆变换就是其系数组成的向量 x 和 z 的幂次组成的时间向量 n，所以是有限长度序列。

【例 11.9】求 z 多项式分式的逆变换。

设系统函数为

$$W(z)=\frac{-3z^{-1}}{2-2.2z^{-1}+0.5z^{-2}}$$

输入例 11.7 中的 x_2 信号，用 z 变换计算输出 y(n)，y(n)=IZT[Y(z)]。

解：（1）建模

由例 11.7 可知 $X_2(z)=2z^2+4z+3+5z^{-1}$

故 $Y(z)=X(z)W(z)=z^{-nsy}\dfrac{B(z)}{A(z)}$

其中，B=conv(-3,[2,4,3,5])，A=[2,–2.2,0.5]，nsy=分母分子多项式 z 的最高幂次之差。

调用[r,p,k]=residuez(B,A)，可由 B、A 求出 r、p、k，进而求逆 z 变换，得

$$y(n)=r(1)p(1)^{n-nsy}u(n-nsy)+r(2)p(2)^{nsy}u(n-nsy)+k(1)\delta(n-nsy)+k(2)\delta(n-nsy-1)$$

其中，$u(n-n)_0$ 和 $\delta(n-n_0)$ 分别为在 n_0 处的单位阶跃函数及单位脉冲函数。

（2）MATLAB 程序

```
clear, close all
x=[2,4,3,5];nsx=-2;                % 输入序列及初始时间
nfx=nsx+length(x)-1;               % 计算序列终止时间
Bw=-3; nsbw=-1;                    % 系统函数的分子系数，及 z 的最高次数
Aw=[2,-2.2,0.5]; nsaw=0;           % 系统函数的分母系数，及 z 的最高次数
B=conv(-3,x);                      % 输入与分子 z 变换的多项式乘积
A=Aw;                              % 分母不变
nsy=nsaw-(nsbw-nsx)                % 分子比分母 z 的次数高 nsy
[r,p,k]=residuez(B,A)              % 求留数 r，极点 p 及直接项 k
nf=input('终点时间 nf= ');         % 要求键入终点时间
n = min(nsx,nsy):nf;               % 生成总时间数组
% 求无限序列 yi 和直接序列 yd
yi=(r(1)*p(1).^(n-nsy)+r(2)*p(2).^(n-nsy)).*stepseq(nsy,n(1),nf);
yd =k(1)*impseq(nsy,n(1),nf)+k(2)*impseq(-1-nsy,n(1),nf);
y=yi+yd;                                          % 合成输出
xe = zeros(1,length(n));                          % 初始化，将 x 延拓为 xe,
xe(find((n>=nsx)&(n<=nfx)==1))=x;                 % 在对应的 n 处把 xe 赋值 x
subplot(2,1,1),stem(n,xe,'.'),line([min(n(1),0),nf],[0,0])      % 绘图
subplot(2,1,2),stem(n,y,'.'),line([min(n(1),0),nf],[0,0])
subplot(2,1,1),stem(n,xe,'.'),
line([min(n(1),0),nf],[0,0])                                    % 绘图
subplot(2,1,2),stem(n,y,'.'),
line([min(n(1),0),nf],[0,0])
```

其中 stepseq 的定义为：

```
function [ x,n] = stepseq( n0,ns,nf )
n=[ns:nf];x=[(n-n0)>=0];
```

（3）程序运行结果

```
nsy =-1
r = -57.7581   204.7581
p = 0.7791     0.3209
k = -150   -30
```

由（11.8）式可写出 y(n)表达式。

$$y(n)=-57.7581\times0.7791^{n+1}u(n+1)+204.7581\times0.3209^{n+1}u(n+1)-150\delta(n+1)-30\delta(n)$$

输入 nf=10，$x(n)$ 和 $y(n)$ 的仿真图形如图 11.10 所示。

【例 11.10】离散时间傅里叶变换。

取一个周期的正弦信号，进行 8 点采样，求它的连续频谱。然后对该信号进行 N 个周期延拓，再求它的连续频谱。把 N 无限增大，比较分析其结果。

解：（1）建模

为了求离散信号的连续频谱，不能直接用 FFT 函数，可从离散时间傅里叶变换的定义出发。

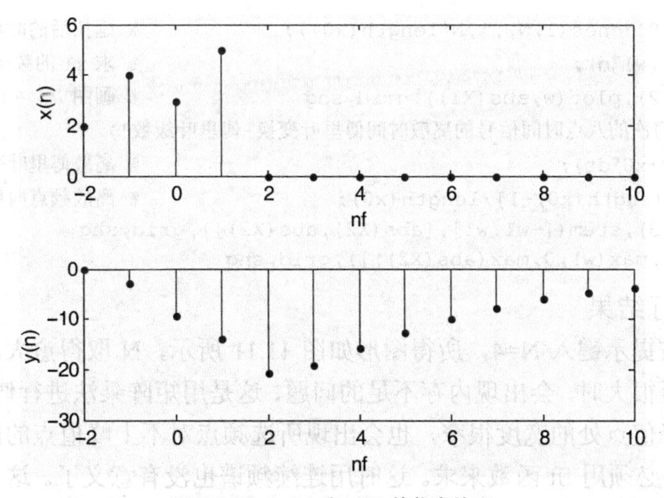

图 11.10 $x(n)$ 和 $y(n)$ 的仿真输出

$$X(\omega)=\sum_{n=-\infty}^{\infty}x(n)e^{-j\omega n}$$

（2）MATLAB 实现

设置一系列较密频率 wi，就可求出一系列 X(wi)=x×exp(−j×wi×n')，因为 x 是行向量，n'以及 exp(−j×wi×n')为同长的列向量，两者的向量点乘就包含了逐项相乘后的连加演算，得出一个标量 X(wi)，即该频点上的频率响应。不同的 wi 可用 for 循环来解决。但 MATLAB 中往往可以用元素群运算来代替一个 for 循环，为此把 w 也设成行向量，放在 n'之后，n'×w 及 exp(−j×n'×w)就成为一个矩阵，其行数与 x 相同，列数与 w 的长度相同。用 x 左乘它以后，各列分别得出相应 wi 处的响应，最后得到 X = x×exp(−j×w×n')

可以把离散时间傅里叶变换写成一个子程序 dtft.m:

```
function X=dtft(x,w)
```

%x 为输入离散序列，时间数组为增序整数，故可用下标表示

% w 为频率数组，由于 exp (−j×n'×w)以 2π 为周期，所以其范围通常选为[−π,π]或 $[0,2\pi]$

```
X=x*exp(-j*[1:length(x)]'*w)
```

注意，在此定义下的时间变量和频率变量都是无量纲的，要恢复其原来量纲，应把无量纲时间 n 乘以采样周期 Ts，而把无量纲频率 w 乘以采样频率 Fs。

MATLAB 程序如下。

```
disp('八点时间信号的离散时间傅里叶变换')
x0=sin(2*pi* [1:8]/8) *5;                         % x0 是 8 点行向量
dt=2*pi/8;
w=linspace(-2*pi,2*pi,1000)/dt;                   % w 是 1000 点行向量
X0 = dtft(x0,w)*dt;                               % 求的频率响应 X0
subplot(3,1,1),plot(w,abs(X0)),grid,shg           % 画图
disp('重复 N 次的八点时间信号的离散时间傅里叶变换')
N=input('N= ');                                   % 用键盘输入延拓周期数
```

```
x1=reshape(x0'*ones(1,N),1,N*length(x0));                % 延拓后的时域信号 x1
X1 = dtft(x1,w)*dt;                                      % 求 x1 的频率响应 X1
subplot(3,1,2),plot(w,abs(X1)),grid,shg                  % 画图
disp('重复无穷次的八点时间信号的离散时间傅里叶变换-傅里叶级数')
pause,X2=fft(x0*dt);                                     % 离散傅里叶变换
w1=2*pi* [0:length(x0)-1]/length(x0);                    % 离散频点向量
subplot(3,1,3),stem([-w1,w1],[abs(X2),abs(X2)]),grid,shg
axis([min(w),max(w),0,max(abs(X2))]),grid,shg
```

（3）程序运行结果

执行程序并按提示键入 N=4，所得图形如图 11.11 所示，N 取得愈大，其峰值愈大，宽度愈窄。当 N 取得很大时，会出现内存不足的问题，这是用矩阵乘法进行傅里叶变换的缺点。另外，因为那时峰值点处的宽度很窄，也会出现所选频点对不上峰值点的问题。所以对于 N 无限增大的情况，必须用 fft 函数来求。这时用连续频谱也没有意义了。这里用同样的横坐标把几种频谱进行对比，使读者更好地理解其关系。

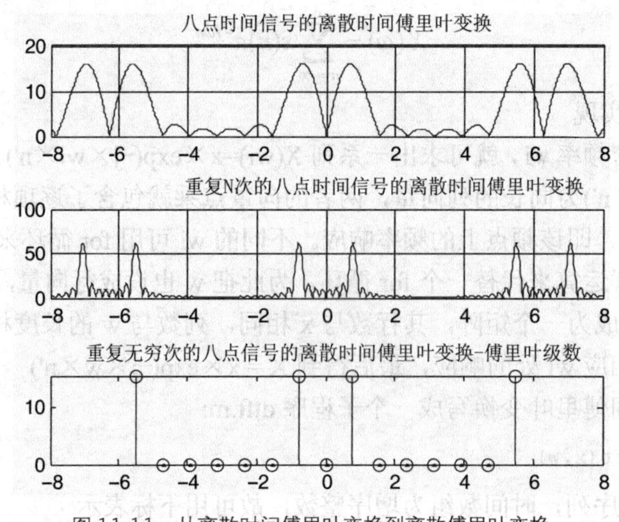

图 11.11　从离散时间傅里叶变换到离散傅里叶变换

【例 11.11】时域采样频率与频谱混叠。

$$x_a(t) = Ae^{-\alpha t}\sin\Omega_0 t u(t)，\ A = 444.128，\ \alpha = 50\sqrt{2}\pi，\Omega_0 = 0\sqrt{2}\pi$$

计算并画出 $x_a(t)$ 及其幅频特性函数 $|X_a(j\Omega)|$。

分别以采样频率 $f_s = 1000Hz$、400Hz 和 200Hz 对 $x_a(t)$ 进行等间隔采样，得到 $x(n) = x_a(nT)$，$T = 1/f_s$ 为采样周期。计算并画出三种采样频率下的采样信号 $x(n)$ 及其幅频特性函数 $\left|X(e^{j\omega})\right|_{\omega=\Omega T} = \left|X(e^{j\Omega T})\right|$。观察 $X(e^{j\Omega T})$ 的周期性、周期以及频谱混叠程度与 f_s 的关系。

解：（1）建模

对 $x_a(t)$ 进行等间隔采样，得到 $x(n) = x_a(nT)$，$T = 1/f_s$ 为采样周期。如果 $X_a(j\Omega) = FT[x_a(t)]$，则 $X(e^{j\Omega T}) = FT[x(n)] = \sum_{n=-\infty}^{\infty} x(n)e^{j\Omega T} = \frac{1}{T}\sum_{k=-\infty}^{\infty} X_a\left(j\left(\Omega - \frac{2\pi k}{T}\right)\right)$

由以上关系式可见，采样信号的频谱函数是原模拟信号频谱函数的周期延拓，延拓周期为$2\pi/T$。如果以频率f为自变量（$\Omega=2\pi f$），则以采样频率$f_s=1/T$为延拓周期。对频带限于f_c的模拟信号$x_a(t)$，只有当$f_s\geqslant 2f_c$时，采样后$X(e^{j\Omega T})$才不会发生频谱混叠失真。这就是著名的采样定理。

严格地讲，MATLAB无法计算连续函数$X_a(j\Omega)$。但工程上可认为，当f_s足够大时，频谱混叠可忽略不计，从而可对采样序列进行傅里叶变换，得到$X_a(j\Omega)$。

程序分别设定4种采样频率f_s=10kHz、1kHz、400Hz和200Hz，对$x_a(t)$进行采样，得到采样序列$x_a(t)$，$x_{a1}(n)$，$x_{a2}(n)$，$x_{a3}(n)$，画出其幅度频谱。采样时间区间均为0.1s。为了便于比较，画出了幅度归一化的幅频曲线，如图11.12所示。

（2）MATLAB程序

```
clear;close all;
fs=10000; fs1=1000; fs2=400; fs3=200;          % 设置四种采样频率
t=0:1/fs:0.1;                                  % 采集信号长度为0.1s
A=444.128; a=50*sqrt(2)*pi; b=a;
xa=exp(-a*t).*sin(b*t);
k=0:511; f=fs*k/512;                           % wk求出模拟频率f
Xa=dtft(xa,2*pi*k/512);                        % 近似模拟信号频谱
T1=1/fs1;t1=0:T1:0.1;                          % 采集信号长度为0.1s
x1=A*exp(-a.*t1).*sin(b*t1);                   % 1kHz采样序列x1(n)
X1=dtft(x1,2*pi*k/512);                        % x1(n)的512点dtft
T2=1/fs2;t2=0:T2:0.1;                          % 采集信号长度为0.1s
x2=A*exp(-a.*t2).*sin(b.*t2);                  % 400Hz采样序列x2(n)
X2=dtft(x2,2*pi*k/512);                        % x2(n)的512点dtft
T3=1/fs3;t3=0:T3:0.1;                          % 采样信号长度为0.1s
x3=A*exp(-a.*t3).*sin(b.*t3);                  % 200Hz采样序列x3(n)
X3=dtft(x3,2*pi*k/512);                        % x3(n)的512点dtft
figure(1);
subplot(3,2,1);plot(t,xa);
axis([0,max(t),min(xa),max(xa)]);title('模拟信号');
xlabel('t(s)');ylabel('Xa(t)');line([0,max(t)],[0,0])
subplot(3,2,2);plot(f,abs(Xa)/max(abs(Xa)));
title('模拟信号的幅度频谱');axis([0,500,0,1])
xlabel('f (Hz)');ylabel('|Xa(jf)|');
subplot(3,2,5);stem(t1,x1,'.');
line([0,max(t1)],[0,0]);axis([0,max(t1),min(x1),max(x1)])
title('采样序列x1(n) (fs1=1kHz)');xlabel('n');ylabel('X1(n)');
f1=fs1*k/512;
subplot(3,2,6);plot(f1,abs(X1)/max(abs(X1)));
title('x1(n)的幅度谱');xlabel('f(Hz)');ylabel('|X1(jf)|');
figure(2);
subplot(3,2,1);stem(t2,x2,'.');
line([0,max(t2)],[0,0]);axis([0,max(t2),min(x2),max(x2)]);
title('采样序列x2(n)(fs2=400Hz)');xlabel('n');ylabel('X2(n)');
f=fs2*k/512;
subplot(3,2,2);plot(f,abs(X2)/max(abs(X2)));
title('x2(n)的幅度谱');xlabel('f (Hz)');ylabel('|X2(jf)|');
subplot(3,2,5);stem(t3,x3,'.');
```

```
line([0,max(t3)],[0,0]);axis([0,max(t3),min(x3),max(x3)]);
title('采样序列 x3(n)(fs3=200Hz)');xlabel('n');ylabel('X3(n)');
f=fs3*k/512;
subplot(3,2,6);plot(f,abs(X3)/max(abs(X3)));
title('x3(n)的幅度谱');xlabel('f (Hz)');ylabel('|X3(jf)|')
```

（3）程序运行结果

程序运行结果如图 11.12 所示。

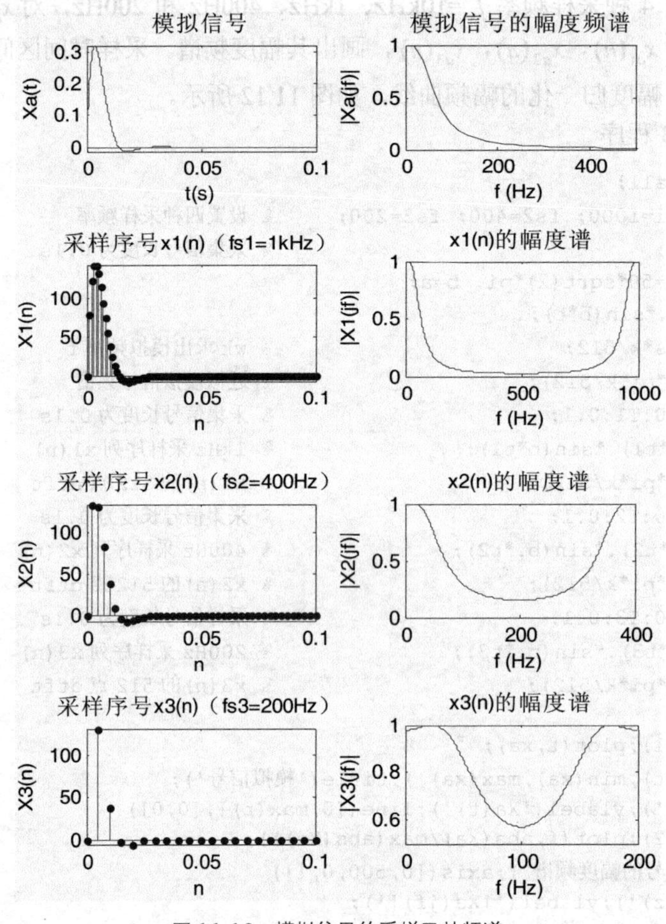

图 11.12 模拟信号的采样及其频谱

由图 11.12 可见，当 $f \geqslant 500\text{Hz}$ 时，$|Xa(j\Omega)|$ 的值很小。所以，fs = 1kHz 的采样序列 xa1(n) 的频谱混叠很小；而 fs = 400Hz 时，频谱混叠较大；fs = 200Hz 时，频谱混叠最严重。图 11.12 中，X1(jf)，X2(jf)，X3(jf)均以相应的采样频率（lkHz，400Hz，200Hz）为周期。

以乃奎斯特频率 fs/2 处的频谱幅度来比较其混叠，此处 k=256，键入以下语句，得到：

```
k=256;
abs(Xa(k))/max(abs(Xa))
ans= 2.4651e-004
abs(X1(k))/max(abs(X1))
ans= 0.0247
abs(X2(k))/max(abs(X2))
ans= 0.1534
```

```
abs(X3(k))/max(abs(X3))
ans= 0.5703
```

可以看成，随着采样频率的减小，混叠现象加大。

【例 11.12】由离散序列恢复模拟信号。

用时域内插公式 $$x_a(t)=\sum_{n=-\infty}^{\infty}x(n)g(t-nT)$$

其中 $$g(t)=\frac{\sin\left(\frac{\pi}{T}t\right)}{\frac{\pi}{T}t}\sin c(F_s t)$$

模拟用理想低通滤波器恢复xa(t)的过程，观察恢复波形，计算出最大恢复误差。其中xa(t)和x(n)同例11.10。采样频率Fs取400Hz及1000Hz两种进行比较。

解：（1）建模

所谓模拟信号恢复（或重构）就是根据离散点的采样序列x(n)=xa(nT)估算出采样点之间的模拟信号的值。因此，g(t)应是一个连续时间函数。MATLAB不能产生连续函数。但可以把t数组取得足够密，使在一个采样周期T中，插入m个点，也即使dt=T/m，就可以近似地将g(t)=sinc(t/T)看作连续波形。

根据上述内插公式，在用MATLAB实现时，设定一个ti值求xa(ti)的问题，可归结为一个行向量x(n)和一个同长的由n'构成的列向量g(ti−nT)相乘，即xa(ti)=x*g(ti),这里面已包括了求和运算，和例11.10求频谱的算法非常相似。对于很多个ti，既可以用for循环，也可把t作为行向量代入，利用MATLAB元素群运算的规则，一次求出全部的xa(t)。在t−nT中，t设成行向量，n'T为列向量。我们的目的是把它构成一个行数与n同长而列数与t同长的矩阵，因此，要把两项分别扩展为这样的矩阵。这只要把t右乘列向量ones(length(n)，1)，把n'T左乘行向量ones(l，length(t))即可。

所以，只要正确设定t向量和n向量，设t向量长M，n=l:N−1就可生成t−n'T矩阵，把它命名为TNM，用MATLAB语句表示为：

```
TNM=ones(length(n),1)t-n'*T*ones(1,length))
```

其运算结果为如下矩阵

$$TNM=\begin{bmatrix} t(1) & t(2) & \cdots & t(M) \\ t(1)-T & t(2)-T & \cdots & t(M)-T \\ t(1)-2T & t(2)-2T & \cdots & t(M)-2T \\ \vdots & \vdots & \ddots & \vdots \\ t(1)-(N-1)T & t(2)-(N-1)T & \cdots & t(M)-(N-1)T \end{bmatrix}$$

因此，MATLAB中内插公式可简化为

xa=x×g(TNG)=x×G

用sinc函数内插时

G=sinc(Fs×TNM)

G是一个与TNM同阶的矩阵。N为序列x(n)的长度，M为t的点数，通常有

M=(N−1)×m+1

由此可编写本例中用 xa1(n)和 xa2(n)重构 xa(t)的程序。

（2）MATLAB 程序

```
clear; close all;
A=444.128; a=50*sqrt(2)*pi; b=a;
for k=1:2
   if k==1 Fs=400;
   elseif k==2 Fs=1000;end
   T=1/Fs;   dt=T/3;                                   % 每个采样间隔 T 上 g(t)取 3 个样点
   Tp=0.03;                                            % 重构时间区间[0,0.03s]
   t=0:dt:Tp;                                          % 生成序列 t
   n=0:Tp/T;                                           % 生成序列 n
   TMN=ones(length(n),1)*t- n'*T*ones(1,length(t)); % 生成 TNM 矩阵
   x=A*exp(-a.*n*T).*sin(b*n*T);                      % 生成模拟信号采样序列 x(n)
   xa=x*sinc(Fs*TMN);                                  % 内插公式
   subplot(2,1,k);plot(t,xa);hold on
   axis([0,max(t),min(xa)-10,max(xa)+10]);
   st1=sprintf('由 Fs= %d',Fs);st2='Hz 的采样序列 x(n)重构的信号';
   ylabel('xa(t)');
   st=[st1,st2];title(st)
   xo=A*exp(-a.*t).*sin(b*t);                          % 以 3Fs 对原始模拟信号采样
   stem(t,xo,'.');line([0,max(t)],[0,0])
   emax2=max(abs(xa-xo))
end
```

本程序的编写中，用 for 循环来处理两种不同采样频率的计算，减少了许多重复的语句。读者要特别注意如何使两个图的标题在两次循环中改变。

（3）程序运行结果

输出最大重构误差如下。

```
emax2=27.7015
emax2=9.9436
```

内插结果如图 11.13 中的连续曲线所示，图中的离散序列是原始模拟信号 xa(t)的采样真值。从图 11.12 和最大重构误差（emax2，emaxl)中容易看出，Fs=1000Hz 时的采样序列 xal(n)内插重构的信号误差比 Fs = 400Hz 时小得多。可见，误差主要由频率混叠失真引起。当然，采样序列 x(n)的样本数较少也会使误差增大。另外，xa(t)变化愈缓慢处误差愈小。

由于内插函数 g(t)的采样间隔 dt 为 x(n)的采样间隔 T 的三分之一（即 T=3dt)，所以，不难验证，误差数组 xa−xo 每隔两点就出现一次零，即在这些点上，离散序列原有值 xo 等于插值序列 xa 的值，与时域内插理论相吻合。

【例 11.13】梳状滤波器零极点和幅频特性。

梳状滤波器系统函数有如下两种类型。

FIR 型：$H_1(z)=1-z^{-N}$

IIR 型：$H_2(z)=\dfrac{1-z^{-N}}{1-a^N z^{-N}}$

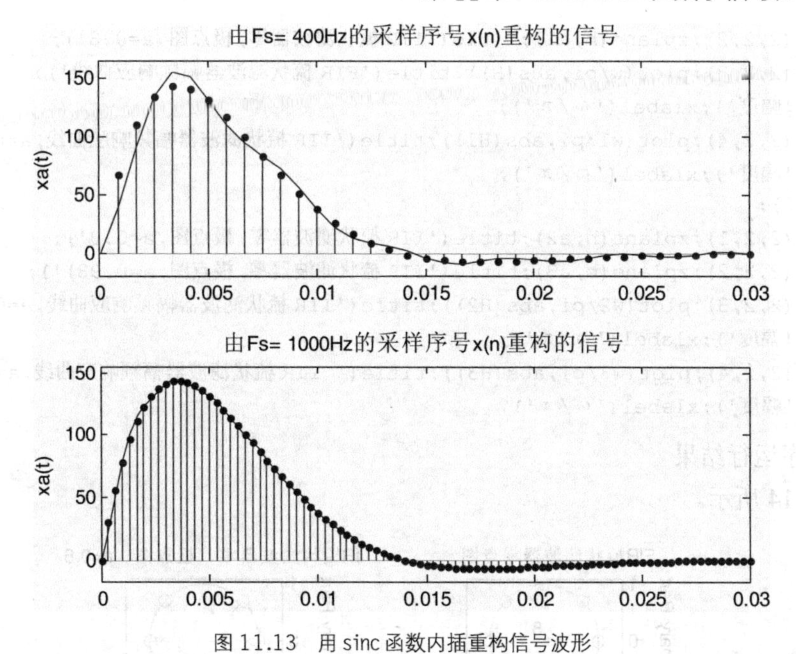

图 11.13 用 sinc 函数内插重构信号波形

分别对 N=8，a=0.8，0.9，0.98 计算并画出 $H_1(z)$ 和 $H_2(z)$ 的零点、极点及幅频特性曲线。评述各个曲线，说明 FIR 系统和 IIR 系统的特点以及极点位置的影响。

在求解本题之前先简单说明一下题中将用到的绘图函数。

zplane H(z)的零-极点图绘制。

zplane(z, p)，绘制出列向量 z 中的零点（以符号“o”表示）和列向量 p 中的极点（以符号“X”表示)以及参考单位圆。并在多阶零点和极点的右上角标出其阶数。如果 z 和 p 为矩阵，则 zplane 以不同的颜色分别绘出 z 和 p 各列中的零点和极点。

zplane(B, A)，绘出系统函数 H(z)的零点和极点图，其中 B 和 A 为 H(z)= B(z)/A(z) 的分子和分母多项式系数向量。

解：（1）建模

调用函数 freqz 和 zplane 很容易写出程序 MATLAB 程序。程序运行结果如图 11.14 所示。由图可以看出，阶数相同时，IIR 梳状滤波器具有更平坦的通带特性和更窄的过渡带，极点距单位圆越近，这一特性就越明显。

（2）MATLAB 程序

```
clear;close all
b=[1,0,0,0,0,0,0,0,-1];
a0=1;
a1=[1,0,0,0,0,0,0,0,-(0.8)^8];
a2=[1,0,0,0,0,0,0,0,-(0.9)^8];
a3=[1,0,0,0,0,0,0,0,-(0.98)^8];
[H,w]=freqz(b,a0);
[H1,w1]=freqz(b,a1);
[H2,w2]=freqz(b,a2);
[H3,w3]=freqz(b,a3);
figure(1);
subplot(2,2,1);zplane(b,a0);title('FIR梳状滤波器零点图');
```

```
subplot(2,2,2);zplane(b,a1);title('IIR 梳状滤波器零,极点图,a=0.8');
subplot(2,2,3);plot(w/pi,abs(H));title('FIR 梳状滤波器幅频响应曲线');
ylabel('幅度');xlabel('ω/π');
subplot(2,2,4);plot(w1/pi,abs(H1));title('IIR 梳状滤波器幅频响应曲线,a=0.8');
ylabel('幅度');xlabel('ω/π');
figure(2);
subplot(2,2,1);zplane(b,a2);title('IIR 梳状滤波器零,极点图,a=0.9');
subplot(2,2,2);zplane(b,a3);title('IIR 梳状滤波器零,极点图,a=0.98)');
subplot(2,2,3);plot(w2/pi,abs(H2));title('IIR 梳状滤波器幅频响应曲线,a=0.9');
ylabel('幅度');xlabel('ω/π');
subplot(2,2,4);plot(w3/pi,abs(H3));title(' IIR 梳状滤波器幅频响应曲线,a=0.98');
ylabel('幅度');xlabel('ω/π')
```

(3）程序运行结果

如图 11.14 所示。

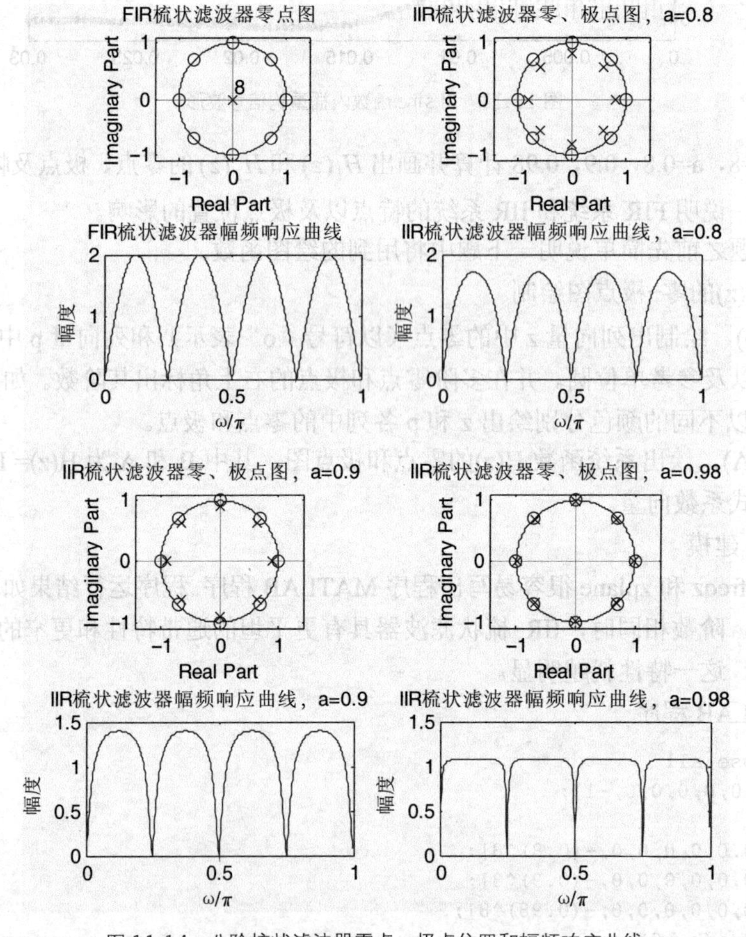

图 11.14 八阶梳状滤波器零点、极点位置和幅频响应曲线

【例 11.14】 低通滤波效果及傅里叶变换时域卷积定理验证。

设低通数字滤波器系统函数为

$$H(z)=\frac{0.0003738(1+z^{-1})^6}{(1-1.2686z^{-1}+0.7051z^{-2})(1-1.0106z^{-1}+0.3583z^{-2})(1-0.9044z^{-1}+0.2155z^{-2})}$$

产生输入信号 $x(n)=\cos(0.04\pi n)+\cos(0.08\pi n)+\cos(0.4\pi n)+0.3\omega(n), 0\leqslant n\leqslant 63$

其中 $\omega(n)$ 是均值为 0、方差为 1 的白噪声序列。

计算滤波器对 x(n)的响应输出 y(n)，并画出 x(n)和 y(n)，观察滤波效果。

计算和画出 $\left|H(e^{j\omega})\cdot X(e^{j\omega})\right|$，并与 $\left|Y(e^{j\omega})\right|$ 比较，用傅里叶变换的时域卷积定理加以解释。

解：（1）建模

如前所述，只要求出 H(z)=B(z)/A(z)的分子和分母多项式系数向量 B 和 A,则可调用 II 型滤波器直接实现函数 filter 对输入信号 x(n)进行滤波。

y = filter(B，A, x)

调用多项式相乘函数 conv 可求得本题 H(z)的分子和分母多项式系数向量 B 和 A。调用函数 freqz 可求出 $\left|H(e^{j\omega})\right|$。调用函数 fft 可求出 $\left|X(e^{j\omega})\right|$ 和 $\left|Y(e^{j\omega})\right|$。

（2）MATLAB 实现程序

```
clear;close all
% 产生输入信号 x(n)
n=0:255;N=4096;
x=cos(0.04*pi*n)+cos(0.08*pi*n)+cos(0.4*pi*n);
w=randn(size(x));                        % 产生正态零均值噪声
x=x+0.3*w;
% 求 H(z)分子分母多项式系数向量 B 和 A
b=[1,2,1];                               % (1+z-1)2 的展开系数
B=0.0003738*conv(conv(b,b),b);           % 嵌套调用卷积函数 conv
a1=[1,-1.2686,0.7051];
a2=[1,-1.0106,0.3583];
a3=[1,-0.9044,0.2155];
A=conv(conv(a1,a2),a3);
% 对 x(n)滤波
y=filter(B,A,x);
% 绘图
X=fft(x,N);
Y=fft(y,N);
subplot(3,2,1);stem(x,'.')
axis([0,max(n)/4,min(x),max(x)]);line([0,max(n)],[0,0])
title('输入信号 x(n)');xlabel('n');ylabel('x(n)')
subplot(3,2,5);stem(y,'.')
axis([0,max(n)/4,min(y),max(y)]);line([0,max(n)],[0,0])
title('输出信号 y(n)');xlabel('n');ylabel('y(n)')
k=0:N-1;f=2*k/N;
subplot(3,2,2);plot(f,abs(X))
title('输入信号 x(n)的幅频曲线');xlabel('ω/π');ylabel('|FT[x(n)]|')
axis([0,0.5,0,max(abs(X))]);
subplot(3,2,6);plot(f,abs(Y))
title('输入信号 y(n)的幅频曲线');xlabel('ω/π');ylabel('|FT[y(n)]|')
axis([0,0.5,0,max(abs(Y))]);
[h,f]=freqz(B,A,N,'whole');
figure(2)
```

```
subplot(3,2,1);plot(f/pi,abs(h))
title('滤波器幅频响应曲线');xlabel('ω/π');ylabel('H 幅度')
axis([0,0.5,0,max(abs(h))]);
Ym=h'.*X;
subplot(3,2,2);plot(f/pi,abs(Ym))
title('|FT[x(n)]FT[h(n)]|');xlabel('ω/π');ylabel('Ym 幅度')
axis([0,0.5,0,max(abs(Ym))]);
```

（3）程序运行结果

如图 11.15 所示。由图中时间序列和幅频曲线都可以看出，低通滤波器使输入信号 $x(n)$ 的高频成分得到很大衰减，让低频正弦信号和低频噪声通过输出。由于不是理想低通滤波器，所以在过渡带 $[0.2\pi, 0.4\pi]$ 上，滤波器的幅频衰减随着频率升高而逐渐加大。比较|FT[x(n)]| 和 |FT[y(n)]|也可以看出这一点。

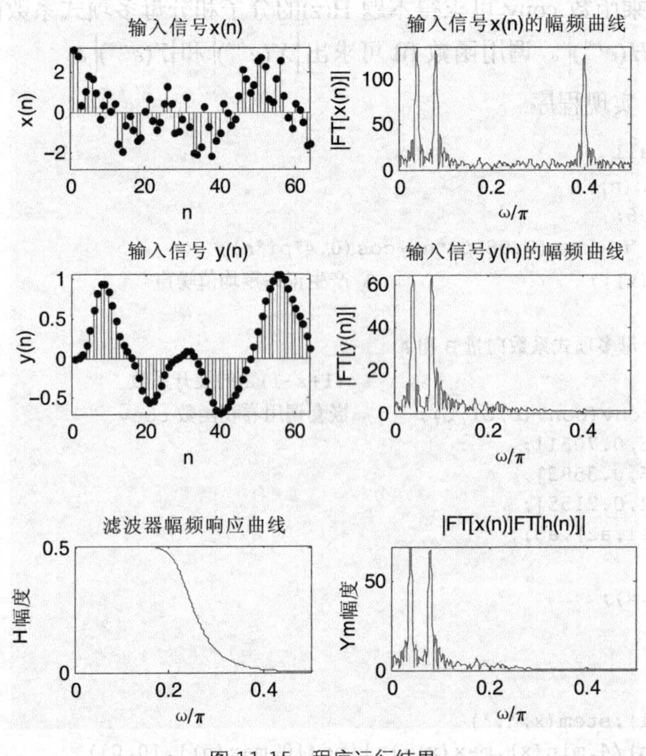

图 11.15 程序运行结果

在图 11.15 中，$\left|Y(e^{j\omega})\right| = \left|FT[y(n)]\right| \approx \left|H(e^{j\omega})X(e^{j\omega})\right|$，即由时域卷积算出的输出频谱符合频域相乘的结果，证实了傅里叶变换的卷积时域定理。

【例 11.15】用 symbolic（符号运算）工具箱解 z 变换问题。

解：（1）建模

无限长度时间序列的 z 变换和逆 z 变换都属于符号运算的范围。MATLAB 的 symbolic（符号运算）工具箱已提供了这种函数。如果读者已在计算机上安装了这个工具箱，可以键入以下程序。

（2）MATLAB 程序

```
echo on
```

```
syms  z  n   a  N w0                          % 规定 z,n,a 为符号变量
y1= a^n;                                      % 给出 y1 的表达式，求其 z 变换 Y1
pause, Y1=ztrans(y1)                          % 求 z 变换 Y1
y2=n;
pause, Y2=ztrans(y2)
y3= n*a^n;
pause, Y3=ztrans(y3)
y4= n*(n-1)/2;
pause, Y4=ztrans(y4)
y5= exp(j*w0*n);
pause, Y5=ztrans(y5)
y6=sin(w0*n);
pause, Y6=ztrans(y6)
pause
X1=-3*z^-1/(2-5*z^-1+2*z^-2);                 % 求出 X1 的表达式
x1 = iztrans(X1)                              % 求 X1 的逆 Z 变换 x1
pause,X2 = z/(z-1);
pause,x2 = iztrans(X2)
pause,X3 = z/(z-a);
pause,x3 = iztrans(X3)
pause,X4 = z/((z-1)^2);
pause,x4 = iztrans(X4)
pause,X5 = z/((z-1)^3);
pause,x5 = iztrans(X5)
pause,X6 = (1-z^-N)/(1-z^-1);
pause,x6 = iztrans(X6)
pause,X7 = z/(z-exp(j*w0));
pause,x7 = iztrans(X7)
```

（3）程序运行结果

如表 11.3 所示。

逆 z 变换的最后两行实际上不是答案，这说明符号运算工具箱还远未完善。

表 11.3　　z 变换和逆 z 变换部分结果

	输入时间序列 y	z 变换 Y(z)=ztrans(y)
z 变换 ztrans	y1=a^n	Y1 =−z/(a−z)
	y2=n	Y2 =z/(z−1)^2
	y3=n×a^n	Y3 =(a×z)/(a−z)^2
	y4=1/2×n×(n−1)	Y4 =(z×(z + 1))/(2×(z−1)^3) −z/(2×(z−1)^2)
	y5=exp(1×w0×n)	Y5 =z/(z−exp(w0×i))
	y6=sin(w0×n)	Y6=(z×sin(w0))/(z^2−2×cos(w0) ×z + 1)
逆 z 变换 iztrans	输入 z 变换 X(z)	逆 z 变换 x(n)=iztrans(X)
	X1=−3/z/(2−5/z+2/z^2)	x1=−2^n+(1/2)^n
	X2=z/(z−1)	x2 =1
	X3=z/(z−a)	x3 =a^n
	X4=n	x4=z/(z−1)^2
	X5=z/(z−1)^3	x5=−1/2×n+1/2×n^2
	X6=(1−z^(−N))/(1−1/z)	x6=iztrans((1−z^(−N))/(1−1/z),z,n)
	X7=z/(z−exp(i×w0))	x7=z×iztrans(1/(z−exp(i×w0)),w0,n)

11.3 离散傅里叶变换（DFT）

DFT 是数字信号处理中最重要的数学工具之一。其实质是对有限长序列频谱的离散化，即通过 DFT 使时域有限长序列与频域有限长序列相对应，从而可在频率域用计算机进行信号处理。更重要的是 DFT 有多种快速算法（FFT，Fast Fourier Transform)，可使信号处理速度提高好几倍，使数字信号的实时处理得以实现。因此，DFT 既有重要的理论意义，又有广泛的实际应用价值。

熟悉 DFT 的定义、物理意义和重要性质，有助于正确使用 DFT 解决数字信号处理的实际问题。本节主要结合典型例题，用 MATLAB 工具箱函数，以序列的时域和频域波形直观地验证 DFT 的物理意义及频域采样理论。

先讨论离散傅里叶变换（DFT)的定义与 MATLAB 计算。

设序列长度为 M，则 x(n)的 $N(N\geqslant M)$ 点离散傅里叶变换对定义为

$$X(k)=DFT[x(n)]=\sum_{n=0}^{N-1}x(n)W_N^{kn},k=0,1,2,\cdots,N-1 \qquad (11.3)$$

$$x(n)=IDFT[X(k)]=\frac{1}{N}\sum_{k=0}^{N-1}X(k)W_N^{-kn},n=0,1,2,\cdots,N-1 \qquad (11.4)$$

其中，$W_N=e^{-j\frac{2\pi}{N}}$，N 称为 DFT 变换区间长度。

用类似于例 11.9 中的方法，可把式（11.3）式写成矩阵乘法运算。

$$X(k)=xnWnk \qquad (11.5)$$

其中，xn 为序列行向量，Wnk 是一 $N\times N$ 阶方阵，通常称之为旋转因子矩阵。

$$xn=[x(0),x(1),x(2),\cdots,x(N-1)]$$

$$Wnk=\begin{bmatrix} W_N^{0\times0} & W_N^{0\times1} & \cdots & W_N^{0\times(N-1)} \\ W_N^{1\times0} & W_N^{1\times1} & \cdots & W_N^{1\times(N-1)} \\ \vdots & \vdots & \ddots & \vdots \\ W_N^{(N-1)\times0} & W_N^{(N-1)\times1} & \cdots & W_N^{(N-1)\times(N-1)} \end{bmatrix} \qquad (11.6)$$

式（11.6）可用 MATLAB 的矩阵运算表示为

Wnk=WN.^([0:N−1]'*[0:N−1])

因此，可得到用矩阵乘法计算 N 点 DFT 的程序如下。

MATLAB 程序如下。

%用矩阵乘法计算 N 点 DFT

```
clear; close all
xn=input('请输入序列 x=');
N=length(xn);
n=0:N-1; k=n; nk=n'*k       % 生成[0:N-1]'*[0:N-1]方阵
WN=exp(-j*2*pi/N);
Wnk=WN.^nk;                  % 产生旋转因子矩阵
Xk=xn*Wnk;                   % 计算 N 点 DFT
```

只要输入序列 x(n)，运行该程序，即可实现 x(n)的 N 点 DFT。这种计算离散傅里叶变换的方法概念清楚，编程简单。但占用内存大，运行速度低，所以不实用。MATLAB 基础部分提供了 fft、ifft、fft2 和 ifft2 等快速计算傅里叶变换的函数，它使 DFT 的运算速度量提高了若干数量级。信号处理工具箱提供了 czt、dct、idct、fftshift 等有关的变换函数。为了简化程序，后面的例题均直接调用这些函数。

（1）fft 和 ifft　一维快速正逆傅里叶变换

X = fft(x,N) 采用 FFT 算法计算序列向量 x 的 N 点 DFT。缺省 N 时 fft 函数自动按 x 的长度计算 DFT。当 N 为 2 的整数次幂时，fft 按基 2 算法计算，否则用混合基算法。ifft 的调用格式相仿。

（2）fft2 和 ifft2　二维快速正逆傅里叶变换

（3）czt　线性调频 z 变换

y=czt(x, m, w, s)，它计算由 z=a*w.^(− (0:m− l))定义的 z 平面螺旋线上各点的 z 变换。可见 a 规定了起点，w 规定了相邻点的比例，m 规定了变换的长度。后三个变元缺省值是 a=1，w=exp(j*2*pi/m)及 m=length(x)。因此，y=czt(x)就等于 y=fft(x)。可键入 cztdemo 加深理解。

（4）dct 和 idct　正逆离散余弦变换

y=dct(x,N)　可完成如下的变换。

$$y(k)=\sum_{n=1}^{N}2x(n)\cos\left(\frac{\pi}{2n}k(2n+1)\right),\ k=0,1,\cdots,\ N-1$$

N 的缺省值为 length(x)。

Y=fftshift(X)　用来重新排泄 X=fft(x)的输出，当 X 为向量时，它把 X 的左右两半进行交换。从而把零频分量移至频谱的中心。如果 *X* 是二维傅里叶变换的结果，它同时把 X 左右和上下进行交换。

y=fftfilt(b,x)　采用重叠相加法 FFT 实现对信号向量 x 快速滤波，得到输出序列向量 y。向量 b 为 FIR 滤波器的单位脉冲响应序列，h(n) = b(n+l)，n=0，1，2，length(b)−l。

y=fftfilt(b,x, N)　自动选取 FFT 长度 NF=2^nextpow2(N)，输入数据 x 分段长度 M= NF−length(b)+l。其中 nextpow2(N)函数求得一个整数，满足

2^(nextpow2(N)−l)＜N≤2^nextpow2(N)

缺省 N 时，fftfilt 自动选择合适的 FFT 长度 NF 和对 x 的分段长度 M。

【例 11.16】基本序列的离散傅里叶变换计算。

已知以下序列

复正弦序列　$x_1(n)=e^{j\frac{\pi}{8}n}\cdot R_N(n)$

余弦序列　$x_2(n)=\cos\left(\frac{\pi}{8}n\right)\cdot R_N(n)$

正弦序列　$x_3(n)=\sin\left(\frac{\pi}{8}n\right)\cdot R_N(n)$

分别对 *N*=16 和 *N*=8 计算以上序列的 *N* 点 DFT，并绘出幅频特性曲线，最后用 DFT 理论解释为何两种 N 值下的 DFT 结果差别如此之大。

解：（1）建模

直接产生序列 X1n，X2n 和 X3n，调用 fft 函数求解本题的程序如下。

（2）MATLAB 程序

```
clear; close all
N=16;
N1=8;
% 产生序列 x1(n),计算 DFT[x1(n)]
n=0:N-1;
x1n=exp(j*pi*n/8);   % 计算 x1(n)
X1k=fft(x1n,N);      % 计算 N 点 DFT[x1(n)]
Xk1=fft(x1n,N1);     % 计算 N1 点 DFT[x1(n)]
% 产生序列 x2(n),计算 DFT[x2(n)]
x2n=cos(pi*n/8);
X2k=fft(x2n,N);      % 计算 N 点 DFT[x2(n)]
Xk2=fft(x2n,N1);     % 计算 N1 点 DFT[x1(n)]
% 产生序列 x3(n),计算 DFT[x3(n)]
x3n=sin(pi*n/8);
X3k=fft(x3n,N);      % 计算 N 点 DFT[x3(n)]
Xk3=fft(x3n,N1);     % 计算 N1 点 DFT[x1(n)]
% 绘图
subplot(3,3,1);stem(n,abs(X1k),'.');
title('16 点 DFT[x1(n)]');
xlabel('k');ylabel('|X1(k)|')
subplot(3,3,2);stem(n,abs(X2k),'.');
title('16 点 DFT[x3(n)]');
xlabel('k');ylabel('|X2(k)|')
subplot(3,3,3);stem(n,abs(X3k),'.');
title('16 点 DFT[x3(n)]');
xlabel('k');ylabel('|X3(k)|')
k=0:N1-1;
subplot(3,3,7);stem(k,abs(Xk1),'.');
title('8 点 DFT[x1(n)]');
xlabel('k');ylabel('|X1(k)|')
subplot(3,3,8);stem(k,abs(Xk2),'.');
title('8 点 DFT[x2(n)]');
xlabel('k');ylabel('|X2(k)|')
subplot(3,3,9);stem(k,abs(Xk3),'.');
title('8 点 DFT[x3(n)]');
xlabel('k');ylabel('|X3(k)|')
```

（3）程序运行结果

如图 11.16 所示。

N 点 DFT[x(n)] = X(k)的一种物理解释是，X(k)是 x(n)以 N 为周期的周期延拓序列的离散傅里叶级数系数 $\tilde{X}(k)$ 的主值区序列。即 $X(k)=\tilde{X}(k)R_N(k)$。

① N=16 时

$x_1(n)=e^{j\frac{\pi}{8}n}\bullet R_N(n)$，$x_2(n)=\cos\left(\dfrac{\pi}{8}n\right)\bullet R_N(n)$，$x_3(n)=\sin\left(\dfrac{\pi}{8}n\right)\bullet R_N(n)$，$x_1(n)$、$x_2(n)$、$x_3(n)$

正好分别是正弦序列 $e^{j\frac{\pi}{8}n}$、$\cos\left(\frac{\pi}{8}n\right)$、$\sin\left(\frac{\pi}{8}n\right)$ 的一个周期。所以，$x_1(n),x_2(n),x_3(n)$ 的周期延拓序列就是这三个单一频率的正弦序列。其离散傅里叶级数的系数分别如图 11.16 中 16 点 DFT[x1(n)]、DFT[x2(n)]、DFT[x3(n)]所示。

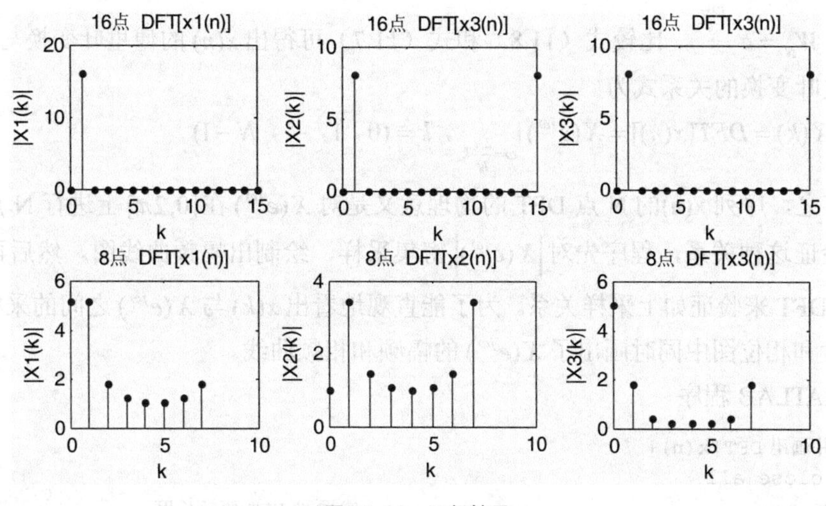

图 11.16 运行结果

② N=8 时

$x_1(n)$、$x_2(n)$、$x_3(n)$ 正好分别是正弦序列 $e^{j\frac{\pi}{8}n}$、$\cos\left(\frac{\pi}{8}n\right)$、$\sin\left(\frac{\pi}{8}n\right)$ 的半个周期。所以，$x_1(n)$、$x_2(n)$、$x_3(n)$ 以 N 为周期的周期延拓序列，不再是单一频率的正弦序列（例如，$x_2((n))_N=\left|\cos\left(\frac{\pi}{8}n\right)\right|$），其中含有丰富的谐波成分，其离散傅里叶级数系数与 16 时差别很大。

为此，对周期信号进行谱分析时，一定要截取整数个周期。否则，得到的将是错误的频谱。为了说明这点，在运行以上 MATLAB 程序后，可随即键入

```
subplot(2,1,1),stem(n,x2n(n+1),'.')
subplot(2,1,2),stem(n,x2n(k+1),'.')
```

不难看出，在截取 16 点时，得到的是完整的余弦波形；而截取 8 点时，得到的是半截的余弦波形，当然它有大量的谐波成分。

【例 11.17】验证 N 点 DFT 的物理意义。

$$X(k)=DFT[x(n)]=X(e^{j\omega})\big|_{\omega=\frac{2\pi}{N}k},k=(0,1,\cdots,N-1)$$

（1）$x(n)=R_4(n)$，$X(e^{j\omega})=FT[x(n)]=\dfrac{1-e^{-j4\omega}}{1-e^{-j\omega}}$，绘制出幅频曲线和相频曲线。

（2）计算并画出 $x(n)$ 的 8 点 DFT

（3）计算并画出 $x(n)$ 的 16 点 DFT

解：（1）建模

长度为 M 的序列 $x(n)$ 的傅里叶变换和 $N(N\geqslant M)$ 点离散傅里叶变换的定义如下：

$$X(e^{j\omega}) = FT[X(n)]\sum_{n=0}^{N-1} x(n)e^{-j\omega n} \tag{11.7}$$

$$X(k) = DFT[x(n)] = \sum_{n=0}^{N-1} x(n)W_N^{kn}, \quad k=0,1,2,\cdots,N-1 \tag{11.8}$$

式中，$W_N = e^{-\frac{j2\pi}{N}}$，比较式（11.8）和式（11.7）可得出 $x(n)$ 的傅里叶变换与 $N(N \geqslant M)$ 点离散傅里叶变换的关系式为

$$X(k) = DFT[x(n)] = X(e^{j\omega})\big|_{\omega=\frac{2\pi}{N}k}, \quad k=(0,1,\cdots,N-1) \tag{11.9}$$

简而言之，序列 x(n)的 N 点 DFT 的物理意义是对 $X(e^{j\omega})$ 在 $[0,2\pi]$ 上进行 N 点等间隔采样。为了验证这种关系，程序先对 $\left|X(e^{j\omega})\right|$ 密集采样，绘制出幅频曲线图。然后再分别做 8 点和 16 点 DFT 来验证如上采样关系。为了能直观地看出 $x(k)$ 与 $X(e^{j\omega})$ 之间的采样关系，在 $x(k)$ 的幅度和相位图中同时画出了 $X(e^{j\omega})$ 的幅频和相频曲线。

（2）MATLAB 程序

```
% 计算并画出 DFT[x(n)]
clear;close all
N1=8;N2=16;                                        % 两种 FFT 变换长度
n=0:N1-1;
w=2*pi*(0:2047)/2048;
Xw=(1-exp(-j*4*w))./(1-exp(-j*w));                 % 对 x(n)的频谱函数采样 2048 点
subplot(3,2,1);plot(w/pi,abs(Xw))
title('x(n)的幅频曲线');xlabel('ω/π');ylabel('幅度');
subplot(3,2,2);plot(w/pi,angle(Xw))
title('x(n)的相频曲线');axis([0,2,-pi,pi]);line([0,2],[0,0])
xlabel('ω/π');ylabel('相位(rad)');
xn=[(n>=0)&(n<4)];                                 % 产生 x(n)=xn
X1k=fft(xn,N1);                                    % 计算 N1 点 DFT[x(n)]
X2k=fft(xn,N2);                                    % 计算 N2 点 DFT[x(n)]
figure(2)
k1=0:N1-1;
subplot(3,2,1);stem(k1,abs(X1k),'.')               % 画 N1 点离散频谱幅度
title('N1 点 DFT[x(n)]=X1(k)')
xlabel('k  (ω=2πk/N1)');ylabel('|X1(k)|');
hold on
plot(N1/2*w/pi,abs(Xw))                            % 叠加上连续频谱幅度
subplot(3,2,2);stem(k1,angle(X1k),'.')             % 画 N1 点离散频谱相位
title('X1(k)的相位');axis([0,N1,-pi,pi]);line([0,N1],[0,0])
xlabel('k  (ω=2πk/N1)');ylabel('相位 (rad)');
hold on
plot(N1/2*w/pi,angle(Xw))                          % 叠加上连续频谱相位
figure(3)
k2=0:N2-1;
subplot(3,2,1);stem(k2,abs(X2k),'.')               % 画 N2 点离散频谱幅度
title('N2 点 DFT[x(n)]=X2(k)');axis([0,N2,0,max(abs(X2k))]);
xlabel('k  (ω=2πk/N2)');ylabel('|X2(k)|');
hold on
```

```
plot(N2/2*w/pi,abs(Xw))                     % 叠加上连续频谱相位
subplot(3,2,2);stem(k2,angle(X2k),'.')     % 画N2点离散频谱相位
title('X2(k)的相位');axis([0,N2,-pi,pi]);line([0,N2],[0,0])
xlabel('k  (ω=2πk/N2)');ylabel('相位(rad)');
hold on
plot(N2/2*w/pi,angle(Xw));                  % 叠加上连续频谱相位
```

（3）程序运行结果

如图 11.17 所示，可以看出 N 点 DFT[x(n)]确实是对 $X(e^{j\omega})$ 在 $[0,2\pi]$ 区间内的 N 点等间隔采样。

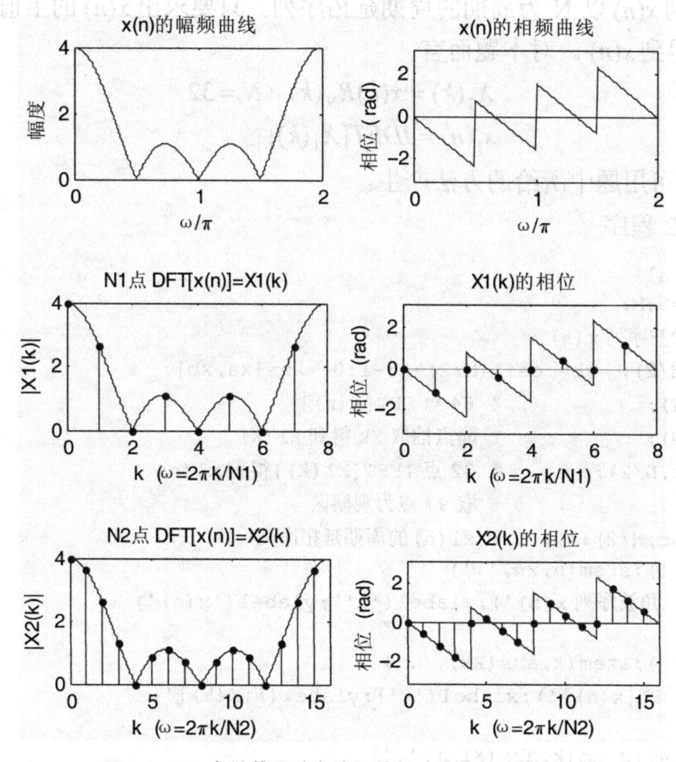

图 11.17 离散傅里叶变换与傅里叶变换的采样关系

【例 11.18】验证频域采样与时域采样的对偶性。

试编写 MATLAB 程序，来验证对频谱 $X(e^{j\omega})$ 进行等间隔采样。对应于时域序列周期延拓，要求采取如下做法。

（1）产生一个三角波序列 $x(n)$

$$x(n)=\begin{cases} n & 0\leqslant n\leqslant M/2 \\ M-n & M/2\leqslant n\leqslant M \end{cases}$$

（2）对 M=40，计算 $x(n)$ 的 64 点 DFT，并画出 $x(n)$ 和 X(k)=DFT[x(n)]，k=0，1，…，63。

（3）对（2）中所得 $x(k)$ 在 $[0,2\pi]$ 上进行 32 点抽样得

$$X_1(k)=X(2k)，k=0，1，\cdots，31$$

（4）求 $X_1(k)$ 的 32 点 IDFT，即 $x_1(n)=IDFT[X_1(k)]$，$k=0，1，\cdots，31$

（5）绘出 $x_1((n))_{32}$ 的波形图，评述 $x_1((n))_{32}$ 与 $x(n)$ 的关系，并根据频域采样理论加以解释。

解：（1）建模

由于序列 $x(n)$ 的傅里叶变换 $X(e^{j\omega})=FT[x(n)]$ 是以 2π 为周期的。所以对其以 $2\pi/N$ 为间隔采样，得到以 N 为周期的频域序列 $\tilde{X}(k)=X(e^{j(\frac{2\pi}{N}k)})$。根据离散傅里叶级数理论，$\dot{X}(k)$ 应该是一个以 N 为周期的序列 $\dot{x}(n)$ 的离散傅里叶级数系数。即

$$\dot{x}(n)=\sum_{k=0}^{N-1}\dot{X}(k)W_N^{-kn}=\sum_{m=-\infty}^{\infty}x(n+mN) \tag{11.10}$$

$\dot{x}(n)$ 是原序列 $x(n)$ 以 N 为周期的周期延拓序列。只要求出 $\dot{x}(n)$ 的主值区序列 $x_1(n)$，将其周期延拓，就得到 $\dot{x}(n)$。对本题而言

$$X_1(k)=\dot{x}(k)R_N(k)，N=32$$

$$x_1(n)=IDFT[X_1(k)]$$

其中，$X_1(k)$ 可用题中所给的方法产生。

（2）MATLAB 程序

```
clear;close all
M=40;N=64;n=0:M;
% 产生 M 长三角波序列 x(n)
xa=0:floor(M/2);  xb= ceil(M/2)-1:-1:0;  xn=[xa,xb];
Xk=fft(xn,64);                % 64 点 FFT[x(n)]
X1k=Xk(1:2:N);                % 隔点抽取 Xk 得到 X1(K)
x1n=ifft(X1k,N/2);            % 32 点 IFFT[X1(k)]得到 x1(n)
nc=0:3*N/2;                   % 取 97 点为观察区
xc=x1n(mod(nc,N/2)+1);        % x1(n)的周期延拓序列
subplot(3,2,1);stem(n,xn,'.')
title('40 点三角波序列 x(n)');xlabel('n');ylabel('x(n)')
k=0:N-1;
subplot(3,2,3);stem(k,abs(Xk),'.')
title('64 点 DFT[x(n)]');xlabel('k');ylabel('|X(k)|')
k=0:N/2-1;
subplot(3,2,4);stem(k,abs(X1k),'.')
title('X(k)的隔点抽取');xlabel('k');ylabel('|X1(k)|')
n1=0:N/2-1;
subplot(3,2,2);stem(n1,x1n,'.')
title('32 点 IDFT[X1(k)]');xlabel('n');ylabel('x1(n)')
subplot(3,1,3);stem(nc,xc,'.')
title('x1(n)的周期延拓序列');xlabel('n');ylabel('x(mod(n,32))')
set(gcf,'color','w')
```

（3）程序运行结果

如图 11.18 所示，图中 $x_1((n))_{32}$ 满足（11.9）式。从而验证了频域对 $X(e^{j\omega})$ 以间隔 $2\pi/32$ 采样，时域对应原序列以 32 为周期的周期延拓。

由于频域在 $[0,2\pi]$ 上的采样点数 N（N=32）小于 x(n)的长度 M（M=40），所以，产生时域混叠现象，不能由 $X_1(k)$ 恢复原序列 x(n)，只有满足 $N \geqslant M$ 时，可由频域采样 $X_1(k)$ 得到原序列 x(n)。

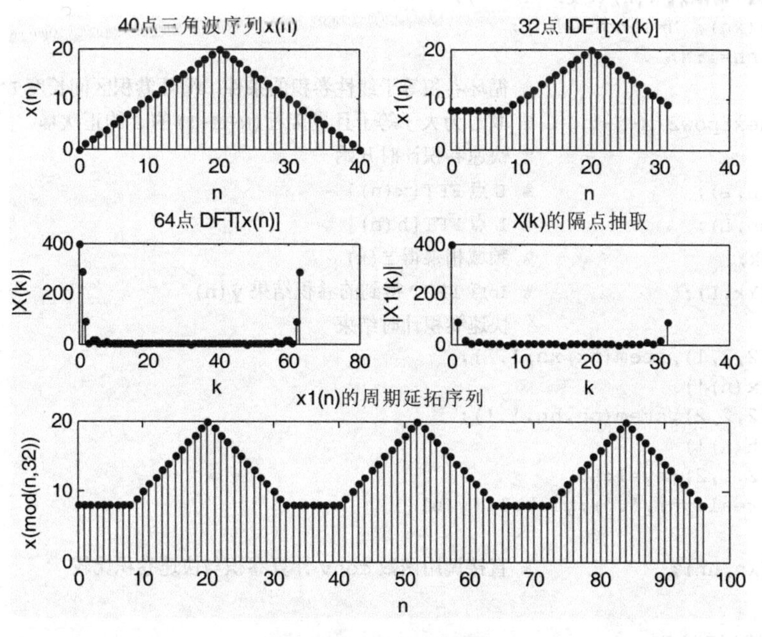

图 11.18 程序运行结果

$$x(n) = IDFT[X_1(k)]$$

这就是频域采样定理。对于 $N \geqslant M$ 的情况，请读者自己验证。

【例 11.19】快速卷积。

用快速卷积法计算下面两个序列的卷积。并测试直接卷积和快速卷积的时间。

$$x(n) = 0.9^n R_M(n)$$

$$h(n) = R_N(n)$$

解：（1）建模

数字滤波器对输入信号片 x(n)进行滤波处理就是计算其单位脉冲响应 h(n)与输入信号 x(n)的线性卷积。所以，计算卷积的速度直接影响滤波器的处理速度。快速卷积就是根据 DFT 的循环卷积性质，将时域卷积转换为频域相乘，最后再进行 IDFT 得到时域卷积序列 y(n)。其中时域和频域之间的变换均用 FFT 实现，所以使卷积速度大大提高。快速卷积计算框图如图 11.19 所示。按照该框图很容易编写出程序。

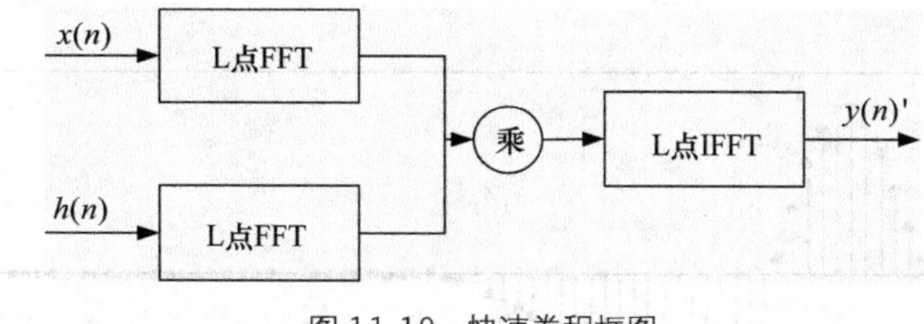

图 11.19 快速卷积框图

（2）MATLAB 程序

```
clear;close all
```

```
xn=input('请输入 x(n 序列: xn= ');
hn=input('请输入 h(n)长度: hn= ');
M=length(xn); N=length(hn);
nx=1:M; nh=1:N;
                            % 循环卷积等于线性卷积的条件: 循环卷积区间长度 L>=M+N-1
L=pow2(nextpow2(M+N-1));  % 取 L 为大于等于且最接近(N+M-1)的 2 的正次幂
tic,                        % 快速卷积计时开始
Xk=fft(xn,L);               % L 点 FFT[x(n)]
Hk=fft(hn,L);               % L 点 FFT[h(n)]
Yk=Xk.*Hk;                  % 频域相乘得 Y(k)
yn=ifft(Yk,L);              % L 点 IFFT 得到的卷积结果 y(n)
toc                         % 快速卷积计时结束
subplot(2,2,1),stem(nx,xn,'.');
ylabel('x(n)')
subplot(2,2,2),stem(nh,hn,'.');
ylabel('h(n)')
subplot(2,1,2);ny=1:L;
stem(ny,real(yn),'.');ylabel('y(n)')
tic,
yn=conv(xn,hn);             % 直接调用函数 conv 计算卷积与快速卷积比较
toc
```

（3）程序运行结果

按提示输入 sin(0.4*[1:15])及 h=0.9.^(l:20)后，输出结果如图 11.20 所示。在图 11.19 中，FFT 变换的长度 L 必须满 L≥N+M−1，输出 y(n)才等于 x(n)和 h(n)的线性卷积。

因为 MATLAB 中的计时比较粗糙，要比较两种算法的运行时间，必须取较大的 N 和 M。在作者的计算机上，当 N=M=4096 时，快速卷积的执行时间为 0.11s，直接调用卷积函数 conv 计算卷积的时间为 2.09s。应当注意，以上结果是把 FFT 变换区间长度 L 取为大于或等于(N+M−1)的 2 的最小整次幂时得出的。若不这样取，快速卷积的执行时间可能会增大十几倍。读者可以试试将程序中的 FFT 计算改成直接计算 DFT 的矩阵乘运算，测试一下需要执行多少时间。

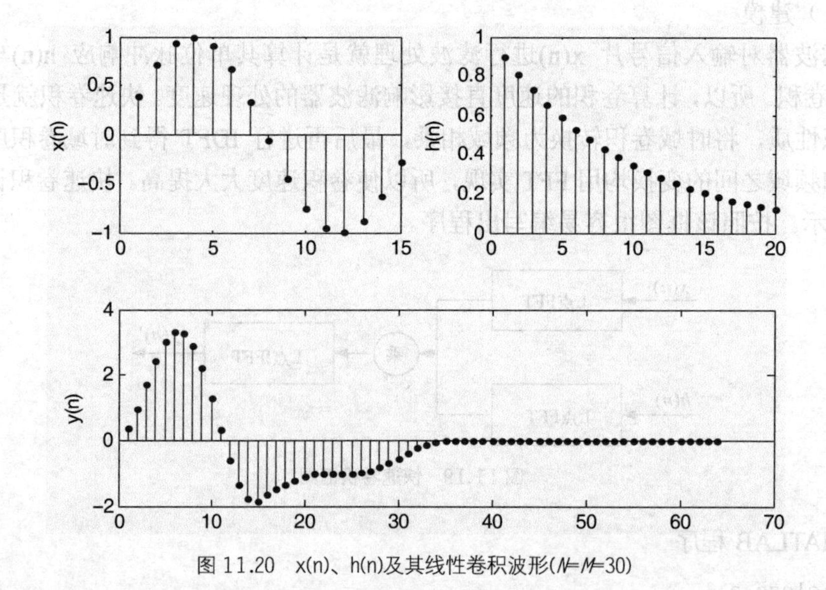

图 11.20　x(n)、h(n)及其线性卷积波形(N=M=30)

【例11.20】用DFT对连续信号做谱分析。

已知 $x_a(t)=\cos(200\pi t)+\sin(100\pi t)+\cos(50\pi t)$

用DFT分析 $x_a(t)$ 的频谱结构。选择不同的截取长度 T_P，观察DFT进行频谱分析时存在的截断效应（频谱泄漏和谱间干扰）。试用加窗的方法减少谱间干扰。

解：（1）建模

在计算机上用DFT对模拟信号进行谱分析时，只能以有限大的采样频率 f_s 对模拟信号采样有限点样本序列（等价于截取模拟信号一段进行采样）进行DFT变换，得到模拟信号的近似频谱。其误差主要来自以下因素。

① 截断效应（频谱泄漏和谱间干扰）；

② 频谱混叠失真。

因素①使谱分辨率（能分辨开的两根谱线间的最小间距）降低，并产生谱间干扰；因素②使折叠频率（$f_s/2$）附近的频谱产生较大失真。理论和实践都已证明，加大截取长度 T_P；可提高频率分辨率；选择合适的窗函数可降低谱间干扰；而频谱混叠失真要通过提高采样频率和（或）预滤波（在采样之前滤除折叠频率以外的频率成分）来改善。

按题目要求编写程序，验证截断效应及加窗的改善作用，先选取以下参数。

① 采样频率 $f_s=400\text{Hz}$，$T=1/f_s$；

② 采样信号序列 $x(n)=x_a(nT)w(n)$，$n=0$，1，2，…，$N-1$；

③ 对 $x(n)$ 进行4096点DFT作为 $x_a(t)$ 的近似频谱 $X_a(jf)$。

其中，N为采样点数，$N=f_sT_P$，T_P 为截取时间长度，$w(n)$ 称为窗函数。

取三种长度① $T_P=0.04s$，② $T_P=4\times0.04$，③ $T_P=8\times0.04$ 和两种窗函数①矩形窗函数 $w(n)=R_N(n)$，②Hamming 窗函数 $w(n)=\left[0.54-0.46\cos\left(\frac{2\pi n}{N-1}\right)\right]R_N(n)$。由程序中调用函数 hamming 产生。wn=hamming(N)产生长度为N的hamming窗函数列向量wn。

为了缩短程序，对三种 T_P 采用了循环语句，读者可注意循环中调用不同标注的技巧（St赋值语句）。其实对两种窗函数，也可再加一重循环语句，进一步缩短程序。

（2）MATLAB程序

```
clear;close all
fs=400; T=1/fs;                              % 采样频率400Hz
Tp=0.04; N=Tp*fs;                            % 采样点数N
N1=[N, 4*N, 8*N];                            % 设定三种截取长度供调用
st=['|X1(jf)|';'|X4(jf)|';'|X8(jf)|'];       % 设定三种标注语句供调用
% 矩形窗口截断
for m=1:3
   n=1:N1(m);
   xn=cos(200*pi*n*T)+sin(100*pi*n*T)+cos(50*pi*n*T);
   Xk=fft(xn,4096);                          % 4096点DFT，用FFT实现
   fk=[0:4095]/4096/T;
   subplot(3,2,2*m-1)
   plot(fk,abs(Xk)/max(abs(Xk)));ylabel(st(m,:))
   if m==1 title('矩形窗口截取');end
end
% 加hamming窗改善谱间干扰
```

```
for m=1:3
   n=1:N1(m);
   wn=hamming(N1(m));                       % 调用工具箱函数 hamming 产生 N 长 hamming 窗序列 n
   xn=(cos(200*pi*n*T)+sin(100*pi*n*T)+cos(50*pi*n*T)).*wn';
   Xk=fft(xn,4096);                         % 4096 点 DFT,用 FFT 实现
   fk=[0:4095]/4096/T;
   subplot(3,2,2*m)
   plot(fk,abs(Xk)/max(abs(Xk)));ylabel(st(m,:))
   if m==1 title('Hamming 窗截取');end
end
```

（3）程序运行结果

如图 11.21 所示。图中 X1(jf)和 X4(jf)和 X8(jf)分别表示 Tp=0.04s、0.04×4s 和 0.04×8s 时的谱分析结果（运行程序时只输入 0.04，其他两种 Tp 值由程序内部自动计算产生）。由图可见，由于截断使原频谱中的单频谱线展宽（又称之为泄漏），Tp 越大泄漏越小，频率分辨率越高。Tp=0.04s 时，25Hz 与 50Hz 两根谱线已分辨不清了。所以实际谱分析的截取时间 Tp 是由频率分辨率决定的。另外，在本应为零的频段上出现了一些参差不齐的小谱包（称为谱间干扰）。谱间干扰的大小取决于加窗的类型。

比较加矩形窗和 Hamming 窗的谱分析结果可见，用矩形窗比用 Hamming 窗的频率分辨率高（泄漏小），但谱间干扰刚好相反。所以 Hamming 窗以牺牲分辨率换来谱间干扰的降低。实际上这是一般规律。更详细的分析以及各种窗函数性能参见数字信号处理的书。读者可选用其他窗函数进行比较。并用傅里叶变换理论给出产生截断效应的数学解释。

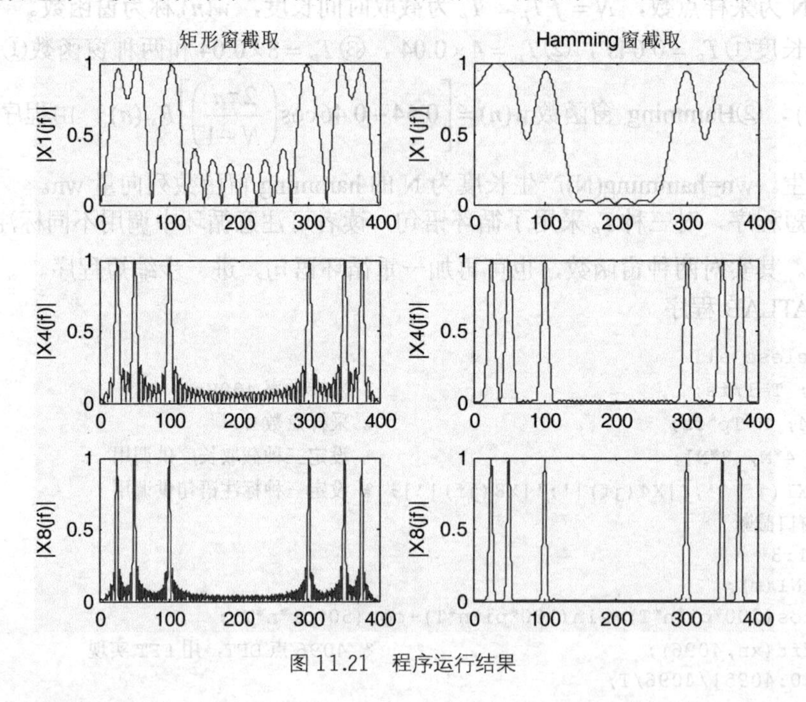

图 11.21 程序运行结果

11.4 数字滤波器

要将数字滤波器 H(z)用于处理数字信号，就必须构造出合适的实际实现结构（硬件实现

结构或软件运算结构）而且，对同样的系统函数，H(z)有几种不同的实现结构，各种结构的性能也不相同，常用的有以下4种。

（1）直接型（dir）结构：它对应于传递函数(tf)形式。

$$H(z)=\frac{b_0+b_1z^{-1}+b_2z^{-2}+\cdots+b_Mz^{-M}}{a_0+a_1z^{-1}+a_2z^{-2}+\cdots a_Nz^{-N}} \tag{11.11}$$

当$a_0=1$时，称标准形式。

（2）级联型（cas）结构（二阶分割（sos）形式）：它对应于零极增益形式，但为了避免复系数的出现，采用了二阶分割，即将共轭零点和共轭极点分别组成实系数二阶环节。

$$H(z)=8\prod_{k=1}^{L}\frac{b_{c0k}+b_{c1k}z^{-1}+b_{c2k}z^{-2}}{1+a_{c1k}z^{-1}+a_{c2k}z^{-2}} \tag{11.12}$$

（3）并联型（par）结构：它对应于部分分式（residue）形式，为了避免复系数的出现，也采用了二阶分割，即将共轭极点组成分母上的实系数二阶环节，留数则变为一阶环节。

$$H(z)=\sum_{k=1}^{L}\frac{b_{pk0}+b_{pk1}z^{-1}}{1+a_{pk1}z^{-1}+a_{pk2}z^{-2}}+\underbrace{\sum_{k=0}^{M-N}c_{pk}z^{-k}}_{M>N} \tag{11.13}$$

当N=偶数时，$L=N/2$。N=奇数时，$L=(N-1)/2$，式（11.12）和式（11.13）中有一个一阶分式。

（4）格型和格型梯形：其表达式在后面介绍。

实际中常常需要转换滤波器的结构形式，这种转换用手工计算非常复杂。MATLAB提供了一系列的转换命令，使得复杂的转换问题用一条命令就可以实现。把这些命令列成表11.4。由于这些结构形式与线性系统表述类型还有一定联系，所以把表述类型也都列入到表中。

表11.4　线性系统类型和滤波器结构之间转换的工具箱函数表

	传递函数 Num，den	状态空间 A，B，C，D	零极增益 z，p，k	部分分式 r，p，h	格型结构 K，V	级联结构 sos	并联结构
传递函数 num，den		tf2ss	tf2zp roots	residue residuez	tf2latc	tf2sos	dir2par*
状态空间	ss2tf		ss2zp			ss2sos	
零极增益	zp2tf poly	zp2ss				zp2sos	
部分分式 r，p，h	residue residuez						
格型结构 K，V	latc2tf						
级联结构 sos	sos2tf	sos2ss	sos2zp				
并联结构	par2dir*						

最常用的是从直接型转换到级联型和并联型，FIR滤波器还需要将直接型转换成格型结构。表中左边的一列表示原始形式，上面的一行表示目标形式，交点处的函数名称就表示转

换命令。这里是以 1998 年的 R11 版本为准，更低的版本中信号处理工具箱要少几种。带*号的函数不属于 MATLAB 的信号处理工具箱。MATLAB 还提供了各种类型滤波器实现滤波时的计算函数。比如：

filter 函数用来计算直接型滤波器的输出 y = filter(B, A, x)，这在 7.1 节中已介绍过；

filtic 函数用来把过去的 x，y 数据转化为初始条件；

sosfilt 函数用来计算二阶分割型滤波器的输出 y = sosfilt(sos, x);

latcfilt 函数用来计算格型滤波器的输出[F, G] = latcfilt (K, x)，其中 F 为前向格型滤波的输出，G 为后向格型滤波的输出。

下面结合例题介绍实现这几种转换的编程方法。

【例 11.21】IIR 滤波器直接型到级联型和并联型转换。

滤波器的系统函数为

$$H(z)=\frac{1-3z^{-1}+11z^{-2}-27z^{-3}+18z^{-4}}{16+12z^{-1}+2z^{-2}-4z^{-3}-z^{-4}}$$

求级联型和并联型结构。

解：（1）建模

滤波器各种结构的相互转换实质上就是滤波器系统函数 H(z)的各种表示形式的相互转换。因此先写出 IIR 滤波器的直接型结构、级联型结构和并联型结构的 H(z)表示形式，则结构转换的 MATLAB 编程模型就清楚了。

由此可见，由直接型结构到级联型结构的转换，就是由（11.11）式所示的 H(z)的分子和分母多项式系数向量 B 和 A 求（11.12）式中的 L 个二阶子系统函数的分子和分母多项式系数矩阵 Bc 和 Ac（Bc 和 Ac 均为 L×3 阶矩阵）。而由直接型结构到并联型结构的转换，就是由（11.11）式所示的 H(z)的分子和分母多项式系数向量 B 和 A 求（11.13）式中的 L 个二阶子系统函数的分子和分母多项式系数矩阵 *Bp* 和 *Ap* 以及 FIR 部分的多项式系数向量 C。Bp 为 L×2 阶矩阵，*Ap* 为 L×3 阶矩阵，*Cp* 为$(M-N+1)$维行向量。

直接型和并联型中的二阶子系统均用直接型结构实现。

下面的程序 val.m 调用了信号处理工具箱函数 tf2sos 和扩展函数 dir2par，dir2par 中又调用了复共轭对比较函数 cplxcomp。由于 dir2par 和 cplxcomp 不属于 MATLAB 工具箱函数，所以将其 M 文件清单附在程序 val.m 之后，读者可将它存入自己的子目录中，以备调用。

[sos, g] = tf2sos(B, A)　实现从直接型到级联型（二阶分割形式）的转换。g 为（11.12）式中的增益，sos 为 L×6 阶矩阵，表示（11.12）式中的系数。

$$sos=\begin{bmatrix} b_{c01} & b_{c11} & b_{c21} & 1 & a_{c11} & a_{c21} \\ b_{c02} & b_{c12} & b_{c22} & 1 & a_{c12} & a_{c22} \\ \vdots & \vdots & \vdots & \vdots & \vdots & \vdots \\ b_{c0L} & b_{c1L} & b_{c2L} & 1 & a_{c1L} & a_{c2L} \end{bmatrix}$$

[Cp, Bp,Ap] = dir2par(B, A)实现从直接型到并联型的转换。B 为直接型 H(z)的分子多项式系数向量，A 为直接型 H(z)的分母多项式系数向量；Cp、Bp、Ap 的含义与扩展函数 dir2par 中的 C，B，A 相同。

（2）MATLAB 程序

```
b=[1,-3,11,-27,18];
a=[16,12,2,-4,-1];
disp('级联型结构系数：')
[sos,g]=tf2sos(b,a)          % 求级联型结构系数
disp('并联型结构系数:')
[C,Bp,Ap]=dir2par(b,a)       % 求并联型结构系数
```

（3）程序运行结果

级联型结构系数

```
sos =    1.0000   -3.0000    2.0000    1.0000   -0.2500   -0.1250
         1.0000    0.0000    9.0000    1.0000    1.0000    0.5000
g =      0.0625
```

并联型结构系数

```
Cp =     -18
Bp =     -10.0500   -3.9500
          28.1125  -13.3625
Ap =      1.0000    1.0000    0.5000
          1.0000   -0.2500   -0.1250
```

由级联型结构系数写出H(z)表达式如下。

$$H(z)=0.0625\left(\frac{1+9z^{-2}}{1+z^{-1}+0.5z^{-2}}\right)\left(\frac{1-3z^{-1}+2z^{-2}}{1-0.25z^{-1}-0.125z^{-2}}\right)$$

级联型结构如图11.22所示。

由并联型结构系数写出H(z)表达式如下。

$$H(z)=-18+\frac{-10.05-3.95z^{-1}}{1+z^{-1}+0.5z^{-2}}+\frac{28.1125-13.3625z^{-1}}{1-0.25z^{-1}-0.125z^{-2}}$$

并联型结构图如图11.23所示。

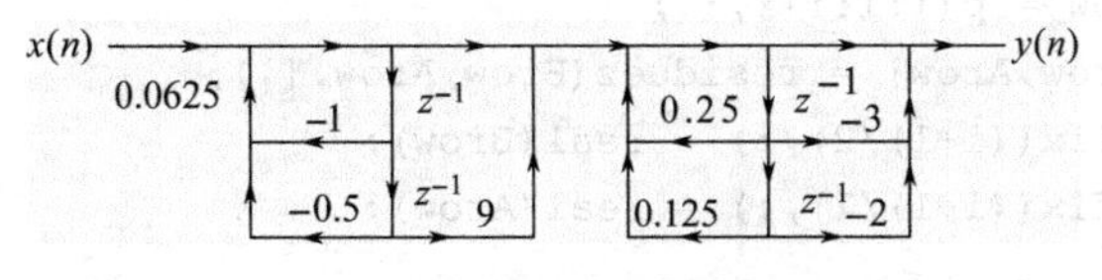

图11.22 级联型结构图

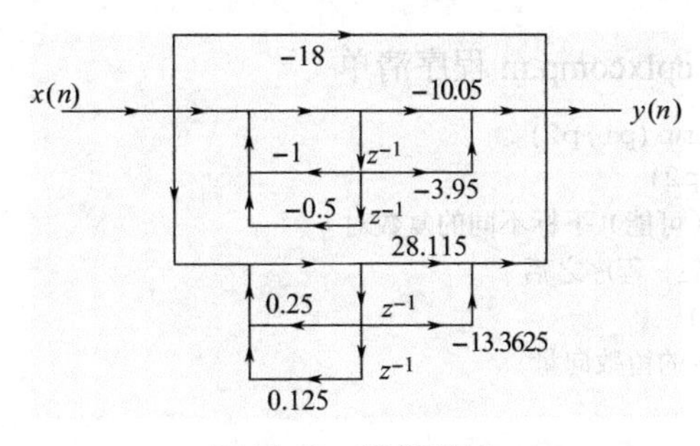

图11.23 并联型结构

（4）扩展函数dir2par的M文件（dir2par.m）清单

```
function [C,B,A] = dir2par(b,a);
```

```
% 直接型到并联型的转换
% --------------------------------------
% [C,B,A] = dir2par(b,a)
%  C = 当B比A长时的多项式部分
%  B = 包含各 bk 的 K 乘 2 阶实系数矩阵
%  A =包含各 ak 的 K 乘 3 阶实系数矩阵
%  b = 直接型的分子多项式系数
%  a = 直接型的分母多项式系数
%
M = length(b); N = length(a);
[r1,p1,C] = residuez(b,a);
p = cplxpair(p1,10000000*eps);
I = cplxcomp(p1,p);
r = r1(I);
K = floor(N/2); B = zeros(K,2); A = zeros(K,3);
if K*2 == N; % N为偶时，A(z)的阶次为奇，有一个一阶环节
        for i=1:2:N-2
                Brow = r(i:1:i+1,:);
                Arow = p(i:1:i+1,:);
                [Brow,Arow] = residuez(Brow,Arow,[]);
                B(fix((i+1)/2),:) = real(Brow);
                A(fix((i+1)/2),:) = real(Arow);
        end
        [Brow,Arow] = residuez(r(N-1),p(N-1),[]);
        B(K,:) = [real(Brow) 0]; A(K,:) = [real(Arow) 0];
else
        for i=1:2:N-1
                Brow = r(i:1:i+1,:);
                Arow = p(i:1:i+1,:);
                [Brow,Arow] = residuez(Brow,Arow,[]);
                B(fix((i+1)/2),:) = real(Brow);
                A(fix((i+1)/2),:) = real(Arow);
        end
end
```

（5）复共轭对比函数 cplxcomp.m 程序清单

```
function I = cplxcomp(p1,p2)
%  I = cplxcomp(p1,p2)
%  比较两个模值相同但（可能）下标不同的复数对
%  本程序必须用 cplxpair 程序之后
%  p2 = cplxpair(p1)
%  排序极点向量及其相应的留数向量
%
I=[];
for j=1:1:length(p2)
    for i=1:1:length(p1)
    if (abs(p1(i)-p2(j)) < 0.0001)
       I=[I,i];
```

```
      end
    end
end
I=I';
```

【例 11.22】直接型梯形结构转换结构到格型。

已知 IIR 滤波器系统函数 $H(z)$

$$H(z)=\frac{1+0.8z^{-1}-z^{-2}-0.8z^{-3}}{1-1.7z^{-1}+1.53z^{-2}-0.648z^{-3}}$$

将 $H(z)$转换为格型梯形结构（零–极点系统的 Latice 结构）。

解：（1）建模

格型结构是一种很有用的结构，在功率谱估计、语音处理和自适应滤波等方面已得到广泛应用。FIR 和全极点 IIR 系统可用格型结构实现，而零–极点 IIR 系统要用“格型梯形结构”实现。MATLAB 信号处理工具箱函数 tf2latc 和 latc2tf 使直接型到格型结构和格型到直接型结构的转换非常容易。下面结合本例和例 11.23、例 11.24 说明这两个函数的功能与使用格式。

tf21atc 函数实现直接型到格型转换。

[K,C]=tf21atc (B,A) 求出零–极点 IIR 系统格型梯形结构的格型参数向量 K 和梯形参数向量 C（用 A(1)归一化）。注意，当系统函数在单位圆上有极点时发生错误。

K=tf21atc (1,A) 求出全极点 IIR 系统的格型结构参数向量 K。如果使用格式[K, C]= tf21atc(1,A)，返回的系数 C 为标量。

K=tf21atc (B) 求出 FIR 系统的格型梯形结构参数（反射系数）向量 K（用 H(z) 的常数项 B(1)归一化）。

系数向量 K 和 C 与格型结构的对应关系见本例和例 11.22、例 11.23 的程序运行结果及其格型结构图。

函数 latc2tf 实现与 tf21atc 相反的结构转换。其使用格式可用 help 命令查到。

应当注意，线性相位 FIR 滤波器不能用格型结构实现。

（2）MATLAB 程序

%零–极点 IIR 系统的直接型结构到格型梯形结构转换

```
B=[1,0.8,-1,-0.8];
A=[1,-1.7,1.53,-0.648];
[K,C]=tf2latc(B,A)
```

（3）程序运行结果

```
K =   -0.7026
       0.7385
      -0.6480
C =   1.6212
     -0.8586
     -2.3600
     -0.8000
```

格型梯形网络结构如图 11.24 所示。

【例 11.23】FIR 滤波器直接型到级联型和格型转换。

FIR 滤波器系统函数为

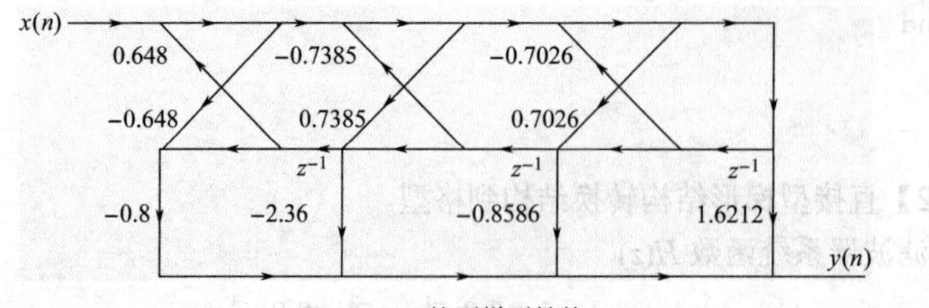

图 11.24　格型梯形结构

$$H(z)=2+\frac{13}{12}z^{-1}+\frac{5}{4}z^{-2}+\frac{2}{3}z^{-3}$$

求出其级联型结构和格型结构。

解：(1) 建模

调用信号处理工具箱函数 tf2sos 和 tf2latc 进行编程。

(2) MATLAB 程序

```
% FIR 直接型到级联型和格型转换
clear;
b=[2,13/12,5/4,2/3]; a=1;              % 设定参数
fprintf('级联型结构系数:');
[sos,g]=tf2sos(b,a)                     % 直接型到级联型转换
fprintf('格型结构系数（反射系数）: ');
[K]=tf2latc(b)                          % 直接型到格型转换
```

(3) 程序运行结果

级联型结构系数：

```
sos =    1.0000    0.5360         0    1.0000         0         0
         1.0000    0.0057    0.6219    1.0000         0         0
g =      2
```

格型结构系数（反射系数）：

```
K =    0.2500
       0.5000
       0.3333
```

由级联型结构系数写出 H(z)表达式。

$$H(z)=2(1+0.536z^{-1})(1+0.0057z^{-1}+0.6219z^{-2})$$

级联型结构如图 11.25 所示。

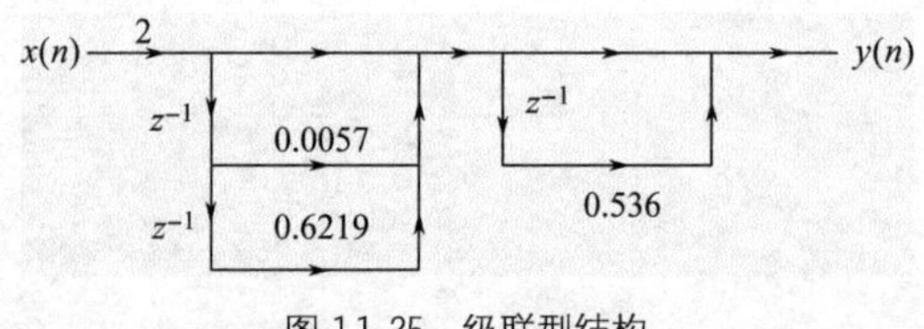

图 11.25　级联型结构

格型结构如图 11.26 所示。应当注意，由于函数 tf21atc 所求的格型结构是用 H(z)的常数项 b_0 归一化的，所以，结构图中要乘以 b_0=2 才能保证原滤波器增益不变。

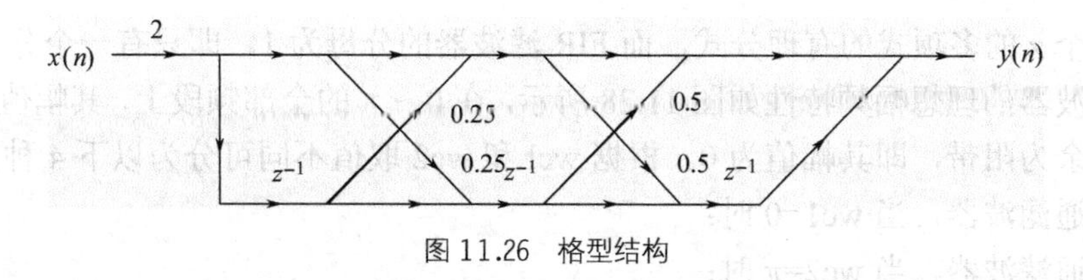

图 11.26 格型结构

【例 11.24】 FIR 格型结构到直接型结构转换。

已知 FIR 滤波器的格型结构如图 11.27 所示。

求其系统函数 H(z)，画出直接 II 型结构图。

解：（1）建模

由图 11.25 可得到反射系数向量为 K=[2,1/4,1/2,1/3]。

调用函数 lat2tf，求解本题的程序如下。

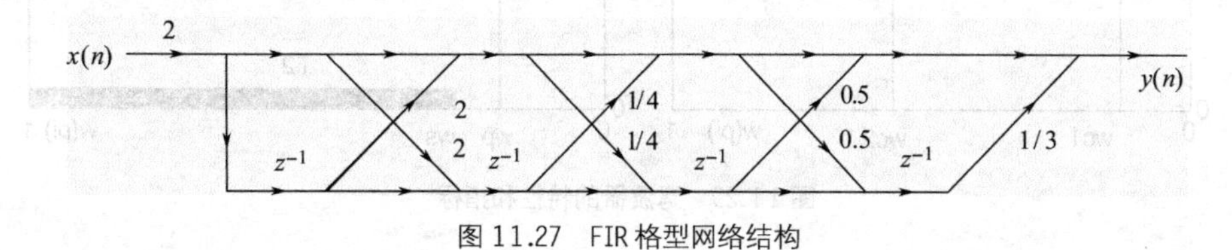

图 11.27 FIR 格型网络结构

（2）MATLAB 程序

格型结构到直接型结构转换

```
clear;
K=[2,1/4,1/2,1/3];
fprintf('直接型结构系数：');
B=latc2tf(K)    % 格型到直接型转换
```

（3）程序运行结果

```
B =  1.0000    2.7917    2.0000    1.3750    0.3333
```

由直接型结构系数向量 B 写出系统函数 H(z)的表达式。

$$H(z)=1+2.7917z^{-1}+2z^{-2}+1.375z^{-3}+0.3333z^{-4}$$

直接型结构如图 11.28 所示。

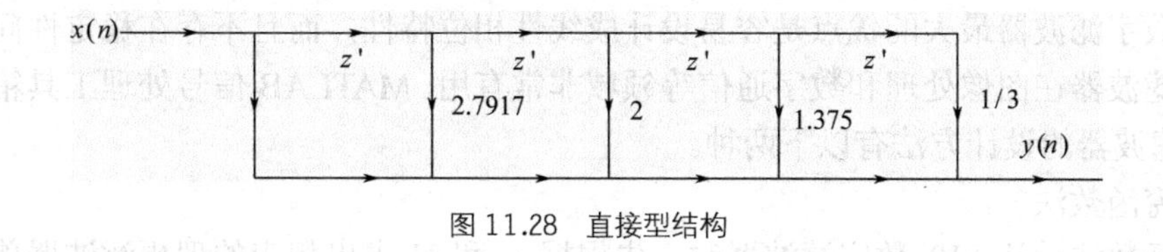

图 11.28 直接型结构

11.5 FIR 数字滤波器

先简单介绍一下数字滤波器的类型和设计指标。

数字滤波器可分为 FIR（有限脉冲响应）和 IIR（无限脉冲响应）两种。IIR 滤波器的系统函数是两个 z 的多项式的有理分式，而 FIR 滤波器的分母为 1，即只有一个分子多项式。

数字滤波器的理想幅频特性如图 11.28 所示，在 0～π 的全部频段上，其幅值为 1 的区域为通带。其余为阻带，即其幅值为 0。根据 wc1 和 wc2 取值不同可分为以下 4 种类型。

（1）低通滤波器，当 wc1=0 时；

（2）高通滤波器，当 wc2=π 时；

（3）带通滤波器，当 wc1 及 wc2 如图 11.29 所示时；

（4）带阻滤波器，当[0,wc1]及[wc2,1]区间幅度为 1，[wc1,wc2]区间幅度为 0 时。

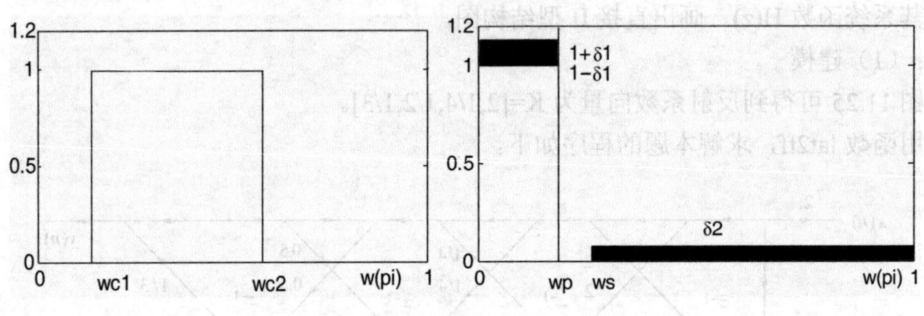

图 11.29 滤波器的特性和指标

有些情况下，还对滤波器的相位特性提出要求，理想的是线性相位特性，即相移与频率成线性关系。

实际的滤波器不可能完全实现理想幅频特性，必有一定误差，因此要规定适当的指标。

以低通滤波器为例，在[0,wp]的通带幅频特性会在 1 附近波动±δ1；在 ws～1 的阻带区，幅频特性不会真等于零，是一个大于零的 δ2 值；wp 也不可能等于 ws，在[wp，ws]之间，为过渡区；这三个与理想特性的不同点，就构成了滤波器的指标体系。即通带频率 wp 和通带波动 δ1，阻带频率 ws 和阻带衰减 δ2。

在许多情况下，人们习惯用分贝为单位，定义通带波动为 R_p（分贝），阻带衰减为 R_s（分贝）。

$$R_p = -20\log\left(\frac{1-\delta_1}{1+\delta_1}\right) > 0, \quad R_s = -20\log_{10}\left(\frac{\delta_2}{1+\delta_1}\right) > 0$$

对于带通滤波器，wp 应表示为[wpl,wp2]；对于带阻滤波器，ws 应表示为[wsl, ws2]。其他复杂形状的预期特性通常也可由若干理想的幅频特性叠合构成。

FIR 数字滤波器最大的优点是容易设计成线性相位特性，而且不存在稳定性问题。线性相位特性滤波器在图像处理和数字通信等领域非常有用。MATLAB 信号处理工具箱中提供的 FIR 数字滤波器的设计方法有以下两种。

（1）窗函数法

用窗函数法设计 FIR 数字滤波器时，先根据 ω_c 和 N 求出相应的理想滤波器单位脉冲响应 $h_d(n)$。

$$H_d(e^{j\varpi}) = \begin{cases} e^{j\varpi\alpha} & 0 \le |\varpi| \le \omega_c \\ 0 & \omega_c < |\varpi| < \pi \end{cases}$$

$$h_d(n) = \frac{1}{2\pi}\int_{-\omega_c}^{\omega_c} H_d(e^{j\varpi})e^{j\varpi n}d\varpi = \frac{\sin(\varpi_c(n-\alpha))}{\pi(n-\alpha)}$$

其中α是一个常数时刻。这样由 MATLAB 得出的 h_d(n)是一个无限长序列，因而不可用 FIR 滤波器实现。所以第一步要选择合适的窗函数 w(n)来截取 h_d(n)的适当长度（即阶数），以保证实现要求的阻带衰减；最后得到 FIR 滤波器单位脉冲响应 h(n)=h_d(n)w(n)。

（2）等波纹最佳一致逼近法（也称 Parks–McClellan 最优法）

信号处理工具箱采用 remez 算法实现线性相位 FIR 数字滤波器的等波纹最佳一致逼近设计。与其他设计法相比，其优点是，设计指标相同时，使滤波器阶数最低；或阶数相同时，使通带最平坦，阻带最小衰减最大；通带和阻带均为等波纹形式，最适合设计片段常数特性的滤波器。其调用格式如下。

b = remez(N, f, m, w, ,ftype')

其中，w 和 ftype 可缺省。b 为滤波器系数向量，调用参数 N、f、m 的含义与函数 fir2 中类同，但这里有一点不同，期望逼近的幅频响应值位于 f(k)与 f(k+l) (k 为奇数）之间的频段上（即（f(k)，m(k))与（f(k+l)，m(k+l)）两点间的连线），而 f(k+l)与 f(k+2)之间为无关区。w 为加权向量，其长度为 f 的一半。w(k)为对 m 中第 k（k 为奇数）个常数片段的逼近精度加权值，w 值越大逼近精度越高。ftype 用于指定滤波器类型，可用 help 命令查看。

应当注意，f 中不能出现重复频点，即 remez 函数不能逼近理想频响特性。

remezord 函数用于估算 FIR 数字滤波器的等波纹最佳一致逼近设计的最低阶数 N，从而使滤波器在满足指标的前提下造价最低。基本调用格式如下。

[N, fo, mo, w] = remezord(f, m, dev, Fs)

其返回参数供 remez 函数使用。设计的滤波器可以满足由参数 f、m、dev 和 Fs 指定的指标。f 和 m 与 remez 中所用的类似，这里 f 可以是模拟频率（Hz）或归一化数字频率，但必须以 0 开始，以 Fs/2（用归一化频率时为 1）结束，而且其中省略了 0 和 Fs/2 两个频点、Fs 为采样频率，省略时默认为 2Hz。

dev 为各逼近频段允许的幅频响应偏差（波纹振幅）。

remez 函数可直接调用 remezord 返回的参数，使用格式如下。

b=remez(N, fo, mo, w)

本节将举例说明这两种设计方法的 MATLAB 编程方法。

【例 11.25】用各种窗函数设计 FIR 数字滤波器。

分别用矩形窗和 Hamming 窗设计线性相位 FIR 低通滤波器。要求通带截止频率 $\omega_c = \pi/4$，单位脉冲响应 h(n)的长度 N=21。绘制出 h(n)及其幅频响应特性曲线。

解：（1）建模

用窗函数法设计 FIR 数字滤波器时，先求出相应的理想滤波器（本例应为理想低通）单位脉冲响应 $h_d(n)$，再根据阻带最小衰减选择合适的窗函数 w(n)，最后得到 FIR 滤波器单位脉冲响应 $h(n) = h_d(n)w(n)$。

本题中，$\omega_c = \pi/4$，$N = 21$，所以线性相位理想低通滤波器的单位脉冲响应为

$$h_d(n) = \frac{\sin\left(\dfrac{\pi(n-\alpha)}{4}\right)}{\pi(n-\alpha)}$$

为了满足线性相位 FIR 滤波器条件 $h(n) = h(N-1-n)$，要求 $\alpha = (N-1)/2 = 10$。

信号处理工具箱中有窗生成函数 boxcar、hamming、hanning 和 blackman 等。wn=boxcar (m)

产生长度为 m 的矩形窗函数列向量 wn。其他窗函数产生工具箱函数的调用格式相同。

（2）MATLAB 程序

```
% 用窗函数法设计 FIR 低通滤波器
clear;close all
N=21; wc=pi/4;                    % 理想低通滤波器参数
n=0:N-1; r=(N-1)/2;
hdn=sin(wc*(n-r))/pi./(n-r);      % 计算理想低通单位脉冲响应 hd(n)
if rem(N,2)~=0  hdn(r+1)=wc/pi; end  % N 为奇数时，处理 n=r 点的 0/0 型
wn1=boxcar(N);                    % 矩阵窗
hn1=hdn.*wn1';                    % 加窗
% 以上两条语句可代以 fir 函数,hn1=fir1(N-1,wc/pi,boxcar(N));
wn2=hamming(N);                   % hamming 窗
hn2=hdn.*wn2';                    % 加窗
%以上两条语句可代以 fir 函数,hn2=fir1(N-1,wc/pi,hamming(N));k=3;
k=1;                              % 绘图函数的位置参数
hnwplot(hn1,k);title('矩形长设计的 h(n)')
%hamming 窗
wn2=hamming(N);
hn2=hdn.*wn2';
k=3;
hnwplot(hn2,k);title('hamming 设计的 h(n)')
```

（3）程序运行结果

对两种窗函数的设计结果如图 11.30 所示。由图中可以看出，不同的窗函数生成的过渡带宽度和阻带最小衰减是不同的。这就是选择窗函数的根据。

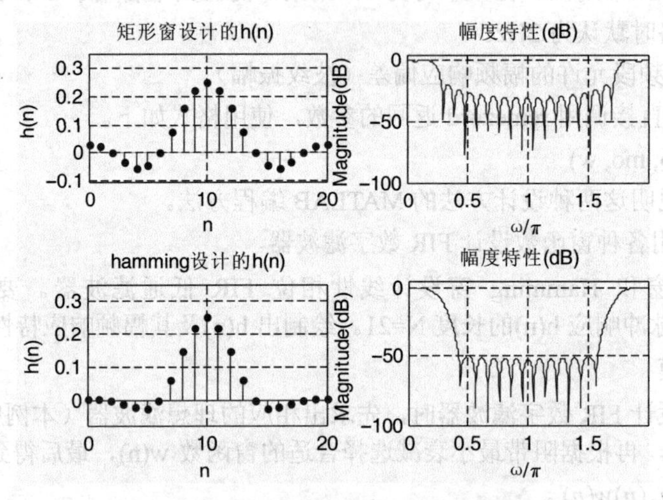

图 11.30　矩形窗和 hamming 窗设计结果

MATLAB 信号处理工具箱提供了基于窗函数法的 FIR 滤波器的设计函数 firl 和 fir2，它们使本题的设计程序更加简单。下面简要介绍 firl 和 fir2 的功能、格式及使用说明。

① firl。

功能：基于窗函数的 HR 滤波器设计——标准频率响应形状。

格式：b=fir1(N, wc, ‘ftype’, window)。

说明：标准频率响应指所设计的滤波器的预期特性为理想频率响应，包括低通、带通、高通或带阻特性。

ftype 和 window 可以缺省。b=fir1(N, wc)可得到截止频率为 wc 且满足线性相位条件的 N 阶 FIR 低通滤波器，window 默认选用 hamming 窗。其单位脉冲响应 h(n)为

h(n)=b(n+l) n=0,1,2, ...,N

当 wc=[wcl,wc2]时，得到的是通带为 wcl≤w≤wc2 的带通滤波器。

b=firl(N, wc, 'ftype')　　可设计高通和带阻滤波器：

当 ftype=high 时，设计高通 FIR 滤波器；

当 ftype=stop 时，设计带阻 FIR 滤波器。

应当注意，在设计高通和带阻滤波器时，阶数 N 只能取偶数（h(n)的长度 N+1 为奇数）。不过，当用户将 N 设置为奇数时，firl 会自动对 N 加 1。

window 默认为 hamming 窗。可用的其他窗函数有 boxcar、hanning、bartlett、blackman、kaiser 和 chebwin 窗。这些窗函数的使用很简单（可用 help 命令查到），例如：

b=firl(N, wc, bartlett(N+l))　　使用 bartlett 窗设计。

② fir2。

功能：基于窗函数的 FIR 滤波器设计——任意频率响应形状。

格式：b = fir2(N, f, m, window)

说明：fir2 函数用于设计具有任意频率响应形状的加窗线性相位 FIR 数字滤波器，其幅频特性由频率点向量 f 和幅度值向量 m 给出，0≤f≤1，要求 f 为单增向量，而且从 0 开始，以 1 结束，1 表示数字频率 w=π。m 与 f 等长度，m(k)表示频点 f(k)的幅频响应值。plot(f,m)命令可画出期望逼近的幅频响应曲线。N 和 window 与 firl 中的相同。

例如，调用 fir2 函数逼近截止频率 wc=0.6π的理想高通的 30 阶 FIR 数字滤波器设计程序如下。

MATLAB 程序如下。

```
clear;close all
f=[0,0.6,0.6,1]; m=[0,0,1,1];      % 预期设定幅频响应
b=fir2(30,f,m); n=0:30;            % 设计 FIR 数字滤波器系数
subplot(3,2,1),stem(n,b,'.')
xlabel('n'); ylabel('h(n)');
axis([0,30,-0.4,0.5]),line([0,30],[0,0])
[h,w]=freqz(b,1,256);
subplot(3,2,2),plot(w/pi,20*log10(abs(h)));grid
axis([0,1,-80,0]),
xlabel('w/pi'); ylabel('幅度 (dB)');
```

程序运行结果如图 11.31 所示。

【例 11.26】用窗函数法设计 FIR 带通滤波器。

用窗函数法设计一个 FIR 带通滤波器，指标如下。

低端阻带截止频率　$\omega_{1s} = 0.2\pi$；

低端通带截止频率　$\omega_{1p} = 0.35\pi$；

高端通带截止频率　$\omega_{up} = 0.65\pi$；

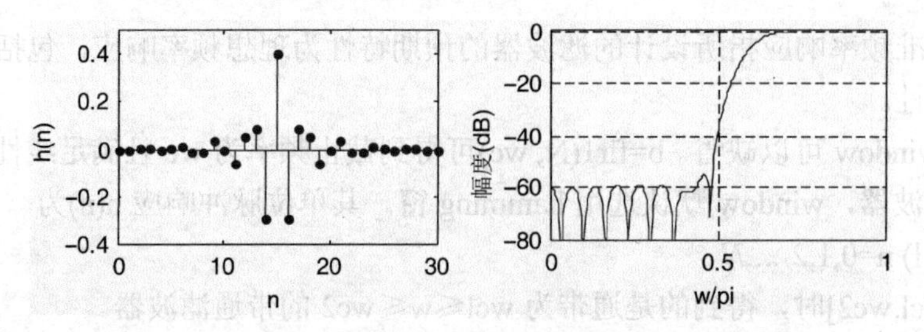

图 11.31　一个理想高通的 30 阶 FIR 数字滤波器设计结果

高端阻带截止频率　　$\omega_{us} = 0.8\pi$；

通带最大衰减　　　　$R_p = 1dB$；

阻带最小衰减　　　　$R_s = 60dB$；

绘制出h(n)及其幅频特性曲线。

解：（1）建模

设计原理与例 11.24 相同。关键在于如何选定 N，才能满足题目给出的要求。为了简化程序，使用工具箱函数 firl 的格式 b = firl(N,wc, window)来编写程序。

由于设计的是带通滤波器，所以参数 ω_c 为行向量 $\omega_c = [\omega_{1p}/\pi, \omega_{np}/\pi]$

根据阻带最小衰减 $R_s = 60$dB 选择窗函数类型和阶次。有两个方法：①查窗函数基本参数表；②在命令窗中键入 sptool 函数，单击 new design 及 edit design 后在图形界面上选择类型和阶次，直至满足要求。选 blackman 窗，其滤波器阻带最小衰减可达到 74dB，其窗口长度 M 由过渡带宽度 B=0.15π 决定，lackman 窗设计的滤波器过渡带宽度为 12π/M，故 M 取 80。因 M=N+1，所以滤波器阶数 N=79。

（2）MATLAB 程序

```
%用窗函数法设计 FIR 带通滤波器
clear;close all;
wls=0.2*pi;wlp=0.35*pi;
whp=0.65*pi;
B=wlp-wls;                              % 计算过渡带宽
N=ceil(12/0.15);                        % 计算窗口长度
wc=[wlp/pi-6/N,whp/pi+6/N];             % 设置理想带通截止频率
hn=fir1(N-1,wc,blackman(N));            % 设计滤波器系数
k=1;
hnwplot(hn,k);              % 调用绘图函数
title('单位脉冲响应')
```

（3）程序运行结果

如图 11.32 所示，完全满足指标要求。

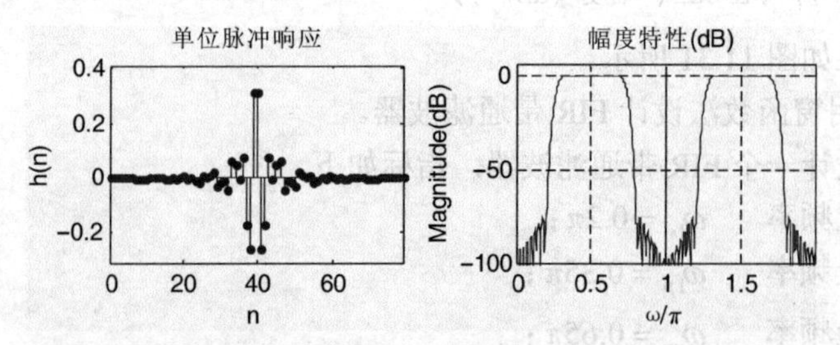

图 11.32　用窗函数法设计的 FIR 带通滤波器 h(n)及其幅度特性

【例 11.27】用 remez 函数设计 FIR 低通滤波器。

设计滤波器，使逼近低通滤波特性$\left|H_d(e^{j\omega})\right|$。

$$\left|H_d(e^{j\omega})\right| = \begin{cases} 1 & 0 \leqslant |\varpi| \leqslant \pi/4 \\ 0 & 5\pi/16 \leqslant |\varpi| \leqslant \pi \end{cases}$$

要求通带波纹$\alpha_p \leqslant 3\text{dB}$，阻带衰减$\alpha_s \geqslant 60\text{dB}$，并用最小阶数实现。

绘出设计的 FIR 数字滤波幅频特性曲线，检验设计指标。

解：（1）建模

先由题意设计参数 f=[1/4,5/16]，m=[1,0]。

dev 的计算稍复杂一些，由于

$$R_P = 20\log\left(\frac{1+dev(1)}{1-dev(1)}\right),\ A_s = -20\log(dev(2))$$

所以 $$dev(1) = (10^{R_p/20}-1)/(10^{R_p/20}+1),\ dev(2) = 10^{(-A_s/20)}$$

有了这几个参数就可以调用 remezord 和 remez 函数了，于是可得如下程序。

（2）MATLAB 程序

```
clear;close all
fc=1/4; fs=5/16;                          % 输入给定指标
Rp=3;As=60;Fs=2;
f=[fc,fs];m=[1,0];                        % 计算 remezord 函数所需参数 f,m,dev
dev=[(10^(Rp/20)-1)/(10^(Rp/20)+1),10^(-As/20)];
[N,fo,mo,W]=remezord(f,m,dev,Fs);         % 确定 remez 函数所需参数
hn=remez(N,fo,mo,W);                      % 调用 remez 函数进行设计
hw=fft(hn,512);                           % 求设计出的滤波器频率特性
w=[0:511]*2/512;
plot(w,20*log10(abs(hw)));grid;
axis([0,max(w)/2,-90,5]);
xlabel('w/pi');ylabel('Magnitude(dB)')
line([0,0.4],[-3,-3]);                    % 画线检验设计结果
line([1/4,1/4],[-90,5]);line([5/16,5/16],[-90,5]);
```

（3）程序运行结果

如图 11.33 所示。图中，横线为 3dB，两条竖线分别位于频率π/4 和π/16。显然，通带指标稍有富裕，过渡带宽度和阻带最小衰减刚好满足指标要求。

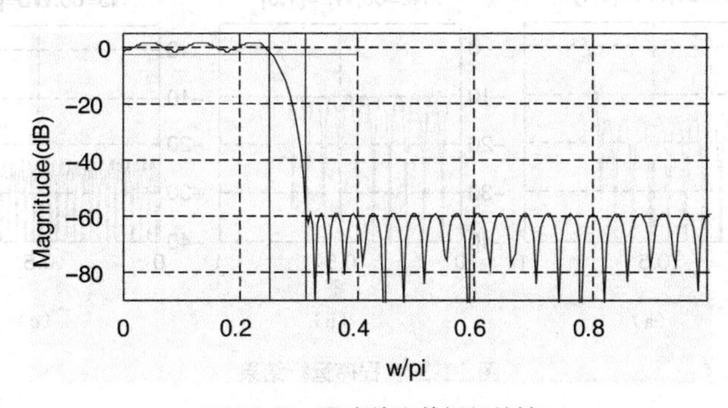

图 11.33 程序输出的幅频特性

【例 11.28】 用 remez 函数设计高通滤波器。

观察等波纹逼近法中加权系数 w(ω)及滤波器阶数 N 的作用和影响。期望逼近的滤波器通带为[3π/4，π]，阻带为[0，23π/32]。

解：（1）建模

在滤波器设计中，技术指标越高，实现滤波器的阶数也就越高。另外，对固定的阶数，通带与阻带指标可以互换，过渡带宽度与通带波纹和阻带衰减指标可以互换。用等波纹最佳一致逼近设计函数 remez 很容易验证以上设计原则。

在 itmez 函数调用格式 b=remez(N,f,m,w)中，f=[0,3/4,23/32,1], m=[0,0,1,1]。其余参数分三种情况进行设计，①N=30，w=[1,1]；②N=30，w=[1,5]；③N=60，w=[1,1]。

（2）MATLAB 程序

```
clear; close all
f=[0,23/32,3/4,1];m=[0,0,1,1];
N1=30;W1=[1,1]; hn1=remez(N1,f,m,W1);          % 情况①
k=[0:1023]*2/1024;
Hw1=fft(hn1,1024);
subplot(3,3,1)
plot(k,20*log10(abs(Hw1)));                    % 求出其幅频特性
title('N1=30,W1=[1,1]')                        % 标注
axis([0,1,-40,5]),grid on,pause                % 只画出正半轴频谱
N2=30;W2=[1,5]; hn2=remez(N2,f,m,W2);          % 情况②
Hw2=fft(hn2,1024); subplot(3,3,2)
plot(k,20*log10(abs(Hw2)));                    % 求出其幅频特性
axis([0,1,-40,5]),grid on,pause                % 只画出正半轴频谱
title('N2=30,W2=[1,5]')                        % 标注
N3=60;W3=[1,1]; hn3=remez(N3,f,m,W3);          % 只画出正半轴频谱
Hw3=fft(hn3,1024); subplot(3,3,3)
plot(k,20*log10(abs(Hw3)));                    % 标注
axis([0,1,-40,5]),grid on,pause                % 情况③
title('N3=60,W3=[1,1]')                        % 标注
```

（3）程序运行结果

如图 11.34 所示。由图可见，w 较大的频段逼近精度较高：w 较小的频段逼近精度较低。N 较大时逼近精度较高；N 较小时逼近精度较低。

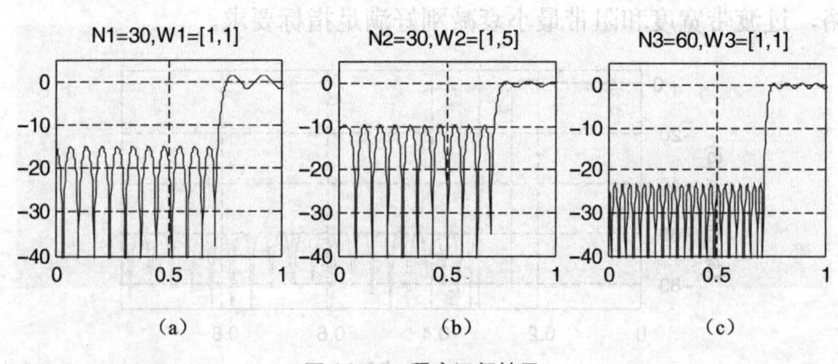

图 11.34 程序运行结果

本节所有例题只绘出了FIR滤波器的单位脉冲响应h(n)及其幅频响应特性曲线，这主要是为了直观。但是，实际设计滤波器时，需要得到系数h(n)的值。因为

$$h(n)=hn(n+1)，n=0,1,\cdots，N$$

程序运行后，在MATLAB命令窗口中键入hn可得到系数h(n)的值。

11.6 IIR数字滤波器

IIR数字滤波器设计的主要方法是先设计低通模拟滤波器，进行频率变换，将其转换为相应的（高通、带通等）模拟滤波器，再转换为高通、带通或带阻数字滤波器。对设计的全过程的各个步骤，MATLAB都提供了相应的工具箱函数，使IIR数字滤波器设计变得非常简单。本节主要结合例题介绍这些IIR滤波器设计的工具箱函数。

IIR数字滤波器的设计步骤可用图11.35所示的流程图来表示。

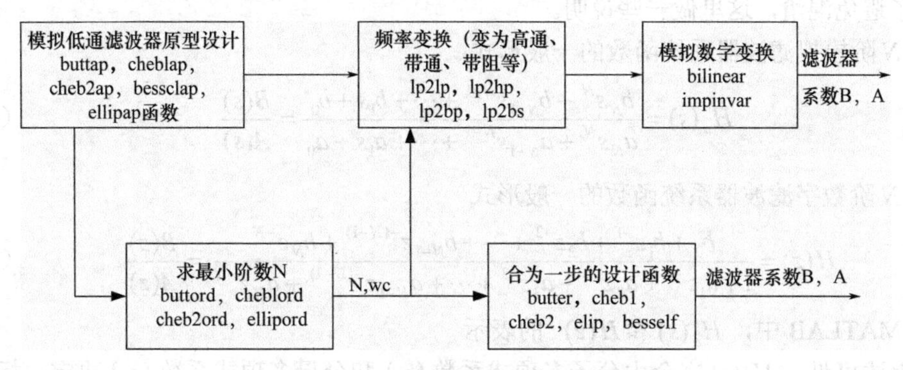

图11.35 IIR数字滤波器设计步骤流程图

这个图也清楚地表明了5类20个信号处理工具箱函数的作用。下面以巴特沃斯滤波器设计函数为典型，介绍此流程图中函数的功能和用法。其他类型的滤波器设计函数用法可类推。

1. 求最小阶数的函数buttord

[N, wc] = buttord (wp,ws,Rp, Rs, 's') 根据滤波器指标wp、ws、Rp、Rs，求出巴特沃斯模拟滤波器的阶数N及频率参数wc，此处wp，ws及wc均以弧度/秒为单位。

去掉最后变元s后，它就用于数字滤波器。

[N, wc] = buttord (wp, ws, Rp, Rs) 求出巴特沃斯数字滤波器的阶数N及频率参数wc，此处wp、ws及wc均在[0,1]区间归一化，以**π**弧度为单位。对带通或带阻滤波器，wp、ws都是两元变量。如

带通滤波器：wp=[.2 .7]，ws = [.1 .8]

带阻滤波器：wp=[.1 .8]，ws = [.2 .7]

2. 模拟低通滤波器原型设计函数buttap

[z, p，k] = buttap(N) 得到[z,p,k]后，很容易求出滤波器系数B、A。

3. 模拟频率变换函数lp21p

[Bt, At] = 1p21p(B,A, wo) 把单位截止频率的模拟低通滤波器系数B、A变为另一截止频率wo [弧度/秒]的低通滤波器系数Bt、At，参阅例11.32。

4. 模拟数字变换函数——双线性变换函数 bilinear 或脉冲响应不变法函数 impinvar

[Bd, Ad] = bilinear (B, A, Fs) 把模拟滤波器系数 B、A 变为近似等价的数字滤波器系数 Bd、Ad。详细用法见例 11.29。

5. 把 2~4 步骤合为一步的数字滤波器设计函数 butter(N,wc,'ftype')

[B, A] = butter (N, wc)　设计低通或带通数字滤波器系数 B、A（当为带通滤波器时，第 1 类函数由 wp = [wpl,wp2]会自动生成 wc= [wl, w2]）。

[B, A]= butter (N, wc, 'high')　设计高通数字滤波器系数 B、A。

[B, A] = butter (N,wc, 'stop')　设计带阻数字滤波器系数 B、A。

butter(N, wc, 'ftype')还有零极增益和状态空间形式，读者可用 help 命令查阅。

由此可见，通常情况下，有了 1 和 5 两类函数，数字滤波器设计问题也就解决了 。注意 5 中采用的是双线性变换函数 bilinear（如要用脉冲响应不变法就得分步来做）。

由于模拟滤波器和 IIR 数字滤波器系统函数的系数向量在 MATLAB 中表示的意义有区别，为了避免混淆，这里做一些说明。

① N 阶模拟滤波器系统函数的一般形式

$$H_a(s)=\frac{b_N s^N+b_{N-1}s^{N-1}+\cdots+b_1 s+b_0}{a_N s^N+a_{N-1}s^{N-1}+\cdots+a_1 s+a_0}=\frac{B(s)}{A(s)} \quad (11.14)$$

② N 阶数字滤波器系统函数的一般形式

$$H(z)=\frac{b_0+b_1 z^{-1}+b_2 z^{-2}+\cdots+b_{N-1}z^{-(N-1)}+b_N z^{-N}}{1+a_1 z^{-1}+a_2 z^{-2}+a_3 z^{-3}+\cdots+a_{N-1}z^{-(N-1)}+a_N z^{-N}}=\frac{B(z)}{A(z)} \quad (11.15)$$

③ MATLAB 中，$H_a(s)$和$H(z)$ 的表示

由上述可见，$H_a(s)$完全由分子多项式系数$\{b_k\}$和分母多项式系数$\{a_k\}$决定，标准形式 a0=1。所以 MATLAB 中，一般用 N+1 维行向量 B 来表示分子多项式 B(s)或 B(z)的 N+1 个系数$\{b_k\}$，用 N+1 维行向量 A 来表示分母多项式 A(s)或 A(z)的 N+1 个系数$\{a_k\}$，换言之，当用 MATLAB 设计的程序运行结束后，得到系数向量 B 和 A。

对模拟滤波器设计程序，相应的系统函数为

$$H_a(s)=\frac{B(s)}{A(s)}=\frac{B(1)s^N+B(2)s^{N-1}+\cdots+B(N)s+B(N+1)}{A(1)s^N+A(2)s^{N-1}+\cdots+A(N)s+A(N+1)} \quad (11.16)$$

即系数关系为

$$b_k=B(N+1-k), a_k=A(N+1-k), \qquad k=0,1,2,\cdots,N$$

对数字滤波器设计程序，相应的系统函数为

$$H(z)=\frac{B(z)}{A(z)}=\frac{B(1)+B(2)z^{-1}+B(3)z^{-2}+\cdots+B(N)z^{-(N-1)}+B(N+1)z^{-N}}{A(1)+A(2)z^{-1}+A(3)z^{-2}+\cdots+A(N)z^{-(N-1)}+A(N+1)z^{-N}} \quad (11.17)$$

即

$$b_k=B(k+1)，a_k=A(k+1)，\qquad k=0，1，2，\cdots，N$$

在工程实际中，需要的设计结果是系数向量 B 和 A，用 B 和 A 来综合滤波器的硬件实现结构或软件运算结构。为了直观地看出设计效果，本节的例题均以滤波器幅频响应曲线作为设计结果输出。如果用户需要滤波器系数，在程序运行后，只要在 MATLAB 命令窗口键

入系数向量名，则相应的系数就显示出来（见例 11.30 和例 11.31）。

【例 11.29】低通巴特沃斯模拟滤波器设计。

设计一个低通巴特沃斯模拟滤波器，指标如下。

通带截止频率：$f_p = 3400\text{Hz}$。通带最大衰减：$R_p = 3\text{dB}$。

阻带截止频率：$f_p = 4000\text{Hz}$。阻带最小衰减：$A_s = 40\text{dB}$。

解：（1）建模

低通巴特沃斯模拟滤波器的系统函数的一般形式如下。

$$H_a(s) = \Omega_c / \prod_{k=0}^{N-1}(s - s_k)$$

极点

$$s_k = \Omega_c e^{j\pi\left(\frac{1}{2}+\frac{2k+1}{2N}\right)}$$

由此可见，低通巴特沃斯模拟滤波器的系统函数完全由阶数 N 和 3dB 截止频率 Ω_c 决定。而 N 和 Ω_c 是由滤波器设计指标决定的，其计算公式如下。

$$N = \frac{\lg k_{sp}}{\lg \lambda_{sp}},\ \lambda_{sp} = \frac{\Omega_s}{\Omega_p},\ k_{sp} = \sqrt{\frac{10^{R_p/10}-1}{10^{A_s/10}-1}}$$

$$\Omega_{c1} = \Omega_p(10^{0.1R_p}-1)^{-\frac{1}{2N}},\ \Omega_{c2} = \Omega_s(10^{0.1A_s}-1)^{-\frac{1}{2N}}$$

取 $\Omega_c = \Omega_{c1}$，则所设计的滤波器的通带指标刚好满足，阻带指标富裕。

取 $\Omega_c = \Omega_{c2}$，则所设计的滤波器的阻带指标刚好满足，通带指标富裕。

MATLAB 工具箱函数 buttord、butter 就是根据以上关系式编写的。因此设计时就无需再记忆和使用这些公式了。

（2）MATLAB 程序

```
clear; close all
fp=3400;fs=4000;
Rp=3;As=40;
[N,fc]=buttord(fp,fs,Rp,As,'s')    % 计算阶数 N 和 3dB 截止频率 fc
[B,A]=butter(N,fc,'s');
[hf,f]=freqs(B,A,1024);             % 计算模拟滤波器频率响应，freqs 为工具箱函数
subplot(3,2,1);
plot(f,20*log10(abs(hf)/abs(hf(1))));
grid;xlabel('频率(Hz)');
ylabel('幅度(dB)')
axis([0,4000,-40,5])
line([0,4000],[-3,-3]);
line([3400,3400],[-90,5])
```

（3）程序运行结果

N =　29

fc =　3.4127e+03

这个 29 阶的滤波器系数 A 和 B 各有 30 项。其频率特性如图 11.36 所示。图中幅频曲线在 3400Hz 处为-3dB；4000Hz 处的衰减为-40dB，说明刚好满足指标。

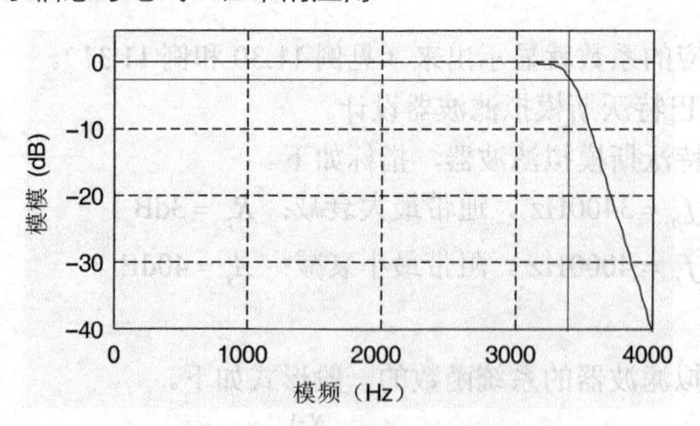

图11.36　计算滤波器的频率特性

【例 11.30】模拟低通转换为数字低通滤波器。

已知一模拟滤波器的系统函数为

$$H_a(s)=\frac{1000}{s+1000}$$

分别用脉冲响应不变法和双线性变换法将 $H_a(s)$ 转换为数字滤波器系统函数 $H(z)$，并图示 $H_a(s)$ 和 $H(z)$ 的幅频响应曲线。分别取采样频率 F_S= 1000Hz 和 F_S= 500Hz，观察脉冲响应不变法中存在的频率混叠失真和双线性变换法中存在的非线性频率失真。

解：（1）建模

模拟滤波器离散化的基本方法有脉冲响应不变法和双线性变换法。

① 脉冲响应不变法及 impinvar 函数

对只有单阶极点的 N 阶模拟滤波器 $H_a(s)$，可用部分分式展开为

$$H_a(s)=\sum_{k=1}^{N}\frac{A_k}{(s-s_k)} \tag{11.18}$$

其中，s_k 为 $H_a(s)$ 的单阶极点。

则脉冲响应不变法取

$$H(z)=\sum_{k=1}^{N}\frac{A_k}{(1-e^{s_kT}z^{-1})} \tag{11.19}$$

为其近似离散化结果。对多阶极点情况可参考数字信号处理方面的书。MATLAB 工具箱函数 impinvar 可实现以上计算，格式为

[Bz,Az] = impinvar(B,A, Fs)　B 和 A 分别为（11.16）式表示的模拟滤波器的系数，Bz 和 Az 分别为（11.17）式表示的数字滤波器系数。Fs 为采样频率(Hz)，缺省值为 Fs=1Hz。

② 双线性变换法函数 bilinear

双线性变换法的原理是用 $s=\frac{2}{T}\left(\frac{1-z^{-1}}{1+z^{-1}}\right)$ 代替 $H_a(s)$ 中的 s 值，得到 H(z)。bilinear 函数用来实现这个转换。其使用格式为

```
[Bz, Az] = bilinear(B, A, Fs)
```

脉冲响应不变法的缺点是存在频率混叠失真。双线性变换法可完全消除频率混叠失真；

缺点是存在非线性频率失真，所以适合设计片段常数频响特性的滤波器。

（2）MATLAB 程序

```
%Â 脉冲响应不变法实现模拟到数字滤波器的转换
clear;close all
b=1000;a=[1,1000];
w=[0:1000*2*pi];                        % 设定模拟频率
[hf,w]=freqs(b,a,w);                    % 计算模拟滤波器频率响应函数
subplot(2,3,1)                          % 画出模拟滤波器频幅响应
plot(w/2/pi,abs(hf));grid on;title('(a)|Ha(jf)|')
xlabel('f (Hz)');ylabel('幅度');
title('(a)模拟滤波器频响特性');
Fs0=[1000,500];
for m=1:2
   Fs=Fs0(m)      % T=0.001s 及 T=0.002s
   [d,c]=impinvar(b,a,Fs)               % 用 impinvar 函数实现离散化
   [f,e]=bilinear(b,a,Fs)               % 用 bilinear 函数实现离散化
   wd=[0:512]*pi/512;                   % 设定数字归一化频率
   hw1=freqz(d,c,wd);                   % 计算数字滤波器频响函数
   hw2=freqz(f,e,wd);
   % 画出数字滤波器幅频特性
   subplot(2,3,2);plot(wd/pi,abs(hw1)/abs(hw1(1)));hold on,grid on
   subplot(2,3,3);plot(wd/pi,abs(hw2)/abs(hw2(1)));hold on;grid on
end
```

（3）程序运行结果

```
Fs =1000    d =1    c = 1.0000   -0.3679    f =0.3333    0.3333
e =1.0000   -0.3333    Fs =500   d =2   c =1.0000   -0.1353
f =0.5000    0.5000     e =1     0
```

图形结果如图 11.37 所示。由图 11.37（b）可见，对脉冲响应不变法，采样频率 Fs 越高（T 越小），混叠越小；由图 11.37（c）可见，对双线性变换法，无频率混叠，但存在非线性失真。

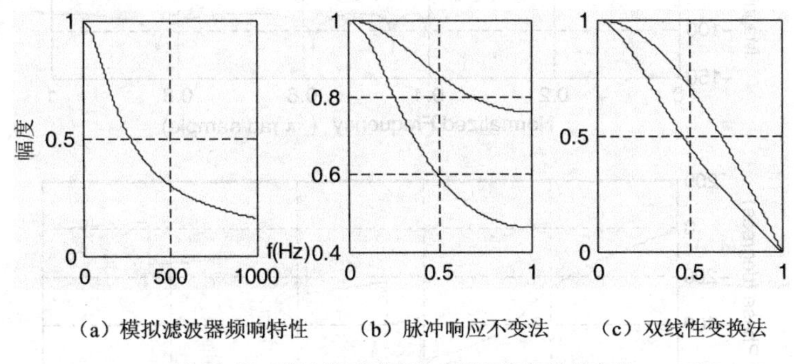

图 11.37　将连续系统离散化后频率特性的变化

【例 11.31】 切比雪夫 II 型低通数字滤波器设计。

设计一个切比雪夫 II 型低通数字滤波器，指标如下。

通带边界频率：$\omega_p = 0.2\pi$；通带最大衰减：$R_p = 1\text{dB}$。

阻带截止频率：$\omega_s = 0.4\pi$；阻带最小衰减：$R_s = 80\text{dB}$。

解：（1）建模

切比雪夫 I 型滤波器通带内为等波纹，阻带内单调下降；切比雪夫 II 型滤波器通带内为单调下降，阻带内等波纹。阶数相同时，切比雪夫 I 型过渡带比切比雪夫 II 型窄。调用 cheb2ord 函数和 cheby2 函数使切比雪夫 II 型设计变得非常简单。

先用[N,wc] = Cheb2ord(wp, ws, Rp, Rs)求出[N,wc]，提供函数 cheby2 的输入变元，再 由 [B, A] = cheby2(N, Rp, wc)设计切比雪夫 II 型数字滤波器。其返回值 B 和 A 分别为 H(z)的分子和分母多项式系数。

对切比雪夫 I 型滤波器，同样有相应的工具箱函数 cheblord 和 chebyl。

（2）MATLAB 程序

```
clear;close all
wp=0.2;ws=0.4;Rp=1;Rs=80;                % 输入指标
[N,wc]=cheb2ord(wp,ws,Rp,Rs)             % 求滤波阶次
[B,A]=cheby2(N,Rs,wc)                    % 设计滤波器，得出系数
freqz(B,A)                               % 无左端变量时自动画频率特性图
```

（3）程序运行结果

如图 11.36 所示，输出滤波器参数如下。

N = 8

wc = 0.4000

B = 0.0014　0.0020　0.0044　0.0053　0.0062　0.0053　0.0044　0.0020　0.0014

A = 1.0000　−4.0103　7.6491　−8.7848　6.5744　−3.2561　1.0372　−0.1935　0.0161

将系数向量 B 和 A 代入式（11.17）可写出 H(z)的表达式。

八阶切比雪夫 II 型低通滤波器幅频与相频曲线如图 11.38 所示。

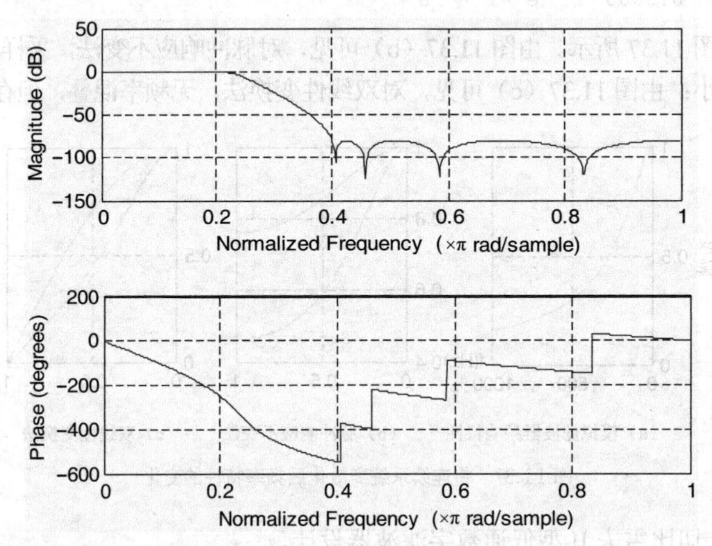

图 11.38　八阶切比雪夫 II 型低通滤波器幅频与相频曲线（R_s=80dB）

【例 11.32】椭圆带通数字滤波器设计。

设计一个椭圆带通数字滤波器，要求如下。

$$\omega_{1p}=0.25\pi, \ \omega_{1s}=0.15\pi$$

$$\omega_{up}=0.45\pi, \ \omega_{us}=0.55\pi$$

$$R_p=1\text{dB}, \ R_s=60\text{dB}$$

解：（1）建模

调用 ellipord 函数和 ellip 函数，代入参数

wp=[0.25,0.45]; ws=[0.15,0.55];

Rp=1; Rs=60。

即可得到本题的程序。

（2）MATLAB 程序

```
clear;close all
Wp=[0.25,0.45];
Ws=[0.15,0.55];
Rp=0.1;
Rs=60;
[N,wc]=ellipord(Wp,Ws,Rp,Rs)
[b,a]=ellip(N,Rp,Rs,wc)
[hw,w]=freqz(b,a);
subplot(3,2,1);
plot(w/pi,20*log10(abs(hw)));grid
axis([0,1,-80,5]);xlabel('ω/π');
ylabel('幅度(dB)')
subplot(3,2,3);plot(w/pi,angle(hw));
grid;axis([0,1,-pi,pi])
xlabel('ω/π');ylabel('相位(rad)')
```

（3）程序运行结果

```
N = 6
wc =0.2500    0.4500
b =Columns 1 through 10
0.0036 -0.0120 0.0213 -0.0301 0.0382 -0.0409 0.0404 -0.0409 0.0382 -0.0301
Columns 11 through 13
0.0213   -0.0120   0.0036
a = Columns 1 through 10
1.0000 -4.9576 14.7519 -30.3396 48.1069 -60.2316 61.3138 -50.5549 33.8738
-17.8961
Columns 11 through 13
7.2816 -2.0420 0.3460
```

2N 阶带通椭圆滤波器及相频特性如图 11.39 所示。

比较 b、a 和 N 可知，带通滤波器是 2N 阶的。读者可修改程序，用 Butterworth 滤波器实现，并比较两种滤波器的阶数和频响特性曲线。

【例 11.33】 高通和带通巴特沃斯数字滤波器设计

已知四阶归一化低通巴特沃斯模拟滤波器系统函数为

$$H_a(s)=\frac{1}{s^4+2.6131s^3+3.4142s^2+2.6131s+1}$$

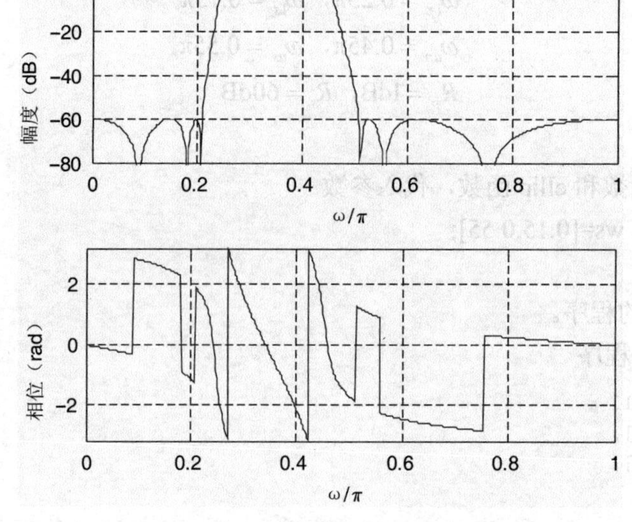

图 11.39　椭圆带通数字滤波器频率特性

用双线性变换法从 $H_a(s)$ 设计 3dB 截止频率为 $\omega_c = \pi/2$ 的四阶高通巴特沃斯数字滤波器 $H_{hp}(z)$，并画出 $\left|H_{hp}(e^{j\omega})\right|$（设采样周期 T=1s）。

用双线性变换法从 $H_a(s)$ 设计四阶带通巴特沃斯数字滤波器 $H_{Bp}(z)$，并画出 $\left|H_{hp}(e^{j\omega})\right|$（设采样周期 T=1s）。指标如下：

$$\omega_{1c} = 0.35\pi, \qquad \omega_{uc} = 0.65\pi\text{。}$$

解：（1）建模

本题主要涉及 3 个问题：

① 由数字滤波器指标求相应的模拟滤波器指标；

② 模拟滤波器频率变换（因为已给定阶数和模拟滤波器归一化低通原型）；

③ 由相应的模拟滤波器到数字滤波器转换（双线性变换法）。

由例 11.29 可见，调用 bilhiear 函数将模拟滤波器转换成数字滤波器非常容易。本题给定了数字滤波器指标，所以，首先要设计出与该指标相应的四阶 Butterworth 模拟滤波器。然后，调用 bilinear 函数将其转换成数字滤波器即可。应当特别注意，对双线性变换法，由数字边界频率求相应的模拟边界频率时，一定要考虑预畸变矫正。只有这样，最终设计结果才能满足所给指标。

问题①的解如下。

设计高通数字滤波器时，相应的模拟高通滤波器 3dB 截止频率为

$$\Omega_c = \frac{2}{T} tg\left(\frac{\varpi_c}{2}\right)$$

设计带通数字滤波器时，相应的模拟带通滤波器 3dB 截止频率为

$$\Omega_{1c} = \frac{2}{T} tg\left(\frac{\varpi_{1c}}{2}\right), \qquad \Omega_{uc} = \frac{2}{T} tg\left(\frac{\varpi_{uc}}{2}\right)$$

问题②的解如下。

可调用 MATLAB 频率变换函数 lp2lp、lp2hp、lp2bp 分别实现从模拟低通到模拟低通、高通、带通、带阻的频率变换。其中本题用到的 lp2hp 和 lp2bp 的格式及简要说明如下（其他通过 help 命令查看）。

[Bt,At] = lp2hp(B, A, wc)　将系数向量为 B 和 A 的模拟滤波器归一化低通原型（3dB 截止频率为 rad/s）变换成 3dB 截止频率为 wc 的高通模拟滤波器，返回高通模拟滤波器系数向量 Bt 和 At。

[Bt, At] = lp2bp(B, A, wo, Bw)　将系数向量为 B 和 A 的模拟滤波器归一化低通原型变换成中心频率为 wo、带宽为 Bw 的带通模拟滤波器。返回带通模拟滤波器系数向量 Bt 和 At。

其中，$\omega_0 = \sqrt{\Omega_{1c}\Omega_{uc}}$，　　$B_\omega = \Omega_{uc} - \Omega_{1c}$。

由以上原理可编写如下程序。

（2）MATLAB 程序

```
% 用双线性变换法设计数字高通和带通滤波器
clear;close all
T=1;wch=pi/2;                                % T 为采样间隔,wch 为数字高通 3dB 截止频率
wlc=0.35*pi;wuc=0.65*pi;                     % wlc,wuc：数字带通 3dB 截止频率
B=1;A=[1,2.6131,3.4142,2.6131,1];
[h,w]=freqs(B,A,512);                        % 求归一化模拟滤波器的频率响应
subplot(3,2,1);plot(w,20*log10(abs(h)));    % 画模拟滤波器幅频特性
grid;axis([0,10,-90,0])
xlabel('ω/π');ylabel('模拟低通幅度(dB)')
%(1)设计高通
omegach=2*tan(wch/2)/T;                      % 预畸变求模拟高通 3dB 截止频率
[Bhs,Ahs]=lp2hp(B,A,omegach);                % 模拟域低通转换为高通系数
[Bhz,Ahz]=bilinear(Bhs,Ahs,1/T);             % 模拟转换为数字高通系数向量
[h,w]=freqz(Bhz,Ahz,512);                    % 求出数字滤波器幅频特性
subplot(3,2,3);plot(w/pi,20*log10(abs(h)));
grid;axis([0,1,-150,0])
xlabel('ω/π');ylabel('数字高通幅度(dB)')
%(2)设计带通
omegalc=2*tan(wlc/2)/T;                      % 预畸变求模拟通带低端截止频率
omegauc=2*tan(wuc/2)/T;                      % 预畸变求模拟通带高端截止频率
wo=sqrt(omegalc*omegauc);Bw=omegauc-omegalc;
[Bbs,Abs]=lp2bp(B,A,wo,Bw); %                % 模拟域低通转换为带通系数
[Bbz,Abz]=bilinear(Bbs,Abs,1/T);             % 模拟转换为数字带通系数向量
[h,w]=freqz(Bbz,Abz,512);                    % 求出数字滤波器幅频特性
subplot(3,2,4);plot(w/pi,20*log10(abs(h)));
grid;axis([0,1,-150,0])
xlabel('ω/π');ylabel('数字带通幅度(dB)')
```

（3）程序运行结果

如图 11.40 所示。

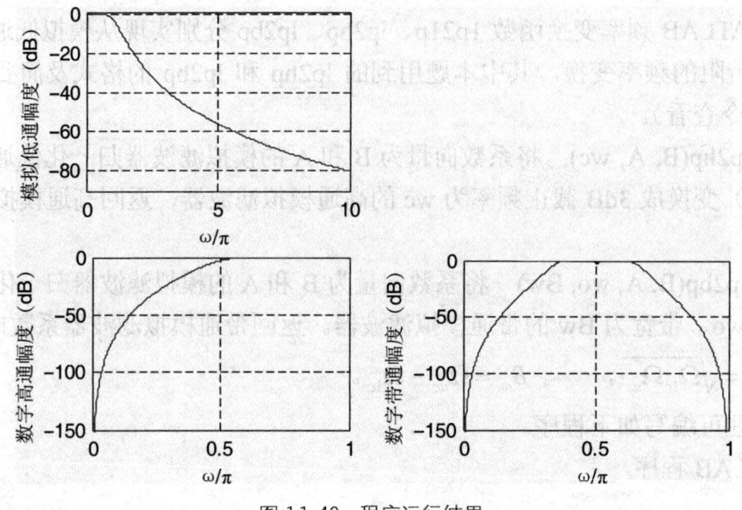

图 11.40　程序运行结果

课后习题

1．用编程产生下例复指数序列 x=exp((0.4+0.6j)*n); $-1 \leqslant n \leqslant 10$

2．X(n)=[1,2,3,4], 求将它延拓 5 个周期所得到的序列。

3．已知两序列为 x1(n)=[1,3,5,7,6,4,2,1], 起始位置 ns1=−3，x2(n)=[4,0,2,1, −1,3], 起始位置 ns2=1, 求它们的和 ya 以及乘积 ym。

4．离散时间信号产生。编写程序产生下列基本脉冲。

（1）单位脉冲序列：起点 ns，终点 ne，在 n0 处有一单位脉冲（ns≤n0≤ne）。

（2）单位阶跃序列：起点 ns，终点 ne，在 n0 前为 0，在 n0 处及以后为 1（ns≤n0≤ne）。

（3）实数指数序列：$x_3 = (0.9)^n$

（4）正弦序列：$x_4 = \sin(n)$

5．动态演示信号序列 $x_1 = 0.6^n \ (0 \leqslant n < 20)$，$x_2 = u(n) \ (0 \leqslant n < 20)$ 卷积和的过程。

6．求以下序列的 z 变换：

$x_1(n) = a^n$，$x_2(n) = n-1$，$x_3(n) = \dfrac{n(n-1)}{3}$，$x_4(n) = \mathrm{e}^{\mathrm{j}\omega n}$。

7．求下列函数的 z 的反变换：

$X_1(z) = \dfrac{z}{z-1}$，$X_2 = \dfrac{z}{(1-z)^3}$，$X_3(z) = \dfrac{z}{(z-a)^2}$。

8．已知 $X(z) = \dfrac{1}{1-3z^{-1}+2z^{-2}}$，$|z| > 2$，试用部分分式法求 z 的反变换，并画 $x(n)$。

9．研究 z 右半平面的实数极点对系统响应的影响。已知系统的零−极点模型分别为：

$H_1(z) = \dfrac{z}{z-0.5}$，$H_2(z) = \dfrac{z}{z-1}$，$H_3 = \dfrac{z}{z-2}$。

求这些系统的零极点分布图以及系统的冲激响应，判断系统的稳定性。

10．已知两个周期序列分别为 $\tilde{x}_1(n)=[1,2,1,1,0,0]$，$\tilde{x}_2(n)=[0,1,1,2,2,0]$，动态演示它们的周期卷积和 $\tilde{y}(n)$。

11．求矩形序列的DTFT。

12．求矩形序列的DFT，并与习题11进行比较。

13．已知一个 8 点的时域非周期离散 $\delta(n-n_0)$ 信号和阶跃信号 $u(n-n_0)$，$n_0=2$，用 $N=32$ 点进行FFT变换，做其时域信号图及信号频谱图。

14．用FFT计算下列连续时间信号的频谱，并讨论 T_s 和 N 值对频谱特性的影响。

$$x_a(t)=\sin t+\sin 1.1t+\sin 1.18t$$

15．已知系统的传递函数为 $H(z)=\dfrac{4-2z^{-1}+7z^{-2}-2z^{-3}}{1-1.5z^{-1}+0.5z^{-2}-0.75z^{-3}}$，将其从直接型转换为级联型和并联型。

16．已知一个FIR系统的传递函数为 $H(z)=4(1-2z^{-1}+3z^{-2})(1-4z^{-1}+5z^{-2})$，将其从级联型转换为横截型。

17．采用 MATLAB 直接法设计一个巴特沃斯型数字带通滤波器，要求：$\omega_{p1}=0.4\pi$，$\omega_{p2}=0.6\pi$，$R_p=1\text{dB}$；$\omega_{s1}=0.2\pi$，$\omega_{s2}=0.8\pi$，$A_s=10\text{dB}$。描绘滤波器归一化的绝对和相对幅频特性、相频特性、零极点分布图，列出系统传递函数。

18．用矩形窗设计一个 FIR 数字滤波器，要求：N=16，截止频率为 $\omega_c=0.5\pi$，绘制理想和实际滤波器的脉冲响应、窗函数及滤波器的幅频响应曲线。

19．已知数据采样频率为1000Hz，设计一6阶的巴特沃斯低通滤波器，截止频率为200Hz，求其幅度响应、相位响应、脉冲响应、零极点图、滤波器系数等。（采样FDATool工具）

20．系统采样频率为1024Hz，产生100Hz和400Hz的合成正弦波，观察信号波形和频谱；设计滤波器去除400Hz分量，观察滤波后的信号波形和频谱。（采用SPTool工具）

第12章 MATLAB在控制系统分析中的应用

随着计算机技术的发展和应用，控制理论和技术在宇航、机器人控制、导弹制导及核动力等高新技术领域中的应用也愈来愈深入、广泛。不仅如此，自动控制技术的应用范围现在已扩展到生物、医学、环境、经济管理和其他许多社会生活领域中，成为现代社会生活中不可缺少的一部分。随着时代的进步和人们生活水平的提高，在人类探知未来、认识和改造自然、建设高度文明和发达社会的活动中，自动控制理论和技术必将进一步发挥更加重要的作用。作为一个工程技术人员，了解和掌握自动控制的有关知识是十分必要的。

现代控制技术的应用不仅使生产过程实现了自动化，极大地提高了劳动生产率，而且减轻了人的劳动强度。自动控制使工作具有高度的准确性，大大地提高了武器的命中率和战斗力，例如火炮自动跟踪系统必须采用计算机控制才能打下高速、高空飞行的飞机。某些人们不能直接参与工作的场合就更离不开自动控制技术了，例如原子能的生产、火炮或导弹的制导等。利用 MATLAB 仿真工具来实现对自动控制系统建模、分析与设计、仿真，能够直观、快速地分析系统的动态性能和稳态性能。并且能够灵活地改变系统的结构和参数，通过快速、直观的仿真达到系统的优化设计。

控制系统通常是指由机、电、光、化、热等不同的物理、化学现象组成的复杂系统，来达到对某种物理量的精确控制。用统一的数学方法对系统进行描述时，一般可将控制系统划分为线性系统和非线性系统。因为非线性系统涉及的领域较宽，数学描述方法多样，没有也不可能有统一的解法，所以在课程实际中讨论得比较深入的都是线性控制系统。且在实际应用中，凡是可能的情况下，大多也利用小偏差线性化的方法，把某些非线性系统近似为线性系统来求解。不过，这两类系统的算法也存在许多的相似点，往往可用同样的 MATLAB 函数来实现。

在线性系统中，我们主要研究线性时不变系统（Linear Time Invariant, LTI），或称为常线性系统。这类系统可以用常系数线性微分方程来描述，而常系数线性微分方程式有严格的解析解。无论是古典或现代控制理论分析方法，对于同一个系统，可以根据研究者的习惯和问题的性质，采取这两种分析方法之一对它进行描述和分析。且这两者方法可以相互变换。借助于计算机和 MATLAB 等软件，可以快速地在各种描述和求解方法之间转换。节省计算时间，避免计算错误。从而把注意力集中于概念的思考上。

线性控制系统的特殊之处如下。

（1）系统比较复杂。通常它是由很多不同的数学模型的部件组成，对于各个领域的线性部件，其数学描述方式也有所不同，由各个部件的数学模型求出整个系统的数学模型是研究重点，而在研究系统特性的同时，还要研究系统各个部件的状态。因此要注重多变量系统的方法，如结构图、信号流程图以及状态空间图等。

（2）控制系统是由很多部件组成的闭环反馈系统。需要研究各环节的特性如何影响系统的特性。换句话说，就是要着重研究开环特性如何影响系统的闭环特性。

（3）控制系统理论是一门技术科学，它更接近于工程。有许多工程中的特殊要求要满足。例如误差和精度、动态响应的速度、系统的功耗和饱和、内部噪声和外部干扰等。许多控制系统又是价值很高的大系统，如飞行控制系统、生产过程控制系统等，其中微小的改进和优化都可能带来巨大的收益，所以控制系统理论得到了工业和国防部门的大量投资，促进了它的迅速发展和深入。

12.1 控制系统中的 LTI 对象

由工程分析可知，一个线性系统可以采取四种不同的方法进行描述，每种方法又需要几个参数矩阵，因此对系统进行调用和计算都很不方便。根据软件工程中面向对象的思想，MATLAB 通过建立专用的数据结构类型，把线性时不变系统的各种模型封装成为统一的 LTI（Linear Time Invariant）对象，它在一个名称之下包含了该系统的全部属性，大大方便了系统的描述和运算。本节着重介绍这种描述线性系统的方法。

12.1.1 LTI 对象的类型和属性

MATLAB 控制系统工具箱中规定了 LTI 对象，包含了以下 3 种子对象：ss 对象 、tf 对象和 zpk 对象，他们分别与状态空间模型、传递函数模型和零极点增益模型相对应。每个对象都具有其属性和方法，通过对象方法可以存取或者设置对象的属性值，在控制系统工具箱中，这 3 种模型对象除了具有 LTI 的共同属性外，还具有一些各自特有的属性。这些共同属性归纳在表 12.1 中。

表 12.1 LTI 对象共有属性列表

属性名称	意义	属性值的变量类型
Ts	采样周期	标量
Td	输入时延	数组
InputName	输入变量名	字符串单元矩阵（数组）
OutputName	输出变量名	字符串单元矩阵（数组）
Notes	说明	本文
Userdata	用户数据	任意数据类型

（1）当系统为离散系统时，采样周期 Ts 给出了系统的采样周期，Ts=0 或缺省时表示系统为连续时间系统，Ts=−1 表示系统是离散系统，但它的采样周期未定。

（2）输入时延 Td 仅对连续时间系统有效，其值为由每个输入通道的输入时延组成的时延数组，缺省表示无输入时延。

（3）输入变量名 InputName 和输出变量名 OutputName 允许用户定义系统输入输出的名称，其值为一字符串单元数组，分别与输入输出有相同的维数，可缺省。

（4）说明 Notes 和用户数据 Userdata 用以存储模型的其他信息，常用于给出描述模型的文本信息，也可以包含用户需要的任意其他数据，可缺省。

3 种子对象的特有属性如表 12.2 所示。

表 12.2　　3 种子对象特有属性列表

对象名称	属性名称	意义	属性值的变量类型
tf 对象（传递函数）	den	传递函数分母系数	由行数组组成的单元阵列
	num	传递函数分子系数	由行数组组成的单元阵列
	variable	传递函数变量	s，p，z，q，z^-1 中之一
zpk 对象（零极点增益）	k	增益	二维矩阵
	p	极点	由行数组组成的单元阵列
	variable	零极点增益模型变量	s，p，z，q，z^-1 中之一
	z	零点	由行数组组成的单元阵列
ss 对象（状态空间）	a	系数矩阵	二维矩阵
	b	系数矩阵	二维矩阵
	c	系数矩阵	二维矩阵
	d	系数矩阵	二维矩阵
	e	系数矩阵	二维矩阵
	StateName	状态变量名	字符串单元向量

每一类对象只含有自己的属性，这些属性中绝大部分前面已叙述过。num 是 10.4 节中的 f，den 是 10.4 节中的 g，只有 Variable 同属于前两类对象，它是用来显示系统函数中频率变量的。缺省时连续系统为 s，离散系统为 z，对 DSP（数字信号处理）时传递函数为 z^-1，p 和 q 留作用户自行规定。

ss 对象的属性 e 用于“描述状态空间模型”中左端（导数端）的系数。在标准状态空间模型中，它是单位矩阵 eye(n)。ss 对象的属性 StateName 用于定义状态空间模型中每个状态的名称。

12.1.2　LTI 模型的建立

各种 LTI 对象模型都可以通过一个相应函数来建立，这种函数有 5 个，如表 12.3 所示。

表 12.3　　生成 LTT 模型的函数

函数名称及基本格式	功能
dss(a,b,c,d,…)	生成（或将其他模型转换为）描述状态空间模型
filt(num,den,…)	生成（或将其他模型转换为）DSP 形式的离散传递函数
ss(a,b,c,d,…)	生成（或将其他模型转换为）状态空间模型
tf(num,den,…)	生成（或将其他模型转换为）传递函数模型
zpk(z,p,k,…)	生成（或将其他模型转换为）零极点增益模型

其中 dss 和 ss 函数都生成状态空间模型（它包含了描述状态空间模型）；filt 函数生成的仍然是传递函数模型，它的存储变量仍是 num、den，不过自动取 z^ 1 为显示变量，所以五种函数实际上生成的仍然是前面所说的三种对象模型。

表 12.3 中所列的基本格式给出了最低限度应输入的基本变元，这些变元后面还可以增加对象的属性参数。例如键入

```
S1=tf([3, 4, 5], [1, 3, 5, 7, 9])
```

得出

```
Transfer function
   3 s^2 + 4 s + 5
------------------------------
   s^4 + 3 s^3 + 5 s^2 + 7 s + 9
```

如果键入 s2=tf([3, 4, 5], [1, 3, 5, 7, 9], 0.1，'InputName', '电流'，'OutputName'，'转速')

则根据规定，紧接着基本变元的第一个不加属性名称的变元表示采样周期，有了这个变元，就是离散系统。所以就自动以 z 作为传递函数变量来显示，得出

```
From input "电流" to output "转速":
   3 z^2 + 4 z + 5
------------------------------
z^4 + 3 z^3 + 5 z^2 + 7 z + 9
Sample time: 0.1 seconds
```

如果想要加入 0.1s 的时延变量，就要把时延属性名称 td 键入，这时候对象仍然是连续系统模型。键入

```
s3=tf([4, 5] , [1, 5, 7, 9], 'td',0.1, ' InputName','u','OutputName','y')
```

得出

```
Transfer function from input 'u' to output 'y'
   4 s + 5
  ------------------------------
  s^3 + 5 s^2 + 7 s + 9
Input delay: 0.1
```

再来看一下用 filt 函数生成模型。键入 s4=filt([3, 4, 5], [1, 3, 5, 7, 9], 0.1) 得出

```
   3 + 4 z^-1 + 5 z^-2
--------------------------------------
1 + 3 z^-1 + 5 z^-2 + 7 z^-3 + 9 z^-4
Sample time: 0.1 seconds
```

把系统 s2 与 s4 相比，这两个传递函数是不同的，它们之间差了一个因子 z^2。差别在于 filt 函数把分子分母系数向量里的第一项对齐（都是 z^-1 的零次项），分子比分母系数向量短的部分在后面补零。而 tf 函数把分子分母系数向量里的末项对齐（都是 z 的零次项），分子比分母系数向量短的部分在前面补零。这个差别因子的值取决于分母系数向量和分子系数向量长度之差。

这几个函数不但可以用来生成模型，而且可以进行模型的转化，比如输入

```
s5=ss(S1)
a =
```

```
          x1     x2      x3      x4
   x1     -3   -1.25  -0.875  -1.125
   x2     4       0       0       0
   x3     0       2       0       0
   x4     0       0       1       0
  b =
        u1
   x1   1
   x2   0
   x3   0
   x4   0
  c =
          x1      x2      x3      x4
   y1     0     0.75     0.5   0.625
  d =
        u1
   y1   0
Continuous-time state-space model.
```

这一语句把原来的传递函数模型 s1 转换为等价的状态空间模型 s5，如果不需显示转换后的模型参数，可以用分号结束语句。

可见，在建立对象模型之后，人们只要用 s1，s2，…中的一个变量就可以称呼一个系统，其中已包含了研究和计算该系统的全部数据。

再来看一个双输入单输出系统。

```
z = { [], -0.5};                    % 外括号是花括号
P = { 0.3, [0.1-2i, 0.1-2i] };      % 外括号是花括号
k = [ 2, 3 ];                       % 外括号是方括号,说明是两个数字阵列
s6=zpk(z, p, k, -1)
```

前两行外括号是花括号，说明是单元阵列，两单元可以不同长，表示有不同数量的零极点。末行最后一个变元-1 表示定义的是采样系统，但采样周期未定。如果省略它，MATLAB 就误认为是连续系统了。

系统对上述程序的反应为

```
From input 1 to output:
     2
  -------
  (z-0.3)
From input 2 to output:
   3 (z+0.5)
  -------------
 (z-(0.1-2i))^2
Sample time: unspecified
Discrete-time zero/pole/gain model.
```

在上述程序中，若把各行中分割两单元的逗号改为分号，原来的双输入单输出就变成单输入双输出系统了。另外，再把末行中的-1 去掉，改成 s7 = zpk(z，p，k)即变成连续系统。MATLAB 对修改后程序的反应为

```
Zero/pole/gain from input to output
     2
#1:  -------
```

```
      (s-0.3)
         3(s+0.5)
#2    --------------
      (s-(0.1-2i))^2
Continuous-time zero/pole/gain model.
```

得出的是输入到输出“#1:”和输出“#2:”的零极点增益表示式，可见，它确实是一个连续系统。对任意多输入多输出（MIMO）系统，MATLAB的规定是：不同行代表不同输出，不同列代表不同输入。其系统函数表现为一个输出数Ny乘以输入数Nu的系统函数矩阵，如表12.4所示。

表12.4　　对象属性的获取和修改函数

函数名称及基本格式	功　能
get (sys, 'PropertyName',数值,…)	获得LTI对象的属性
set(sys, 'PropertyName',数值,…)	设置和修改LTI对象的属性
ssdata,dssdata(sys)	获得变换后的状态空间模型参数
tfdata(sys)	获得变换后的传递函数模型参数
zpkdata(sys)	获得变换后的零极点增益模型参数

12.1.3　对象属性的获取和修改

1. 对象属性的提取和修改的方法

（1）用get和set命令

这种方法可以看到模型中存储的全部属性并可对它们进行修改。例如键入

```
get(s1)
```

得到

```
num = {[0 0 3 4 5]}
den = {[1 3 5 7 9]}
Variable = 's'
Ts = 0
Td = 0
InputName = {''}
OutputName = {''}
Notes = {}
UserData =[]
```

如果键入

```
get(s5)
```

则得到

```
a = [4x4 double]
b = [4x1 double]
c = [0 0.75 0.5 0.312]
d = 0
e = []
StateName = {4x1 cell}
```

```
Ts = 0
```

...（后面 Td，Inpu tName 等与前同）

从这里可以看出，系统 s1 和 s5 虽然是等价的，但因为分别属于 tf 和 ss 模型，它们内部保存的属性参数是不同的。其差别主要反映在前几项上。因为模型不同，将来对它的运算方法和属性调用也不同，因此，这些模型类型必须加以区别。

在状态空间模型中，它的系数矩阵 a、b 并没有完全显示出来。要得到它，可以键入

```
s5.a
ans =
   -3.0000    -1.2500   -0.8750   -0.5625
    4.0000          0         0         0
         0     2.0000         0         0
         0          0    2.0000         0
```

要修改这些系统的属性，可以用 set 命令。例如键入

```
set(s1,'num',[0,1,2,3,4],'den',[2,4,6,8,10])
```

再键入

```
get(s1)
```

得到

```
num: {[0 1 2 3 4]}
den: {[2 4 6 8 10]}
Variable: 's'
ioDelay: 0
InputDelay: 0
OutputDelay: 0
Ts: 0
TimeUnit: 'seconds'
InputName: {''}
InputUnit: {''}
InputGroup: [1x1 struct]
OutputName: {''}
OutputUnit: {''}
OutputGroup: [1x1 struct]
Name: ''
Notes: {}
UserData: []
SamplingGrid: [1x1 struct]
```

（2）用单元阵列的访问方法提取单项属性和对它单独赋值

输入 s1.num
得到 ans = [1x5 double]

并未显示具体值，再键入花括号下标 s1.num{:}，表示要访问单元阵列的全部内容。

得到 ans = 0 1 2 3 4

要修改这个属性，可键入

```
s1. num= {[0, 5, 4, 3, 2]},
```

注意外括号是花括号，是单元阵列的规定。

MATLAB 会把修改后的系统传递函数显示出来，得到

```
Transfer function
    5 s^3 + 4 s^2 + 3 s + 2
--------------------------------
2 s^4 + 4 s^3 + 6 s^2 + 8 s + 10
```

再来看看零极点增益模型 s6 的情况。它的主要属性是 z、p、k。键入

```
s6.p
ans = [0.3000]    [2x1 double]
```

MATLAB 未给出 p 中第二个单元的具体内容，可再键入（注意外括号是花括号）

```
s6.p{2}
ans =  0.1000 - 2.0000i
       0.1000 - 2.0000i
```

也可以重新给它赋值（注意上面的答案中已用方括号表明它是一个 2×1 的数字阵列）。键入

```
s6.p{2}=[0.5;0.7]
```

MATLAB 会把修改后的系统函数（零极增益形式）显示出来，得到

```
From input 1 to output:
     2
  -------
  (s-0.3)
From input 2 to output:
   3 (s+0.5)
---------------
 (s-0.5) (s-0.7)
Continuous-time zero/pole/gain model.
```

加上 8.1.1 节中介绍的用 tf、zpk、ss 等函数重新生成系统，共有 3 种方法来设置对象属性。

2. 模型类型的参数转换和提取

在第 10 章 10.4 节中介绍过线性模型在状态空间、传递函数和零极增益 3 种表述方式之间的相互转换问题。当时采用的是以下的一些转换命令：ss2tf、ss2zp、tf2zp、tf2ss、zp2tf、zp2ss 等。用这些命令时，输入变元中要键入相应的系数矩阵，不太方便。在采用 LTI 模型以后，就不再用这些命令来进行模型变换了，而用能直接调用系统的 LTI 名称的命令来实现这些转换。这些命令就是 dssdata、ssd33ata、tfdata 和 zpkdata，它们分别用来获得转换后的系统状态空间、传递函数和零极增益参数。与 ss、tf、zpk 命令的不同在于这些带 data 的命令仅仅用来转换参数，但并不生成新的系统，要显示和存储这些转换后的参数，左端必须列出相应数目的输出变元。例如对原有的系统 s1 和 s2，要求输出 s1 的传递函数系数，可键入

```
[f1, g1]=tfdata (s1)
```

得到
```
f1 = [1x5 double]
g1 = [1x5 double]
```

再键入

```
f1{1},g1{1}
ans = 0     5     4     3     2
ans = 2     4     6     8     10
```

要求输出 s1 的零极增益系数，可键入

```
[z1,p1,k1,T1s]=zpkdata(s1)
```

得到
```
z1 = [3x1 double]
   p1 = [4x1 double]
k1 = 2.5000
T1s= 0
```
再键入 `z1{1},p1{1}`

得到
```
ans =   -0.7293 + 0.0000i
       -0.0353 + 0.7397i
       -0.0353 - 0.7397i
ans =        0.2878 + 1.4161i
             0.2878 - 1.4161i
            -1.2878 + 0.8579i
            -1.2878 - 0.8579i
```

要求输出 s2 的状态空间系数阵，可键入

```
[a2, b2, c2, d2, Ts2, Td2]= ssdata (s2)
```

得到

```
a2 = -3.0000     -1.2500     -0.8750    -1.1250
        4.0000           0           0          0
             0      2.0000           0          0
             0           0      1.0000          0
b2 = 1
     0
     0
     0
c2 = 0   0.7500   0.5000   0.6250
d2 = 0
Ts2 =0.1000
Td2 =0
```

3. 模型类型的检验

```
cs1=class(s1)      得出系统的对象，类型：cs1=tf、ss 或 zpk。
isa(cs1,'tf')      得出一个逻辑量，当 s1 属 tf 类型时为真，它等于 1，否则等于 0。
```

另外，还有用来检验模型是否连续（isct）、是否离散（isdt）、是否是 SISO 系统（issiso）等的命令，可查看控制工具箱函数库表中“模型尺度和特征”部分。

12.1.4 LTI 模型的简单组合和运算符扩展

先讨论由两个环节组成的合成系统，两个环节可以有串联、并联和反馈三种情况。在例 6.19 中讨论过，现在来看用 LTI 模型处理有什么不同。先假定两环节均为单输入单输出的系统 SA 和 SB。在控制系统工具箱里，合成系统的特性可以用下列语句实现。

两个环节串联 S=series（SA,SB）　　或者 S=SA*SB

两个环节并联 S=parallel（SA,SB）　　或者 S=SA+SB

A 环节前向，B 环节反馈 S=feedback(SA,SB)

这几个函数已经在 10.4 节中介绍过，但在这里使用时，只要输入环节的名称，不必输入其参数矩阵。下面讨论怎么把它们移植到几种不同的 LTI 对象中。以 feedback 函数为例，其

实控制系统工具箱共有四个feedback函数，第一个曾在10.4节中介绍过，且在控制系统工具箱目录中能够查到，其他三个分别放在三种对象的方法库中。这些方法库的目录名以@开始，如@tf、@ss、@zpk、@lti（@lti是三种lti对象公用部分，即父对象的库）等。MATLAB通常是不去查询的，只有当其调用的数据属于这个特定类型的时候，才到相应的方法目录中去查询并优先调用。于是，执行这个命令的过程可以分为以下3步。

（1）判断输入对象的类型（用class命令），并提取它的参数；

（2）到这个对象的方法库中寻找相应的feedback函数；

（3）根据求出的组合后的参数生成新系统。

从控制原理的角度考虑，主要需弄清对几种不同对象模型，怎样编制这几个函数程序。传递函数法已在前面介绍过，这里只介绍零极点增益和状态空间法。

1. 零极增益法

串联：将 $H_A(s)$ 和 $H_B(s)$ 的零极点增益式代入 $H(s)=H_A(s)H_B(s)$ 中，可以得知，合成系统的零极点为**A**，**B**两系统零极点的并集，即

$$z=[zA,zB];p=[pA,pB];k=kA*kB;$$

并联：将 $H_A(s)$ 和 $H_B(s)$ 的零极点增益式代入 $H(s)=H_A(s)+H_B(s)$ 中，可以得知，合成系统的极点为**A**，**B**两系统极点的并集，即 $p=[pA,pB]$；但其零点没有简单的表达式，只能按传递函数法求出f的方式求根。

反馈：从反馈公式

$$H(s)=\frac{f_A(s)g_B(s)}{f_A(s)f_B(s)+g_A(s)g_B(s)}$$

可以观察到，合成系统的零点为系统A的零点加系统B的极点，即

$$z=[zA,pB]$$

而合成系统的极点则要经过多项式相乘、相加并求根等多个运算步骤才能得到，即

$$P=roots(polyadd(conv(fA,fB),conv(gA,gB)))$$

2. 状态空间法

对系统A，有状态方程

$$\dot{X}_A=A_AX_A+B_AU_A$$
$$Y_A=C_AX_A+D_AU_A$$

对系统B，有状态方程

$$\dot{X}_B=A_BX_B+B_BU_B$$
$$Y_B=C_BX_B+D_BU_B$$

串联：$U=U_A$，$Y=Y_B$，$Y_A=U_B$，在这些方程中，消去 Y_A 及 U_B，合成系统的状态方程可以表示为

$$\dot{X}=\begin{bmatrix}\dot{X}_A\\ \dot{X}_B\end{bmatrix}=AX+BU=\begin{bmatrix}A_A & 0\\ 0 & A_B\end{bmatrix}\begin{bmatrix}X_A\\ X_B\end{bmatrix}+\begin{bmatrix}B_A & 0\\ 0 & B_B\end{bmatrix}\begin{bmatrix}U_A\\ Y_A\end{bmatrix}$$

$$Y=C_BX_B+D_BY_A$$

最后得到合成系统的状态方程可以表示为

$$\dot{X} = AX + BU$$
$$Y = CX + DU$$

其中

$$A = \begin{bmatrix} A_A & 0 \\ B_B C_A & A_B \end{bmatrix}, \ B = \begin{bmatrix} B_A \\ B_B D_A \end{bmatrix}$$
$$C = \begin{bmatrix} D_B C_A, C_B \end{bmatrix}, \ D = D_B D_A$$

并联：系统 A、B 的状态方程仍同上。只是在并联系统中，$U = U_A = U_B$，$Y = Y_A + Y_B$，在这些方程中，消去Y_A及Y_B，合成系统的状态方程可表示为

$$\dot{X} = AX + BU$$
$$Y = CX + DU$$

其中

$$A = \begin{bmatrix} A_A & 0 \\ 0 & A_B \end{bmatrix}, \ B = \begin{bmatrix} B_A \\ B_B \end{bmatrix}$$
$$C = \begin{bmatrix} C_A, C_B \end{bmatrix}, \ D = D_A + D_B$$

反馈：反馈系统状态方程的联结关系为

$$Y = Y_A = U_B, \ U = Y_B + U_A$$

在$D_A = D_B = 0$的物理系统中，合成后系统的状态方程系数阵如下所示。

$$A = \begin{bmatrix} A_A & -B_A C_B \\ B_B C_A & A_B \end{bmatrix}$$
$$B = \begin{bmatrix} B_A \\ 0 \end{bmatrix}$$
$$C = \begin{bmatrix} C_A & 0 \end{bmatrix}$$
$$D = 0$$

旧版本控制工具箱中关于反馈变换还有一个名为 cloop 的函数，它是 feedback 函数当系统 B 为单位直通特性时的特例。新版本控制工具箱中为了减少函数的数目，已把 cloop 列入取消的目录。

这里介绍的是基本的编程原理，实际上作为一个商品化的软件产品，程序的编写要考虑到各种各样的复杂情况，比如对输入数据的检验、输入有错误时如何向用户提示、多输入多输出系统的联接等，所以实际的程序要复杂得多。即使以调用的方法来说，前面介绍的几种调用形式也是最基本的，在多输入多输出系统中，调用上述函数还必须增加输入变量和输出变量的编号，例如

串联：　$S = series(SA, SB, outputA, inputB)$

后两个变元为互相串接的两系统输出编号和 B 系统输入编号。

并联：　$S = parallel(SA, SB, InputA, InputB, OutputA, OutputB)$

前两个变元为互相并接的两系统输入编号，后两个变元为互相并接的两系统输出编号。

反馈：　$S = feedback(SA, SB, feedout, feedin, sign)$

SA、SB后的两个变元为A系统输出反馈编号和B系统输入编号，末变元表示正负反馈，负反馈可缺省。

前面提到，两个系统的串联可表述为两个LTI对象的相乘 s=s1*s2，两个系统的并联可表述为两个LTI对象的相加 s=s1+s2，扩展的运算符（Overheaded operators）不仅使变换的表达更加简洁，而且可以把矩阵运算的法则也用到对象和系统函数中来。例 10.20 中谈到的信号流图的算法就因此可以推广到LTI对象，这也是面向对象编程方法优越性的一个很好的例子。

实现运算符扩展的主要方法是在对象的方法库中增加一个规定的运算符函数。比如加法符号“+”对应的函数名规定为plus.m，乘法符号“*”对应的函数名规定为mtimes.m。用这些程序确定了对于这类对象加法或乘法所实现的运算，也就是并联或串联时要进行的运算。三种LTI对象的相加、相乘算法各异，因此，在三个方法库中都有各自的plus.m和mtimes.m函数文件。运算符远不止这两种，在控制工具箱函数库中，还列出了减法（-）、左除（\）、右除（/）、求逆inv、转置（.'）、共轭转置（'）、幂次（^）等多种扩展的运算符。可以用运算符写出反馈连接的算式。

$$S = feedback(SA, SB)$$

等价于

$$S = (1 + SA * SB) \backslash SA$$

其中用到了加法符号“+”、乘法符号“*”和左除（\），这些LTI对象的运算符是以多项式计算为基础的，因此，难以应用到带时延Td的系统。

例如输入

```
s1=tf(2, [1,1], 'Td', 0.2)        % 建立一个带时延 Td=0.2 的简单系统
s2=feedback(s1, 1)                % 加一个单位负反馈
```

得出

```
??? Error using→ tf/feedback
FEEDBACK cannot handle time delays.
```

因此时延环节必须要用一个N次多项式来近似，MATLAB才能处理，称为Pade近似。该多项式的分子分母系数向量可用语句[nurad, dend] = pade(Td, N)求得，键入

```
[numd, dend] = pade(0.2, 3)
得 numd = 1.0e+04 *
   -0.0001     0.0060    -0.1500    1.5000
dend = 1.0e+04 *
    0.0001    0.0060     0.1500    1.5000
```

通常并不需要求出系数，直接把含有时延的环节 s1 变换一下即可。设近似后的环节为spd1，用的是三次多项式，Td已包含在s1的属性中，无需再输入。因此可键入

```
spd1=pade (s1 , 3)
```

得出

```
Transfer function
              - s^3 + 60 s^2 - 1500 s + 1.5e004
     ---------------------------------------------------
     s^4 + 61 s^3 + 1560 s^2 + 1.65e004 s + 1.5e004
```

再键入

```
s2=feedback(s1,1)
```

就得出闭环传递函数

```
Transfer function
        - s^3 + 60 s^2 - 1500 s + 1.5e004
  -------------------------------------------------------
  s^4 + 60 s^3 + 1620 s^2 + 1.5e004 s + 3e004
```

这样，带时延系统的其他特性也都可以分析了。

12.1.5 复杂模型的组合

1. 信号流图

遇到由大量环节交叉联接的系统，计算方法之一是画成信号流图，用梅森公式来求解。用 MATLAB 来辅助时，不便用梅森公式，10.4 节给出了规范的易于编程的方法和简明的公式。这里再简要地重复一下。

设信号流图中有 K_i 输入节点，K 个中间和输出节点，它们分别代表输入信号 u_i，（i=1，2，…，K_i）和系统状态 x_j (j=l，2…，k)，信号流图代表它们之间的联接关系。用系统函数表示后，任意状态 x_j 可以表为 u_i 和 x_j 的线性组合。

$$x_j = \sum_{k=1}^{k} r_{jk} x_k + \sum_{i=1}^{ki} p_{ji} u_i$$

用矩阵表示，可写成

$$X = RX + PU$$

其中，$X = [x_1; x_2; \cdots; x_k]$ 为 K 维状态列向量，$U = [u_1; u_2; \cdots; u_{ki}]$ 为 K_i 维输入列向量，R 为 $K \times K_i$ 阶的传输矩阵，P 为 $K \times K_i$ 阶的输入矩阵，R 和 P 的元素 r_{ji} 和 p_{jk} 是各环节的系统函数。

由此可得

$$(I - R)X = PU$$

$$X = (I - R)^{-1} PU$$

因此，系统的传递函数矩阵为 $H = (I - R)^{-1} P$，这个简明的公式就等价于梅森公式。只要写出 R 和 P，任何复杂系统的传递函数都可用这个简单的式子求出。

在 10.4 节中曾经指出，用这个式子存在的困难是，公式中用到的是普通的矩阵乘法和加法，如何将它推广到传递函数或其他系统函数。当时利用 MATLAB 的符号运算（Symbolic）工具箱解决了这个问题。现在，利用 LTI 对象和它的扩展运算符，这个难题也得到了解决。由于可以直接调用环节的 LTI 名称作为传输矩阵 R 的一个单元，可对它进行矩阵的乘法、加法和求逆，因而可以利用与例 10.20 同样的程序来解决问题。例 12.4 给出了比较。

MATLAB 控制工具箱中没有给出解信号流图的函数，这个公式是作者推导的。它特别适合于由单输入单输出环节组成的系统，用它可以得到传递函数和零极点增益的表示式。而用 MATLAB 控制工具箱中复杂系统的简化方法只能得出状态空间的模型，下面将讲述这个问题。

2. 复杂系统状态方程的合成

任意复杂的线性环节组成的系统，可以推导出它的普遍的状态方程表示式。

设系统有L个环节，其状态方程为

$$\begin{aligned}\dot{x}_i &= A_i x_i + B_i u_i \qquad i=1,2,\cdots,L \\ y &= C_i x_i + D_i u_i\end{aligned} \tag{12.1}$$

其中，x为n_i维状态向量，n_i为第i个环节的阶数。现设整个合成系统的状态向量为

$$x=\begin{bmatrix} x_1 \\ \vdots \\ x_L \end{bmatrix} \tag{12.2}$$

显然，x的维数$n=\sum_{i=1}^{L} n_i$，先不考虑各环节的相互联接，只把各个环节并列出来，组成一个大的互不相关的系统方程。

$$\begin{aligned}\dot{x} &= \overline{A}x + \overline{B}u \\ y &= \overline{C}x + \overline{D}u\end{aligned} \tag{12.3}$$

其中

$$\overline{A}=\begin{bmatrix} A_1 & & 0 \\ & \ddots & \\ 0 & & A_L \end{bmatrix}, \overline{B}=\begin{bmatrix} B_1 & & 0 \\ & \ddots & \\ 0 & & B_L \end{bmatrix}, \overline{C}=\begin{bmatrix} C_1 & & 0 \\ & \ddots & \\ 0 & & C_L \end{bmatrix}, \overline{D}=\begin{bmatrix} D_1 & & 0 \\ & \ddots & \\ 0 & & D_L \end{bmatrix} \tag{12.4}$$

如果各环节都是单输入单输出的，则各矩阵的大小$\overline{A}$为$n\times n$阶，$\overline{B}$为 $n\times L$阶，$\overline{C}$为$L\times n$阶，$\overline{D}$为 $L\times L$阶。输入u和输出y的长度为L，它们分别表示为

$$\begin{aligned}u &= [u_1, u_2, \cdots, u_L]^T \\ y &= [y_1, y_2, \cdots, y_L]^T\end{aligned} \tag{12.5}$$

现在要描述各个环节之间的连接关系。其实质就是把每个环节的输入信号u_i的来源以矩阵形式表达清楚，很明显，这些输入一是来自系统的外部信号r；二是来自内部其他环节的输出y_j，因而可写成

$$u = Pr + qy \tag{12.6}$$

其中，$r=[r_1, r_2, \cdots, r_{nr}]$是长度为$nr$的输入向量。故系数矩阵为$P(L\times nr)$、$q(L\times L)$。$P$称为输入矩阵，$q$称为联接矩阵，$P$、$q$的各元素只能取-1、1、0三个值中的一个，-1表示负联接（或负反馈），1表示正联接（正反馈），0表示不联接。联接方程通常比较简单，可以用列出u_i的方程组求得，也可以直接写出。

将方程（12.5）代入方程（12.3），得到

$$\begin{aligned}\dot{x} &= \overline{A}x + \overline{B}\,\mathrm{Pr} + \overline{B}qy \\ y &= \overline{C}x + \overline{D}\,\mathrm{Pr} + \overline{D}qy\end{aligned} \tag{12.7}$$

把这个联立方程变换成标准的状态方程

$$\begin{aligned} \dot{x} &= Ax + Br \\ y &= Cx + Dr \end{aligned} \tag{12.8}$$

其中

$$\begin{aligned} A &= \overline{A} + \overline{B}q(I - \overline{D}q)^{-1}\overline{C} \\ B &= \overline{B}[I + q(I - \overline{D}q)^{-1}\overline{D}]P \\ C &= (I - \overline{D}q)^{-1}\overline{C} \\ D &= (I - \overline{D}q)^{-1}\overline{D}P \end{aligned} \tag{12.9}$$

对大多物理系统，$D_i = 0$，故$\overline{D} = 0$，它意味着传递函数分母的阶数高于分子的阶数，这时公式（12.9）成为

$$A = \overline{A} + \overline{B}q\overline{C}, B = \overline{B}P, C = \overline{C}, D = 0 \tag{12.10}$$

公式（12.8）就是组合后系统的状态方程，其系数矩阵为$A(n\times n)$、$B(n\times nr)$、$C(L\times n)$、$D(L\times nr)$。整个系统有nr个输入及L个输出。如果只要其中某s个输出。只要简单的删除C和D中用不着的各行，保留需要的s行，最后构成$C(s\times n)$和$D(s\times nr)$即可，这相当于在系统的输出端再串联一个输出矩阵，并在其中去除无用的输出项。

系数公式（12.9），特别是公式（12.10）具有相当简洁的形式，但是，它的阶数很大，如果人工计算，无疑是十分冗繁和容易出错的，而用计算机辅助时，就变得非常简便了，特别是把环节用LT1对象表示时，采用集成的软件包，这些转换也都可以让机器自动去完成，人们只要输入各环节的LT1模型，再输入相应的联接矩阵和输入矩阵，并指定输出变量，软件包会自动判别输入的模型表述方式，进行相应的运算并最后给出组合后系统的状态方程。

MATLAB求复杂系统任意组合的状态方程可以通过5个步骤来完成。

（1）对方框图中的各个环节进行编号，建立它们的对象模型。在有多输入多输出环节时对输入和输出也要按环节的次序分别进行编号，当然它们的编号会大于环节的编号。

（2）建立无连接的状态空间模型，append命令可完成这个功能。

$$Sap = append(s1, s2, \cdots, sL)$$

（3）写出系统的联接矩阵Q

MATLAB中为联接矩阵Q规定的形式与（12.5）式中的q略有不同。q是一个元素取值为（1，0，1）的$n\times n$ 方阵，而Q则是只标注q中的非零项的一个矩阵。它的第一列是输入的编号，其后是连接该输入的输出编号，如果是负联接，这个元素的前面应加上负号。联接矩阵q与Q的关系举例如下。

$$q = \begin{bmatrix} 0 & -1 & 1 & 0 \\ 0 & 0 & 0 & 0 \\ 0 & 0 & 0 & 1 \\ 0 & 0 & 1 & 0 \end{bmatrix} \quad \text{对应于} \quad Q = \begin{bmatrix} 1 & -2 & 3 \\ 2 & 0 & 0 \\ 3 & 4 & 0 \\ 4 & 0 & 3 \end{bmatrix}$$

Q中的第二行可以列出，也可以省略。可见，两个矩阵都能表达同样的内容。

（4）选择组合系统中需要保留的对外的输入和输出的编号并列出。

```
inputs = [i1,i2, …]                outputs = [j1, j2, …]
```

（5）用connect命令生成组合后的系统。

```
sys = connect(sap, Q, inputs, outputs)
```

不管各个环节使用的是什么类型的对象，合成的结果都将是状态空间模型。

12.1.6 连续系统和采样系统之间的变换

随着在控制系统中愈来愈广泛地使用计算机，采样系统的分析设计也变得更加普遍和重要。在这类系统中，通常被控对象是物理世界中的连续系统，在控制器中采用了数字计算机。通过传感器测量出被控对象的状态，经过模拟/数字转换（A/D 变换），按照一定的采样时间间隔，以数码的方式读入计算机；由计算机经过适当的数学和逻辑运算处理后，以数码的方式向执行器发送控制信号。因为按冯•诺依曼方式工作的计算机，它的 CPU 每瞬时只能执行一条命令，因此它的输出信息的周期至少应等于信息处理所需的时间。

这个数码形式的控制量，通常要经过数字/模拟转换（D/A 变换），才能与执行器相匹配。即使有些执行器本身是数字式的，比如同步卫星轨迹和姿态控制所用的脉冲式火箭发动机，或者是步进马达等，但它们的输出最终仍表现为能影响被控状态的连续变量。因此，几乎没有任何一个采样控制系统能完全用差分方程或z变换来表示。它们的典型构成方式是兼有连续系统部分和采样控制部分，在相互联接的地方，是D/A转换和A/D转换。A/D转换是采样器，它测出采样瞬间的状态变量，送给计算机去处理；而D/A变换器则通常是一个采样保持器，把某一瞬间计算机的控制命令变为电压后，一直保持到下一个数据到来为止。

对这样一类由连续部分和采样离散部分混合构成的系统，必须为它建立统一的描述模型，才能调用 MATLAB 中的相应工具，由于采样系统方程比较容易求解，为了实现快速仿真，使系统仿真尽量接近实时运行，人们往往把连续系统有意地转化为性能相当的采样系统；反过来，有时人们用测量和辨识的方法，得到系统差分方程模型，希望由它求得相应于实际物理世界的连续系统模型，这也是上面的逆问题，解决了这些问题，12.4节中的模型描述表中的左右两列之间的相互转换也就解决了。

连续系统到采样系统的转换关系如下，对于状态方程为

$$\dot{x} = Ax + Bu$$
$$y = Cx + Du$$

的连续系统，对应的采样系统状态方程为

$$x(k+1) = A_d x(k) + B_d u(k)$$
$$y(k) = C_d x(k) + D_d u(k)$$

其中

$$A_d = e^{At}, B_d = \int_0^{T_s} e^{A(t-\tau)} Bd\tau, C_d = C, D_d = D$$

T_S 为采样周期。

反之，采样系统到连续系统的转换关系为上式的逆。

$$A = \frac{1}{T_S}\ln(A_d), B = (A_d - I)^{-1} AB_d, C = C_d, D = D_d$$

需要指出的是，虽然算式挺简明，但因为这些系数都是矩阵，连续系统与采样系统之间

的转换计算是十分繁杂的，即使是三阶系统，用手工进行运算也是非常困难的。因此，计算辅助设计在这个领域就更显得不可缺少。MATLAB 控制工具箱提供了三种功能很强的函数来完成这个使命。它们是：c2d(连续系统变为采样系统)、d2c（采样系统变为连续系统）和 d2d（采样系统改变采样频率）。

c2d 函数的调用格式为

sd=c2d(sc,Ts)　把连续系统以采样周期 Ts 和零阶保持器方式转换为采样系统。

sd=c2d(sc, Ts, method)　把连续系统以采样周期 Ts 和 method 方法，转换为采样系统。

method 方法有五种，对应下列字符串，在编程调用时只需要键入第一个字符。

zoh——零阶保持器（可缺省）

foh——一阶保持器

tustin——双线性变化法

prewarp——频率预修正双线变换法，用此法时还可增加一个变元（边缘频率 wc）

matched——根匹配法

d2c 是 c2d 的逆运算，其调用格式与 c2d 相仿，只是 Ts 已包含在模型属性中，无需再作为变元输入，另外，method 中没有 foh 选项。

sc=d2c(sd, method)　把采样系统以 method 方法，转换为连续系统。

d2d 函数的调用格式为：sd2=d2d(sd1,Ts2)　　把采样系统 1 的原采样周期 Tsl 改为 Ts2，转换为采样系统 2。其实际的变换过程是，先把待变换的采样系统按零阶保持器转换为原来的连续系统，然后再用新的采样频率和零阶保持器转换为新的采样系统。例 12.5 将给出数字实例。

12.1.7　典型系统的生成

表 12.5 列出的函数可以快速地生成所需阶数的线性时不变系统。

表 12.5　　成线性时不变系统的函数

函数名称及典型调用方式	功能
s=rss(n)	随机生成 n 阶稳定的连续状态空间模型
[num,den]=rmodel(n)	随机生成 n 阶稳定的连续线性模型系数
s=drss(n)	随机生成 n 阶稳定的离散状态空间模型
[num，den]=drmodel(n)	随机生成 n 阶稳定的离散线性模型系数
[num,den]=ord2(wn,z)	生成固有频率为 wn 阻尼系数为 z 的二阶系统系数

例如输入

```
sys=rss(4)
```

得出一个随机产生但却稳定的状态空间系统 sys，其系数矩阵为

```
a =
            x1        x2        x3        x4
  x1   -1.158   0.01607   -0.5121   -0.1164
  x2  0.01607    -0.954   -0.1244    0.1954
  x3  -0.5121   -0.1244    -1.739   0.05443
  x4  -0.1164    0.1954   0.05443    -2.012
```

```
b =      u1
  x1  -1.069
  x2       0
  x3       0
  x4   1.438
c =       x1      x2      x3      x4
  y1  0.3252  -0.7549     1.37   -1.712
d =   u1
  y1   0
Continuous-time state-space model.
```

如果输入

```
sys=rss(4, 3, 2)
```

就得出一个四阶的双输入三输出的稳定的状态空间系统，读者可自行检验。

rmodel函数用于产生LTI对象的系数，它并不生成LTI对象本身，它的左端放几个输出变量就决定了几个系数矩阵，也决定了生成的LTI对象的类型。例如输入

```
[num,den] = rmodel(4)
num =  [0.2916   -0.6414    0.3458   -0.0170   -0.0219]
den =  [1.0000   13.2101   31.3523   30.4790    9.3138]
```

输入

```
[a, b, c, d]=rmodel(4)
```

就得到状态空间模型的系数为

```
a = -0.7244   -0.0308    0.2005   -0.3201
    -0.0308   -0.9874    0.1709   -0.0337
     0.2005    0.1709   -0.7334    0.2074
    -0.3201   -0.0337    0.2074   -0.3397
b =  0.9610
     0.1240
     1.4367
          0
c = -0.1977     0    2.9080    0.8252
d = 1.3790
```

在rmodel函数中再增加两个输入变元，成为rmodel(n，p，m)，同样可以产生m输入p输出的系统系数矩阵。drss和drmodel的用法相仿，不同点仅仅在于它生成的是离散系统。

ord2函数也是用来产生二阶系统的系数的，不能生成系统本身，因此，它的左端输出变量的数目为四个或两个，决定了生成的系统属于状态空间还是传递函数类型，生成的传递函数为

$$H(s)=\frac{1}{s^2+2\zeta\omega_n s+\omega_n^2}$$

输入 `[num, den]=ord (10, 0.5)`

结果为 `num=1, den=[1, 10, 100]`

输入 `[a, b, c, d]=ord2(10, 0.5)`

结果为

```
a =    0    1
```

```
      -100   -10
b =      0
         1
c =      1     0
d =      0
```

【例 12.1】SIMO 系统几种模型转换方法的比较。

已知系统的动态特性由下列状态空间模型描述。

$$\begin{bmatrix} \dot{x}_1 \\ \dot{x}_2 \\ \dot{x}_3 \end{bmatrix} = \begin{bmatrix} 1 & -1 & 0 \\ 0 & 2 & 0 \\ 1 & 0 & 4 \end{bmatrix} \begin{bmatrix} x_1 \\ x_2 \\ x_3 \end{bmatrix} + \begin{bmatrix} 1 \\ 0 \\ -1 \end{bmatrix} u$$

$$\begin{bmatrix} y_1 \\ y_2 \end{bmatrix} = \begin{bmatrix} 2 & 0 & 0 \\ 1 & 2 & 3 \end{bmatrix} \begin{bmatrix} x_1 \\ x_2 \\ x_3 \end{bmatrix}$$

求出它的传递函数模型、零极增益模型、极点留数模型

解：（1）建模

按上述方程输入状态方程系数矩阵 A、B、C、D。

```
A=[1, -1, 0;0, 2, 0;1, 0, 4];  B=[1; 0; -1];  C=[2, 0, 0; 1, 2, 3];  D=[0; 0];
```

注意这是一个单输入双输出系统，D 是 2×1 阶的。故必须置为[0; 0]。有多种方法可以用来解这个问题，为了便于做比较，用逐次键入命令的方法将这些语句集合在一起，就得到程序 cas.m

（2）MATLAB 程序

```
A=[1,-1,0; 0,2,0; 1,0,4]; B=[1;0;-1]; C=[2,0,0; 1,2,3]; D=[0;0];
[f, g]=ss2tf(A, B, C, D), pause
printsys(f, g, 's'); pause
[z, p, k]=ss2zp(A,B,C,D), pause
sys=ss(A,B,C,D), pause
[f1,g1]=tfdata(sys), pause
f1(:,:),g1(:,:),pause
[z1,p1,k1]=zpkdata(sys),pause
z1(:,:),p1(:,:),pause
systf=tf(sys),pause
syszp=zpk(sys),pause
```

（3）程序运行结果

① 方法 1　用旧的控制系统工具箱命令

键入　`[f,g]=ss2f(A,B,C,D)`

```
f= 0  2  -12  16
   0  -2   6   -4
g= 1  -7  14  -8
```

写得明确些，这个单输入双输出系统有两个传递函数，表述如下。

$$H(s)=\frac{f(s)}{g(s)}=\begin{bmatrix}\dfrac{f(1,:)}{g}\\ \dfrac{f(2,:)}{g}\end{bmatrix}=\begin{bmatrix}\dfrac{2s^2-12s+16}{s^3-7s^2+14s-8}\\ \dfrac{-2s^2+6s-4}{s^3-7s^2+14s-8}\end{bmatrix}=\begin{bmatrix}\dfrac{Y_1(s)}{U(s)}\\ \dfrac{Y_2(s)}{U(s)}\end{bmatrix}$$

类似地可求得零极增益模型参数

```
[z,p,k]=ss2zp(A,B,C,D)
Z= 2  2
   4  1
P= 4
   1
   2
k=2.000
 -2.000
```

写成便于阅读的形式，即由如下两个传递函数组成一个2×1阶的传递函数矩阵。

$$H(s)=\begin{bmatrix}\dfrac{2(s-2)(s-4)}{(s-4)(s-1)(s-2)}\\ \dfrac{-2(s-1)(s-2)}{(s-4)(s-1)(s-2)}\end{bmatrix}=\begin{bmatrix}\dfrac{Y_1(s)}{U(s)}\\ \dfrac{Y_2(s)}{U(s)}\end{bmatrix}$$

用这种方法，只能得出系数向量的值，不能得出便于阅读的形式。而且必需知道输入输出变量的数目，才能编程，程序难以通用化。

② 方法2　用LTI对象和新的控制系统工具箱命令提取参数

输入
```
sys=ss(A, B, C, D);
[f1, g1]=tfdata(sys), pause     % 转换提取tf系数向量
```
得
```
f1 = [1x4 double]
[1x4 double]
g1 = [1x4 double]
[1x4 double]
```

要提取tf系数向量具体值，再输入花括号下标。

```
f1{1,:},g1{1,:},  f1{2,:},g1{2,:}
```
得
```
ans =  0    2.0000  -12.0000   16.0000
ans =  1    -7    14    -8
……
```

类似可以转化提取zpk系数向量。

```
[z1,p1,k1]=zpkdata(sys),z1{:,:},p1{:,:},pause
```

可以检验f、g、z、p、k与f1、g1、z1、p1、k1是完全相等的。方法2的好处是不必知道输入输出变量的数目，缺点是仍然得不到便于阅读的形式。

③ 方法3　用LTI对象和新的控制系统工具箱命令再建新模型

输入
```
systf=tf(sys), pause
```
得
```
Transfer function from input to output…
#1:
   2 s^2 - 12 s + 16
```

```
  ---------------------
  s^3 - 7 s^2 + 14 s - 8
#2:
     -2 s^2 + 6 s - 4
  ---------------------
  s^3 - 7 s^2 + 14 s - 8
```

再输入 `syszp=zpk(sys),pause    % 生成等价的 zpk 对象的 LTI 模型`

得 `Zero/pole/gain from input 1 to output…`

```
#1:
   2 (s-2) (s-4)
  ---------------
  (s-4)(s-2)(s-1)
#2:
    -2(s-2) (s-1)
  -------------------
      (s-4) (s-2) (s-1)
```

可见，方法 2 输入的程序量最小，而得出的结果最清楚，因此是最好的。

【例 12.2】含串联和反馈环节的系统传递函数。

列出图 12.1 所示系统的传递函数，分别设

（1）K1=250；

（2）K1=1000。

并求系统的传递函数和极点分布。

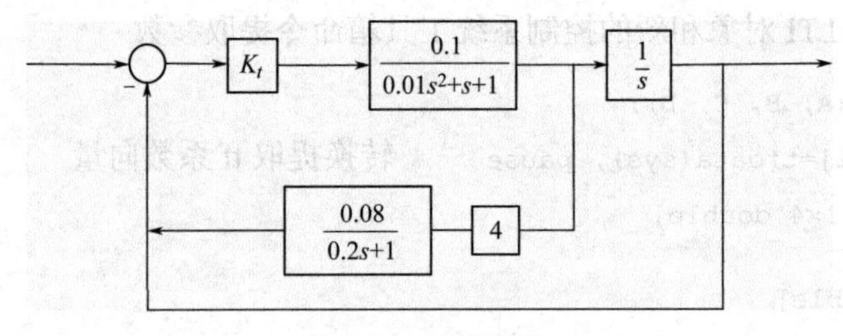

图 12.1 系统框图

解：（1）建模

① 方法 1 用旧的控制系统工具箱命令设 Wb1 为内环的闭环传递函数，fb1 为其分子系数向量，gb1 为其分母系数向量，则有

```
[fb1, gb1]=feedback(0.1*K1, [0,0.01,1,1],4*0.08,[0.2,1])
```

设 Wb 为全系统（即外环）的闭环传递函数，fb，gb 分别为其分子分母系数向量，则有

```
[fb,gb]=cloop(fb1,conv(gb1,[1,0]))
```

对不同的 K1，可以设置一个 for 循环来完成计算。

② 方法 2 用新的控制系统工具箱命令和 LTI 对象。

（2）MATLAB 程序

① 方法 1 用旧的控制系统工具箱命令

```
K2=0.08;
for K1=[250, 1000]
    [fb1,gb1]=feedback(0.1*K1, [0.01,1,1], 4*K2, [0.2,1]);
```

```
 [fb,gb]=cloop(fb1,conv(gb1,[1,0]));
K1,K2,printsys(fb,gb)
p=roots(gb)'
end
```

② 方法2 用新的控制系统工具箱命令和LTI对象

```
K1=250;K2=0.008;
s1=tf(0.1*K1,[0.01,1,1]);        % 建立环节的LTI对象模型
s2=tf(4*K2,[0.2,1]);
s3=zpk([], 0, 1);
sb1=feedback(s1,s2);             % 对内环应用反馈公式
s=feedback(series(sb1,s3),1)     % 对外环再用反馈公式，反馈环节系统函数为1
```

（3）程序运行结果

① 方法1的程序运行结果为

```
K1 =250    K2 =0.0800
num/den =
                    5 s + 25
   ---------------------------------------------
   0.002 s^4 + 0.21 s^3 + 1.2 s^2 + 14 s + 25
p = Columns 1 through 2
 -99.6723 + 0.0000i -1.6574 - 7.7170i
  Columns 3 through 4
  -1.6574 + 7.7170i  -2.0130 + 0.0000i
K1 =1000
K2 =0.0800
num/den =
                 20 s + 100
   ---------------------------------------------
   0.002 s^4 + 0.21 s^3 + 1.2 s^2 + 53 s + 100
p =1.0e+02 *
  Columns 1 through 2
  -1.0161 + 0.0000i  -0.0072 - 0.1589i
  Columns 3 through 4
  -0.0072 + 0.1589i  -0.0194 + 0.0000i
```

② 方法2的程序运行结果为

```
s =
                 2500 (s+5)
  ---------------------------------------------
  (s+99.29) (s+4.547) (s^2 + 1.163s + 27.68)
Continuous-time zero/pole/gain model.
```

根据控制系统工具箱LTI对象运算优先等级为“状态空间>零极点增益>传递函数”的规定，合成系统的系统函数的对象特性应按照环节的最高等级来确定。在本章的例子中，有一个环节使用零极点增益，其他两个是传递函数，因此，最后的系统函数就表现为零极点增益。可以看出，它的极点与方法1中的第一个结果相同。

【例12.3】用信号流图和LTI对象解复杂系统。

设系统的信号流图如图12.2所示，其中

$$G_1=\frac{s}{s+1},\ G_2=\frac{3}{s+2},\ G_3=\frac{s+4}{s^2+5s+6}$$

求以 u 为输入，x_8 为输出的系统函数。

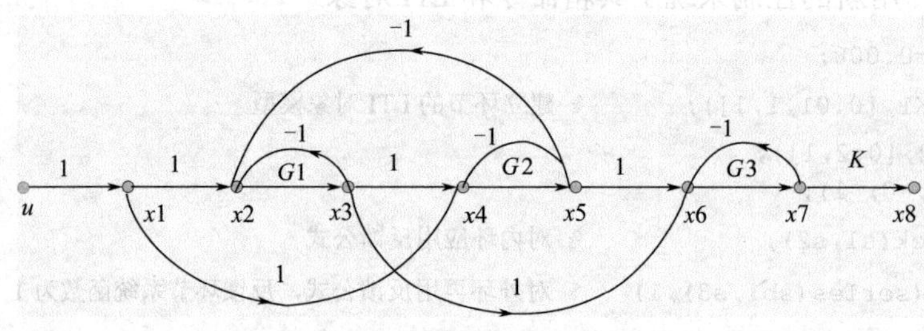

图 12.2　系统信号流程图

解：（1）建模

信号流图的建模方面此处不再重复，为了得出不同的对象类型，可以在输入环节中重新安排。按照运算的优先级，只要有一个环节用 ss 对象，结果必是 ss 对象；如果每个环节都不用 ss 对象，只要有一个环节用 zpk 对象，结果必是 zpk 对象；只有所有环节都用 tf 对象，结果才是 tf 对象。但这里还有一个要点，就是矩阵 R 的对象类型取决于其第一个赋值元素的对象类型。在本例中，第一个赋值语句是 R(3,2) = G1；因此，G1 的对象类型就决定了 R 的对象类型。为了验证这一点，在程序中设置了可选项。程序的其他部分同例 10.19。

（2）MATLAB 程序

```
Clear;
k=input('用什么模型? 传递函数-键入 1，零极增益-键入 2，状态空间-键入 3', k=);
switch k
case 1
G1=tf([1,0],[1,1]),
G2=tf(3,[1,2]),
G3=tf([1,4],[1,5,6])
case 2
G1=zpk(0,-1,1),
G2=zpk([],-2,3),
G3=tf([1,4],[1,5,6])
otherwise
G1=ss(zpk(0,-1,1)),
G2=zpk([],-2,3),
G3=tf([1,4],[1,5,6])
end
R(3,2)=G1;
R(2,1)=1;R(2,3)=-1;R(2,5)=-1;
R(4,3)=1;R(4,1)=1;R(4,5)=-1;
R(5,4)=G2;
R(6,3)=1;R(6,5)=1;R(6,7)=-1;
R(7,6)=G3;
R(8,7)=5;
R(:,8)=zeros(8,1);
P=[1;0;0;0;0;0;0;0];
I=eye(size(R));
W=(I-R)\P;
```

```
if k==3W,
else W8=W(8),
end
```

（3）程序运行结果

键入 k=1 时，得出 W8=

```
2.5 s^3 + 37.5 s^2 + 117.5 s + 30
-----------------------------------
s^4 + 13 s^3 + 54.5 s^2 + 85 s + 25
```

输入 k=2 时，得出 W8=

```
2.5 (s+10.72) (s+4) (s+0.2798)
------------------------------------
(s+6.622) (s+0.3775) (s^2 + 6s + 10)
```

输入 k=3 时，得出的 W

```
a =
          x1      x2       x3      x4
   x1   -0.5    -0.75      0       0
   x2     -1     -6.5      0       0
   x3     -1      1.5     -6      -5
   x4      0        0      2       0
b =
         u1
   x1   0.5
   x2     3
   x3     1
   x4     0
c =
         x1      x2      x3      x4
   y1     0       0       0       0
   y2   0.5   -0.75       0       0
   y3  -0.5   -0.75       0       0
   y4  -0.5   -2.25       0       0
   y5     0     1.5       0       0
   y6   -0.5   0.75    -0.5      -1
   y7     0       0     0.5       1
   y8     0       0     2.5       5
d =
         u1
   y1     1
   y2   0.5
   y3   0.5
   y4   1.5
   y5     0
   y6   0.5
   y7     0
   y8     0
Continuous-time state-space model.
```

可以看出，在用状态空间模型时，W8 是没有意义的，只能有 W，它用 a、b、c、d 表述。要求出对 y8 的状态空间系数矩阵，可以取 a，b，c（8, :)和 d (8,:)来组成。

【例 12.4】复杂框图的结构图变换。

如图 12.3 所示，设

$$A=\begin{bmatrix}-9 & 17\\-2 & 3\end{bmatrix},\ B=\begin{bmatrix}-0.5 & 0.5\\-0.002 & -1.8\end{bmatrix},\ C=\begin{bmatrix}-3 & 2\\-13 & 18\end{bmatrix},\ D=\begin{bmatrix}-0.5 & -0.1\\-0.6 & 0.3\end{bmatrix}$$

求合成系统的系统模型。

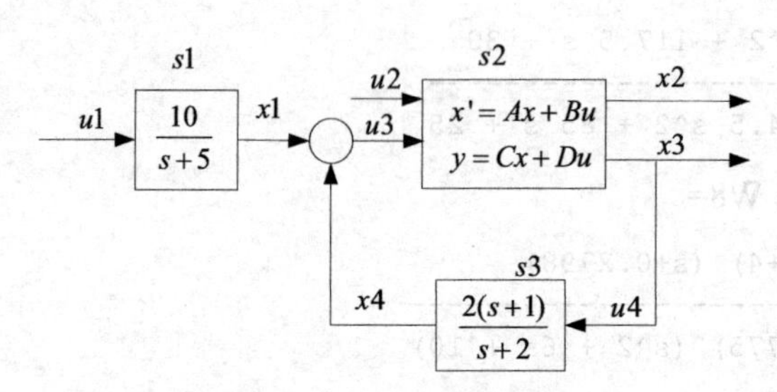

图 12.3 例 12.4 系统框图

解：（1）建模

对方框图中的各个环节及其输入和输出进行编号，建立对象模型。

环节编号 s1,s2,s3

输入端编号 u1,u2,u3,u4

输出端编号 x1,x2,x3,x4

建立无联接的状态空间模型，可用 append 命令完成这个功能。

```
sap=append(s1,s2,s3)
```

写出系统的联接矩阵 Q。

$$Q=\begin{bmatrix}1 & 0 & 0\\2 & 0 & 0\\3 & 2 & -4\\4 & 3 & 0\end{bmatrix}$$

Q 中的第一行和第二行可以省略。

选择组合系统中需保留的对外的输入和输出端的编号并列出。

```
inputs=[1,2]    outputs=[2,3]
```

用 connect 命令生成组合后的系统。

```
sys=connect(sap,Q,inputs,outputs)
```

（2）MATLAB 程序

① 建立环节的对象模型。

```
s1=tf(10,[1,5],'inputname','u1','outputname','x1');
A=[-9,17;-2,3];
B=[-0.5,0.5;-0.002,-1.8];
C=[-3,2;-13,18];
D=[-0.5,-0.1;-0.6,0.3];
s2=ss(A,B,C,D,'inputname',{'u1','u3'},'outputname',{'x1','x3'});
s3=zpk(-1,-2,2,'inputname','u4','outputname','x4');
sap=append(s1,s2,s3);
```

```
Q=[3,2,-4;4,3,0];
inputs=[1,2];outputs=[2,3];
```

② 用connect命令生成组合后的系统

```
sc=connect(sap,Q,inputs,outputs);
set(sc,'inputname',['r1';'r2'],'outputname',{'y1';'y2'})
sc
```

（3）程序运行结果

可以输入 s1、s2、s3、sap 等来获得各阶段各子系统特性，这里只显示了合成系统特性 sc。

```
a =
            x1      x2       x3
  x1    -2.235       7   0.2941
  x2    -26.35      39   -1.059
  x3    -17.88      24   -1.647
b =
          r1       r2
  x1       0  -0.2941
  x2       0  -0.7432
  x3       0  -0.9529
c =
            x1      x2        x3
  y1    -4.353       4  -0.05882
  y2    -8.941      12    0.1765
  d =
          r1       r2
  y1       0  -0.5412
  y2       0  -0.4765
Continuous-time state-space model.
```

【例12.5】连续系统变换为离散系统。

已知连续系统的传递函数为

$$H(s)=\frac{-4s+1}{s^2+7s+12}$$

采样周期为0.2s，试用零阶保持器和双线性变换两种方法求出其离散传递函数。

解：（1）建模

本例建模方案可参考12.1.6节内容，这里不再赘述。

（2）MATLAB程序

```
format compact
f=[-4,1];g=[1,7,12];ts=0.2;
sc=tf(f,g)
disp('零阶保持器')
sd1=c2d(sc,ts)
disp('双线性变换')
sd3=c2d(sc,ts,'t')
```

（3）程序运行结果

零阶保持器

```
sd1 =
     -0.3852 z + 0.4059
```

```
  ------------------------
  z^2 - 0.9981 z + 0.2466
Sample time: 0.2 seconds
```

双线性变换

```
sd3 =
  -0.2143 z^2 + 0.01099 z + 0.2253
  ---------------------------------
      z^2 - 0.967 z + 0.2308
Sample time: 0.2 seconds
```

12.2 动态特性和时域分析函数

控制系统工具箱中的动态特性和时域分析函数如表 12.6 所示。

表 12.6　控制系统工具箱中的动态特性和时域分析函数

参数名称及其典型调用方式		功能
零极点分析及其根轨迹绘制函数	[wn,zeta]=damp(sys)	系统极点的固有频率 wn 和阻尼系数 zeta
	k=dcgain(sys)	直流（稳态）增益系数
	ps=dsort(p)	离散系统极点按幅值降序排列
	ps=esort(p)	连续系统极点按实部降序排列
	p=pole(sys)	系统的极点计算
	[v,p]=eig(sys)	系统的特征根 p 和特征向量 v 的计算
零极点分析及其根轨迹绘制函数	pzmap(sys) [p,z]=pzmap(sys)	系统零极点绘制
	z=tzero(sys)	求系统的传输零点
	rlocfind(sys)	按鼠标选定根轨迹上的点计算其增益和根
	rlocus(sys)	计算和绘制系统的根轨迹
	sgrid	绘制连续系统根平面上的等阻尼和等固有频率网格
	zgrid	绘制离散系统根平面上的等阻尼和等固有频率网格
时域动态分析函数	[u,t]=gensig(type,tau)	生成特定类型（方波、正弦等）的激励信号
	impulse(sys) [y,t,x]=impulse(sys)	计算和绘制系统的脉冲响应
	initial(sys,x0) [y,t]=initial(sys,x0)	计算和绘制系统的零输入响应
	step(sys) [y,t,x]=step(sys)	计算和绘制系统的阶跃响应
	[y,t]=lsim(sys,u)	计算系统在任意输入作用下的输出响应
	[P,Q]=covar(sys,w)	白噪声激励下系统输出和状态协方差 P、Q 的计算

这些函数中凡是以系统名称 sys 作为输入变元的，都同时适用于连续系统和离散系统。而且也适用于多输入多输出系统。因为这些特征都已包含在系统名称中。

（1）与系统的零极点有关的有以下16个函数，它们都可以用来判断系统的稳定性。

① p=pole(sys) 用来计算系统的极点。如果系统有重极点，计算结果不一定准确。

如果sys是采样系统，则获得的是映射到连续系统s平面上的等效极点。如果采样周期无定义，则返回值为空。p的实部为负时，系统稳定。

② p=eig(sys) 与p=pole(sys)相同。

eig函数功能相对要多一些，如输入[v,p]=eig(sys)，可以同时得到系统的特征根p和特征向量v。其中p是以对角矩阵返回的。

③ pr=esort(p) 系统极点按实部降序排列，通常用于连续系统分析。

稳定的连续系统极点实部为负，故实部绝对值较小的根，也即影响过渡过程时间的主导根排在前面。

④ pa=dsort(p) 系统极点按幅值降序排列，通常用于离散系统分析。

稳定的离散系统极点幅值小于1，故幅值接近于1的根，即影响过渡过程时间的主要根排在前面。

⑤ [wn, zeta]=damp(sys) 用来计算系统所有共扼极点的固有频率wn和阻尼系数zeta。

如果sys是采样系统，则获得的是映射到连续系统s平面上的等效极点。如果采样周期无定义，则返回值为空。damp函数的算法核心是p=roots(poly(A))、wn=abs(p)、zeta=−real(p)./wn。zeta为正时，系统稳定。

⑥ k=dcgain(sys) 计算直流（稳态）增益。

Dcgain函数的算法公式为，对连续系统，$K=D-CA^{-1}B$；对离散系统，$K=D-C(I-A)^{-1}B$。

如果sys是多输入多输出系统，例如二输入三输出系统，则得出的K将是3×2阶矩阵。

⑦ z=tzero(sys) 求系统的传输零点，适用于连续和离散系统，也适用于多输入多输出系统。

⑧ [z,gain]=tzero(sys) 只适用于单输入单输出系统，注意这个gain不是直流增益，而是zpk对象中的k。如果sys是多输入多输出系统，返回的gain为空。

⑨ pzmap(sys) 不带左端输出变量时，用来计算和绘制系统零极点。

对连续系统，在s平面上绘制；对离散系统，在z平面上绘制。结果都不返回数据，只返回图形。

带左端输出变量的调用格式[p,z]=pzmap(sys)用来计算并返回零极点，不返回图形。

⑩ sgrid 绘制连续系统根平面（s平面）上的等阻尼和等固有频率网格，如图12.4所示。

⑪ zgrid 绘制离散系统根平面（z平面）上的等阻尼和等固有频率网格，如图12.5所示。

⑫ rlocus(sys) 计算和绘制系统的根轨迹图（开环增益k从零到无穷大）。

⑬ rlocus(sys, k) 按给定的开环增益数组k的范围计算和绘制系统的根轨迹。

⑭ [r,k]=rlocus(sys) 计算系统的根轨迹，返回值r及相应k的数组值，不返回根轨迹图形。

⑮ rlocfind(sys) 先由rlocus函数画出系统的根轨迹图，再键入rlocfind(sys)，根轨迹图上会出现随着鼠标移动的十字线，用鼠标左键选定该根轨迹上的点，MATLAB将计算并显示其增益和根的值。本函数同时适合于连续和离散系统。

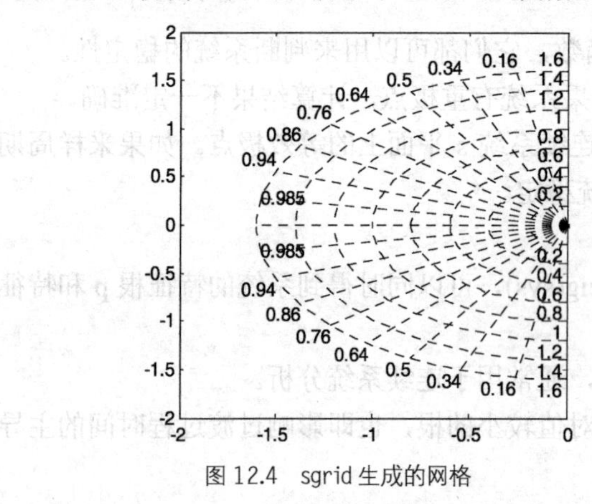

图 12.4 sgrid 生成的网格

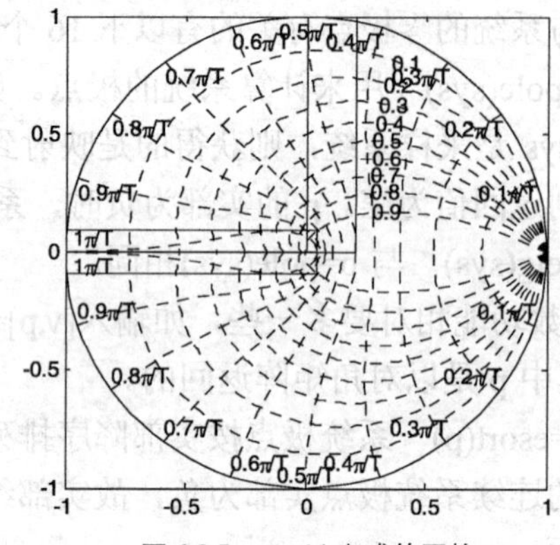

图 12.5 zgrid 生成的网格

⑯ [r,k]=rlocfind(sys) 把找到的增益和根的值分别赋值给变量 k 和 r。

（2）与系统的时域分析有关的有以下函数。

① impulse(sys) 不带左端输出变量时，它绘制系统 sys 的脉冲响应，结果不返回数据，只返回图形。

如果是多输入多输出系统，画出的脉冲响应将自动分成相应分割的子图。

带左端输出变量的调用格式[y,t,x]=impulse(sys)，用来计算系统的脉冲响应，给出系统输出变量和状态变量随时间变化的数值解，不返回图形。

impulse(sys,t)的第二个变元 t 若为标量，表示终止时间；若为数组，表示需计算的时刻。impulse(sys1,sys2,…,sysN,t)可以在一张图上画出多个系统的脉冲响应。

Impulse(sys1,'PlotStyle1',sys2,'PlotStyle2',…,t)可以规定多个系统的脉冲响应的线型。

② initial(sys,x0) 不带左端输出变量时，用来计算和绘制系统 sys 在初始条件 x0 下的零输入响应，不返回数据，只返回图形。

格式 initial(sys,x0,t)的第三个变元 t 若为标量，表示终止时间；若为数组，表示需计算的时刻值。

带左端输出变量的调用格式[y,t]=initial(sys,x0)，用来计算系统在初始条件 x0 下的零输入响应，它给出输出变量和状态变量随时间变化的数值解，结果不返回图形。其他调用格式与 impulse 相同。

③ step(sys) 不带左端输出变量时，计算和绘制系统的阶跃响应，结果不返回数据，只返回图形。

格式 step(sys,t)的第二个变元 t 若为标量，表示终止时间；若为数组，表示需计算的时刻值。

带左端输出变量的调用格式[y,t,x]=step(sys)用来计算系统的阶跃响应，给出系统输出变量和状态变量随时间变化的数值解，不返回图形。其他调用格式与 impulse 同。

④ lsim(sys, u, t) 不带左端输出变量的格式用来计算和绘制 sys 在初始条件 x0 和任意输入 u 作用下的输出 y，不返回数据，只返回图形。与其他几个命令不同的是用 lsim 函数时，必须给出时间数组 t，对离散系统，时间数组 t 的步长必须与采样周期 Ts 相同。

带左端输出变量的调用格式[y,t]=lsim(sys,u, t, x0)，用来计算系统 sys 在初始条件 x0 和任意输入 u 作用下的输出 y 的数值解，不返回图形，其他调用格式与 impulse 同。

⑤ [u, t] = gensig(type, tau) 用来生成特定类型（方波、正弦等）的激励信号 u。

变元 type 可取字符串 sin（正弦）、square（方波）、impulse（脉冲）之一。Tau 为信号周期。

格式[u,t]=gensig(type,tau,Tf,Ts)中，增加的变元 Tf 为信号持续时间，Ts 为采样周期。

⑥ [P,Q]=covar(sys,w) 用于白噪声 w 激励下系统输出协方差 P 和状态协方差 Q 的计算。要求输入为满足下式的高斯白噪声。

$$E(\omega(t)\omega(\tau)^T) = W\delta(t-\tau) \qquad （连续系统）$$

$$E(\omega(t)\omega(\tau)^T) = W\delta \qquad （离散系统）$$

稳态输出协方差 P 和状态协方差 Q 的定义为

$$P = E(yy^T), \qquad Q = E(xx^T)$$

【例 12.6】阻尼系数对二阶系统脉冲响应的影响。

二阶系统的传递函数为

$$H(s) = \frac{1}{s^2 + 2\zeta\omega_n s + \omega_n^2}$$

设其固有频率 $\omega_n = 10$，在阻尼系统 $\zeta = [0.1,\ \ 0.3,\ \ 0.7,\ \ 1]$ 时，分别画出其脉冲响应函数。将系统在条件 $T_s = 0.1$ 下离散化，同样画出其脉冲响应函数曲线。

解：（1）建模

先用 ord2 函数建立二阶连续系统 LTI 模型 s，用 c2d 函数转换为离散 LTI 模型 sd，再用 impulse 函数绘制脉冲响应曲线，不同的 $zeta = \zeta$ 用 for 循 环 处 理 。注意 impulse(sys)函数对连续系统和离散系统是公用的，它会根据 sys 的不同属性自动选择相应的计算方法，从而简化了编程。

（2）MATLAB 程序

```
clear, clf
wn=10;Ts=0.1                                % 设定参数 wn, Ts
for zeta=[0.1:0.3:1]                        % 设定参数 zeta
[num,den]=ord2(10,zeta);
s=tf(num,den);                              % 建立连续系统 s
sd=c2d(s,Ts);                               % 再生成采样系统 sd
figure(1),impulse(s,2),hold on              % 在图 12.6 中画 2 秒连续系统曲线
figure(2),impulse(sd,2),hold on             % 在图 12.7 中画 2 秒采样系统曲线
end
hold off
```

（3）程序运行结果

对连续和离散系统绘制的脉冲响应曲线分别如图 12.6 和图 12.7 所示。

【例 12.7】附加零点对二阶连续系统阶跃响应的影响。

含有零点的二阶系统的传递函数为

$$H(s) = \frac{\omega_n^2(T_m s + 1)}{s^2 + 2\zeta\omega_n s + \omega_n^2}$$

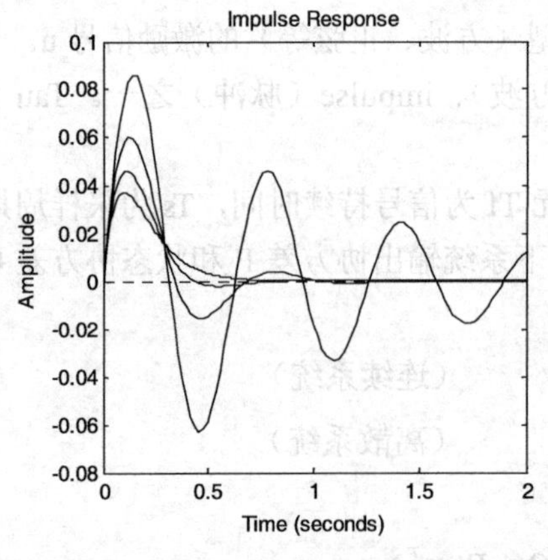

图 12.6　连续系统在不同 ζ 值下的脉冲响应曲线

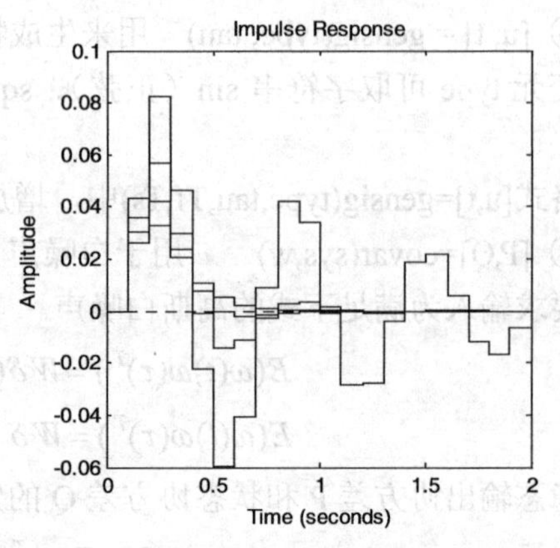

图 12.7　离散系统在不同 ζ 值下的脉冲响应曲线

设其固有频率 $\omega_n = 1$，阻尼系数 $\zeta = 0.4$，在 $T_m = 0.5$，1，2 时，分别画出其脉冲响应函数。将系统在条件 $T_s = 0.1$ 下离散化，再做阶跃响应曲线。

解：（1）建模

用 ord2 函数在这里并不方便，故用 tf 函数建立此二阶连续系统 LTI 模型 s，用 c2d 函数转换为离散 LTI 模型 sd，再用 impulse 函数绘阶跃响应曲线。不同的 T_m 用 for 循环处理。

（2）MATLAB 程序

```
clear, clf
wn=1;Ts=0.1;zeta=0.4                        % 设定参数 wn,Ts
for Tm=[0.5,1,2]                            % 设定参数 zeta 的三个值
s=tf([Tm,1]*wn^2,[1,2*zeta*wn,wn^2]);       % 建立连续系统 s
sd=c2d(s,Ts);                               % 用零阶保持器生成采样系统 sd
figure(1),step(s),hold on                   % 在图 12.8 中画出连续系统曲线
figure(2),step(sd),hold on                  % 在图 12.9 中画出采样系统曲线
end
hold off
```

（3）程序运行结果

对连续和离散系统绘制的阶跃响应曲线分别如图 12.8 和图 12.9 所示。

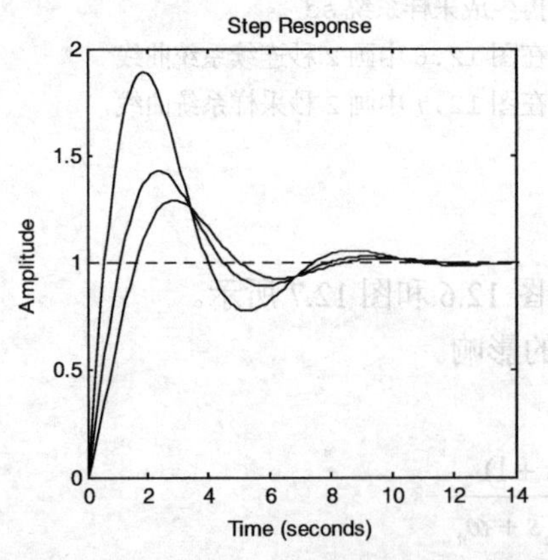

图 12.8　连续系统在不同 ζ 值下的阶跃响应曲线

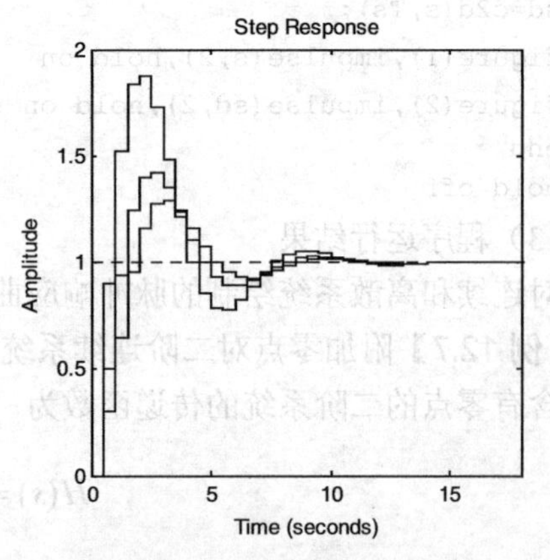

图 12.9　离散系统在不同 ζ 值下的阶跃响应曲线

可见，所加的零点越小，即时间常数T_m越大，则阶跃过渡过程的超调加大，上升时间减小，使系统的跟踪速度加快。

【例 12.8】附加极点对二阶连续系统阶跃响应的影响。

含有附加实极点$1/T_p$的二阶系统的传递函数为

$$H(s)=\frac{\omega_n^2}{(s^2+2\zeta\omega_n s+\omega_n^2)(T_p s+1)}$$

设其固有频率$\omega_n=1$，阻尼系数$\zeta=0.4$，在$T_p=0.5$，1，2时，分别画出其阶跃响应函数和极点分布，并进行讨论。

解：（1）建模

用tf函数建立此三阶连续系统LTI模型s，再用impulse函数绘制阶跃响应曲线。用pzmap函数绘制零极点分布，不同的附加极点用for循环处理。

（2）MATLAB程序

```
clear, clf
wn=1; zeta=0.4                          % 设定参数 wn,zeta
for Tp=[0.5,1,2]                        % 设定参数 Tp
den=conv([Tp,1],[1,2*zeta*wn,wn.^2]);
s=tf(wn^2,den);                         % 建立连续系统 s
figure(1),step(s),hold on               % 在图 12.10 中画阶跃响应曲线
figure(2),pzmap(s),hold on              % 在图 12.11 中画零极点分布图
w=1; P=covar(s,w)                       % 计算密度为 1 的白噪声通过系统后的输出方差
end
hold off
```

（3）程序运行结果

对含不同的附加极点系统绘制的阶跃响应曲线分别如图12.10和图12.11所示。

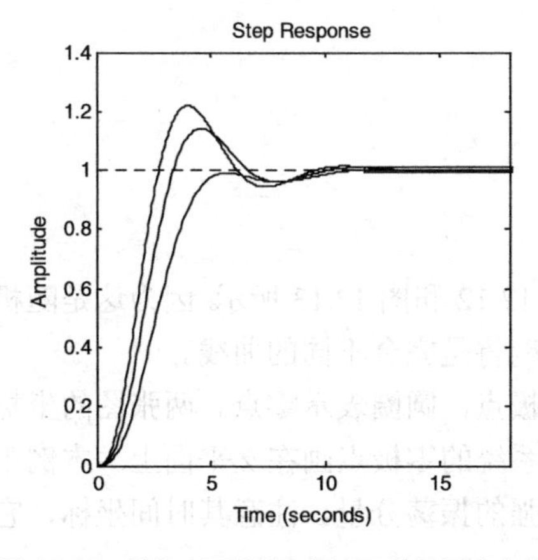

图 12.10 系统在不同附加极点下的阶跃响应曲线

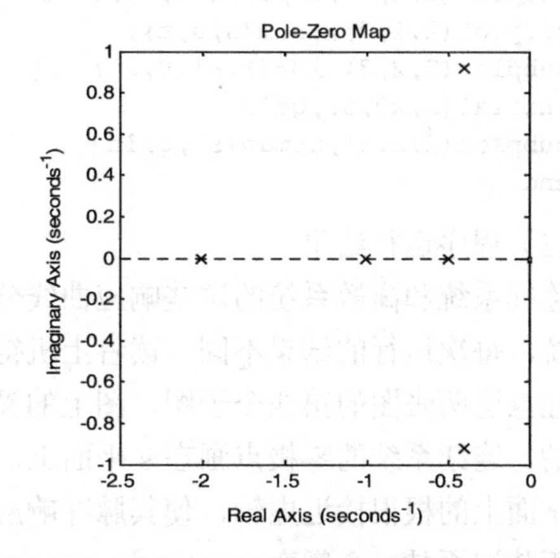

图 12.11 系统在不同附加极点下的零极点分布图

对应于T_p=0.2，1，2的输出方差分别为P=0.6042，0.4018，0.1042，可见，附加的极点越小，即时间常数T_p越大，则阶跃过渡过程的上升时间加大。这将使系统的跟踪速度减慢，同时对噪声的抑制能力增大。在T_p=5，即实极点模为0.2，也就是复极点的1/5时，系统的阶

跃过渡过程基本上由这个实极点所决定。而当 T_p =0.2，即极点模为 5，也就是两个复极点的 5 倍时，系统的阶跃过渡过程基本上由两个复极点所决定。可以近似认为，系统的响应主要取决于虚部最小的极点。特别是当其他极点比它们大 5 倍以上时，这个或这对虚部最小的极点被称为主导极点。MATLAB 中的 esort 之所以按极点的虚部降序排序，就是为了把主导极点排在前面。

【例 12.9】系统的多种响应曲线。

随机生成一个四阶 SISO 连续系统，求出它的状态方程，并分别画出它的（1）脉冲响应曲线；（2）初始条件为 x_0 = [1，−1，0，2]下的零输入响应曲线；（3）在正弦激励下的输出响应曲线；（4）系统的零极点分布图。将此系统离散化后，再分别画以上 4 种曲线。

解：（1）建模

这个例题要用到 initial 和 lsim 函数，它们也都同时适用于连续系统和离散系统。同时这里也采用了 rmodel 函数来随机生成一个稳定的四阶系统参数，所以做起来比较简单。编程时要注意的是：initial 函数只能用于状态空间模型。用 lsim 函数时，对连续系统必须给出时间数组 t，离散系统时间数组 t 的步长必须与采样周期 Ts 相同。

（2）MATLAB 程序

```
clear, clf
[a,b,c,d]=rmodel(4);
s1=ss(a,b,c,d);Ts=0.2;
sd1=c2d(s1,Ts,'t');
t=0:Ts:25;
u=sin(0.5*t);
for i=1:2
     if i==1 s=s1;
     else s=sd1;
end
figure(i)
subplot(2,2,1),impulse(s,5);grid
subplot(2,2,2),lsim(s,u,t);
subplot(2,2,3),x0=[1,-1,0,2];
initial(s,x0,5),grid
subplot(2,2,4),pzmap(s),grid
end
```

（3）程序运行结果

连续系统和离散系统的这些响应曲线分别如图 12.12 和图 12.13 所示。因为这是随机生成的系统，每次运行的结果不同，读者上机得出的可能将是完全不同的曲线。

注意这两张图的第四个子图，图上的叉号表示极点，圆圈表示零点。两张图的坐标也是不同的，连续系统的零极点画在 s 平面上，而离散系统的零极点画在 z 平面上。本例中系统在 s 平面上的根很接近虚轴，使其脉冲响应中有很强的振荡分量。注意其时间坐标，它与输入的正弦波不是一个频率。

【例 12.10】带时延环节的系统分析。

设系统的开环传递函数为

$$W(s)=\frac{K(T_m s+1)e^{-T_d s}}{s^2}$$

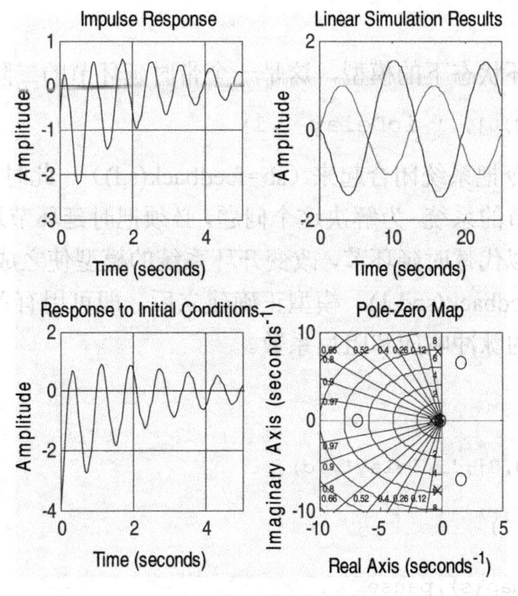

图 12.12 连续系统的多种响应曲线

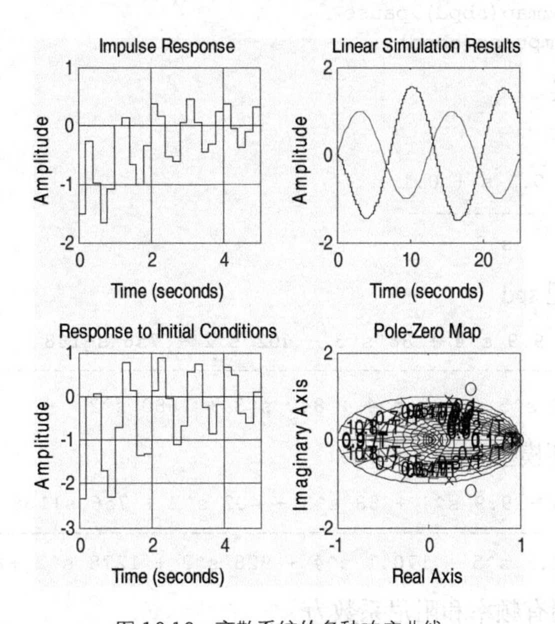

图 12.13 离散系统的多种响应曲线

其中，$K=0.1$，$T_m=5\text{s}$，$T_d=1\text{s}$，将系统的环路闭合起来如图 12.14 所示。分析它的极点变化情况，并求闭环系统的脉冲响应和阻尼系数。

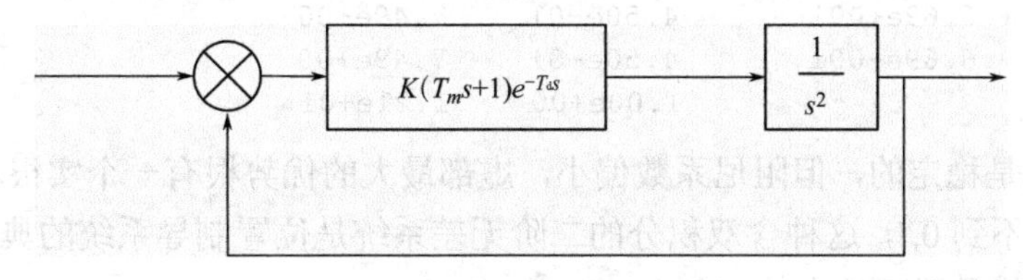

图 12.14 系统闭环图

解：（1）建模

首先建立系统在开环状态下的模型，这是一个带时延环节的二阶无静差系统，可写出

```
s=tf(K*[Tm,1],[1,0,0], ' ioDelay ',1)
```

然后用 feedback 命令把系统闭合起来（sb=feedback(s,l)）。此时 MATLAB 回应 feedback 命令不能用于带时延环节的系统。为解决这个问题，必须把时延环节近似为多项式，设用 pade 命令以四阶多项式来近似代替时延环节，改变开环系统的模型使之成为 spd = pade(s,4)，然后再求闭环模型 sbpd = feedback(spd,1)。模型正确建立后，即可用有关命令观察系统开闭环极点的特性并求闭环系统的脉冲响应和阻尼系数。

（2）MATLAB 程序

```
K=0.1;Tm=5;Td=1;
s=tf(K*[Tm,1],[1,0,0],'ioDelay',Td)
spd=pade(s,4)
sbpd=feedback(spd,1)
damp(sbpd),pause
subplot(2,2,1),pzmap(s),pause
subplot(2,2,2),pzmap(spd),pause
subplot(2,2,3),pzmap(sbpd),pause
subplot(2,2,4),impulse(sbpd)
```

（3）程序运行结果

原始开环模型 s

```
                    0.5 s + 0.1
s=   exp(-1*s) * -----------
                       s^2
```

pade 近似开环模型 spd

```
        0.5 s^5 - 9.9 s^4 + 88 s^3 - 402 s^2 + 756 s+168
spd= ------------------------------------------------------------
          s^6 + 20 s^5 + 180 s^4 + 840 s^3 + 1680 s^2
```

pade 近似后的闭环模型 sbpd

```
          0.5 s^5 - 9.9 s^4 + 88 s^3 - 402 s^2 + 756 s+168
sbpd = ------------------------------------------------------------------------
          s^6 + 20.5 s^5 + 170.1 s^4 + 928 s^3 + 1278 s^2 ++ 756 s + 168
```

闭环模型极点的固有频率和阻尼系数为

```
      Eigenvalue                   Damping       Frequency
 -5.38e-01                         1.00e+00      5.38e-01
 -5.61e-01 + 3.81e-01i             8.27e-01      6.78e-01
 -5.61e-01 - 3.81e-01i             8.27e-01      6.78e-01
 -3.37e+00 + 6.69e+00i             4.50e-01      7.49e+00
 -3.37e+00 - 6.69e+00i             4.50e-01      7.49e+00
 -1.21e+01                         1.00e+00      1.21e+01
```

可见，系统是稳定的，但阻尼系数偏小，虚部最大的优势根有一个实根和一个复根，复根的阻尼系数还不到 0.1，这种含双积分的二阶无差系统是位置制导系统的典型结构，要使它稳定且有良好性能是要下功夫的。

得出的图形如图 12.15 所示，第一个子图说明原始系统在 s 平面原点有一个双重极点，而在 $1/T_m$ 处有一个实零点；第二个子图说明近似开环系统多了四个左半平面极点和四个右半平面零点，它们基本上是处在一个半径约为 $N\pi/2T_d$ 的圆上（N 为 pade 的阶数）。这是四阶 pade 近似造成的。第三个子图说明系统反馈以后的极点，第四个子图为闭环系统的脉冲响应。

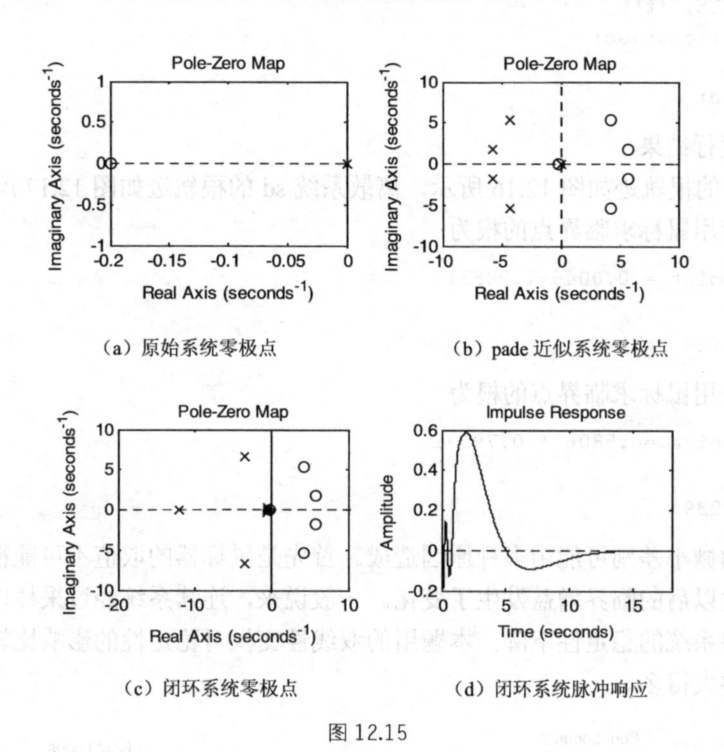

（a）原始系统零极点　（b）pade 近似系统零极点

（c）闭环系统零极点　（d）闭环系统脉冲响应

图 12.15

【例 12.11】 连续和离散系统的根轨迹绘制。

设系统的开环传递函数为

$$H(s)=\frac{1}{s^4+12s^3+30s^2+50s}$$

画出系统的根轨迹，并求出临界点（即根在虚轴上）的增益。

设 $T_s=0.5$，将系统离散化后，做同样的工作。

解：（1）建模

先建立系统的 LTI 连续模型 s，然后用 rlocus(s)函数画它的根轨迹，再键入 rlocfind(s)函数，用鼠标选根轨迹与虚轴的交点，即临界点。然后转成系统的 LTI 离散模型 sd。要注意连续系统和离散系统根平面之间的映射关系。s 平面的左半平面映射为 z 平面单位圆的内部。s 平面上的虚轴映射为 z 平面单位圆边界，s 平面上的原点映射为 z 平面上的点（1，0），而 s 平面上的无穷远点映射为 z 平面上的点（−1，0）。掌握这些要点就能够比较出两种情况根轨迹的对应关系。

（2）MATLAB 程序

```
clear, clf
disp('先分析连续系统'),pause
```

```
s=tf(1,[1,12,30,50,0])
figure(1),rlocus(s)
sgrid
rlocfind(s)
disp('以下分析离散系统'),pause
sd=c2d(s,0.5, 't')
figure(2),rlocus(sd)
zgrid
rlocfind(sd)
```

（3）程序运行结果

连续系统 s 的根轨迹如图 12.16 所示，离散系统 sd 的根轨迹如图 12.17 所示。

对连续系统用鼠标求临界点的根为

```
selected_point = 0.0046+1.9883i
k 值为
ans =103.5429
```

对离散系统用鼠标求临界点的根为

```
selected_point =0.5806 + 0.7953i
k 值为
ans =103.0339
```

两个 k 值的微小差别可能由多种原因造成。首先是鼠标器的取值不可能很准确，其次是连续系统离散化以后的临界增益发生了变化。一般说来，连续系统经过采样以后再闭环，采样器的延时会使系统的稳定性下降。本题用的双线性变换对稳定性的影响比较小，若用零阶保持器，影响要大得多。

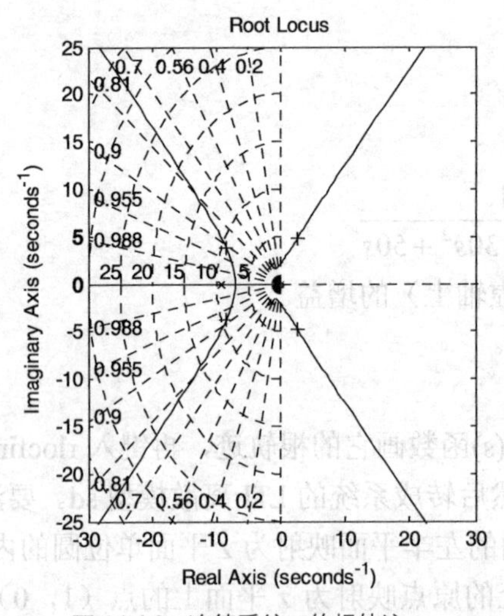

图 12.16　连续系统 s 的根轨迹

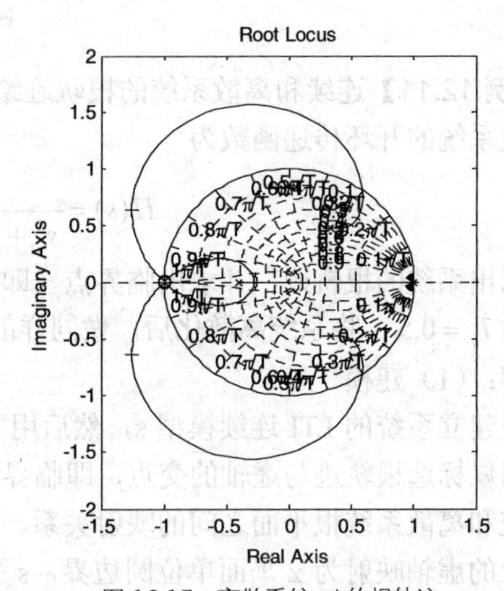

图 12.17　离散系统 sd 的根轨迹

【例 12.12】带时延环节的系统根轨迹分析。

系统的结构图同例 12.10，设开环传递函数为

$$W(s)=\frac{K(T_m s+1)e^{-T_d s}}{s^2}$$

其中，$K=0.1$，$T_m=5s$，时延$T_d=1s$，要求绘制其根轨迹，找到阻尼系数最大的主导共轭极点并确定此时系统的开环增益K，并绘制出其脉冲响应。

解：（1）建模

在用根轨迹解决问题的时候，通常要有一个交互的过程，因此不能指望靠一个编好的程序执行到底，而要在命令窗中，根据显示的结果，不断键入新的命令才行。首先建立系统在开环状态下的模型，它是一个带时延环节的二阶无静差系统，因为根轨迹函数 rlocus 不能用于带时延环节的系统，必须把时延环节近似为多项式，即用 pade 命令。若以六阶多项式来近似代替时延环节，则开环系统的近似多项式模型成为 spd=pade(s, 6)，然后调用根轨迹函数 rlocus 绘制根轨迹，为了找到阻尼系数最大的主导极点，要用 rlocfind 函数，用人机交互确定 K 后，再构成闭环系统并求其脉冲响应。

（2）MATLAB 程序

```
K=0.1,Tm=5;Td=1;
s=tf(K*[Tm,1],[1,0,0], 'ioDelay',Td)        % 建立系统在开环状态下的模型
spd=pade(s,6)                                % 以四阶多项式来近似代替时延环节的模型
figure(1),rlocus(spd)                        % 绘制根轨迹
```

（3）程序运行结果

```
                    0.5 s + 0.1
s = exp(-1*s) * -----------
                       s^2
   0.5 s^7 - 20.9 s^6 + 415.8 s^5 - 4956 s^4 + 36792 s^3- 158760 s^2 + 299376 s + 66528
spd= -----------------------------------------------------------------------------------
       s^8 + 42 s^7 + 840 s^6 + 10080 s^5 + 75600 s^4 + 332640 s^3+ 665280 s^2
```

同时得到图 12.18 所示的根轨迹。

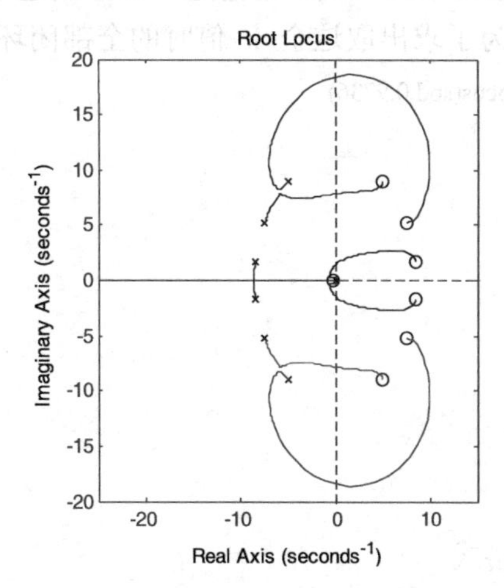

图 12.18 系统根轨迹及初选的闭环极点

系统开环有 8 个极点，共有 8 条根轨迹，我们关心的主导极点是离原点最近的复数极点，在此图上看不太清楚，可以键入

```
rlocfind(spd)
```

初步用鼠标在离原点最近的根轨迹上选一点，这时命令窗口出现

```
Select a point in the graphics window
selected_point =-0.3081 + 0.9317i
ans =1.5089
```

表示选定的复数极点及其对应的 K 值。同时在根轨图上出现八个叉号，显示在此 K 值下系统闭环极点的分布情况，可以看出这些极点都在左半平面，说明系统是稳定的，因此，可以专注于这两个小极点附近去仔细微调。为此，把根轨坐标放大，键入

```
axis ([3, 3, -3, 3])
```

得到图 12.19 所示根轨迹，这个根轨迹太粗，要仔细地画一下。为此把 K 细分为 K=[0:0.1:1.5]，重画根轨迹。

键入 `rlocus (spd,0:0.1:1.5)`

得到图 12.20 所示根轨迹，再改变比例尺并键入

axis([-2,2, -2,2])

为了便于选择阻尼系数最大的点，要加上网格函数。再键入 sgrid

得到图 12.21 所示根轨迹后，再用鼠标选极点。键入

```
rlocfind(spd)
```

图形屏幕出现十字线，选择根轨与阻尼系数最大的网线相切的点，按鼠标左键。命令窗出现

```
selected_point =-0.5115 + 0.2807i
ans =0.9736
```

就是说，最佳的增益将在 k=0.9736 时。注意这个 k 不是题中的 K，而是指在系统 spd 的系统函数上应该乘的增益。为了求出取这个 k 值时的全部闭环极点，有多种方法，这里用 rlocus 的另一格式，键入 r=rlocus(spd,0.9736)

得到 r =

```
-21.5633 + 0.0000i
-6.8325 +12.2057i
-6.8325 -12.2057i
-2.7817 + 7.4437i
-2.7817 - 7.4437i
-0.6979 + 0.0000i
-0.4986 + 0.3158i
-0.4986 - 0.3158i
```

再键入不带左端变元的格式

```
rlocus(spd,0.9736)
```

就得到闭环根的最后分布如图 12.22 所示，按这个 k 值闭合系统，并求其脉冲响应，可再输入

```
sbpd=feedback(spd,1);
impulse(sbpd)
```

所得脉冲响应大体上与图 12.15 相似，因为所乘的 k 很接近于 1。也可用 damp(sbpd)语句直接得到所有根的阻尼系数和固有频率。

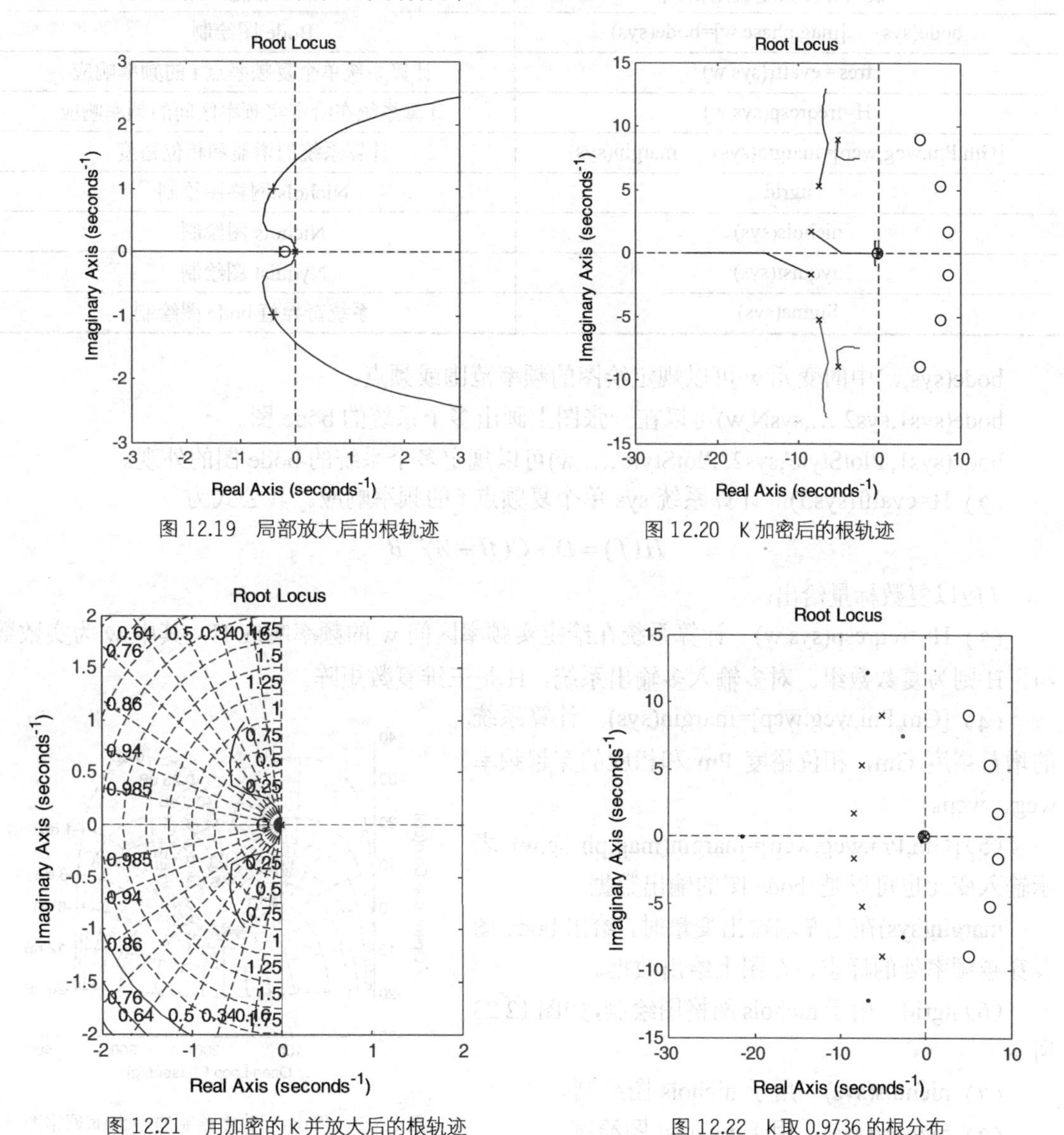

图 12.19　局部放大后的根轨迹

图 12.20　K 加密后的根轨迹

图 12.21　用加密的 k 并放大后的根轨迹

图 12.22　k 取 0.9736 的根分布

12.3 系统的频域分析

控制系统工具箱中的频域分析函数如表 12.7 所示。这些函数中凡是以系统名称 sys 作为输入变元的，都同时适用于连续系统和离散系统。而且也适用于多输入多输出系统。

（1）bode(sys)　用来计算系统的对数频率响应，画出 bode 图，但不返回数据（不管 sys 是连续系统还是离散系统）。如果是多输入多输出系统，画出的 bode 图将自动分成相应的子图。

有左端输出变量[mag,phase,w]=bode(sys)时，它计算并返回系统对数频率响应的振幅，相位和对应的频率数据，但不返回图形。

表 12.7　　　　控制系统工具箱中的频域分析函数

参数名称和典型调用格式	功能
bode(sys),　[mag,phase,w]=bode(sys)	Bode 图绘制
fres= evalfr(sys,w)	计算系统单个复频率点 f 的频率响应
H=freqresp(sys,w)	计算系统在给定实频率区间的频率响应
[Gm,Pm,wcg,wcp]=margin(sys)　margin(sys)	计算系统的增益和相位裕度
ngrid	Nichols 网格图绘制
nichols(sys)	Nichols 图绘制
nyquist(sys)	Nyquist 图绘制
Sigma(sys)	系统奇异值 bode 图绘制

bode(sys,w)中的变元 w 可以规定绘图的频率范围或频点。

bode(sys1,sys2,…,sysN,w)可以在一张图上画出多个系统的 bode 图。

bode(sys1,'PlotStyle',sys2,'PlotStyle',…,w)可以规定多个系统的 bode 图的外观。

（2）H=evalfr(sys,f)　计算系统 sys 单个复频点 f 的频率响应。其公式为

$$H(f) = D + C(fI - A)^{-1}B$$

f 应以复数标量给出。

（3）H=freqresp(sys,w)　计算系统在给定实频率区间 w 的频率响应 H，其中 w 为实数数组，H 则为复数数组。对多输入多输出系统，H 是三维复数矩阵。

（4）[Gm,Pm,wcg,wcp]=margin(sys)　计算系统的增益裕度 Gm，相位裕度 Pm 和相应的穿越频率 wcg，wcp。

（5）[Gm,Pm,wcg,wcp]=margin(mag,phase,w) 表示输入变元也可以是 bode 图的输出数据。

margin(sys)在无左端输出变量时，给出 bode 图及穿越频率处的标志，在图上给出数据。

（6）ngrid　用于 nichols 网格图绘制，如图 12.23 所示。

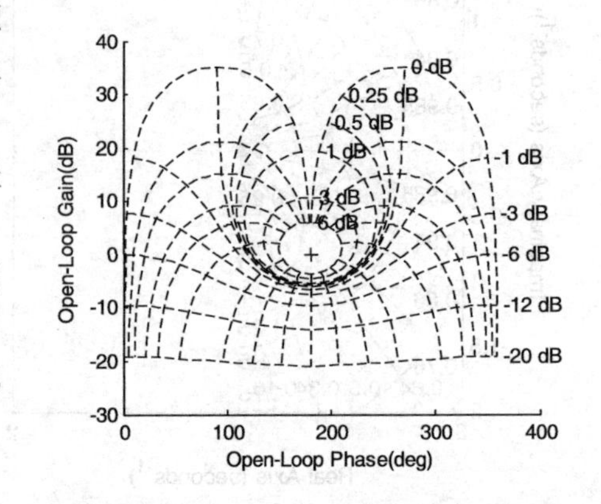

图 12.23　用 ngrid 命令绘制的 nichols 网格图

（7）nichols(sys)　用于 nichols 图绘制。

（8）nyquist(sys)　用于 nyquist 图绘制。

（9）sigma(sys)　用于系统奇异值 bode 图绘制。

这几种频率特性图的绘制函数与 bode 图相仿，bode 的调用格式也都适用于这几个函数。nichols 图和 nyquist 图在一般的自动控制课程中都有涉及，奇异值 bode 图是健壮控制理论中常用的概念。

【例 12.13】阻尼系数对二阶系统频率响应的影响。

二阶系统的传递函数为

$$H(s) = \frac{1}{s^2 + 2\zeta\omega_n s + \omega_n^2}$$

设其固有频率 $\omega_n = 10$，阻尼系数 $\zeta = [0.1, 0.3, 0.7, 1]$，分别画出其 bode 图。将系统在条件

$T_s = 0.1$下离散化，同样画出其 bode 图。

解：（1）建模

先用 ord2 函数建立二阶连续系统 LTI 模型 s，用 c2d 函数转换为离散 LTI 模型 sd，再用 bode 函数绘制对数频率特性曲线。不同的ζ用 for 循环处理。注意 bode(sys)函数对连续系统和离散系统是公用的，它会根据 sys 的不同属性自动选择相应的计算方法，从而简化编程。

（2）MATLAB 程序

```
clear,  clf,  wn=10;
for zeta=[0.1:0.3:1]
[n,d]=ord2(wn,zeta);
s1=tf(n*wn^2,d);
sd1=c2d(s1,0.1);
figure(1),bode(s1),hold on
figure(2),bode(sd1),hold on
end
hold off
```

（3）程序运行结果

对连续系统和离散系统绘制的 bode 图分别如图 12.24 和图 12.25 所示。从图中可以看出，二阶连续阻尼系数ζ很小时，其幅频特性在转折频率处出现谐振峰，相频特性在这个频率附近迅速下降。随着ζ的增大，幅频特性的峰值减小，在$\zeta \geqslant 0.7$后，幅频特性单调下降，相频特性的下降也趋于平缓。

离散系统的频率响应在低频区和连续系统基本相同，在高频区有一个最高极限频率，这个频率是采样频率的一半。在本例中采样周期$T_s = 0.1$，故采样频率为$2\pi / T_s = 62.8[1/s]$，图上的极限频率为$31.4[1/s]$。这体现了采样定理的规律，即经过采样以后的信号，只能保留半采样频率以下的频谱。不仅如此，从图中也可以看出，在靠近二分之一采样频率处的频率特性，也和连续系统差别较大，这是由于频率泄漏的效应。采样过程可以把高于半采样频率的一部分频谱，折叠相加到关于半采样频率点对称的频带上，造成了这部分频谱的畸变。所以实际设计采样开关时通常要把采样频率选为系统工作频率（注意是f而不是ω）的 5～10 倍。

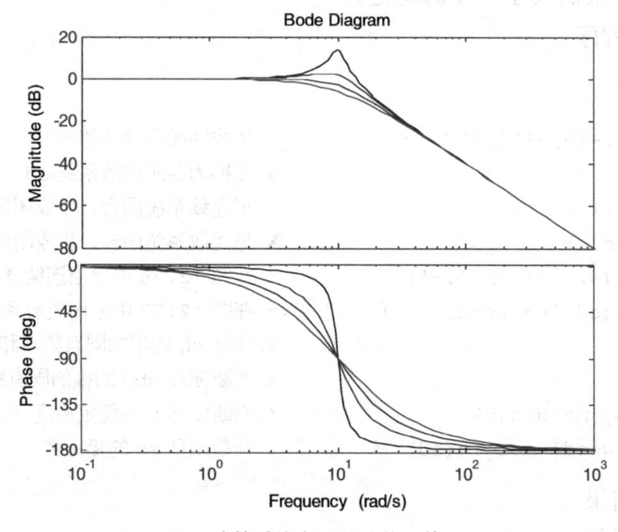

图 12.24　连续系统在不同ζ值下的 bode 图

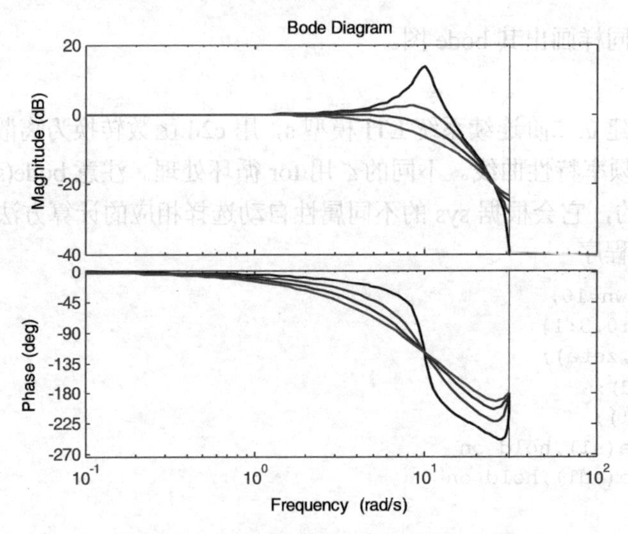

图 12.25 离散系统在不同 ζ 值下的 bode 图

【例 12.14】高阶系统的开闭环频率响应。

设系统的传递函数为

$$H(s)=\frac{200(s+6)}{s(s+1)(s+10)^2}$$

画出其 bode 图。将系统在条件 $T_s=0.1$ 下离散化，同样画出 bode 图。然后把两种系统分别用单位负反馈构成闭合环路，画出其 bode 图并与开环进行比较，并判断其稳定性。

解：（1）建模

先用 zpk 函数建立连续系统 LTI 模型 s，用 c2d 函数转换为离散 LTT 模型 sd，再用 feedback 函数得到两种系统的闭环传递函数，最后用 bode 函数绘制对数频率特性曲线。用 damp(sys）函数判断稳定性。注意 damp(sys)函数对连续系统和离散系统也是公用的，它会根据 sys 的不同属性自动选择相应的计算方法，但判断稳定性准则不同。对连续系统，阻尼系数大于零时稳定；对离散系统，根的模小于 1 时稳定。

（2）MATLAB 程序

```
clear,
Ts=0.1
s=zpk(-6,[0,-1,-10,-10],200)              % 生成四阶连续系统 s
sd=c2d(s,Ts)                               % 变换为四阶离散系统 sd
sb=feedback(s,1)                           % 把连续系统闭合，生成闭环系统 sb
sbd=feedback(sd,1)                         % 把离散系统闭合，生成闭环系统 sbd
figure(1),bode(s,'--',sb,'.-')             % 在图 12.26 中绘出连续系统的开闭环频率特性
figure(2),bode(sd,'--',sbd,'.-')           % 在图 12.27 中绘出离散系统的开闭环频率特性
damp(sb)                                   % 闭环 sb 的根的固有频率和阻尼系数
damp(sbd)                                  % 判断闭环 sbd 的根的固有频率和阻尼系数
[Gm,Pm,wcg,wcp]=margin(s)                  % 判断闭环 s 的稳定裕度
[Gmd,Pmd,wcgd,wcpd]=margin(sd)             % 判断闭环 sb 的稳定裕度
```

（3）程序运行结果

原始四阶连续系统 s

```
s =
   200 (s+6)
  ----------------
   s (s+1) (s+10)^2
Continuous-time zero/pole/gain model.
```

对应的离散系统 sd

```
sd =
  0.023516 (z+2.649) (z-0.5488) (z+0.1787)
  ----------------------------------------
     (z-1) (z-0.9048) (z-0.3679)^2
 Sample time: 0.1 seconds
Discrete-time zero/pole/gain model.
```

连续系统闭合后生成闭环系统 sb

```
sb =
         200 (s+6)
  ----------------------------------------------------
  (s+13) (s+7.513) (s^2 + 0.491s + 12.29)
Continuous-time zero/pole/gain model.
```

离散系统闭环后生成的闭环系统 sbd

```
sbd =
   0.023516 (z+2.649) (z-0.5488) (z+0.1787)
  --------------------------------------------------------------
   (z-0.4869) (z-0.2366) (z^2 - 1.894z + 1.01)
Sample time: 0.1 seconds
Discrete-time zero/pole/gain model.
```

连续闭环 sb 的根的固有频率和阻尼系数

```
      Eigenvalue              Damping     Frequency
 -2.46e-01 + 3.50e+00i       7.00e-02     3.51e+00
 -2.46e-01 - 3.50e+00i       7.00e-02     3.51e+00
 -7.51e+00                   1.00e+00     7.51e+00
 -1.30e+01                   1.00e+00     1.30e+01
 (Frequencies expressed in rad/seconds)
```

离散闭环 sbd 的根的固有频率和阻尼系数

```
      Eigenvalue            Magnitude     Damping      Frequency
  9.47e-01 + 3.37e-01i      1.01e+00     -1.47e-02     3.42e+00
  9.47e-01 - 3.37e-01i      1.01e+00     -1.47e-02     3.42e+00
  4.87e-01                  4.87e-01      1.00e+00     7.20e+00
  2.37e-01                  2.37e-01      1.00e+00     1.44e+01
 (Frequencies expressed in rad/seconds)
```

闭环 sb 的稳定裕度

```
Gm =1.7750      Pm =8.0194     wcg =4.6543      wcp =3.4467
```

离散闭环 sbd 的稳定裕度

```
Warning: The closed-loop system is unstable.
Gmd =0.9102      Pmd =-1.7724     wcgd =3.2709     wcpd =3.4383
```

对四阶连续系统和离散系统绘制的 bode 图分别如图 12.26 和图 12.27 所示。

由结果可知本题中的连续系统是稳定的，但稳定裕度很小，振幅稳定裕度 Gm 只有 1.7762dB，相位稳定裕度 Pm 为 8.0194°，而对应的离散系统则是不稳定的。控制系统工具箱函数有很多都可以用来判别系统的稳定性，稳定裕度函数 margin 还会直接告诉用户系统稳定与否，因此实际上没有必要再去用画 nyquist 频率特性的方法来判别稳定性。仅仅在没有适当的计算工具来求复杂系统的闭环根时，这种古典的方法才有价值，在分析系统的开环特性和闭环特性的关系时，要注意两点：第一点，在开环的幅频特性远远大于 0dB（例如+20dB 以上）的低频区，闭环幅频特性为 0dB，相频特性也近似为零，说明在这个频段，反馈信号很强，这时闭环特性近似于反馈回路特性的逆；第二点，在开环的幅频特性远远小于 0dB（例如−20dB 以下）的高频区，闭环与开环幅频特性和相频特性相重合，等于不起作用。读者可从开闭环传递函数变换关系中得出这个具有普遍意义的结论。

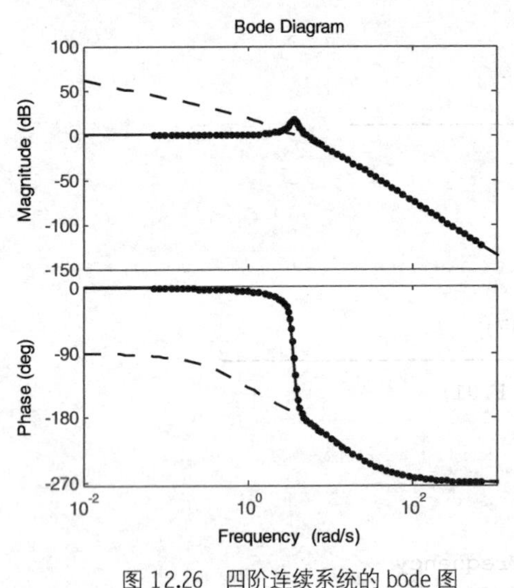

图 12.26　四阶连续系统的 bode 图

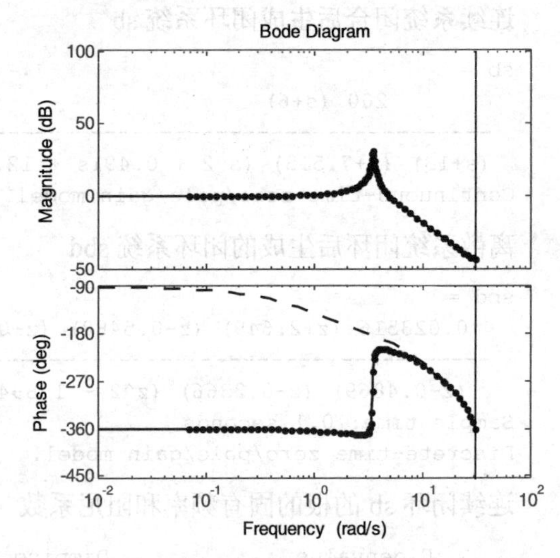

图 12.27　对应的四阶离散系统的 bode 图

【例 12.15】奈奎斯特曲线及其稳定性判断。

设系统的传递函数为

$$H(s)=\frac{50}{(s-1.2)(s+1)(s+6)}$$

这是一个开环不稳定的系统。画出其 Nyquist 曲线，判别其闭环稳定性，并用 MATLAB 的其他函数加以检验。在此系统上加一个零点（s+0.5）后，再做同样的工作，把两种情况进行比较并讨论。

解：（1）建模

先用 zpk 函数建立系统的 LTI 模型 s1，调用 nyquist 函数画出其 nyquist 曲线，再用 feedback 函数得到它的闭环传递函数，用 margin 函数绘制出简略的对数频率特性曲线。再用求闭环脉冲响应的方法检验判稳的正确性。对系统 2 做同样的处理。

（2）MATLAB 程序

```
clear,
s1=zpk([],[-6,-1,1.2],50);
figure(1)
```

```
subplot(2,2,1),nyquist(s1),grid
sb1=feedback(s1,1)
subplot(2,2,2),impulse(s1),grid
subplot(2,2,3),margin (s1),grid
subplot(2,2,4), impulse (sb1),grid
s2=zpk([-.5],[-6,-1,1.2],50);
figure(2)
subplot(2,2,1),nyquist(s2),grid
sb2=feedback(s2,1)
subplot(2,2,2),impulse(s2),grid
subplot(2,2,3),margin (s2),grid
subplot(2,2,4), impulse (sb2),grid
```

（3）程序运行结果

s1 闭环后构成的系统 sb1 零极增益模型为

```
                50
  ---------------------------------------
     (s+7.013) (s^2 - 1.213s + 6.103)
Continuous-time zero/pole/gain model.
```

S2 闭环后构成的系统 sb2 零极增益模型为

```
           50 (s+0.5)
   ---------------------------------
     (s+0.3914) (s^2 +5.409s + 45.48)
Continuous-time zero/pole/gain model.
```

得到的图形分别如图 12.28 和图 12.29 所示。

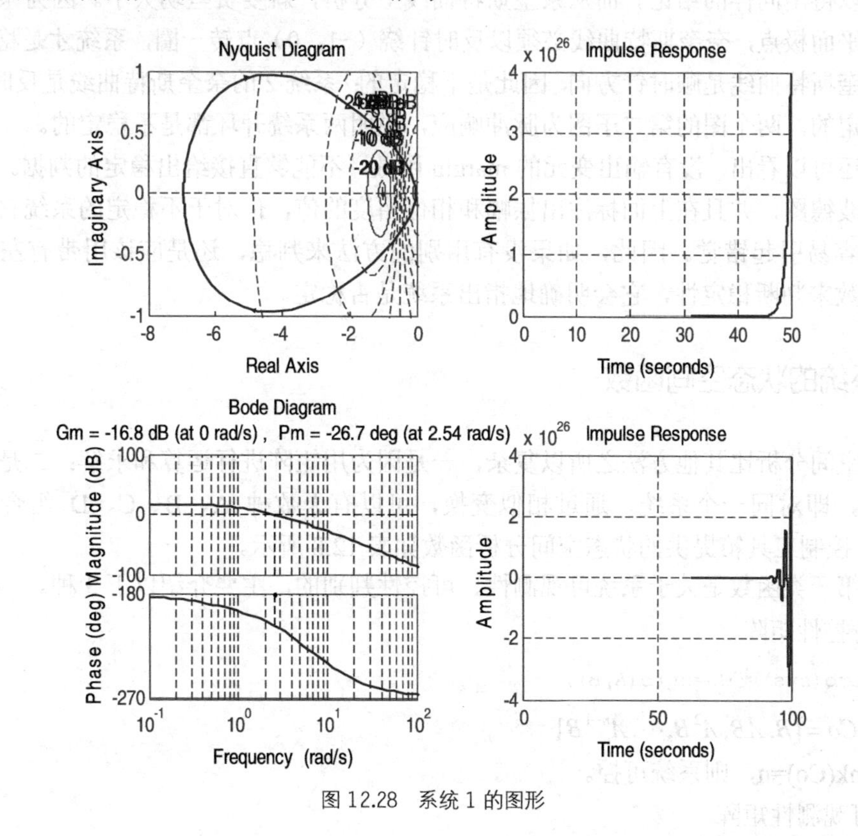

图 12.28 系统 1 的图形

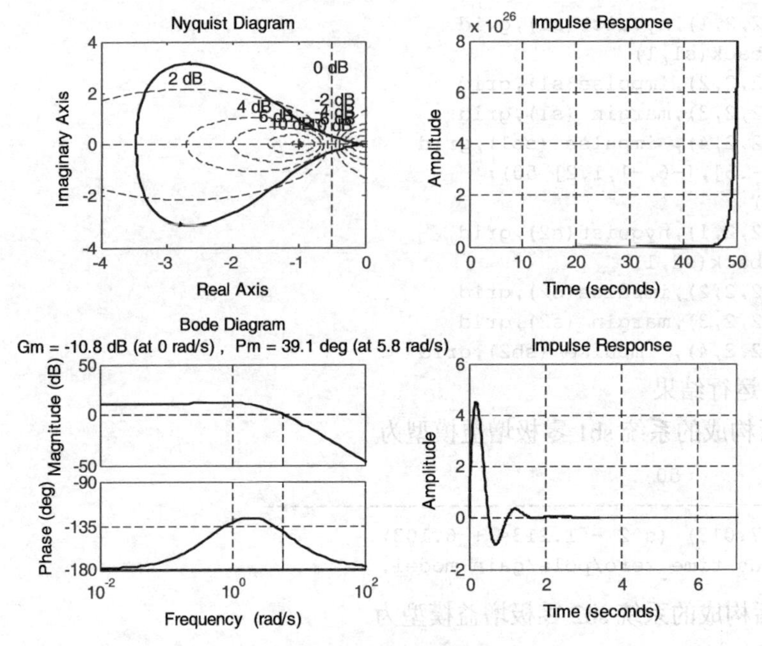

图 12.29　系统 2 的图形

从两个闭环模型的分母已经清楚地看出，系统 1 是不稳定的，而系统 2 是稳定的。两个图的第二个子图的脉冲响应，说明系统开环是不稳定的。从第四个子图上，通过闭环脉冲响应，也可以得出同样的结论。而从奈奎斯特曲线上分析，就要费些功夫了。因为系统开环有一个右半平面极点，奈奎斯特曲线必须以反时针绕（-1，0）点转一圈，系统才是稳定的。系统 1 的奈奎斯特曲线是顺时针方向，因此是不稳定的；系统 2 的奈奎斯特曲线是反时针方向，因此是稳定的。两个图的第二子图为脉冲响应，说明两系统开环都是不稳定的。

这里还可以看出，没有输出变元的 margin 函数，不能够直接给出稳定的判据。它可以给出简略的波德图，并且在上面标注出振幅和相位裕度的值，但对于不稳定的系统它也给出这些值，很容易引起错觉。因此，如果没有用别的方法来判稳，还是应该用带有左端变元的 margin 函数来判断稳定性，它会明确地指出系统是否稳定。

12.4　系统的状态空间函数

状态空间分析比其他方法之所以复杂，一是因为用矩阵进行运算和求解；二是因为它的非唯一性，即对同一个系统，通过相似变换，可以有无数种 A、B、C、D 组合来描述。MATLAB 控制工具箱提供的状态空间分析函数如表 12.8 所示。

（1）第一类函数是关于系统可观测性、可控性判别的，主要介绍以下 3 种。

① 可控性矩阵

```
Co=ctrb(sys)或 Co=ctrb(A,B),…
```

其中 $Co=[B,AB,A^2B,\cdots,A^{n-1}B]$

若 rank(Co)=n，则系统可控。

② 可观测性矩阵

```
Ob=obsv(sys),Ob=obsv(A,C),…
```

其中

$$Ob=\begin{bmatrix} C \\ CA \\ \vdots \\ C^{n-1}A \end{bmatrix}$$

若 rank(Ob)=n，则系统可观。

表 12.8　　　　控制系统工具箱的状态空间分析函数

	函数和典型输入变元	功能
系统可观测性、可控性	ctrb(sys), ctrb(A,B)	计算系统的可控性矩阵
	obsv(sys),obsv(A,B)	计算系统的可观测性矩阵
	ctrbf(A,B,C)	可控阶梯形（可控与不可控）分解
	Odsvf(A,B,C)	可观测阶梯形（可控与不可观）分解
	gram(sys, 'c'),	计算系统的可控或可观测 Gramian 矩阵
相似变换和状态空间实现	ss2ss(sys,T),	相似变换
	canon(sys,'type')	状态空间的规范实现
	ssbal（sys）	状态空间的均衡实现
	balreal(sys)	基于 Gramain 矩阵的状态空间均衡实现
	mineral(sys)	状态空间的最小实现
	modred(sys,elim)	状态空间的模型降阶

③ Gramian 矩阵

系统可观性、可控性的另一判据，可用于时变系统。

可控 Gramian 矩阵，$Wc=\int_0^{\infty} e^{At}BB^Te^{A^Tt}dt$

Wc=gram(sys,'c')　它的满秩（rank(Wc)=n）与系统的可控等价。

可观 Gramian 矩阵，$Wo=\int_0^{\infty} e^{A^Tt}C^TCe^{At}dt$

Wo=gram(sys,'o')　它的满秩 rank(Wo)=n 与系统的可观等价。

调用此函数时，要求系统必须是稳定的。

（2）第二类函数是关于系统相似变换的，包括以下 8 种。

① 通用相似变换函数

sysT=ss2ss(sys,T)　通过非奇异变换矩阵 T，把状态变量由 X 变为 xT。即 xT=Tx。则变换后的系统 sysT 状态方程系数矩阵为 AT、BT、CT、DT，即有 sysT=ss（AT,BT,CT,DT），其中

$$AT=TAT^{-1},\ BT=TB,\ CT=CT^{-1},\ DT=D$$

② 变为规范形式的函数

csys = canon(sys,'type') 用来把系统 sys 变为规范形式 csys。type 用来选择规范的类型，有两种可选规范形式：约当矩阵（model）形式和伴随矩阵（companion）形式。要得到变换矩阵 T，可用以下格式

```
[csys, T] = canon(sys, 'type')
```

③ 把系统分解为可控与不可控两部分的函数

```
[Abar, Bbar, Cbar, T, k] = ctrbf(A, B,C)
```

其中

$$Abar=\begin{bmatrix} Auc & 0 \\ A21 & Ac \end{bmatrix},\ Bbar=\begin{bmatrix} 0 \\ Bc \end{bmatrix},\ Cbar=\begin{bmatrix} Cuc & Cc \end{bmatrix},$$

（Ac,Bc）是可控的子空间，而 $Cc(sI-Ac)^{-1}Bc=C(sI-A)^{-1}B$

T 为变换矩阵，Abar=T*A*T'，Bbar=T*B，Cbar=C*T'。

k 是长度为 n 的矢量，其元素为各块的秩。

④ 把系统分解为可观与不可观两部分

```
[Abar, Bbar, Cbar, T, k]=obsvf(A, B, C)
```

其中 $$Abar=\begin{bmatrix} Ano & A12 \\ 0 & Ao \end{bmatrix},\ Bbar=\begin{bmatrix} Bno \\ Bo \end{bmatrix},\ Cbar=\begin{bmatrix} 0 & Co \end{bmatrix}$$

（Ao, Bo）是可观的子空间，而

$$Co(sI-Ao)^{-1}Bo=C(sI-A)^{-1}B$$

T 为变换矩阵，Abar=T*A*T'，Bbar=T*B，Cbar=C*T'。

k 是长度为 n 的矢量，其元素为各块的秩。

把系统 sys 中可控又可观的部分取出，构成最小实现系统 rsys 的函数。

rsys=mineral(sys) 生成阶次最小的状态空间或零极点增益模型 rsys。

⑤ 状态空间的均衡实现函数为 ssba 和 balreal，均衡是为了减少矩阵的奇异性，提高运算的精度。

⑥ [sysb,T]=ssbal(sys) 对系统 sys 做相似变换，使变换后系统 sysb 的系数矩阵[T*A/T, T*B; C/T, 0]的行和列有大致相同的范数。

⑦ sysb=balreal(sys) 它是以 Gramian 矩阵为基础，除了得出均衡的系统 sysb 外，用下述格式：[sysb, G, T, Ti]=balreal(sys) 还可得出可控又可观测的对角 Gramian 矩阵 G，可观测其特别小的项与其他项的差别，作为模型是否可降阶的依据。

⑧ rsys = modred(sys,elim) 删除状态空间模型中的由下标矢量 elim 指定的状态，使得模型降阶。为了确定 elim，往往要先调用[sysb, G, T, Ti]=balreal(sys)。

【例 12.16】系统的可控性与可观性及其结构分解。

设系统的状态空间方程为

$$\dot{x}=\begin{bmatrix} 2 & 2 & -1 \\ 0 & -2 & 0 \\ 1 & -4 & 3 \end{bmatrix}x+\begin{bmatrix} 0 \\ 0 \\ 1 \end{bmatrix}u$$

$$y=\begin{bmatrix} 1 & -1 & 1 \end{bmatrix}x$$

将系统进行可控性和可观测性结构分解。

解：（1）建模

先进行可控性结构分解，得出状态方程系数矩阵的秩 r_A 和可控矩阵的秩 r_c，如果 $r_c=r_A$，则系统完全可控；如果$r_c < r_A$ 则系统有$r_A - r_c$个状态不可控，可控阶梯型分解有效。即系统可分为可控与不可控两个部分。类似地，用obscf函数可进行可观性结构分解。

（2）MATLAB 程序

```
A=[-2,2,-1;0,-2,0;1,-4,3];  B=[0;0;1];  C=[1,-1,1];  D=0;   % 系数矩阵赋值
s1=ss(A,B,C,D);                                              % 构成 LTI 模型
[Abar, Bbar, Cbar, T, k]=ctrbf(A,B,C)                       % 化为可控阶梯型
rA=rank(A)                                                   % 状态方系数矩阵的秩
rc=sum(k)                                                    % 判断可控矩阵的秩
```

（3）程序运行结果

```
Abar =    -2     0     0
          -2    -2     1
          -4    -1     3
Bbar =     0
           0
           1
Cbar =    -1    -1     1
T =        0     1     0
          -1     0     0
           0     0     1
k =        1     1     0
```

系统矩阵的秩 rA = 3

可控矩阵的秩 rc =2

解的结果为

$$Abar = \begin{bmatrix} Abar11 & Abar12 \\ Abar21 & Abar22 \end{bmatrix}$$

其中

$$Abar11 = [-2,\ 0],\ Abar12 = Abar21 = \begin{bmatrix} -2 & -2 \\ -4 & -1 \end{bmatrix},\ Abar12 = \begin{bmatrix} 1 \\ 3 \end{bmatrix}$$

$$Bbar = \begin{bmatrix} Bbar1 \\ Bbar2 \end{bmatrix}$$

其中

$$Bbar1 = 0,\ Bbar2\begin{bmatrix} 0 \\ 1 \end{bmatrix}$$

其中

$$Cbar1 = -1,\ Cbar2 = [-1\ \ 1]$$

说明系统有一个状态变量不可控。

【例 12.17】系统的相似变换。

设系统的状态空间方程为

$$x=\begin{bmatrix}1 & 0 & 0\\ 2 & 2 & 3\\ -2 & 0 & 1\end{bmatrix}x+\begin{bmatrix}1\\ 2\\ 2\end{bmatrix}u$$

$$y=\begin{bmatrix}1 & 1 & 2\end{bmatrix}x$$

将它变换为两种规范形式。

解：（1）建模

用 MATLAB 中的 canon 函数。

（2）MATLAB 程序

```
A=[1,0,0;2,2,3;-2,0,1];  B=[1; 2; 2];  C=[1, 1, 2];  D=0;
s1=ss(A,B,C,D);
disp('约当标准型'), s2=canon(s1, 'modal')
disp('伴随矩阵型') ,s3=canon(s1, 'companion')
```

（3）程序运行结果

约当标准型

```
s2 =
  a =          x1      x2      x3
       x1       2       0       0
       x2       0       1  -1.275
       x3       0       0       1
  b =          u1
       x1       2
       x2   3.606
       x3   2.828
  c =          x1      x2      x3
       y1       2 -0.5547   1.768
  d =          u1
       y1       0
```

伴随矩阵型

```
s3 =
  a =          x1       x2       x3
       x1       0        0        2
       x2       1        0       -5
       x3       0        1        4
  b =          u1
       x1       1
       x2       0
       x3       0
   c =         x1       x2       x3
       y1       7       13       23
   d =         u1
       y1       0
```

12.5 系统的状态空间法设计函数

状态空间设计有极点配置和二次型性能指标最优设计两种方法。

经典SISO控制系统设计方法（例如根轨迹法和频率响应法），是设计一个控制器（校正装置），使该系统的主导闭环极点具有所期望的阻尼比ζ和无阻尼自然频率ω_n。也就是该经典设计方法只确定主导闭环极点。与此不同的是，状态反馈极点配置方法可确定所有的闭环极点。当然，配置所有闭环极点是有代价的，需有效地测量所有状态变量，其可选的反馈参数不只是输出变量的增益K，而是全部状态的增益K向量。MATLAB中的函数acker和place可以用按极点配置解增益向量K，如表12.9所示。

表12.9　控制工具箱中的状态空间设计函数

分类	函数名称和典型输入变元	功能
矩阵方程求解	lyap	解连续李雅普诺夫方程
	dlyap	解离散Lyapunov
	care	解代数黎卡提方程
	dare	解离散代数Riccati方程
极点配置和状态估计器	acker(A,B,p)	SISO系统极点配置
	place(A,B,p)	MIMO系统极点配置
	estim(sys,L)	生成系统状态估计器
	reg(sys,K,L)	生成系统调节器
LQ最优控制	lqr(A,B,Q,R)	连续系统的LQ调节器设计
	dlqr(A,B,Q,R)	离散系统的LQ调节器设计
	lqry(A,B,Q,R)	系统的LQ调节器设计
	lqrd(A,B,Q,R,Ts)	连续代价函数的离散LQ调节器设计
	kalman(sys,Qn,Rn,Nn)	系统的kalman滤波器设计
	kalmd(sys,Qn,Rn,Ts)	连续系统的离散kalman滤波器设计
	lqgreg(kest,k)	根据kalman和状态反馈增益设计调节器

按极点配置选择增益的MATLAB命令就是所说的place，它的输入矩阵为A、B和E（期望的极点矢量），调用方式为

```
K=place(A,B,E)或 K=acker(A,B,E)
```

在控制工具箱中，用于最佳调节器设计的命令还有lqrd、lqry和dlqr等。

测量所有状态变量是难以实现的。要从测得的部分变量获取系统的全部变量X，可在系统中配备状态重构器。在确定性系统中，称之为状态观测器；在随机系统中，称之为状态估计器或状态滤波器，例如kalman滤波器。

最优调节器是指采用状态反馈，使X尽快并尽可能准地接近于0而不过多耗能的控制系统。其中线性二次型最优控制器占重要地位。因为一方面指标的物理意义较明确；另一方面它在数学上的处理也较简单。

最优估计（滤波）是指从带有随机干扰的观测数据中估计出状态变量。其中的线性最小方差状态估计器（也称kalman滤波器）占有最重要的地位。这种估计器的状态估值为观测变量的线性函数，优化准则是估计误差的方差阵为最小。

12.5.1 线性平方调节器问题

该受控对象是线性时不变系统

$$\dot{x} = Ax + Bu, \quad x(0) = x_0$$

如今，要使系统在 t_f 时的状态达到 x_f，且在调整过程中保证状态变量 x 和控制作用 u 的加权平方误差积分最小，即

$$J = \frac{1}{2}\int_{t_0}^{t_f} (x^T Qx + u^T Ru + x^T Nu)dt = \min$$

为此要加入一个负反馈调节器

$$u(t) = -Kx(t)$$

若 x 是长度为 n 的列向量，u 是长度为 r 的列向量，则 K 为 $r \times n$ 的增益矩阵。现在的问题是求 K 的最佳值。在 t_f 取无穷大时，称为无限长时间状态调节器问题，此时 K 为常数矩阵。

若 N=0，经过最优化的推导，这个命题最后归结为求解一个代数黎卡提方程

$$PA + A^T P + PBR^{-1}B^T B - Q = 0$$

其中未知数只有方差阵 P。求得 P 以后，就可按下式求得 K。

$$K = Q^{-1}B^T P$$

在 MATLAB 控制系统工具箱中有解代数黎卡提方程的专用函数 are（Algebra Ricatti Equation）。对于形式为 $A'X + XA - XBX + C = 0$ 的代数黎卡提方程，它的调用方式为

X=are(A,B,C)

显然在本问题中，X 是 P，A 是 A，代入 B 的应是 $BR^{-1}B$，代入 C 的应是 Q。

可以不先求中间解 P 而直接求 K。MATLAB 给出了解决线性平方估计器的函数 lqr（Linear Quadratic Regulator），其调用语句为

```
[K,P,E]=lqr(A,B,Q,R,N)
```

可见其输入变元都是系统中的已知矩阵，而返回的解除了增益 K 和方差阵 P 之外，还有一个特征根矩阵 E，它是特征方程 $\lambda I - (A - BK) = 0$ 的根，根据它可以判断控制器的动态响应及稳定性。

最佳线性平方调节器的设计公式相当严整，但是用起来也有困难，主要是权重矩阵 Q 和 R 的取法带有很大的主观任意性。若取不好设计出来的系统并不令人满意。因此，人们往往宁愿退到确定性控制的概念上去，即保证系统的闭环极点具有较高的频率和适当的阻尼系数。也就是按照极点位置来选择增益，而不去解复杂的黎卡提方程。

12.5.2 线性平方估计器问题

调节器是控制问题，估计器则是观测问题。其目标是在输入干扰和测量干扰下最准确地估计出系统的状态。因此从模型上就不能用确定性模型，要考虑有随机输入的系统，在不考虑控制问题时，系统的方程可简化，表示为

$$\dot{x} = Ax + Gw$$
$$z = Cx + v$$

其中 w、v 分别为满足下列条件的随机输入干扰和测量干扰。

$$E(w) = E(v) = 0,\ E(ww^T) = Q_n,\ E(vv^T) = R_n,\ E(wv^T) = N_n$$

另外，设计的目标函数也不同。随机系统计算与确定性系统计算的主要区别在于，它要求的是输出误差的统计特性，而不是求某一给定 $u(t)$、$w(t)$、$v(t)$ 下的输出波形。随机系统的参数通常是按照系统的某种误差（或变量）以时间平方积分（或方差）为最小的准则进行设计，在这里是要根据测量向量 $z(t)$ 与它的估计值 $\hat{z}(t) = C\hat{x}(t)$（三角帽表示估计值）之间的误差，加一个负反馈 $\dot{\hat{x}} = A\hat{x} + L(z(t) - C\hat{x}(t))$，问题是要选择适当的 L 值，使 x 的测试估计值 $\hat{x}$ 与实际值 x 的误差均方值

$$P = \lim_{T\to\infty} E[(x(t) - \hat{x}(t)^T(x(t) - \hat{x}(t))] = \min$$

为最小。这等价于一个滤波系统。这个数学系统称为最小方差观测器或估值器。

经过比较冗长的推导，可以证明，这个问题也归结为解下述黎卡提方程。

$$AP + PA^T - PC^T R_n^{-1} CP + GQ_n G^T = 0$$

在这个方程中，只有 P 是未知矩阵，因而是可解的。求出 P 后，就可求出最佳的增益 L。

$$L = PC^{\mathrm{T}} R_n^{-1}$$

P 和 L 就是时不变稳态卡尔曼滤波问题的解。

可以看出，它与最小平方误差控制器在数学上有对偶性。如果调用解黎卡提方程的函数 $X = are(A,B,C)$，则 X 应代以 P，A 仍为 A，B 应代以 $C^T R_n^{-1} C$，C 应代以 $GQ_n G^T$。同样也可以不先求中间解 P 而直接求 L。解线性平方估计器的函数为 kalman，其调用语句为

```
[kest,L,P]=kalman(sys,Qn,Rn,Nn)
```

可见其输入变元 A、B、C 都已包括在 sys 中，而返回的除了增益矩阵 L 和方差矩阵 P 之外，还有滤波器的状态空间 LTI 模型 kest。根据它可以直接求状态变量的估计值，也很容易判断滤波器的动态响应及稳定性。

函数 kalman 也适用于离散对象，因为对象的离散特征已包含在 sys 中。在离散对象的情况，输出变元还可增加。

最优观测器实现的困难往往在于难以获得准确可靠的干扰数据，即 Q_n、R_n、N_n 很难得到。这时人们可按估值器的特征方程根 E 的配置来求出增益 L 的值，即不求“最优”而求“较好”。极点配置法的函数与调节器相同，只是输入变元有所不同。其调用命令为

```
L=place(A',C',E)'   或   L=acker(A',C',E)'
```

其中 E 为估计值的特征根的预定值向量。

用任何一种方法求得 L（或 K）后，系统的 LTI 模型可由 estim 或 reg 函数求出。

【例 12.18】 全状态反馈极点配置设计。

设系统的状态方程为

$$\dot{x} = Ax + Bu$$

其中 $A=\begin{bmatrix}0 & 1 & 0\\ 0 & 0 & 1\\ -1 & -5 & -6\end{bmatrix}, B=\begin{bmatrix}0\\ 0\\ 1\end{bmatrix}$

要求利用状态反馈控制 $u=-Kx$，将此系统的闭环极点配置成 $p_{1,2}=-2\pm j2$ 及 $p_3=-10$。求状态反馈增益矩阵 K。

解：（1）建模

极点配置设计的一般步骤如下。

① 检查并确认系统的可控性，否则无解。用条件 rank(ctrb(A,B))=n。

② 求现有开环系统特征多项式的系数向量 $\alpha=poly(A)$，注意，它的长度为 n+1。

③ 求将系统变换为标准型的变换矩阵。

T=ctrb（A,B）*L

其中 $L=\begin{bmatrix}\alpha_n & \alpha_{n-1} & \cdots & \alpha_2 & 1\\ \alpha_{n-1} & \alpha_{n-2} & \cdots & 1 & \\ \cdots & \cdots & \cdots & & \\ \alpha_2 & 1 & & & 0\\ 1 & & & & \end{bmatrix}$

④ 求系统预期闭环特征多项式的系数向量 $\beta=poly(p)$

⑤ 状态反馈增益矩阵 $K=dab*T^{-1}$

其中 $dab=\left[(\alpha_{n+1}-\beta_{n+1}),\ (\alpha_n-\beta_n),\ \cdots,\ (\alpha_2-\beta_2)\right]$

将整个过程组成程序包，它的输入变量应为 A、B 和 p，而待求的输出则为状态反馈增益矩阵 K。函数 place 和 acker 就集成了这个过程，不过具体的算法不同。

（2）MATLAB 程序

```
A=[0,1,0;0,0,1;-1,-5,-6];B=[0;0;1];
p(1)=-2+2i;p(2)=-2-2i;p(3)=-10;
```

① 方法 1，按 5 个步骤做

```
Co=ctrb(A,B);n=size(A);
if rank(Co)<n   error('系统不可控，无解')
else
alpha=poly(A);n=rank(A);
L=hankel([alpha(n:-1:2)';1]);
T=Co*L;
beta=poly(p);
K=(beta(n+1:-1:2)-alpha(n+1:-1:2))/T
End,pause
```

② 方法 2，用 MATLAB 现成函数 place 及 acker

```
Kp=place(A,B,p)
Ka=acker(A,B,p)
```

（3）程序运行结果

```
K=   79.0000   43.0000   8.0000
Kp=  79.0000   43.0000   8.0000
Ka=  79        43        8
```

【例 12.19】连续系统状态观测器设计。

设系统的状态方程为

$$\dot{x} = Ax + Bu$$
$$y = Cx$$

$$A = \begin{bmatrix} 0 & 1 & 0 \\ 0 & 0 & 1 \\ -6 & -11 & -6 \end{bmatrix}，B = \begin{bmatrix} 0 \\ 0 \\ 1 \end{bmatrix}，C = \begin{bmatrix} 1 & 0 & 0 \end{bmatrix}$$

要求设计全阶状态观测器 $\dot{\hat{x}} = A\hat{x} + L(z(t) - C\hat{x}(t))$，使它的闭环极点配置成 $p_{1,2} = -2 \pm j2\sqrt{3}$，$p_3 = -5$。求状态观测增益矩阵 L。

解：（1）建模

极点配置设计状态观测器是控制器的对偶，其设计步骤相仿，只是把 ctrb 换成 obsb，或者把 A 换成 A'、B 换成 C'。本题采用直接调用程序包 place 和 acker 的方法，它的输入变量应为 A，C 和 p，而待求的输出则为状态观测增益矩阵 L。此时函数 place 和 acker 的输入变元为 A'、C'和 p。即 L=place(A',C',p)' 或 L=acker(A',C',p)'。

由原系统与状态观测器构成的整个新系统模型的方程为

$$\dot{x}_e = [A - LC]\dot{x}_e + Ly$$

$$\begin{bmatrix} y \\ y_e \end{bmatrix} = \begin{bmatrix} C \\ I \end{bmatrix} x_e$$

可用函数 eatim 求解，即 est=estim(sys,L)。注意此模型中的 x_e 为系统原变量 x 的估计值，$y_e = x_e$。

（2）MATLAB 程序

```
clear,format compact
A=[0,1,0;0,0,1;-6,-11,-6];B=[0;0;1];C=[1 0 0];D=0;
p(1)=-2+2*sqrt(3)*i;p(2)=-2-2*sqrt(3)*i;p(3)=-5;
Lp=place(A',C',p)'
La=acker(A',C',p)'
```

求状态观测估计器与原系统合成的模型操作如下。

```
disp('原系统的模型')
s1=ss(A,B,C,D);
disp('合成系统的模型')
es1=estim(s1,Lp);
```

（3）程序运行结果

```
Lp =3.0000
    7.0000
```

```
    -1.0000
La =3.0000
     7.0000
    -1.0000
```

为节约篇幅，此处不列出原系统的模型 sl 和合成系统的模型 esl,读者可自行实践。要注意显示出的系统状态方程中，yl 为原系统的 y，y2=xl、y3=x2、y3=x3 分别为原系统状态变量[xl;x2;x3]的估计值[xel;xe2;xe3]。

【例 12.20】离散系统状态观测器设计。

设离散系统的状态方程为

$$\begin{aligned} x(k+1) &= A_d x(k) + B_d u(k) \\ y(k) &= C_d x(k) \end{aligned}$$

其中

$$A_d = \begin{bmatrix} 0 & 0 & -0.5 \\ 1 & 0 & 0.2 \\ 0 & 1 & 0.8 \end{bmatrix},\ B_d = \begin{bmatrix} 0 \\ 0 \\ 1 \end{bmatrix},\ C_d = \begin{bmatrix} 1 & 0 & 0 \end{bmatrix}$$

要求设计全阶状态观测器，使它的闭环极点配置成 $p_{1,2} = 0.5 \pm 0.7j$、$p_3 = -0.1$。

解：（1）建模

极点配置设计离散系统状态观测器的步骤和调用函数与连续系统相仿。此时函数 place 和 acker 的输入变元为 A'_d，C'_d 和 p_d。即 Ld = place(Ad', Cd', pd)'或 Ld=acker(Ad',Cd',pd) '。此题把系统原有极点和配置后的极点都画在 Z 平面上作比较。

（2）MATLAB 程序

```
clear,
Ad=[0,0,-0.5;1,0,0.2;0,1,0.8];
Bd=[0;0;1];Cd=[1,0,0];
pbd=[0.5+0.7j,0.5-0.7j,-0.1];
Lp=place(Ad',Cd',pbd)
La=acker(Ad',Cd',pbd)
pd=eig(Ad);
figure(1),zplane(NaN,pd)
figure(2),zplane(NaN,pbd')
```

（3）程序运行结果

如图 12.30 所示，且

```
Lp =-0.1000    0.8920   -1.5200
La =-0.1000    0.8920   -1.5200
```

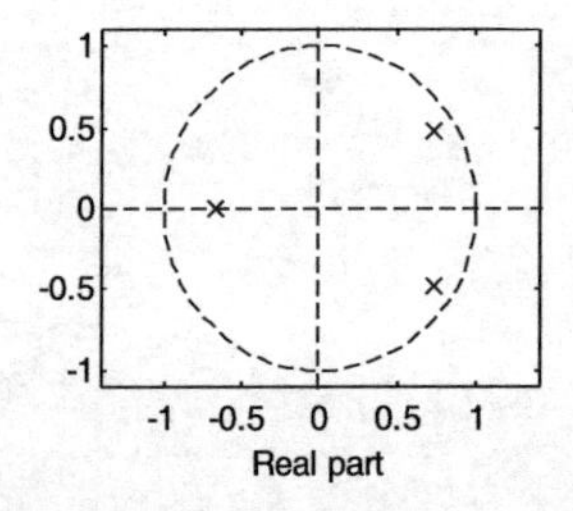

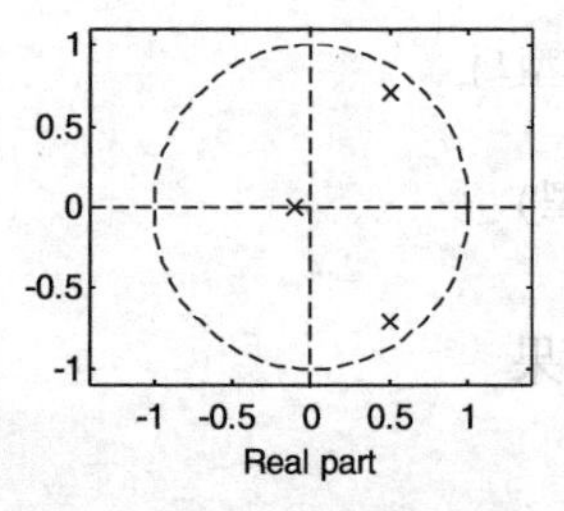

图 12.30　原系统（左）和配置状态观测器后的系统极点分布

【例12.21】二次型最优调节器的设计。

设系统的状态方程为

$$\dot{x} = Ax + Bu$$

其中
$$A=\begin{bmatrix}0 & 1 & 0\\0 & 0 & 1\\-35 & -27 & -9\end{bmatrix},\ B=\begin{bmatrix}0\\0\\1\end{bmatrix}$$

性能指标为
$$J=\int_0^\infty (x'Qx+u'Ru)dt$$

式中
$$Q=\begin{bmatrix}1 & 0 & 0\\0 & 1 & 0\\0 & 0 & 1\end{bmatrix},\ R=1$$

求黎卡提方程的正定矩阵解P、最佳反馈增益矩阵K和矩阵A−BK的特征值。

解：（1）建模

这是二次型最优调节器的典型问题，可以用控制系统工具箱中lqr函数求解。

```
[K,P,E]=lqr(A,B,Q,R,N)
```

因为性能指标J没有 $x'Nu$ 项，即N=0，由此，很容易写出其MATLAB程序如下。

（2）MATLAB程序

```
clear,
A=[0,1,0;0,0,1;-35,-27,-9];B=[0;0;1];
Q=eye(3);R=1;                          % 设定Q,R矩阵
[K,P,E]=lqr(A,B,Q,R)                   % 调用lqr函数
```

（3）程序运行结果

最佳反馈增益矩阵为

```
K =0.0143    0.1107    0.0676
```

黎卡提方程的正定矩阵解为

```
P =4.2625    2.4957    0.0143
   2.4957    2.8150    0.1107
   0.0143    0.1107    0.0676
```

矩阵A−BK的特征值为

```
E =
    -5.0958 + 0.0000i
    -1.9859 + 1.7110i
    -1.9859 - 1.7110i
```

【例12.22】加权系数对二次型最优调节器的影响。

设系统的状态方程

$$\dot{x} = Ax + Bu$$
$$y = Cx + Du$$

其中

$$A = \begin{bmatrix} 0 & 1 & 0 \\ 0 & 0 & 1 \\ -1 & -4 & -9 \end{bmatrix}，B = \begin{bmatrix} 0 \\ 0 \\ 1 \end{bmatrix}，C = \begin{bmatrix} 1 & 0 & 0 \end{bmatrix}，D = 0$$

性能指标为

$$J = \int_0^{\infty} (x'Qx + u'Ru)dt$$

式中

$$Q = \begin{bmatrix} q & 0 & 0 \\ 0 & 1 & 0 \\ 0 & 0 & 1 \end{bmatrix}，R=\text{标量}$$

试讨论 q 及 R 取值不同对最佳反馈增益矩阵 K 和阶跃响应的影响。

解：（1）建模

这仍然是二次型最优调节器的典型问题，可以用控制系统工具箱中的 lqr 函数求解。

```
[K,P,E]=lqr(A,B,Q,R)
```

按本题的要求，应该使用户能随意输入权重参数 q 和 R，因此，程序中应放入两个 input 语句。由于要比较它们的阶跃响应，故用 step 语句。对于由状态空间描述的 LTI 系统，只要左端变量设置正确，用格式[y,t,x]=step(sys)

可以求出阶跃输入下的系统输出 y 以及全部系统状态 x 随 t 变化的序列数据。为了说明 R 的取值对控制作用 u 的影响，程序中同时求出：u = K×x'，并画在同一张图上。

（2）MATLAB 程序

```
clear,
A=[0,1,0;0,0,1;-1,-4,-9];B=[0;0;1];C=[1,0,0];D=0;
q=input('q=');R=input('R=');
Q=diag([q,1,1]);
[K,P,E]=lqr(A,B,Q,R);K,E
A1=A-B*K;B1=B*K(1);C1=C;D1=D;
s0=ss(A,B,C,D);
[y,t,x]=step(s0);
figure(1),
plot(t,y,'*',t,x),grid
s1=ss(A1,B1,C1,D1);
[y1,t1,x1]=step(s1);u1=K*x1';
figure(2),plot(t1,y1,'*',t1,u1,'.-',t1,x1),grid
legend('y1','u1','x1')
```

（3）程序运行结果

输入

```
q=100, R=1
```

得到

```
K =  9.0499   10.2286    1.1221
E = -8.6042 + 0.0000i
    -0.7590 + 0.7694i
    -0.7590   0.7694i
```

输入 q=10，R=10

得到

```
K = 0.4142    0.8834    0.1031
E = -8.5514 + 0.0000i
    -0.2759 + 0.2988i
    -0.2759 - 0.2988i
```

原系统的阶跃响应如图 12.31 所示，当然它不受权重参数 q 和 R 的影响，两种情况下是一样的，加最优反馈后系统的阶跃响应如图 12.32 所示。

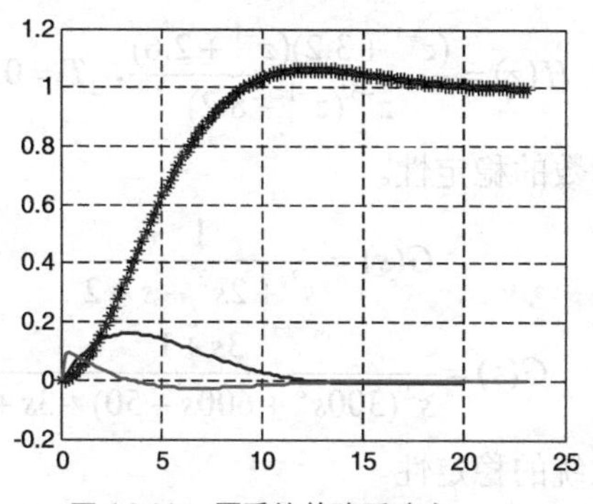

图 12.31 原系统的阶跃响应

在 q = 100，R = 1 的情况下，系统不在乎 u 的大小，它力求以减小 x 中的第一个分量 x(:,1)来减小 J，此时，曲线中的 ul 值就相当大（注意坐标刻度）。同时，过渡过程的时间比原系统大大缩短。由约 20s 缩短到约 5s。这从特征方程的根上也可看出。

在 q=10，R=10 时，u 的大小对 J 的影响大大增加，最优反馈必须避免太大的控制作用。反映在输出曲线中，ul 几乎减小了 50 倍，同时，过渡过程的时间加长了。特别是稳态误差太大了，本来应该为 1，实际输出 y 约为 0.3，在实际系统中，这通常是不能接受的。所以，尽管最优控制的理论很严密，但权重系数的选择还是人为的，与工程实际经验有很大关系。

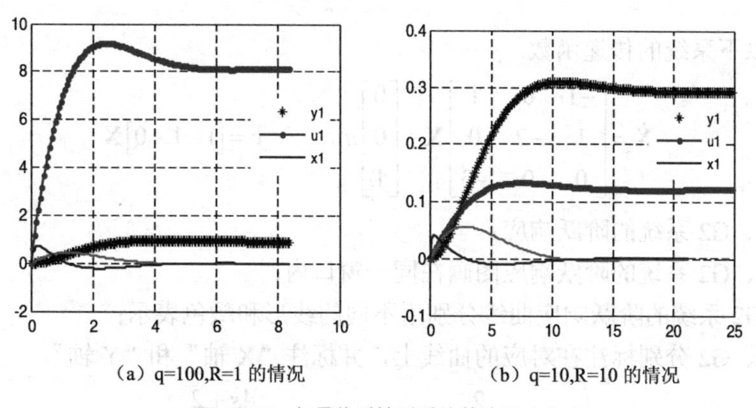

（a）q=100,R=1 的情况 （b）q=10,R=10 的情况

图 12.32 加最优反馈后系统的阶跃响应

课后习题

1．请将下面的传递函数模型输入到 MATLAB 环境中。

$$G(s)=\frac{s^3+4s+2}{s^3(s^2+2)[(s^2+1)^3+2s+5]}$$

$$H(z)=\frac{z^2+0.568}{(z-1)(z^2-0.2z+0.99)},\quad T=0.1\text{s}$$

2．请将下面的零极点模型输入到 MATLAB 环境中。求出模型的零极点，并绘制其位置。

$$G(s)=\frac{8(s+1+j)(s+1-j)}{s^2(s+5)(s+6)(s^2+1)}$$

$$H(z)=\frac{(z^{-1}+3.2)(z^{-1}+2.6)}{z^{-5}(z^{-1}-8.2)},\quad T=0.05\text{s}$$

3．请分析下面传递函数的稳定性。

$$G(s)=\frac{1}{s^3+2s^2+s+2}$$

$$G(s)=\frac{3s+1}{s^2(300s^2+600s+50)+3s+1}$$

4．请判断下面离散系统的稳定性。

$$H(z)=\frac{-3z+2}{(z^3-0.2z^2-0.25z+0.05)}$$

$$H(z)=\frac{2.12z^{-2}+11.76z^{-1}+15.91}{z^{-5}-7.368z^{-4}-20.15z^{-3}+1024z^{-2}+80.39z^{-1}-340}$$

5．某系统的传递函数为

$$G(s)=\frac{1.3s^2+2s+3}{s^3+0.5s^2+1.2s+1}$$

使用 MATLAB 求出状态空间表达式和零极点模型。

6．某单输入单输出系统：$\dddot{y}+6\ddot{y}+11\dot{y}+6y=6u$，试求该系统状态空间表达式的对角线标准形。

7．求出以下系统的传递函数。

$$\dot{\mathbf{X}}=\begin{bmatrix}-1 & 0 & 1\\ 1 & -2 & 0\\ 0 & 0 & -3\end{bmatrix}\mathbf{X}+\begin{bmatrix}0\\0\\1\end{bmatrix}u,\qquad y=\begin{bmatrix}1 & 1 & 0\end{bmatrix}\mathbf{X}$$

8．求 G1、G2 系统的阶跃响应。

① 将 G1、G2 系统的阶跃响应图画在同一窗口内；

② G1、G2 系统的阶跃响应曲线分别用不同的线形和颜色表示；

③ 将 G1、G2 分别标注在对应的曲线上，并标注“X 轴”和“Y 轴”。

$$G_1=\frac{2}{s^2+2s+2}\qquad G_2=\frac{4s+2}{s^2+2s+2}$$

9．已知两子系统

$$G_1(s)=\frac{2s^2+5s+1}{s^2+2s+3} \qquad G_2(s)=\frac{5(s+2)}{(s+1)(s+10)}$$

分别求出 G1、G2 串联、并联和反馈（G1 为前向通路，G2 为反馈通路）连接时系统的传递函数。

10．编写程序求下列传递函数的阶跃响应曲线，并编程计算：（1）超调量 σ%；（2）上升时间 Tr；（3）峰值时间 Tp；（4）过渡过程时间 Ts。

$$G(s)=\frac{4s+2}{s^2+2s+2}$$

11．某一单位负反馈控制系统，其开环传递函数为

$$G(s)=\frac{1}{s(s+1)}$$

它的输入信号为 $r(t)=2\times 1(t-0.5)$，试使用 Simulink 构造其仿真模型，并且观察其响应曲线。

12．分别采用求取特征值的方法和李亚普诺夫第二法判别下面系统的稳定性。

$$\dot{\mathbf{X}}=\begin{bmatrix}-3 & 0 & 1\\ -2 & -3 & 0\\ -6 & 6 & 1\end{bmatrix}\mathbf{X}+\begin{bmatrix}0\\ 2\\ 0\end{bmatrix}u$$

13．设描述系统的传递函数为

$$G(s)=\frac{18s^7+514s^6+598s^5+36380s^4+122664s^3+222088s^2+185760s+40320}{s^8+36s^7+546s^6+4536s^5+22449s^4+67284s^3+118124s^2+109584s+40320}$$，假定系统具有零初始状态，请求出单位阶跃响应曲线和单位脉冲响应曲线。

14．某单位负反馈系统的开环控制系统的传递函数为

$$G_k(s)=\frac{K(s^2+0.8s+0.64)}{s(s+0.05)(s+5)(s+40)}$$

（1）绘制系统的根轨迹；

（2）当 $K=10$ 时，绘制系统的 Bode 图，判断系统的稳定性，并且求出幅值裕度和相角裕度。

15．已知某单位负反馈控制系统的开环传递函数为

$$G(s)=\frac{K_0}{s(0.1s+1)(0.01s+1)}$$

请设计一个串联校正控制器 $G_C(s)$，要求系统性能指标如下：相角裕度 $\gamma=45^\circ$，开环增益 $K>200$，穿越频率 $13<\omega_C<15$。

16．用 MATLAB 语言求出下面状态方程的等效传递函数，并求出此模型的零极点；若选择采样周期为 T=0.1s，求出离散化以后的传递函数矩阵模型。

$$x(t)=\begin{bmatrix}-12 & 3 & 4 & 8.9\\ 6 & 7 & 8.4 & 3\\ -7 & 6 & 6 & 2\\ -5.9 & -8.6 & -8.3 & 6\end{bmatrix}x(t)+\begin{bmatrix}1.5 & 2\\ 2 & 1\\ 1 & 0\\ 3 & 4\end{bmatrix}u(t)$$

$$y(t)=\begin{bmatrix}2 & 0.5 & 0 & 0.8\\ 0.3 & 0.3 & 0.2 & 1\end{bmatrix}x(t)$$

17．考虑如图 12.33 所示的典型反馈控制系统框图。

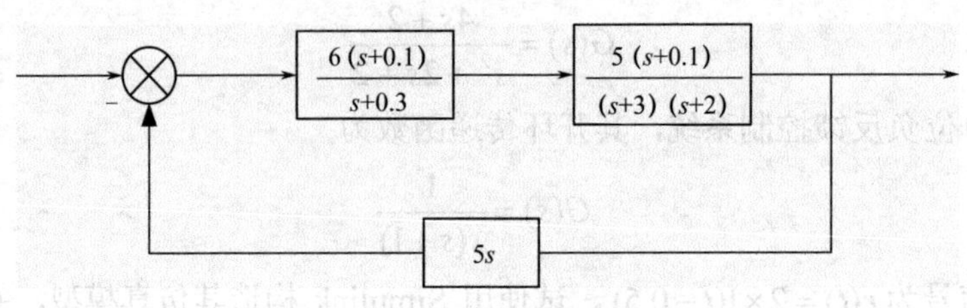

图 12.33　习题 17 对应的系统框图

（1）用 MATLAB 语言绘制该系统的单位脉冲响应曲线以及在 $u(t)=t\sin(t)+t^2$ 作用下的响应曲线；

（2）绘制该系统的根轨迹与伯德图，并求取相角裕度和幅值裕度。

18．已知某火星漫游车转向控制系统框图如图 12.34 所示。

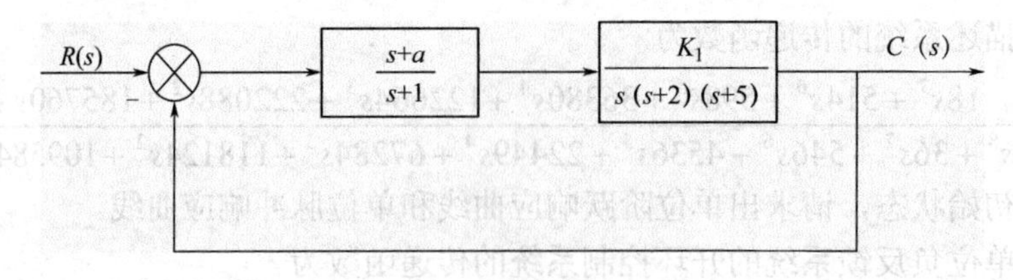

图 12.34　火星漫游车转向控制系统框图

待选参数范围为：K1=15～100；a=0.42～2.8

（1）设 K1=60，a=0.4，通过 Simulink 仿真绘制系统的单位阶跃响应和单位斜坡响应曲线以及系统的误差曲线。

（2）设 a =5.0，绘制系统的根轨迹图，分析使系统稳定的 K1 的取值范围。

（3）设 K1=70，a=0.6，绘制开环系统的伯德图，要求在图上显示相角裕度和幅值裕度并绘制系统的 Nyquist 图，判断系统的稳定性。

19．已知某系统开环传递函数为

$$G(s)=\frac{10}{s(2s+1)(s^2+0.5s+1)}$$

试用 Bode 图法判断闭环系统的稳定性，并用阶跃响应曲线加以验证；求出相位裕度和幅值裕度。

20．某过程控制系统如图 12.35 所示，请使用 Ziegler-Nichols 经验整定公式设计 PID 控制器，使系统的动态性能最佳。

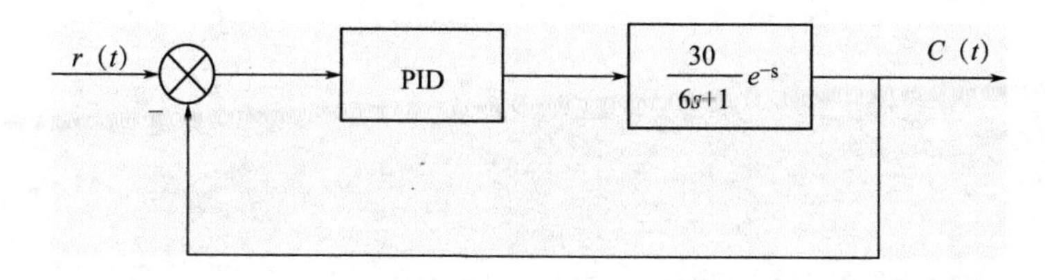

图 12.35　习题 20 图

附录 MATLAB 常用函数

函数名	函数功能	工具箱
syms	申明符号变量	symbolic
vpa()	直接对符号求值	symbolic
simple()	符号表达式的化简，还可以调用 sincos()、numden()、expand()等具体化简方法，factor()函数还可以用于整数的质因数分解	symbolic
subs()	符号表达式的变量替换	symbolic
latex()	将符号表达式转换成 LATEX 排版语言支持的字符串	symbolic
floor()	该函数可以对数值进行取整运算，相应的取整函数还有 round()、fix()、ceil()等，但是它们的涵义是不同的	MATLAB
rat()	将矩阵的各个数用最简分式表示	MATLAB
rem()	将矩阵的各个数值取余数	MATLAB
gcd()	求两个整数的最大公约数，lcm()求最小公倍数	symbolic
isprime()	判定矩阵内各个整数是否为质数	symbolic
for	for 循环结构，和 end 语句共同构成循环，break 语句可以终止本级循环	MATLAB
while	while 循环结构	MATLAB
if	条件转移语句，可以和 elseif、else 语句连用	MATLAB
switch	开关结构，和 case 及 otherwise 语句连用	MATLAB
try	试探语句，可以和 catch 连用	MATLAB
function	函数引导语句	MATLAB
inline	可以定义直接取值的函数	MATLAB
@	匿名函数，功能更强于 inline 函数，是 MATLAB7.0 提出的新函数	MATLAB
plot()	二维直角坐标系曲线绘制	MATLAB
set()	MATLAB 对象属性设定函数	MATLAB
get()	MATLAB 对象属性提取函数	MATLAB
bar()	二维条形图绘制，其他 comet()、feather()、hist()、polar()、stairs()、compass(), errorbar()、fill()、loglog()、quiver()、stem()、semilogx()、semilogy()等	MATLAB
ezplot()	二维隐函数曲线绘制函数	MATLAB
plot3()	三维曲线绘制函数，其余三维曲线绘制函数包括 stem3()、comet3()、fill3()、bar3()等	MATLAB

续表

函数名	函数功能	工具箱
meshgrid()	二维或三维网格数据生成	MATLAB
mesh()	三维网格曲线绘制	MATLAB
surf()	三维表面图形绘制，类似的还有 surfc()、surfl()、waterfall()、contour()、contour3()等	MATLAB
shading	曲面类型设置命令，可以设置成 flat、interp、faceted	MATLAB
view()	设置三维图形的视角	MATLAB

微积分

函数名	函数功能	工具箱（toolbox）
limit()	极限问题求解和单边极限求解问题，可嵌套求多变量极限	symbolic
diff()	求解导数问题，还可以用于求解高阶导数和偏导数	symbolic
int()	求解不定积分与定积分，可以嵌套求解多重积分	symbolic
taylor()	Taylor 幂级数展开	symbolic
jacobian()	Jacobian 矩阵求解	symbolic
mtaylor()	多变量的 Taylor 展开	Maple
fseriies()	Fourier 级数展开，或采用定义直接积分，求解级数系数	symbolic
symsum()	级数求和，可以用于无穷级数的求和	symbolic
gradient()	二元函数的梯度的计算，真正的梯度还应该由函数下一个语句求出	MATLAB
trapz()	对已知数据点用梯形法求数值积分，精度不高	MATLAB
quad()	数值积分函数，精度要求不高时还可以使用 quad()函数	MATLAB
dblquad()	矩形区域的二重数值积分	MATLAB
quad2dggen()	非矩形区域的二重数值积分	NIT
triplequad()	长方体区域的三重数值积分	MATLAB

线性代数

函数名	函数功能	工具箱（toolbox）
ones()	生成幺矩阵，即全部元素都是 1 的矩阵	MATLAB
zeros()	生成零矩阵	MATLAB
rand()	生成[0，1]区间均匀分布的随机数矩阵	MATLAB
randn()	生成标准正态分布的随机数矩阵	MATLAB
diag()	生成对角矩阵或对常规矩阵提取对角线元素的函数	MATLAB
hankel()	生成 Hankel 矩阵	MATLAB
vander()	生成 Vandermonde 矩阵	MATLAB
hilb()	生成 Hilbert 矩阵	MATLAB
invhilb()	生成 Hildert 逆矩阵	MATLAB

续表

函数名	函数功能	工具箱（toolbox）
compan()	由多项式构造伴随矩阵	MATLAB
sym	将已知矩阵转换成符号矩阵	MATLAB
det()	求矩阵的行列式，同样支持符号运算	MATLAB
trance()	求矩阵的迹，同样支持符号运算	MATLAB
rank()	求矩阵的秩，同样支持符号运算	MATLAB
norm()	求矩阵的各种范数，不支持符号运算	MATLAB
poly()	求矩阵特征多项式	MATLAB
polyvalm()	矩阵的多项式运算，同样支持符号运算	MATLAB
polyval()	矩阵的多项式拟合运算，同样支持符号运算	MATLAB
poly2num()	数值向量转换为符号多项式	symbolic
sym2poly()	符号多项式转换位数值向量	symbolic
inv()	矩阵求逆	MATLAB
pinv()	矩阵的Moor-Penrose广义逆，不支持符号运算	MATLAB
eig()	求矩阵的特征值、特征向量或广义特征值，同样适合于符号运算	MATLAB
orth()	矩阵的正交基计算，不支持符号运算	MATLAB
lu()	矩阵的LU分解，不支持符号运算	MATLAB
chol()	对称矩阵的Cholesky分解，不支持符号运算	MATLAB
jordan()	符号矩阵的Jordan矩阵转换	symbolic
svd()	矩阵的奇异值分解，支持符号运算	MATLAB
null()	矩阵的化零空间或基础解系计算，支持符号运算	MATLAB
lyap()	求解连续Lyapunov方程、Sylvester方程的数值解	控制系统
dlyap()	求解离散Lyapunov方程数值解	控制系统
are()	求解Riccati方程的数值解	控制系统
abs()	面向矩阵元素的模运算，类似的函数还有sqrt()、exp()、sin()、cos()、tan()、asin()、acos()、atan()、atan2()、log()、log10()、real()、imag()、conj()、ceil()、floor()、round()、fix()等	MATLAB
expm()	矩阵的指数运算，支持符号运算，其他函数为expm1()、expm2()、expm3()等，但不支持符号运算	MATLAB
funm()	矩阵函数计算，可以求取任意非线性矩阵函数，不支持符号运算	MATLAB

积分变换与复变函数

函数名	函数功能	工具箱
laplace()	函数的Laplace变换	symbolic
ilaplace()	函数的Laplace反变换	symbolic
fourier()	函数的Fourier变换	symbolic
ifourier()	函数的Fourier反变换	symbolic
fouriersin	函数的Fourier正弦变换，还可以通过符号积分求解	symbolic

续表

函数名	函数功能	工具箱
fouriercos	函数的 Fourier 余弦变换	Maple
invfouriersin	函数的 Fourier 正弦反变换	Maple
mellin	函数的 Mellin 变换	Maple
invmellin	函数的 Mellin 反变换	Maple
hankel	函数的 Hankel 变换	Maple
invhankel	函数的 Hankel 反变换	Maple
ztrans()	函数的 Z 变换	symbolic
iztrance()	函数的 Z 反变换	symbolic
gcd()	函数的最大公约数，lcd()可以求最小公倍数	symbolic
residue()	有理函数的部分分式展开，数值方法	MATLAB

代数方程与最优化问题

函数名	函数功能	工具箱
solve()	方程的解析解，尤其适用多项式方程	symbolic
fsolve()	方程的数值解	MATLAB
optmset()	最优控制参数	Optimization
fminsearch()	无约束最优化问题求解	MATLAB
fminunc()	无约束最优化问题求解	Optimization
linprog()	线性规划问题求解	Optimization
quadprog()	二次型规划问题求解	Optimization
fmincon()	一般非线性规划问题求解	Optimization
bintprog()	MATLAB7.0 提供的新的 0-1 线性规划求解函数	Optimization

微分方程

函数名	函数功能	工具箱
desolve()	常微分方程的解析解，尤其适用线性常微分方程	symbolic
ode45()	用四阶五级 Runge-Kutta-Fahberg 变步长算法求解常微分方程组，类似的函数还有 ode23()、ode15s()、ode113()、ode23s()、ode23t()、ode23tb()等，适用于一般的微分方程、刚性微分方程、微分代数方程、隐式微分方程等直接求解	MATLAB
odeset()	微分方程控制参数	MATLAB
dde23()	延迟微分方程数值求解	MATLAB
pdepe()	偏微分方程数值求解	MATLAB
pdetool()	偏微分方程求解界面	PDE
open_system()	启动 Simulink 环境或模型	Simulink
sim()	Simulink 模型的仿真求解	Simulink

数据插值与函数逼近

函数名	函数功能	工具箱
interp1()	一维数据插值，实现了线性、Hermite 三次及样条插值算法	MATLAB
interp2()	二维网格数据的插值，实现了线性、Hermite 三次及样条插值算法	MATLAB
interp2()	任意分布点数据的二维插值	MATLAB
meshgrid()	二维、三维网格数据的生成	MATLAB
ndgrid()	n 维网格数据的生成	MATLAB
csapi()	建立分段三次样条插值对象模型	Spline
fnplt()	样条模型的图形绘制函数，类似的函数还有样条求值 fnval()	Spline
spapi()	建立 B 样条插值的对象模型	Spline
fnder()	基于样条模型的数值微分问题的求解函数	Spline
fnint	基于样条模型的数值积分问题的求解函数	spline
interp3()	三维网格数据的插值处理，还可以用于三维数据函数 interpn()	MATLAB
griddata3()	三维一般分布数据的插值处理，还提供了可以用于 n 维一般数据插值 griddatan()	MATLAB
polyfit()	一维数据的多项式拟合	MATLAB
cfrac()	调用 Maple 语言中的连分式展开函数，相应的函数还有：with()、nthnumur() 和 nthdenom()、可以对给定的函数或常数进行连分式展开，并得出有理函数近似	MAPLE
lsqcurvefit()	利用 Pade 近似算法的函数逼近	Optimization
corrcoef()	相关系数的计算	MATLAB
xcorr()	相关函数的计算	signal
fft()	数据的快速 Fourier 变换，还支持二维或多维变换的 fft2()、fftn()	MATLAB
ifft()	快速 Fourier 反变换，还支持二维或多维反变换的 ifft2()、ifftn()	MATLAB
filter()	信号的滤波处理函数	signal
freqz()	滤波器频域响应分析	signal
butter()	Butterworth 滤波器设计函数，类似地，还有其他滤波器设计函数，如 I、II 型 Chebyshev 滤波器设计等，函数分别为 cheby1()和 cheby2()，还可以自动选择滤波器阶次，如使用 buttord()函数	signal

概率论与数理统计

函数名	函数功能	工具箱
normpdf()	正态分布的概率密度函数，类似的还有：normcdf()、norminv()和 normrnd() 函数，可以分别求出概率分布函数、逆概率分布函数及正态分布伪随机数生成函数	Statistic
gampdf()	分布的概率密度函数，类似的还有 gamcdf()、gaminv()和 gamrnd()函数，可以分别求出概率分布函数、逆概率分布函数及 Γ 分布伪随机数生成函数	Statistic

续表

函数名	函数功能	工具箱
chi2pdf()	χ^2分布函数概率密度函数，类似的，还有分布的概率密度函数，类似的，还有 chi2cdf()、chi2inv()和 chi2rnd()函数，可以分别求出概率分布函数、逆概率分布函数及 2χ 分布伪随机数生成函数	Statistic
tpdf()	*T* 分布函数概率密度函数，类似的，还有分布的概率密度函数，类似的，还有 tcdf()、tinv()和 trnd()函数，可以分别求出概率分布函数、逆概率分布函数及 *T* 分布伪随机数生成函数	Statistic
fpdf()	F 分布函数概率密度函数，类似的，还有分布的概率密度函数，类似的，还有 fcdf()、finv()和 frnd()函数，可以分别求出概率分布函数、逆概率分布函数及分布伪随机数生成函数	Statistic
raylpdf()	Reyleigh 分布函数概率密度函数，类似的，还有分布的概率密度函数，类似的，还有 raylcdf()、raylinv()和 raylrnd()函数，可以分别求出概率分布函数、逆概率分布函数及 Reyleigh 分布伪随机数生成函数	Statistic
poisspdf()	Poisson 分布函数概率密度函数，类似的，还有分布的概率密度函数，类似的还有 poisscdf()、poissinv()和 poissrnd()函数，可以分别求出概率分布函数、逆概率分布函数及 Poisson 分布伪随机数生成函数	Statistic
mean()	求取向量的均值，类似的还有求方差 cov()、求标准差 std()	MATLAB
gamstat()	求取分布的均值和方差，类似的函数还有 normstat()、raylstat()等	Statistic
moment()	求取高阶中心矩，高阶原点矩也可以通过相应语句得出	Statistic
cov()	求取向量的协方差均值	MATLAB
mvnpdf()	多变量正态分布密度函数	Statistic
mvnrnd()	多变量正态分布伪随机数生成函数	Statistic
normfit()	正态分布的均值和方差的参数估计和区间估计，类似的函数还有 gamfit()、chi2fit()、tfit()、raylfit()等	Statistic
regress()	多变量线性回归计算函数	Statistic
nlfit()	非线性最小二乘的参数估计	Statistic
nlparci()	非线性最小二乘的区间估计	Statistic
ztest()	已知方差的正态分布均值假设检验的 *Z* 测试方法	Statistic
ttest()	未知方差的正态分布均值假设检验的 *T* 测试方法	Statistic
jbtest()	分布正态性的 Jarque-Bera 假设检验方法	Statistic
lillietest()	分布正态性的 Lilliefors 假设检验方法	Statistic
kstest()	任意分布的 Kolmogorov-Smirnov 假设检验	Statistic
anova1()	单因子方差分析	Statistic
anova2()	双因子方差分析	Statistic
anova2()	多因子方差分析	Statistic

统计学工具箱中的函数名关键词

函数	分布名称	参数	函数	分布名称	参数	函数	分布名称	参数
beta	β 分布	*a,b*	bino	二项分布	*n,p*	chi2	χ^2分布	*k*
ev	极值分布	μ,σ	exp	指数分布	λ	f	*F* 分布	*p,q*

续表

函数	分布名称	参数	函数	分布名称	参数	函数	分布名称	参数
gam	Γ分布	α,λ	geo	几何分布	*p*	Hyge	超几何分布	*m,p,n*
logn	对数正态分布	μ,σ	mvn	多变量正态分布	μ,σ	Nbin	负二项分布	ν,ν,δ
ncf	非零分 *F* 布	*k*,δ	nct	非零 *T* 分布	*k*,δ	ncx2	非零 χ^2 分布	*k*,δ
norm	正态分布	μ,σ	Poiss	Poisson 分布	λ	Rayl	Rayleigh 分布	*b*
t	*T* 分布	*k*	unif	均匀分布	*a,b*	wbl	Weibull 分布	*a,b*

非经典数学（神经网络、模糊数学、遗传算法等）

函数名	函数功能	工具箱
union()	集合的并运算	MATLAB
setdiff()	差集运算	MATLAB
lntersect()	集合的交运算	MATLAB
setxor()	集合的异或运算	MATLAB
unique()	集合的唯一运算	MATLAB
ismeber()	元素的属于判断	MATLAB
gbellmf()	钟形隶属函数计算	Fuzzy logic
gaussmf()	Gauss 型隶属函数计算	Fuzzy logic
mfedit()	隶属函数的图形界面调用	Fuzzy logic
sigmf()	Sigoid 型隶属函数计算	Fuzzy logic
newfis()	建立模糊推理系统数据结构的函数	Fuzzy logic
addvar()	给模糊推理系统添加输入输出变量的函数	Fuzzy logic
fuzzy()	模糊推理系统设计程序界面	Fuzzy logic
addruler()	向模糊推理系统的规则库补加新规则	Fuzzy logic
evalfis()	已知模糊推理系统模型，求出给定输入下该系统输出函数	Fuzzy logic
newff()	前馈型神经网络结构的对象建立	Neural Network
train()	神经网络训练函数	Neural Network
plotperf()	神经网络训练中指标函数曲线绘制	Neural Network
sim()	神经网络仿真函数，可以用于神经网络的泛化研究	Neural Network
nnttool()	神经网络研究用户界面	Neural Network
ga()	遗传算法与直接搜索工具箱提供的最优化函数，该工具箱还提供了遗传算法参数设定的 gaoptmiset()和 gatool，遗传算法优化界面程序，直接搜索的启动命令是 psearch（MATLAB7.0）	Genetic Algorithm
cwt()	连续小波变换及基小波绘制函数	Wavelet
dwt()	离散小波变换函数	Wavelet
idwt()	离散小波反变换函数	Wavelet

续表

函数名	函数功能	工具箱
wavemngr()	基小波变换可以由此函数列出	Wavelet
wavefun()	基小波函数绘制函数	Wavelet
wavedec()	小波分解函数，可以将信号分解为近似信号与细节信号	Wavelet
appcoef()	由分解结果提取近似系数，detcoef()函数可以提取细节系数	Wavelet
wrcoef()	由近似系数和细节系数重建信号	Wavelet
wavemenu()	小波变换工具箱用户界面主程序	Wavelet